AF401725

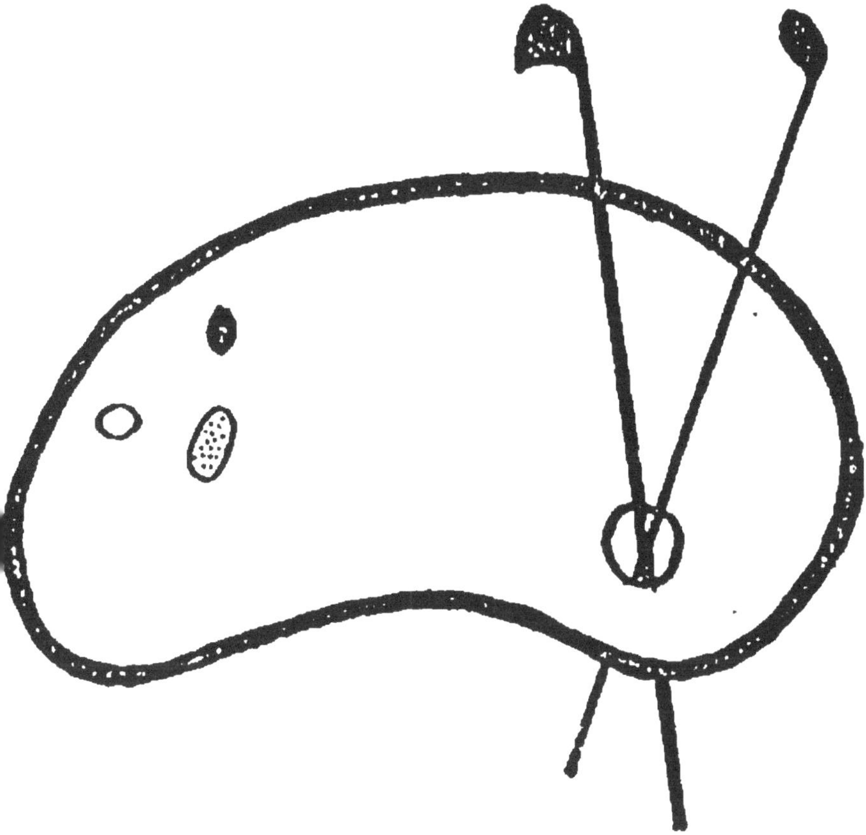

DEBUT D'UNE SERIE DE DOCUMENTS
EN COULEUR

CONFÉRENCES

DE CHIMIE

FAITES

Au laboratoire de M. FRIEDEL

1893-1894

QUATRIÈME FASCICULE

CONFÉRENCES DE MM. WYROUBOFF.

C. COMBES. — G. CHARPY. — R. LESPIEAU. — A. WERNER. — G. MEILLÈRE
R. ENGEL. — L. GRIMBERT. — EM. BOURQUELOT. — A. LEDUC
CH. MOUREU. — P. FREUNDLER. — G. GRINER. — R. THOMAS-MAMERT
A. BÉHAL

PARIS

GEORGES CARRÉ, ÉDITEUR

3, RUE RACINE, 3

1896

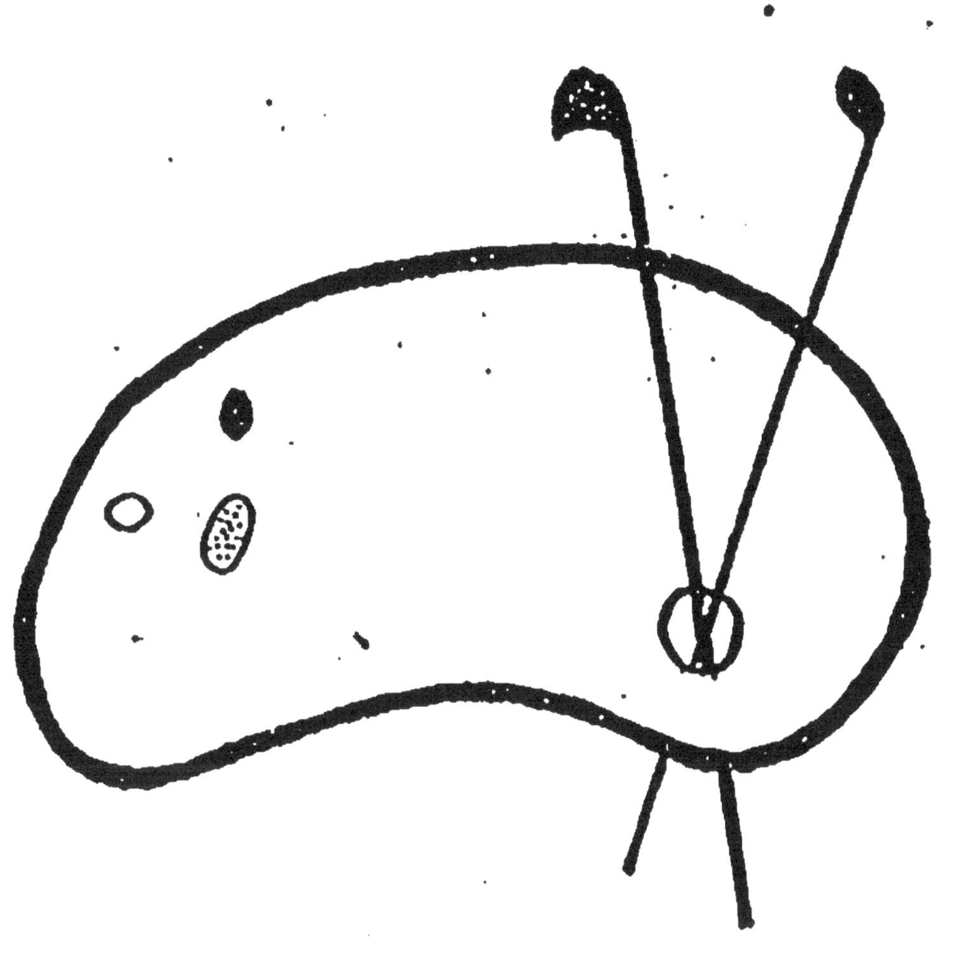

FIN D'UNE SERIE DE DOCUMENTS
EN COULEUR

CONFÉRENCES

DE CHIMIE

Faites au laboratoire de M. FRIEDEL

———

1893-1894

TOURS. — IMPRIMERIE DESLIS FRÈRES

CONFÉRENCES

DE CHIMIE

FAITES

Au laboratoire de M. FRIEDEL

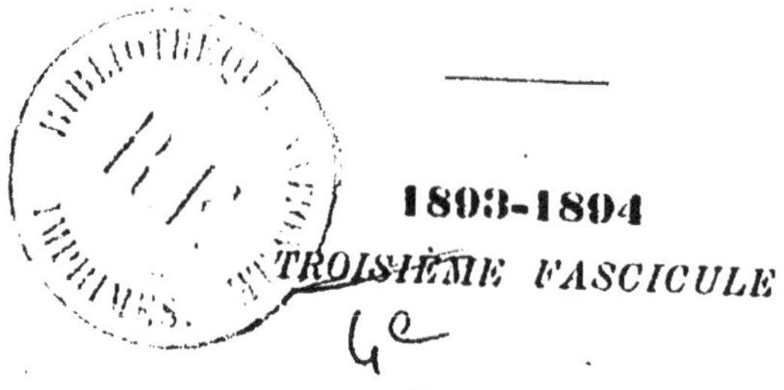

1893-1894

TROISIÈME FASCICULE

CONFÉRENCES DE MM. WYROUBOFF.
C. COMBES. — G. CHARPY. — R. LESPIEAU. — A. WERNER. — G. MEILLÈRE
R. ENGEL. — L. GRIMBERT. — EM. BOURQUELOT. — A. LEDUC
CH. MOUREU. — P. FREUNDLER. — G. GRINER. — R. THOMAS-MAMERT
A. BÉHAL

PARIS

GEORGES CARRÉ, ÉDITEUR

3, RUE RACINE, 3

—

1896

SUR LA NATURE

DES

PHÉNOMÈNES DE POLYMORPHISME ET D'ISOMORPHISME

PAR

M. WYROUBOFF

Il existe un certain nombre de phénomènes physico-chimiques qu'on est fort embarrassé de classer, qui semblent appartenir à la physique en même temps qu'à la chimie, et qui pourtant, chose curieuse, se montrent rebelles aux méthodes d'investigation des deux sciences.

On tend de plus en plus à confondre la physique et la chimie. Après les avoir séparées nettement, radicalement au commencement de ce siècle, on revient sur ses pas, on trouve de plus en plus que cette scission est inutile, irrationnelle, dangereuse, et l'on commence à croire que toutes les manifestations du monde inorganique et même du monde organisé s'expliquent au moyen des mêmes lois élémentaires de la mécanique.

Je suis de ceux qui n'acceptent cette façon de voir, à aucun degré. Quoi qu'on dise et quoi qu'on fasse, la physique et la chimie resteront des sciences voisines, se prêtant au besoin un mutuel appui, mais seront toujours séparées par un infranchissable abîme, l'une étudiant les phénomènes qui se passent dans les corps, abstraction faite de leur composition, l'autre ayant pour but la recherche des lois statiques et dynamiques qui président à cette composition. Elles ont chacune leurs méthodes propres, leurs procédés particuliers qui sont exacts et précis dans leur domaine respectif, mais qui peuvent devenir absolument illusoires, lorsqu'on les applique indistinctement aux deux à la fois.

Ce n'est sans doute pas ici le lieu de développer cette idée et de montrer par des exemples qu'elle est confirmée par tous les résultats de la science moderne ; j'ai cru pourtant devoir l'indiquer en passant, car elle a été pour moi le point de départ d'une série de recherches que je poursuis depuis longtemps, et dont je vous expose aujourd'hui quelques résultats.

Puisque je n'admets point la confusion de la physique et de la chimie, il faut nécessairement que je sois en mesure de démontrer que chacun des phénomènes complexes, moitié chimiques, moitié physiques, se range sans difficulté dans l'une ou l'autre de ces sciences, et que je puisse indiquer les raisons qui ont empêché jusqu'ici de les classer à leur véritable place.

Si l'on étudie attentivement tous ces phénomènes d'ordre mixte, parmi lesquels je citerai la *solution*, l'*isomorphisme*, le *polymorphisme*, le *pouvoir rotatoire moléculaire*, on ne tarde pas à s'apercevoir qu'ils dépendent tous d'un facteur que ni la physique ni la chimie n'ont l'habitude de faire entrer en ligne de compte. Je veux parler de la symétrie propre à la molécule.

L'une et l'autre de ces deux sciences s'occupent sans doute des corps cristallisés, soit pour étudier les modifications qu'ils font subir à la lumière, à la chaleur, à l'électricité suivant leurs diverses directions, soit pour examiner les analogies géométriques entre composés de formule analogue.

Mais l'étude du polyèdre cristallin est loin de suffire. Les recherches de M. Mallard ont montré que ce polyèdre était un édifice extrêmement complexe qui pouvait être construit de matériaux très divers et conserver pourtant la même enveloppe extérieure. Un corps géométri- quement aussi cubique que possible est parfois une réunion régulière d'individus orthorhombiques. Le quartz, ce corps classiquement uniaxe, n'est qu'un empilement de molécules optiquement biaxes. C'est donc à la forme de la molécule qu'il faut remonter, si l'on veut interpréter les phénomènes qui se passent dans l'intérieur des corps cristallisés ou qui se produisent quand les corps cristallisés sont détruits par l'action des dissolvants.

Ici vient se poser une question capitale, qu'il faut résoudre avant d'aller plus loin. Que sont ces molécules qui constituent la trame du cristal, ces unités cristallines dont les centres de gravité sont supposés occuper les nœuds du réseau parallélépipédique auquel tout cristal peut être rapporté ?

Lorsqu'on consulte les opinions que chimistes, physiciens et cris- tallographes ont exprimées à ce sujet, on est tout étonné de les trou- ver, je ne dirai même pas contradictoires, mais vagues au point d'être absolument insaisissables. Pour les uns, c'est la molécule telle que la conçoit la chimie, c'est-à-dire un certain nombre d'atomes de corps simples réunis en vertu de la loi des proportions définies ; pour les autres, c'est la plus petite portion de matière susceptible de présenter toutes les propriétés physiques dont le corps est doué ; pour le plus grand nombre, c'est quelque chose d'intermédiaire, tantôt plus simple, tantôt plus complexe, tantôt dépendant, tantôt indépendant de la composition chimique.

Il faut bien dire, du reste, que le besoin d'une définition plus précise ne se faisait nullement sentir, tant qu'on n'a pas cherché à distinguer les molécules des édifices dont elles font partie, tant qu'on n'a pas eu à étudier les phénomènes physiques qui dépendent exclusivement des caractères propres aux molécules. Aujourd'hui ces conceptions approximatives sont manifestement insuffisantes. Il faut s'arrêter à une définition claire quand bien même cette définition s'appuierait sur des hypothèses, car il existe dans chaque science des périodes où les hypothèses, à la condition

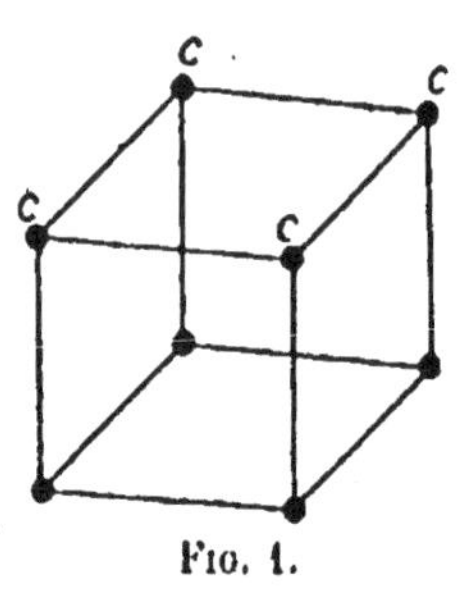

Fig. 1.

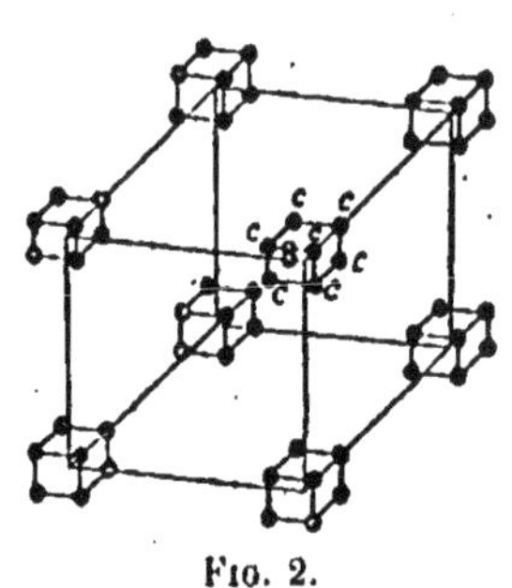

Fig. 2.

bien entendu d'être toujours directement vérifiables, valent mieux que les termes obscurs qui ne désignent aucune réalité. Nous n'avons de choix ici qu'entre deux interprétations. Ou bien la molécule intégrante, le polyèdre élémentaire du cristal, est formée par la molécule chimique elle-même, ou bien elle a une structure autre, et complexe au point de reléguer au second plan la constitution chimique. Grâce aux progrès sans cesse croissants de la stéréochimie, c'est la première de ces deux interprétations qui semble actuellement être le plus en faveur, du moins si l'on en juge par les tentatives qui sont faites de déduire la forme cristalline de la formule chimique.

Je ne puis, pour ma part, accepter cette interprétation à aucun titre, et je m'empresse de donner la raison capitale qui me la fait rejeter. Si la molécule chimique était l'élément premier de l'édifice cristallin, il faudrait qu'elle fût douée d'une certaine symétrie géométrique, et par conséquent de toutes les propriétés physiques qui, comme la biréfringence, dépendent de cette symétrie. Or, nous savons qu'une *même* molécule chimique, le carbonate de chaux par exemple, ou mieux encore le soufre, peut revêtir des formes tout à fait incom-

patibles entre elles. La constitution chimique n'a donc point de relation directe avec la symétrie cristalline; ce n'est donc pas elle qui
détermine la forme du polyèdre élémentaire. On peut objecter, il est
vrai, que la molécule chimique peut ne pas être la même dans le calcite et l'aragonite, dans le soufre octaédrique et le soufre clinorhombique; mais on se heurte alors à une difficulté plus grave encore. Le
changement de constitution de la molécule chimique est le propre de
l'*isomérie* qui deviendrait ainsi synonyme de *polymorphisme;* et cependant tout ce que nous connaissons de ces deux phénomènes nous
démontre de la façon la plus évidente qu'il n'y a entre eux rien de
commun. Le premier, d'ordre exclusivement chimique, n'est jamais
physiquement réversible et persiste alors même que le caractère d'un
composé dans lequel entre la molécule change; le second, toujours
réversible, disparaît en même temps que la forme cristalline elle-
même. L'acide tartrique fondu ou combiné à une base quelconque
reste un isomère de l'acide mésotartrique fondu ou combiné; le soufre
fondu en entrant dans un sulfure perd toute relation avec le soufre
cristallisé.

Reste la seconde interprétation, qui me paraît, à tous égards, être la
plus simple et la plus conforme aux faits. Le polyèdre élémentaire qui
occupe les nœuds du réseau cristallin est un édifice complexe, composé d'un nombre plus ou moins considérable, probablement très
grand, de molécules chimiques disposées suivant un certain réseau,
qui peut être identique au réseau cristallin ou en différer plus ou
moins. Avec Ampère et Delafosse, j'appellerai ces matériaux constituants du cristal les *particules cristallines* pour éviter toute confusion
avec les *molécules* chimiques. L'existence de ces particules, suffisamment complexes dans leur structure, pour être douées de toutes les
propriétés qui caractérisent les corps cristallisés, est indéniable. Les
corps pseudo-symétriques, dans lesquels les propriétés optiques appartiennent à une symétrie inférieure à celle que présente l'enveloppe
cristalline, en donnent une preuve qui me paraît d'autant plus décisive que les phénomènes peuvent être reproduits synthétiquement.
En empilant d'une certaine façon des lames de mica biaxe, on imite
avec une grande exactitude tous les détails de l'uniaxie normale ou
anormale.

Or, ces lames, qui reproduisent les phénomènes optiques les plus
complexes, aussi minces qu'on puisse les obtenir par la séparation
mécanique, ne sont que des fragments grossiers du cristal, par rapport
à l'épaisseur de la particule cristalline; de plus, leur composition chimique peut être absolument quelconque, ce qui démontre une fois de

plus que la molécule chimique ne joue aucun rôle direct dans la symétrie cristalline et les phénomènes physiques qui en dépendent.

Les deux figures ci-jointes servent à illustrer les deux façons d'envisager la structure des corps cristallisés. Elles représentent toutes les deux une maille parallélépipédique du réseau cristallin. Dans la première, les nœuds sont occupés par les molécules chimiques *c* qui sont figurées par des sphères, mais dont la forme peut être évidemment quelconque; dans l'autre, ces nœuds constituent les centres du polyèdre *b* ayant un réseau propre sur lequel les molécules chimiques *c* peuvent être placées de différentes manières.

L'interprétation représentée sur la figure 2 une fois admise, tous les phénomènes de physique moléculaire s'expliquent avec une extrême simplicité, comme je le montrerai plus loin à propos de l'isomorphisme et du polymorphisme dont je me propose de vous parler aujourd'hui. Elle rencontre cependant à son origine même une objection très sérieuse, à laquelle il faut répondre.

Pourquoi admettre l'existence de particules cristallines complexes, lorsque le pouvoir rotatoire moléculaire nous montre que la molécule chimique peut être douée de biréfringence, sans laquelle le pouvoir rotatoire est incompréhensible et, par conséquent, de symétrie?

Cette question suppose résolu un problème qui n'a même pas été posé, du moins sur le terrain de l'expérimentation. Elle suppose que ce sont les molécules chimiques qui se trouvent en solution, abstraction faite des formes cristallines que ces molécules peuvent revêtir. On est même allé beaucoup plus loin dans ces derniers temps. On a affirmé, et l'affirmation fait dans ce moment-ci fortune en Allemagne, que la molécule chimique elle-même est décomposée, qu'elle perd son eau si elle est hydratée, qu'elle se sépare en acide et base, en métalloïde et métal, s'il s'agit d'un sel. Je ferai observer que rien de tout cela n'est démontré, que tout cela s'appuie sur des faits que nous connaissons à peine, et sur des hypothèses qu'on ne se donne même pas la peine de vérifier. Je fais exception, bien entendu, pour la très intéressante tentative de M. Guye, qui est basée sur des faits précis et sur laquelle je reviendrai une autre fois. Il me suffira de constater, quant à présent, que nous n'avons aucune preuve *directe*, décisive, de l'état dans lequel les corps se trouvent en solution. Il est donc permis de supposer, surtout si cette supposition explique plus simplement l'ensemble des faits observés, que ce qui existe dans la solution après la destruction du réseau cristallin ce ne sont pas les *molécules c* de la figure 1. mais les particules *b* de la figure 2. Il va sans dire qu'une semblable hypothèse ne peut être acceptée, même provisoirement, qu'à la condition expresse d'être soumise immédiatement à une vérification expérimentale. C'est ce que j'ai essayé de faire en abordant le problème de diverses façons. Il fallait montrer d'abord que les molécules complexes, telles que les molécules de sels hydratés, ne se dissocient pas en solution. Je me suis servi pour cela de solutions colorées, celle du chlorure de cobalt notamment [1], dont la couleur bleue dépend de l'existence d'un hydrate inférieur, assez stable, $CoCl\cdot H^2O$ que j'ai pu isoler, à l'état cristallin. A ceux qui seraient tentés de contester cet exemple très net pourtant, on peut en présenter un autre, celui-ci incontestable, et que les théoriciens des ions ont sans doute perdu de vue : le sulfate de cuivre SO^4Cu est absolument incolore, incolore à l'état dissous, incolore à l'état cristallisé ; il n'est bleu qu'à l'état d'hydrate, et la couleur bleue est d'autant plus franche que la quantité d'eau combinée au sel est plus grande.

Mais l'existence des hydrates en solution, dont les chimistes en immense majorité n'ont jamais douté d'ailleurs, malgré les efforts de l'école de M. Arrhénius, ne suffit pas à rendre plausible l'hypothèse que je propose. Il faut démontrer encore que ce ne sont pas seulement les molécules chimiques dans leur intégrité qui existent en solution, mais des particules cristallines, c'est-à-dire des fractions infiniment petites de la matière douée de la symétrie propre aux polyèdres cristallins qui se déposent de la solution. Le sulfate de soude m'a présenté sous ce rapport un argument qui me paraît aussi démonstratif que possible.

On sait depuis les beaux travaux de Lœwel que la courbe de solubilité du sulfate *anhydre* qui ne se dépose qu'à partir de 35 degrés est anormale, qu'elle descend, avec l'élévation de température, au lieu de monter. Ce qu'on ne savait pas et ce que j'ai montré, il y a de cela quelques années, c'est que le sulfate de soude *anhydre* était polymorphe et possédait deux formes très stables : l'une, celle de la thénardite, que j'appelle α, et l'autre, celle du sel fondu, que j'appelle β. Il était donc tout à fait naturel de rapporter l'anomalie de la courbe de solubilité à l'existence simultanée dans la solution des deux modifications à la fois, la seconde devenant de plus en plus stable au fur et à mesure que la température s'élève. S'il y a là réellement une relation de cause à effet, il découle de cette relation un certain nombre de conséquences qu'il est facile de constater ; j'ai montré que toutes ces conséquences sans exception se vérifiaient aussi exactement que possible, que la solution du sulfate de soude déposait à toutes les températures supérieures à 35 degrés les formes α et β à la fois, et comme ces deux

[1] *Bull. Soc. Ch.*, 1891.

formes, appartenant à un même composé chimique, ne se distinguent que par leur symétrie cristalline, il faut donc bien admettre que des particules douées de cette symétrie existent en solution.

Pour ne pas trop compliquer mon sujet, je laisserai momentanément de côté le pouvoir rotatoire moléculaire sur lequel je me propose de revenir une autre fois, et qui, loin d'être en contradiction avec ma façon d'envisager la structure des corps dissous, en est la meilleure démonstration.

Cette réserve faite, nous pouvons ainsi admettre que ce qui reste après la destruction *physique* du réseau cristallin est une particule complexe douée de toutes les propriétés qui caractérisent le cristal. Cette particule (*b*, fig. 2), qui a sa symétrie propre, peut posséder un réseau identique à celui sur les nœuds duquel elle se dépose ou qui en est plus ou moins différent. Dans le premier cas, on a les corps *symétriques*, ceux dans lesquels les propriétés physiques correspondent à l'enveloppe cristalline ; dans le second, les corps *pseudo-symétriques* dont on connaît actuellement une infinité d'exemples, et parmi lesquels se rangent les corps cristallisés possédant le pouvoir rotatoire [1].

Peut-être le réseau de la particule n'est-il jamais complètement identique au réseau cristallin, c'est du moins ce que l'on serait tenté de conclure du phénomène de la contraction qui se produit lorsqu'un corps cristallisé entre en solution, et de l'absence du pouvoir rotatoire dans des corps dont la solution agit énergiquement sur la lumière polarisée. Mais c'est là un autre ordre de faits sur lequel je n'insisterai pas aujourd'hui ; il demande de nouvelles recherches et mérite un examen attentif. Il nous suffit de savoir qu'en tout état de cause les corps *symétriques* sont ceux dans lesquels la particule et le réseau ont la même *symétrie*, et les corps *pseudo-symétriques*, ceux dans lesquels le réseau possède une *symétrie supérieure* à la symétrie de la particule.

Ces notions fondamentales acquises, nous allons voir quel jour nouveau elles jettent sur les phénomènes, si peu connus encore, de la polymorphie et de l'isomorphisme.

Polymorphie. — L'observation nous montre que toutes les substances polymorphes sans exception sont, sous leurs diverses formes, des corps essentiellement symétriques. La calcite et l'aragonite, les quatre ou cinq formes de soufre, les deux formes du sulfate de nickel à $6H^2O$, du bichromate de rubidium, du sulfate de potasse, présentent des propriétés

---

[1] *Ann. Ch. et Ph.* (6), 8, 340 (1886).

optiques parfaitement régulières, parfaitement normales. C'est là un premier point très important qu'il faut retenir.

Le second fait, qui nous est également fourni par l'observation, c'est que les corps polymorphes se subdivisent en deux grands groupes suivant la façon dont s'opère le passage de l'une des formes à l'autre. Dans l'un de ces groupes, le passage est direct ; le cristal se transforme à une certaine température en un autre cristal sans perdre son homogénéité, sans modifier son enveloppe extérieure. Le sulfate de potasse, qui est orthorhombique, presque hexagonal, devient à 650 degrés réellement hexagonal et reste tel à toutes les températures supérieures. Les axes de symétrie sont conservés à cela près que l'axe pseudo-ternaire est devenu un axe réellement ternaire. La transformation est d'ailleurs toujours réversible et a ce caractère particulier — qui jusqu'ici ne présente aucune exception — d'amener par l'élévation de la température la forme la plus symétrique. La boracite et le sulfate lithico-sodique, tous deux orthorhombiques, deviennent cubiques lorsqu'on les chauffe ; le sulfate lithico-ammonique, orthorhombique aussi, devient clinorhombique lorsqu'on le refroidit à quelques degrés au-dessous de zéro.

Tout autre est la transformation du second groupe. Le cristal se désagrège, se détruit et donne naissance à une infinité d'individus n'ayant plus, ni entre eux, ni avec le cristal générateur, aucune espèce de rapport de symétrie.

Une lame prise dans une direction absolument quelconque dans un cristal d'aragonite montre, lorsqu'on la chauffe vers 400 degrés, de petits rhomboèdres dont l'axe ternaire est généralement orienté à peu près perpendiculairement à la surface d'échauffement ; dans un cristal clinorhombique de sulfate de nickel, les cristaux quadratiques ont les axes quaternaires très voisins de la normale aux faces les plus développées, quel que soit le symbole cristallographique de ces faces.

Cette différence capitale qui existe entre les deux espèces de polymorphisme n'avait pas frappé les observateurs qui ne se préoccupaient nullement du mode de transformation des diverses variétés polymorphes. Il était tout naturel, en effet, de négliger le côté dynamique d'un phénomène dont on n'apercevait même pas le côté statique. En fait de polymorphisme, on savait seulement que certaines substances de composition très différente étaient susceptibles de revêtir dans des circonstances déterminées plusieurs formes incompatibles. A quelle propriété connue se rattachait cette singulière faculté ? Tenait-elle à la constitution chimique ou bien à quelque particularité physique ignorée jusqu'ici ? Telles sont les questions qu'il fallait résoudre et qu'on ne songeait nullement à poser.

Avec la conception si simple et si lumineuse des réseaux cristallins, le côté statique et le côté dynamique du polymorphisme s'expliquent avec une extrême facilité. L'étude des corps cristallisés nous à montré que le nombre des réseaux existants est, en somme, fort restreint, que tous ces réseaux, en apparence si dissemblables oscillent autour de quelques types très simples. Si nous ajoutons à cela que les diverses formes d'une même substance sont toujours extrêmement voisines et appartiennent le plus souvent à des formes limites, nous ne serons pas étonnés qu'une molécule chimique puisse se disposer sur deux réseaux différents pour former deux particules cristallines différentes formant à leur tour des cristaux géométriquement incompatibles.

Le polymorphisme devient ainsi un phénomène d'ordre réticulaire, par conséquent d'ordre purement physique, dans lequel la composition chimique n'intervient nullement. On sait, en effet, que les substances les plus variées : corps simples comme le soufre, acides comme l'acide titanique, sels haloïdes comme l'iodure d'argent, sels oxygénés comme les sulfates alcalins, composés très complexes comme les tartrates, peuvent être polymorphes. D'autre part, de deux substances chimiquement aussi analogues que possible, l'une peut être dimorphe sans que l'autre le soit ; le sulfate d'ammoniaque par exemple, si semblable à tous égards au sulfate de potassium, ne devient hexagonal à aucune température.

Si nous nous arrêtons à cette conception du polymorphisme, le passage d'une forme à l'autre d'un même corps n'est plus qu'une question de dynamique réticulaire qui s'explique sans difficulté. Pour que ce passage puisse s'effectuer à une certaine température, il faut d'abord que le réseau de particules cristallines change à cette température. Cela est le caractère commun à tous les corps polymorphes. Mais il y a dans un cristal autre chose que des particules, il y a encore le réseau sur lequel elles trouvent leur équilibre. Or ce réseau peut ou ne peut pas changer sans se détruire à la température où les particules se transforment, ce qui correspond aux deux modes de passage que je signalais tout à l'heure. Dans le sulfate de potasse par exemple, les particules sont devenues hexagonales à 650 degrés ; à cette même température, le réseau rhombique est devenu, lui aussi, hexagonal, le cristal tout entier dans sa forme extérieure et dans sa structure intime a changé de symétrie et passé d'un état à l'autre sans que l'équilibre entre ses parties soit rompu. Tout autre est le cas du soufre ortho-

rhombique. Vers 110 degrés ses particules deviennent clinorhombiques sans que le réseau ait changé de symétrie, aussi le cristal est-il
détruit, et la forme clinorhombique cristallise au sein de la forme
octaédrique, comme un sel dissous le ferait dans un cristallisoir, c'est-
à-dire dans une position quelconque par rapport aux parois du vase.
Le phénomène est particulièrement net et instructif lorsqu'au lieu
d'observer de gros fragments on examine au microscope une couche
extrêmement mince de soufre fondu et solidifié entre deux lames de
verre. Il y a, du reste, un fait d'observation qui montre que c'est bien
ainsi que se passent les choses. Dans toutes les substances polymorphes qui se transforment *directement*, la chaleur amène bien avant
la transformation des modifications généralement considérables de
l'ellipsoïde optique; dans toutes celles où la transformation se fait
avec destruction du réseau la chaleur ne modifie aucunement les propriétés optiques jusqu'au moment où apparaît la forme nouvelle.

On remarquera, ici encore, que cette faculté que les réseaux cristallins possèdent ou ne possèdent pas de se transformer en d'autres réseaux
ne dépend nullement de la composition chimique de la substance puisqu'une même substance peut présenter les deux modes de transformation à la fois. Le sulfate double SO^4LiAzH^4, par exemple, est trimorphe;
il possède deux formes que je désignerai, pour abréger, par α et β, toutes
deux assez stables à la température ordinaire. Cependant si on expose
l'une à une température inférieure à 15 degrés et l'autre à une température supérieure à 30 degrés, elles passent de l'une à l'autre autant
de fois qu'on veut, de telle sorte qu'on peut avoir un cristal de la forme
α représentant un agrégat de cristaux de la même forme n'ayant plus
avec l'enveloppe extérieure aucun rapport géométrique. Mais, si l'on
refroidit brusquement à quelques degrés au-dessous de zéro un cristal
de la variété α, il se transforme instantanément en un cristal unique
d'une troisième variété γ, orientée d'une façon parfaitement régulière
par rapport à la forme α. On voit ainsi, d'une façon très nette, que ce
n'est pas la molécule chimique qui détermine telle ou telle transformation polymorphe du réseau cristallin.

Il me faut dire maintenant quelques mots d'un polymorphisme
particulier qui sert en quelque sorte de transition entre les phénomènes que nous venons d'examiner et l'isomorphisme dont je parlerai
tout à l'heure. Nous avons vu que les diverses formes d'une substance
polymorphe étaient toujours assez voisines, parce qu'elles étaient des
formes limites, mais elles se distinguent pourtant nettement et généralement au premier coup d'œil, soit par les différences angulaires très
notables, soit par la symétrie. Il existe cependant des cas où les deux

formes sont ou paraissent être absolument identiques par les dimensions de leur réseau et leur symétrie, ce qui ne les empêche pas de passer facilement de l'une à l'autre par une transformation réversible.

J'ai montré [1] que les sels $(SO^4)^2 FeK^2 2H^2O$ et $(SeO^4)^2 ZnK^2, 2H^2O$, sont, au point de vue géométrique, aussi semblables que possible ; tricliniques tous les deux, ils ont les mêmes faces, les mêmes clivages, les mêmes mâcles, et des paramètres aussi voisins que ceux des substances le plus incontestablement isomorphes. Ils ne se distinguent que par les dimensions et la position de leurs ellipsoïdes optiques. Or, lorsqu'on chauffe le premier de ces deux sels, on constate qu'il subit vers 95 degrés une transformation brusque et réversible qui amène les propriétés optiques du second. Ce dimorphisme presque exclusivement optique nous montre, d'une part, combien petites sont les déformations du réseau cristallin qui produisent des variations considérables dans l'ellipsoïde de l'élasticité, et de l'autre combien insuffisantes et vagues sont encore toutes nos connaissances sur l'isomorphisme.

Isomorphisme. — Nous savons seulement, depuis les mémorables travaux de Mitscherlich, que des corps de formule analogue donnent des formes cristallines semblables pouvant se mélanger en toutes proportions. Mais nous ne savons ni ce que sont des formules analogues, ni ce que doivent être des formes semblables. Le nitrate de soude et le carbonate de chaux ont-ils des analogies chimiques ? Et pourtant ils cristallisent tous deux en rhomboèdres voisins de 106 degrés. Le bichromate de potasse et le bichromate d'ammoniaque, l'un triclinique, l'autre clinorhombique ont-ils des formes semblables ? Et pourtant leurs paramètres et leurs angles sont presque identiques.

Il y a une autre difficulté qu'on rencontre à tout instant dans l'étude de l'isomorphisme, et qu'on n'a jamais essayé d'écarter.

Deux corps, quelque voisins qu'ils soient chimiquement et géométriquement, présentent toujours des différences angulaires qui atteignent parfois 2, 3, 4 et même 5 degrés. Quelles sont les limites de ces variations compatibles avec l'isomorphisme, et à quel chiffre de degrés faut-il s'arrêter pour reconnaître que les corps ne sont plus isomorphes entre eux ? On a bien essayé d'introduire une condition restrictive qui semble donner quelque précision aux définitions classiques. On a dit que l'isomorphisme supposait la possibilité d'une cristallisation simultanée des deux corps. Malheureusement cette condition n'est admissible à aucun degré, car elle fait intervenir un phénomène nouveau qui n'a aucun rapport ni avec la composition chimique ni avec la forme cris-

[1] *Bull. Soc. min.*, 14. 233, 1891.

talline, et complique énormément le problème qu'elle veut simplifier. Si l'on acceptait la nécessité d'une semblable condition, il faudrait admettre que le chromate de magnésie CrO⁴Mg7H²O n'est pas isomorphe avec le sulfate de zinc SO⁴Zn7H²O parce qu'ils se décomposent immédiatement lorsqu'ils sont mis en présence dans une solution, et pourtant ils ont la même forme qui est aussi celle du sulfate de magnésie SO⁴Mg7H²O avec lequel chacun d'eux séparément cristallise en toutes proportions.

Cette absence d'une définition quelque peu précise tient à ce que l'on a confondu ici, comme on l'a fait en bien d'autres circonstances, le point de vue chimique et le point de vue physique, et qu'on a appliqué les deux à la fois à l'interprétation d'un même phénomène. Entre les deux il faut donc choisir, et le choix ne saurait être douteux. L'identité de formes, le mélange en proportions autres que les proportions atomiques, mélange qui ne donne que la moyenne des propriétés des corps mélangés sans donner naissance à aucune propriété nouvelle, tout cela nous démontre clairement que l'isomorphisme est un phénomène réticulaire, par conséquent exclusivement physique. Comme tel, il faut et il doit être exactement défini, de façon à ce que nous soyons en mesure, dans chaque cas particulier, de savoir si les corps sont isomorphes ou s'ils ne le sont pas. Une semblable définition ne présente aucune difficulté. Puisqu'il s'agit là d'un phénomène physique et que les corps ne réagissent pas chimiquement, il faut, pour qu'ils soient réellement isomorphes, qu'entre leurs propriétés et les propriétés de leurs mélanges il y ait une fonction continue. Ceci est une première condition fondamentale, sans laquelle l'isomorphisme perd toute signification; mais ce n'est pas la seule.

L'exemple des deux sels (SO⁴)² FeK²2H²O et (SeO⁴)² Zn²K2H²O qui paraissent isomorphes et qui ne le sont en réalité qu'à partir de 95 degrés, nous montre que l'analogie de la forme, quelque grande qu'elle soit, ne suffit pas, qu'il faut encore l'analogie dans l'orientation et les dimensions de l'ellipsoïde physique. Les corps isomorphes seront donc pour nous *ceux qui possèdent même réseau cristallin, même ellipsoïde d'élasticité physique, et qui peuvent se mélanger sans que ces réseaux et ces ellipsoïdes éprouvent de déformation.*

Tels sont les sulfates de la série magnésienne à 7H²O dont les mélanges ont été étudiés dans un remarquable mémoire de M. Dufet.

La définition ainsi formulée semble, au premier abord, contredire les faits le plus anciennement et le mieux établis.

Le sulfate de potasse et le sulfate d'ammoniaque qui cristallisent si facilement ensemble, dont les formes cristallines sont si voisines et les propriétés optiques si différentes, ne seraient donc pas isomorphes ? Ils ne le sont pas en effet au point de vue où je me place, car ils donnent dans leurs mélanges des anomalies optiques qui démontrent qu'il n'y a pas seulement juxtaposition, mais déformation des réseaux. Mais ils le sont à un autre point de vue.

A côté de cet isomorphisme vrai dont nous pouvons calculer à l'avance tous les éléments, il existe ce que j'ai appelé le *pseudo-isomorphisme*, infiniment plus fréquent et infiniment moins connu. Pour que deux corps, je ne dirai pas *doivent*, mais *puissent* cristalliser ensemble en proportions autres que les proportions atomiques, il suffit que leurs réseaux soient plus ou moins voisins, sans qu'il y ait une analogie quelconque dans les propriétés physiques. Dans le courant de mes recherches cristallographiques, j'ai eu l'occasion de citer un grand nombre d'exemples de ce genre, quelques-uns même qui dépassaient de beaucoup les limites de la loi de Mitschrlich. Seulement ces cristallisations simultanées ont cela de particulier, que les propriétés du mélange ne peuvent plus être prévues, parce que les réseaux et les ellipsoïdes se déforment au point de donner parfois des corps qui ne ressemblent plus du tout aux corps mélangés. Tel est le cas des mélanges du sulfate de potasse et du sulfate de soude qui donne un corps rhomboédrique très voisin par les angles du sulfate de potasse, mais presque et même tout à fait uniaxe, positif et très biréfringent. Vainement invoquerait-on ici l'existence d'un sel double $(SO^4)^2\ K^3Na$; ce serait là un composé bien extraordinaire, car il n'aurait ni une composition constante, ni des propriétés optiques invariables, et cette mobilité chimique et physique est encore bien plus frappante dans le mélange des chromates correspondants. Vainement aussi essayerait-on d'admettre l'existence du dimorphisme, comme on le fait généralement dans des cas semblables, car nous connaissons présentement toutes les variétés polymorphes des deux sulfates, et parmi elles il n'en existe aucune qui soit uniaxe positive et douée d'une forte biréfringence. Il faut donc bien conclure que les deux sulfates en se mélangeant ont éprouvé de notables déformations. Sans doute ces mélanges ne se font que dans des limites assez restreintes, puisqu'ils oscillent toujours autour de la composition $(SO^4)^2\ K^3Na$; mais cela tient simplement à une question d'équilibre entre les deux sels mélangés et l'eau qui les dissout[1]. Il est facile d'écarter cette cause perturbatrice en opérant par fusion au lieu d'opérer par dissolution ; on voit alors très nettement qu'en partant de l'un des sels auquel on ajoute des quantités croissantes de l'autre, on

---

[1] *Bull. Soc. min.*, 3, p. 136 (1880).

obtient une série de mélanges dont les propriétés optiques tendent *plus ou moins régulièrement* vers le corps uniaxe très biréfringent dont la composition est voisine de $(SO^4)^2 K^3 Na$. On peut donc dire, en résumé que les substances *pseudo-isomorphes* se distinguent des substances *isomorphes* par ce caractère particulier que les propriétés physiques de leurs mélanges présentent des courbes ayant un nombre plus ou moins considérable de points singuliers. Il est remarquable que ces points correspondent souvent à des compositions voisines des proportions atomiques, d'où l'on peut conclure que certains sels doubles eux-mêmes peuvent n'être que des cas particuliers des mélanges pseudo-isomorphes.

On voit ainsi que l'isomorphisme, tel qu'on l'entendait jusqu'ici sans le préciser d'ailleurs, se scinde en deux parties, l'une à limites infiniment plus étroites, et l'autre à limites infiniment plus larges qu'on ne le croyait. Chacune de ces parties se définit rigoureusement par une propriété physique qu'on peut facilement constater, et que les appareils optiques modernes permettent de mesurer avec la plus grande précision.

Cela prouve seulement que l'isomorphisme est un phénomène physique et qu'il doit être étudié par les méthodes purement physiques. Il n'intervient en chimie que par une particularité, à coup sûr très intéressante et qu'on peut formuler ainsi : les corps dont la composition est analogue ont *en général* des formes cristallines semblables. Cette particularité, qui seule avait frappé les anciens observateurs, et à laquelle ils avaient donné la forme d'une loi générale, n'est en réalité qu'un fait empirique, dont l'inverse n'est nullement vraie. Des substances très différentes chimiquement peuvent avoir même forme et des substances voisines des formes tout à fait dissemblables.

On peut opposer à cette façon de voir une objection capitale. On peut dire que l'analogie de forme ne constitue pas encore l'isomorphisme, ni même le pseudo-isomorphisme, et qu'on ne connaît jusqu'ici aucun exemple de corps chimiquement dissemblables, pouvant donner en se mélangeant des formes de passage. Il est vrai de dire que personne n'a songé à chercher de semblables exemples, la loi de Mitschrlich condamnant d'avance toutes les recherches de ce genre.

Ces exemples existent pourtant, et l'objection s'écarte ainsi toute seule. J'en citerai un qui me paraît très caractéristique. Les carbonates anhydres de soude, de potasse et de rubidium, dont on ne peut déterminer la forme, mais dont on peut facilement étudier les propriétés optiques, sont ternaires ou pseudo-ternaires *négatifs* et extrêmement biréfringents ; les sulfates anhydres des mêmes bases sont également pseudo-ternaires, mais tellement peu biréfringents qu'ils sont, comme dans le cas du sulfate de rubidium et du sulfate de sodium, à peu près isotropes. Nous ne pouvons déterminer dans les mélanges la forme cristalline, mais nous pouvons étudier l'ellipsoïde optique. Or, en fondant ensemble le sulfate et le carbonate de potasse, en proportions diverses, il est facile de constater qu'on a une série d'ellipsoïdes entre les deux ellipsoïdes extrêmes, série qui n'est pas continue, comme on devait s'y attendre, puisqu'il s'agit ici d'un cas de pseudo-isomorphisme.

On trouvera sans aucun doute d'autres faits de ce genre, à condition, bien entendu, d'opérer par fusion, et de supprimer ainsi les grandes différences de solubilité, d'hydratation, de stabilité qui existent en général entre substances, dont la composition chimique est très différente.

Il me faut maintenant résumer aussi brièvement que possible cet exposé, peut-être trop long et cependant encore très incomplet. C'est là le caractère de toutes les théories inachevées qui essayent de trouver quelques points de repère fixes, au milieu d'un dédale d'inconnues de toutes sortes.

Il y a dans ce que je viens de vous dire deux choses qui sont, à mon sens, étroitement connexes, mais qu'on peut examiner et critiquer séparément : une conception générale sur les corps cristallisés et une conception particulière sur le polymorphisme et l'isomorphisme. La seconde qui découle très simplement de la première, mais qui a l'avantage d'être plus directement expérimentale et à laquelle par cela même je tiens le plus, revient à dire que le polymorphisme et l'isomorphisme ne sont point des phénomènes dont la chimie puisse et doive s'occuper. Ils appartiennent à cette branche du savoir qui n'a pas encore trouvé sa place officielle dans la classification des sciences, qui s'occupe des phénomènes physiques dépendant de la symétrie propre à la particule cristalline, et qu'on peut appeler la *Physique moléculaire*.

L'existence de plusieurs formes différentes pour un même composé chimique et la superposition de molécules chimiquement dissemblables dans une même enveloppe cristalline, présentent les deux aspects d'une seule et même question, celle des équilibres réticulaires, qu'on a complètement négligée, et qu'il importe d'étudier avec soin. Cela ne veut nullement dire que la constitution chimique de la molécule, telle qu'on l'entend maintenant ou telle qu'on pourra la concevoir plus tard, ne joue aucun rôle dans ces phénomènes. C'est à elle, au contraire, que tout se réduit en dernière analyse, mais elle n'a là qu'une influence indirecte que nous ne pouvons apprécier à aucun degré, dans l'état présent de nos connaissances, car nous ne savons absolument pas quel rapport existe entre son état chimique et la symétrie qu'elle revêt. Entre ces trois termes, molécule chimique, réseau de la particule, réseau cristallin, d'une part, et, de l'autre, les phénomènes variés que présentent les corps cristallisés, il faut chercher d'abord les relations les plus directes et les plus simples, celles qui appartiennent aux propriétés mécaniques et physiques. Lorsque ces premières lois seront définitivement établies, on pourra s'occuper utilement des rapports plus complexes qui les relient aux lois des équilibres chimiques. J'estime que c'est là la seule voie rationnelle à suivre si l'on veut arriver à des résultats précis.

RÉGÉNÉRATION DU SOUFRE

PAR

M. C. COMBES

PROFESSEUR DE CHIMIE TECHNOLOGIQUE A L'ÉCOLE DE PHYSIQUE ET DE CHIMIE INDUSTRIELLES

L'utilisation de la *charrée* ou *marc de soude*, résidu de la fabrication de la soude par le procédé Leblanc, a été pendant plus d'un demi-siècle l'objet des recherches persévérantes de plusieurs chimistes éminents, et les difficultés d'arriver à une solution pratique et économique étaient telles que c'est seulement depuis la publication du procédé breveté en Angleterre, en 1888, par Chance, que le problème de la régénération du soufre paraît être complètement résolu.

La question est d'une importance capitale pour les usines à soude Leblanc.

Il s'agit en effet pour elles, non seulement de retirer un produit marchand de résidus considérés autrefois comme inutilisables, mais encore de se débarrasser d'une quantité énorme de matières encombrantes qui sont une cause permanente d'insalubrité pour le voisinage, autant par les émanations aériennes que par les eaux de drainage qu'elles laissent écouler.

Afin de bien montrer quelles ont été les difficultés vaincues et les causes des insuccès anciens, je ferai la description sommaire des principaux procédés proposés ou mis réellement en pratique jusqu'à ces derniers temps.

La charrée humide, sortant des cuves de lessivage, s'oxyde rapidement ; pour en avoir la composition exacte, il faut l'analyser immédiatement à l'état humide, et faire l'essai de l'eau sur une autre portion.

Voici, d'après Lunge, une analyse faite avec ces précautions :

Carbonate de sodium.	3,05
Sulfure de calcium CaS	39,42
Hydrate de calcium	9,05
Carbonate de calcium	22,64
Silicate —	3,19
Sulfate —	traces
Silicate de magnésium.	traces
Sulfure de fer FeS	3,07
Alumine	0,76
Charbon	2,36
Sable	13,72
	99,06

Les parties essentielles sont le sulfure de calcium, l'hydrate et le carbonate de calcium.

Exposée en tas à l'air libre, la charrée s'altère rapidement. L'oxygène et l'acide carbonique sec décomposent le sulfure de calcium, avec formation de carbonate de chaux et dépôt de soufre ; ce soufre peut s'enflammer spontanément et produire de l'acide sulfureux.

L'acide carbonique et l'eau décomposent le sulfure de calcium avec formation de carbonate de chaux et dégagement d'hydrogène sulfuré. C'est pourquoi dans les pays chauds les émanations des soudières se composent surtout d'acide sulfureux, et dans les pays humides d'hydrogène sulfuré.

Les eaux qui filtrent à travers la masse entraînent, en outre, des polysulfures et du sulfhydrate de sulfure de calcium solubles, qui vont empester les cours d'eau.

On comprend, d'après cela, quels dommages peut causer la décomposition de ses produits, et quel grand intérêt ont les soudières à s'en débarrasser.

RÉGÉNÉRATION DU SOUFRE SOUS FORME DE SULFURE DE FER

Il convient de citer, en premier lieu, la tentative intéressante de J. Bell (brevet anglais, 1852).

Le procédé a fonctionné industriellement pendant quelque temps et consiste à fondre dans un haut fourneau un mélange de marc de soude, de pyrite grillée, d'argile et de coke.

L'air soufflé était chauffé à la température de 350 degrés. Le sulfure de fer obtenu tenait en moyenne 30 0/0 de soufre ; on retrouvait ainsi 62 0/0 du soufre contenu dans les marcs. Les difficultés pratiques qui ont fait échouer le procédé sont les suivantes :

1° Les marcs étant chargés à l'état humide, ce qui est inévitable à cause des frais de la dessiccation, une partie de soufre est perdue à l'état d'hydrogène sulfuré ;

2° L'allure favorable à la production du sulfure de fer est difficile à maintenir ; si la température est trop basse, les laitiers fondent mal et produisent des obstructions.

Si la température est trop élevée, on produit, en même temps que le sulfure de fer, de la fonte blanche à 2 ou 3 0/0 de soufre ;

3° Les parois du haut fourneau sont rapidement détruites par suite de la grande quantité d'oxyde de fer contenu dans les laitiers ;

4° La pyrite artificielle ainsi obtenue se délitait facilement à l'air et brûlait mal dans les fours.

RÉGÉNÉRATION DU SOUFRE PAR OXYDATION DES CHARRÉES ET TRAITEMENT PAR UN ACIDE

Trois procédés rentrant dans cette catégorie ont été industriellement appliqués, ce sont ceux de Schaffner, Mond et A.-W. Hofmann.

Les deux premiers reposent sur les mêmes réactions et ne diffèrent que par une disposition différente des appareils ; nous les étudierons en même temps.

PROCÉDÉS DE SCHAFFNER ET DE MOND

(Mond, brevet anglais, 13 août 1862 et 8 septembre 1863)
(Schaffner, brevet anglais, 23 septembre 1865)

La charrée est oxydée, soit à l'air libre, soit dans des bacs de lessivage, au moyen d'un courant d'air ; dans ce dernier cas, on peut avantageusement se servir de gaz pris dans une cheminée de l'usine qui contiennent de l'oxygène et de l'acide carbonique.

Par l'action combinée de l'eau et de l'acide carbonique, et par une série de réactions compliquées, presque tout le soufre de la charrée passe à l'état soluble, et les eaux de lessivage, dites eaux jaunes, contiennent finalement :

1° Des polysulfures de calcium solubles dont le terme le plus sulfuré est CaS^5 ;

2° De l'hyposulfite de calcium ;

3° Une certaine quantité de sulfhydrate de sulfure de calcium $Ca(SH)^2$; une partie du soufre reste cependant insoluble sous forme de sulfate et de sulfite de calcium.

Le traitement de la lessive jaune par l'acide chlorhydrique donnera lieu :

(a) à un dépôt de soufre ;

(b) à un dégagement de H^2S ;

(c) à un dégagement de SO^2.

Les deux gaz réagissent facilement l'un sur l'autre pour former de l'eau et un dépôt de soufre, s'ils sont dégagés en même temps dans les proportions voulues pour la réaction :

$$2H^2S + SO^2 = 3S + 2H^2O.$$

Mais il importe évidemment de connaître dans la lessive le rapport des quantités de H^2S et de SO^2 qui seront mises en liberté.

Une méthode ingénieuse, due à Mond, permet de faire rapidement cette détermination et de suivre pas à pas l'oxydation de la charrée.

Il suffit de faire deux titrages au moyen d'une liqueur d'iode, l'un sur un certain volume de lessive jaune, l'autre sur un égal volume de lessive désulfurée par l'acétate de zinc.

Dans la pratique, on prolonge l'oxydation de la charrée de manière à avoir une proportion de SO^2 plus forte que ne l'exige la réaction théorique, afin d'éviter une perte en H^2S.

Si on ajoute peu à peu à une lessive jaune de l'acide chlorhydrique, cet acide réagit d'abord sur le sulfhydrate de sulfure de calcium, puis sur les polysulfures, et enfin sur l'hyposulfite. Pour permettre à l'hydrogène sulfuré et à l'anhydride sulfureux de réagir l'un sur l'autre à l'état naissant, Mond fait arriver en présence l'un de l'autre de l'acide chlorhydrique et de la lessive.

La quantité d'acide chlorhydrique est calculée de manière à mettre en liberté tout l'hydrogène sulfuré, et un peu plus d'une molécule d'anhydride sulfureux pour deux d'hydrogène sulfuré.

La réaction se fait dans une cuve en bois munie d'un agitateur mécanique.

L'acide et la lessive arrivent par deux tubes plongeant dans le liquide qui est chauffé à 60 degrés.

On travaille avec un très faible excès d'acide, et il ne doit se dégager que des traces de gaz sulfureux.

Si la composition de la lessive est bonne, après le traitement, il n'y doit rester ni polysulfures ni hyposulfite.

Schaffner traite une certaine quantité A de lessive peu à peu par HCl, et fait passer les gaz qui s'en dégagent dans une portion égale de lessive fraîche B. Il se dégage d'abord de l'hydrogène sulfuré, puis de l'anhydride sulfureux qui réagit sur les. sulfhydrates contenus dans B en donnant du soufre et de l'eau, sur les polysulfures en les transformant en hyposulfites :

$$2CaS^5 + 3SO^2 = 2CaS^2O^3 + 9S.$$

On traite à son tour la portion B, qui dès la première addition de HCl ne dégage que SO^2 que l'on fait réagir sur une nouvelle portion de lessive fraîche, et ainsi de suite.

L'appareil se compose de deux cylindres en fonte qui peuvent être mis en communication l'un avec l'autre, et que l'on peut chauffer à 60 degrés.

A la fin de l'opération, il reste du soufre en suspension dans une solution de chlorure de calcium.

Le précipité de soufre est très ténu et passe à travers les filtres ; le mieux est de le laisser se déposer en faisant circuler lentement le liquide dans des bassins de dépôt.

Le soufre obtenu doit être raffiné par fusion ; il conserve une odeur désagréable dont on peut le débarrasser par un courant d'air injecté dans la masse en fusion.

PROCÉDÉ HOFMANN

Ce procédé, qui a fonctionné pendant quelques années à l'usine de Dieuze, avait pour but d'utiliser en même temps la charrée de soude et le résidu acide de la préparation du chlore ; il a été abandonné depuis l'adoption du procédé Weldon.

Le résidu liquide de la préparation du chlore, préalablement neutralisé, comme nous le verrons plus loin, était amené dans un bassin et traité par la charrée en excès ; on agitait le mélange jusqu'à précipitation complète du sulfure de fer qui se précipite avant le sulfure de manganèse. On faisait ensuite écouler le liquide qui ne contenait plus que du chlorure de manganèse et du chlorure de calcium.

Cette opération s'appelle le déferrage.

Le résidu solide est de la charrée retenant des sulfures de fer et de manganèse et imprégnée de la solution de chlorure de manganèse.

Cette charrée ainsi préparée est mélangée avec de la charrée fraîche sortant des bacs, et on en constitue des tas pour l'oxydation au contact de l'air.

La présence du fer et du manganèse active singulièrement l'oxydation.

Les chlorures de Fe et de Mn sont transformés en sulfures, qui s'oxydent rapidement en donnant des oxydes hydratés et un dépôt de soufre et un peu de sulfates.

Le soufre mis en liberté se combine au sulfure de calcium pour former des polysulfures solubles.

Les oxydes de Fe et Mn réagissent sur le sulfure de calcium suivant l'équation :

$$Mn^2O^3 + 3CaS = 3CaO + 2MnS + S$$

et les sulfates suivant l'équation :

$$SO^4Fe + SO^4Mn + 2CaS = 2CaSO^4 + FeS\ MnS.$$

Les sulfures ainsi reformés se réoxydent et continuent à réagir jusqu'à ce que tout le soufre de la charrée soit passé à l'état soluble ou transformé en sulfate de chaux.

En définitive, après deux oxydations et deux lessivages, on obtient des *eaux jaunes* contenant des polysulfures et de l'hyposulfite de calcium.

Les eaux jaunes de diverses natures mélangées de manière à contenir un faible excès d'acide sulfureux sont traitées par les résidus acides de la préparation du chlore de manière à les neutraliser.

L'acide chlorhydrique, le chlore libre et le chlorure ferrique contribuent à la précipitation du soufre.

On obtient, d'une part, un précipité de soufre se déposant facilement et se laissant laver sur le filtre, et, d'autre part, une solution neutre de chlorure de manganèse, de chlorure ferreux et de chlorure de calcium, qui est traitée, comme nous l'avons vu, par la charrée pour le *déferrage*.

Enfin la liqueur déferrée est employée pour la fabrication du sulfure de manganèse. Pour cela, on la traite par la quantité nécessaire d'eaux *jaunes* riches en polysulfures et contenant peu d'hyposulfite.

Le sulfure de manganèse est brûlé dans les fours à soufre.

Les cendres de ce sulfure calcinées avec du nitrate de sodium donnent des vapeurs nitreuses, que l'on conduit dans les chambres de plomb, et le résidu est un mélange de sulfate de sodium et de bioxyde de manganèse.

D'après les auteurs, une usine produisant par jour 30 tonnes de charrée et 30^{m3} de résidus de Mn peut fabriquer :

1 400 kilogr. soufre pur ;
2 200 kilogrammes soufre sous forme de sulfures ;
  770   —   manganèse régénéré à 60 0/0 ;
  600   —   sulfate de calcium précipité ;
   20   —   hyposulfite de calcium.

L'inconvénient du procédé est de rendre toutes les opérations d'une soudière dépendantes les unes des autres.

Le rendement en soufre est inférieur à celui des procédés Mond et Schaffner, et le rendement en manganèse régénéré inférieur au rendement du procédé Weldon.

RÉGÉNÉRATION SOUS FORME D'HYDROGÈNE SULFURÉ
ET UTILISATION DE CE GAZ

Il a été fait dans cette voie une multitude d'essais infructueux, et de nombreux brevets ont été pris qui sont restés sans application.

Les inventeurs se sont heurtés à deux grandes difficultés : celle d'obtenir des gaz assez riches et de composition assez constante pour pouvoir les brûler avantageusement ; et celle de laisser une grande partie du soufre à l'état soluble si l'on veut précipiter le soufre par réaction directe entre H^2S et SO^2.

La totalité du soufre contenu dans la charrée peut être dégagée sous forme d'hydrogène sulfuré par l'action d'un acide. Le seul acide assez bon marché est le gaz carbonique provenant des fours à chaux ; mais ce gaz contient au plus 30 0/0 d'acide carbonique, et sa composition est irrégulière. Il en résulte des gaz trop pauvres pour être brûlés et envoyés dans les chambres de plomb. C'est là la cause de l'insuccès de ce procédé dû à Gossage et essayé par lui en 1854.

Les divers moyens essayés pour enrichir le gaz sulfuré, tels que l'absorption par des solutions de sels métalliques, ont dû être abandonnés comme trop compliqués et trop coûteux. La même difficulté subsiste si on se propose de brûler l'hydrogène sulfuré incomplètement pour régénérer le soufre.

Si on fait réagir l'hydrogène sulfuré sur l'acide sulfureux, la réaction ne se passe pas conformément à l'équation simple :

$$2H^2S + SO^2 = 3S + 2H^2O$$

mais il se forme aussi, comme l'ont démontré Stingl et Morawski (*Journal für praktische Chemie* [2], XX, p. 76), les acides tri, tétra et pentathionique.

Comme l'a montré M. Rosenstiehl, on perd d'autant plus de soufre à l'état soluble que ces gaz sont moins secs et moins riches.

Nous allons voir comment les deux grandes difficultés que je viens de signaler ont été levées de la manière la plus heureuse par le procédé de Schaffner et Helbig et par celui, tout récent, de Chance qui a détrôné tous les autres.

PROCÉDÉ SCHAFFNER ET HELBIG
(Brevet français, 1876)

On décompose à chaud la charrée par une solution de chlorure de magnésium, suivant l'équation :

$$CaS + MgCl^2 + H^2O = CaCl^2 + MgO + H^2S$$

On obtient ainsi un gaz riche, facile à utiliser.

Il est juste de dire que l'application de cette réaction avait déjà été brevetée par Pécoul, qui proposait d'employer à cet effet les eaux mères des marais salants (brevet français, 1861).

L'opération se fait dans des vases bien clos chauffés à la vapeur d'eau.

La température maximum doit être de 50 degrés, afin d'éviter une réaction tumultueuse. Pour que le dégagement soit régulier, il est bon de pouvoir exercer une pression à l'intérieur de l'appareil, à l'aide d'un robinet de vapeur ; on évite en même temps que de l'air se mélange au gaz sulfhydrique, ce qui pourrait occasionner des explosions.

Le résidu est une solution de chlorure de calcium contenant de la magnésie en suspension et tous les corps étrangers contenus dans la charrée. Ces derniers sont séparés par une simple lévigation.

Le liquide tenant la magnésie en suspension se rend dans une tour où il tombe sur des prismes de bois disposés en chicane ; cette tour est parcourue de bas en haut par des gaz chargés d'acide carbonique et provenant des fours à chaux.

La solution de chlorure de magnésium est régénérée en vertu de la réaction suivante :

$$MgO + CaCl^2 + CO^2 = MgCl^2 + CaCO^3.$$

Le carbonate de chaux régénéré est passé au filtre-presse. Il peut rentrer dans la fabrication de la soude, mais il faut alors le sécher. On peut aussi s'en servir pour la préparation du ciment de Portland à laquelle il se prête particulièrement à cause de son grand état de division. On peut craindre cependant qu'une trop forte proportion de sel de magnésie ne nuise à la qualité du ciment.

Pour régénérer le soufre en nature, Schaffner et Helbig font réagir l'hydrogène sulfuré sur l'acide sulfureux.

Ils ont constaté qu'en présence d'une solution concentrée de chlorure de calcium ou de chlorure de magnésium la réaction est beaucoup plus complète.

D'après Stingl et Morawski, on peut précipiter 86 à 94 0/0 du soufre contenu dans les gaz. Dans la pratique, on ne peut compter sur un rendement aussi élevé.

Les deux gaz arrivent en proportions convenables au bas d'une tour garnie de prismes de bois ; la solution de chlorure tombe constamment du sommet. Le soufre précipité se sépare bien, il est recueilli sur un filtre lavé et pressé.

On voit que le procédé Schaffner et Helbig se compose de deux parties absolument distinctes : la production de l'hydrogène sulfuré, l'utilisation de ce gaz pour produire du soufre.

Si on se borne à la première partie, et que l'on brûle l'hydrogène sulfuré pour fabriquer de l'acide sulfurique, le procédé est réellement avantageux dès que la pyrite atteint un certain prix. Chance a démontré par la pratique, en 1882, dans son usine d'Oldbury, que le soufre pouvait ainsi être récupéré sous forme d'acide sulfurique, et que cette opération équivaut à payer le soufre, dans la tonne de pyrite, à raison de 0 fr. 31 par unité de teneur.

Les Compagnies de pyrites faisaient alors payer environ le double; le procédé était donc avantageux. Aussi, dès 1884, afin d'empêcher le procédé Schaffner et Helbig de se répandre, les Compagnies de pyrites baissèrent-elles leur prix jusqu'au taux indiqué de 0 fr. 31 par unité de teneur en soufre pour la tonne de pyrite. Cette pyrite étant prise en Angleterre sur quai au port de débarquement.

Dès lors le procédé n'offrait plus d'avantages, et il fallut y renoncer. Chance démontra aussi que, pour utiliser la deuxième phase dans laquelle on produit du soufre libre, les difficultés sont beaucoup plus grandes à cause surtout de l'irrégularité de la réaction de H^2S sur SO^2.

La production du soufre libre n'a été vraiment résolue que par le procédé Chance que nous allons décrire.

PROCÉDÉ CHANCE
(1887)

Chance reprend l'idée, que Gossage avait déjà cherché à réaliser en 1837, de décomposer les marcs de soude par l'acide carbonique provenant des fours à chaux, mais il réussit à avoir des gaz plus riches en se servant habilement d'une réaction connue, celle de l'hydrogène sulfuré sur la charrée elle-même. Si, en effet, on traite le sulfure de calcium tenu en suspension dans l'eau par un courant d'hydrogène sulfuré, le sulfure se dissout en se transformant en sulfhydrate de calcium, suivant l'équation :

$$CaS + H^2S = Ca\,(HS)^2.$$

Ce dernier produit est très complètement décomposé par l'acide carbonique, en laissant dégager la totalité de son soufre à l'état d'hydrogène sulfuré :

$$Ca\,(HS)^2 + CO^2 + H^2O = CaCO^3 + 2H^2S.$$

L'appareil de Chance se compose d'une série de sept cylindres verticaux en tôle réunis par des tuyaux de telle sorte que l'on peut les accoupler en séries de toutes les manières possibles.

Les gaz des fours à chaux aspirés au moyen de pompes circulent successivement dans ces cylindres, dont les premiers sont remplis de charrée plus ou moins transformée, et les derniers de charrée fraîche en suspension dans l'eau. La charrée doit être blutée et à l'état de poudre fine. L'hydrogène sulfuré dégagé des premiers est absorbé dans les suivants, de sorte que les gaz résiduels ne contenant plus ni acide carbonique ni hydrogène sulfuré sont écoulés dans l'atmosphère.

Cette opération a donc pour résultat que l'on se débarrasse d'une grande partie des gaz inertes, accompagnant l'acide carbonique.

Lorsqu'un certain nombre de cylindres sont suffisamment chargés en sulfhydrate de calcium, on les isole, on y dirige l'acide carbonique des fours, et on conduit les gaz dans un gazomètre, tant que leur teneur en H^2S ne s'abaisse pas au-dessous de 30 0/0.

Les gaz des fours contiennent en moyenne 30 0/0 de CO^2; par un roulement méthodique, on arrive à transformer complètement la charrée en carbonate de chaux, et on obtient un gaz de composition très régulière, contenant 30 à 35 0/0 de H^2S.

Les gaz sont séchés par leur passage dans une batterie de cylindres en fer et vont sous la cloche d'un gazomètre, où ils sont isolés de l'eau par une couche d'huile lourde de houille.

Les cylindres de l'appareil de Chance ont $4^m,50$ de haut et $1^m,80$ de diamètre. La batterie de sept cylindres suffit pour traiter les résidus provenant de 300 tonnes de sulfate par semaine.

Le gaz sulfhydrique obtenu peut être facilement brûlé et transformé en acide sulfurique.

Jusqu'ici le procédé Chance peut être mis en parallèle avec la première phase du procédé Schaffner et Helbig ; mais, d'après l'auteur, les frais d'installation sont moindres, la main-d'œuvre beaucoup moins onéreuse, et enfin *on n'emploie pas de combustible*. Quant à l'usage des pompes, il est commun aux deux procédés.

Nous allons voir comment, avec peu de frais supplémentaires, on peut régénérer le soufre sous sa forme marchande ordinaire.

A cet effet, Chance utilise le procédé de Claus qui a pour objet l'obtention du soufre par combustion incomplète de l'hydrogène sulfuré, et qui avait pour but l'utilisation des matières ayant servi à l'épuration du gaz de l'éclairage (Claus, brevets anglais, 1882 et 1883).

Claus mélange le gaz sulfhydrique et l'air en proportions telles qu'il y ait un atome d'oxygène par molécule d'hydrogène sulfuré ; dans ces conditions, et au moyen d'un four spécial, la combustion s'effectue suivant l'équation :

$$H^2S + O = H^2O + S.$$

Le four de Claus est un cylindre creux doublé en briques réfractaires ; le mélange de gaz sulfuré et d'air traverse d'abord une couche de briques réfractaires concassées, supportée par une grille, puis une couche de peroxyde de fer.

A la suite, vient une petite chambre qui est bientôt portée à une température suffisante pour qu'on y recueille du soufre fondu, puis une ou plusieurs chambres dans lesquelles vient se condenser la vapeur de soufre.

L'arrivée des deux gaz étant bien réglée suivant les proportions théoriques — ceci est un point essentiel, — on allume les gaz à leur entrée dans le four ; bientôt la couche réfractaire et l'oxyde ferrique sont portés au rouge, et la combustion a lieu au contact de cette masse incandescente.

La présence de l'oxyde ferrique favorise la réaction, il est probable que celle-ci se passe en deux temps suivant les équations :

$$Fe^2O^3 + 3H^2S = Fe^2S^3 + 3H^2O$$
$$2Fe^2S^3 + 3O^2 = 2Fe^2O^3 + 3S^2$$

comme dans l'épuration du gaz de l'éclairage et la revivification du mélange épurant.

Ainsi, grâce au four Claus, on peut sans frais régénérer, sous forme de soufre fondu ou de fleur, le soufre contenu dans l'hydrogène sulfuré avec un rendement très voisin de la théorie.

Voyons maintenant quelle est la situation faite aux fabriques de soude par le procédé Leblanc dans différents pays, vis-à-vis de leurs concurrentes, les fabriques de soude à l'ammoniaque.

Le procédé Leblanc consomme deux fois plus de houille que le procédé à l'ammoniaque : c'est là son infériorité. Jusqu'à présent, le soufre était perdu dans le premier cas ; la totalité de l'acide chlorhydrique et une partie du chlorure de sodium, dans le second.

Il résulte de là que, pour chaque pays, il doit se produire un état d'équilibre dans l'application des deux procédés qui est fonction : des prix de la pyrite, de la houille, du chlorure de sodium, de la consommation et du prix des chlorures décolorants.

En Angleterre, où les pyrites espagnoles arrivent à très bon compte, où la houille est bon marché et le chlorure de sodium relativement cher, et où la consommation de chlorures décolorants est énorme, les conditions sont particulièrement favorables au procédé Leblanc. Aussi l'état d'équilibre entre les deux procédés paraît atteint en 1889. Voici, en effet, les consommations de chlorure de sodium, pour les deux procédés, pour 1889 et 1890 :

	SEL EMPLOYÉ	
	1889	1890
Procédé Leblanc.	584 203ᵀ	602 769ᵀ
Procédé à l'ammoniaque. . .	219 279ᵀ	252 260ᵀ

L'augmentation est presque la même pour les deux procédés.

La découverte de Chance vient rompre cet équilibre en faveur du procédé Leblanc. Il doit en résulter, d'après Chance, une baisse du prix du soufre des pyrites, et l'on pourra alors produire en Angleterre annuellement 100 000 tonnes de soufre, dont 30 000ᵀ seraient destinées à la consommation intérieure, et 70 000ᵀ pourraient être exportées en Amérique.

Cette prévision semble se confirmer, puisque actuellement quinze grandes usines ont monté le procédé Chance.

En Allemagne, où la houille est plus chère et le chlorure de sodium très abondant, la fabrication de la soude à l'ammoniaque a fait de rapides progrès. En 1890 on y a fabriqué 145 000 tonnes de soude, dont 80 0/0 par le procédé à l'ammoniaque.

L'importation annuelle de soufre n'étant en Allemagne que de 9 000 à 10 000ᵀ, le procédé Chance ne semble devoir apporter dans ce pays qu'une modification insignifiante à l'état relatif des deux industries rivales.

En France la soude à l'ammoniaque s'est développée très rapidement grâce à la cherté de la houille et au bas prix du chlorure de sodium fourni par les salines de l'Est.

Mais il faut maintenant tenir compte de ce que la France est un des principaux consommateurs de soufre à cause de ses vignobles; elle est aussi un pays *producteur de pyrites*.

Voici le tableau de l'importation du soufre en France pour 1800 et 1801 :

	1890	1891	
	TONNES	TONNES	FRANCS
Soufre non épuré, minerai compris	82 107	84 604	8 635 780
Soufre en canons.	1 379	2 219	313 000
Soufre sublimé.	907	340	56 543

On voit que les fabriques de soude Leblanc pourront facilement écouler leur soufre régénéré. Elles trouveront dans le procédé Chance un élément sérieux de lutte contre les fabriques de la soude à l'ammoniaque qui cesseront de gagner du terrain.

En effet la Cie de Saint-Gobain a installé deux appareils Chance dans son usine de Chauny et produit actuellement avec un plein succès 2 tonnes de soufre par jour. Cet exemple mérite d'être suivi.

Notons que l'on s'est heurté, à Chauny, à des difficultés toutes particulières résultant de la nature du carbonate de chaux employé dans la fabrication de la soude.

Le marc de soude s'agglomère en grumeaux difficiles à maintenir en suspension dans l'eau ; on a dû joindre à l'appareil Chance une préparation mécanique spéciale et un système d'agitateurs qui compliquent sensiblement le procédé.

La difficulté, spéciale d'ailleurs à l'usine de Chauny et qui n'existe pas à celle de Saint-Fons, a été complètement vaincue, et on peut espérer que, dans un avenir peu éloigné, tout le soufre actuellement perdu sous la forme de charrée sera régénéré, et que notre pays sera libéré définitivement de l'importation sicilienne.

Charles COMBES.

SUR LES SOLUTIONS

PAR

GEORGES CHARPY

ANCIEN ÉLÈVE DE L'ÉCOLE POLYTECHNIQUE

MESSIEURS,

L'étude des solutions est un sujet trop complexe et trop touffu pour que je prétende vous l'exposer dans son entier en une heure de causerie ; je voudrais seulement essayer de préciser l'état actuel de la question, les problèmes qu'elle soulève, et indiquer les résultats que l'on peut considérer comme définitivement acquis à la science.

I

Il importe tout d'abord de préciser le sens du mot dissolution et de classer les phénomènes que l'on doit comprendre sous ce nom. Cela est d'autant plus nécessaire que le terme dont nous nous occupons est souvent employé dans des acceptions complètement différentes. On parle couramment de la dissolution du marbre dans l'acide chlorhydrique et de la dissolution du sucre dans l'eau. Il est bien évident qu'il y a une différence capitale entre ces deux phénomènes.

Lavoisier avait proposé de réserver le mot dissolution pour les cas qui comportent une action chimique, et le mot solution pour les cas analogues à celui que présentent le sucre et l'eau. Cette distinction n'a pas été adoptée ; elle n'aurait d'ailleurs plus de signification précise, maintenant que les progrès de la science ont montré qu'il n'y a pas lieu de séparer les phénomènes physiques et chimiques.

Actuellement, bien qu'il n'y ait pas de convention nette, on tend à employer le mot *solution* pour désigner des systèmes homogènes formés de plusieurs substances différentes, et le mot *dissolution* pour désigner le phénomène qui donne naissance à ces systèmes.

Toute substance qui n'est pas un corps simple est formée de plusieurs substances différentes ; on pourrait donc dire que la Chimie, ou, tout au moins, l'un des chapitres les plus importants de la Chimie, est l'étude des systèmes homogènes formés de plusieurs substances différentes ; cherchons à les classer, et à voir quels sont ceux que l'on doit comprendre sous le nom de solutions.

Un premier criterium de classification est le mode suivant lequel peuvent varier les proportions des différents composants d'un système. Dans certains cas, des composants déterminés peuvent s'unir suivant différentes proportions pour former des systèmes homogènes ; mais il n'existe pour ces proportions qu'un nombre fini de valeurs, et l'on passe brusquement de l'une à l'autre de ces valeurs. Les systèmes ainsi constitués sont ce qu'on appelle des « composés définis ».

Dans d'autres cas, les proportions des composants peuvent varier d'une façon continue ; tantôt cette variation ne sera possible qu'entre des limites finies ; tantôt les proportions pourront prendre des valeurs quelconques entre zéro et l'infini. Dans les deux cas, si le système est homogène, nous dirons que c'est une solution.

Il importe de bien préciser le sens du mot « homogène ». Supposons qu'une certaine quantité d'une substance soit partagée en volumes élémentaires. Si, quelque petits que soient ces volumes, ils possèdent toujours une composition identique, nous dirons que le corps est homogène. Si, au contraire, on peut déterminer des éléments assez petits pour que deux éléments différents contiennent des substances différentes, nous dirons que le système est hétérogène. Il s'agit ici, bien entendu, d'une hétérogénéité que l'on puisse constater physiquement, sans quoi, d'après les idées admises en chimie, on serait conduit à ne considérer comme homogènes que les corps simples, et encore serait-ce d'une façon provisoire.

On voit que cette définition n'est pas facilement accessible à l'expérience. Si, dans le cas des mélanges obtenus mécaniquement, tels que l'exemple classique du mélange de fer et de soufre, le microscope permet d'affirmer que le système est hétérogène, il n'en sera pas toujours ainsi. Dans bien des cas nous avons affaire à des systèmes parfaitement homogènes en apparence, et que nous supposons hétérogènes, par une généralisation hypothétique de la loi des proportions définies.

Considérons, par exemple, le chlorure d'argent ammoniacal, $AgCl,3AzH^3$. Quand on chauffe ce composé, il se dégage de l'ammoniaque, et il reste un corps blanc que l'on considère comme un mélange du corps primitif avec un autre composé, $2AgCl,3AzH^3$, ou avec du chlorure d'argent $AgCl$. Rien ne nous permet d'affirmer *a priori* que le système est hétérogène, et il y a d'ailleurs des cas tout à fait analogues où il est incontestable que le système reste parfaitement homogène malgré la dissociation. Je citerai, par exemple, les expériences de M. Damour sur les zéolithes. Ces cristaux, sous l'influence de la chaleur, laissent dégager de la vapeur d'eau, qui peut être absorbée de nouveau par refroidissement. Néanmoins, le corps reste parfaitement cristallisé, et l'on peut voir les axes optiques se déplacer graduellement à mesure que la vapeur se dégage. On a donc affaire ici à une véritable dissolution de la vapeur d'eau dans le cristal.

Il existe cependant un criterium auquel on peut se reporter toutes les fois que le système est susceptible de dégager un corps gazeux et un seul. On peut démontrer que la tension du gaz émis par un système hétérogène est indépendante de la proportion des corps contenus dans le système et n'est fonction que de la température. Ce théorème, qui se déduit assez simplement des principes de la thermodynamique, présente la même certitude que ces principes eux-mêmes. Il a d'ailleurs été vérifié expérimentalement dans des cas où l'on a manifestement un système hétérogène, la dissociation du carbonate de calcium par exemple. Lorsque nous pourrons constater expérimentalement l'existence de cette tension fixe, à une température donnée, du gaz dégagé, nous aurons le droit de conclure que le système est hétérogène ; c'est ce qui a lieu pour le chlorure d'argent ammoniacal, d'après les expériences de M. Isambert. En dehors de cette règle, l'observation microscopique est le seul moyen que nous possédions de constater l'homogénéité d'un système.

Nous comprenons donc dans le terme solution tous les systèmes homogènes formés de plusieurs substances. Si nous nous bornons à considérer les solutions formées de deux substances, il peut se présenter six cas différents suivant l'état physique de ces substances. Ces cas sont les suivants :

1° Gaz et gaz ;
2° Gaz et liquide ;
3° Liquide et liquide ;
4° Gaz et solide ;
5° Liquide et solide ;
6° Solide et solide.

Passons rapidement en vue quelques exemples de ces différents cas :

1° *Gaz et gaz.* — Ce cas se subdivise lui-même en deux autres : ou bien les proportions des composants peuvent prendre des valeurs quelconques, c'est le cas du mélange des gaz ; ou bien la proportion de l'un des composants ne peut dépasser une certaine limite, c'est le cas où ce composant peut, dans les mêmes conditions, exister à l'état liquide, et constitue par suite une vapeur.

2° *Gaz et liquide.* — Il est inutile de citer d'exemple de ce cas, qui constitue la dissolution des gaz dans les liquides ; dans tous les cas, la proportion de gaz ne peut dépasser une certaine limite. Quand cette limite est atteinte, on dit que le liquide est saturé.

3° *Gaz et solide.* — Ce cas comprend le fait bien connu de l'absorption des gaz par certains corps poreux, tels que le charbon de bois. On a cependant une certaine difficulté à se représenter le système ainsi obtenu comme homogène ; mais la variabilité de la tension du gaz émis ne permet pas d'affirmer que le système est hétérogène. Comme exemple de solution formée par un gaz et un solide, on peut encore citer l'absorption de l'anhydride carbonique par le caoutchouc, dont l'intervention nuisible dans les analyses organiques est bien connue.

4° *Liquide et liquide.* — Ce cas se subdivise en deux : ou bien les liquides seront miscibles en toute proportion ; ou bien la proportion ne pourra varier qu'entre zéro et une limite finie. Dans ce dernier cas, les deux liquides mis en présence en quantités suffisantes formeront toujours deux couches superposées, constituant chacune une solution des deux liquides.

5° *Liquide et solide.* — Ce cas est le plus fréquent et celui que l'on considère presque toujours comme type. Il comprend, en particulier, le cas très important des solutions salines. La proportion de solide dissous est toujours limitée à une valeur finie, pour chaque température.

6° *Solide et solide.* — Les alliages constituent de véritables solutions ; la proportion des éléments ne peut varier qu'entre des limites finies. Le fait bien connu de la liquation montre que la solubilité d'un métal est limitée. Le plus souvent, pour obtenir un alliage homogène, il faut passer par l'état liquide ; cependant, M. Walthere-Spring, en comprimant à plusieurs reprises un mélange de plomb, d'étain et de bismuth, a obtenu un alliage fondant à 100 degrés, c'est-à-dire 128 degrés au-dessous du point de fusion de l'étain.

Les verres constituent aussi des solutions des différents silicates, et le phénomène de la dévitrification est tout à fait analogue à la cristallisation d'une solution saline.

Enfin, il faut citer le cas de substances isomorphes, qui peuvent concourir, en toute proportion, à la formation d'un cristal parfaitement homogène.

On peut remarquer dès maintenant que, si l'on considère les solutions d'une manière générale, la distinction que l'on fait d'ordinaire entre le dissolvant et le corps dissous n'a aucune raison d'être. Elle provient de ce que l'on ne considère, en général, que les solutions formées par deux substances qui se présentent à l'état libre sous des états physiques différents : par exemple, les solutions formées par un gaz et un liquide, ou un solide et un liquide. Mais, même dans ces cas-là, la distinction n'a pas de raison d'être. Une solution saline, peu concentrée, refroidie au-dessous de zéro, laisse déposer de la glace. Elle est donc saturée d'eau et non pas de sel.

II

Les propriétés communes à toutes les solutions sont l'homogénéité et la possibilité de donner aux proportions des composants des variations infiniment petites. Le fait le plus général, après ceux-ci, est l'existence d'une limite aux proportions des composants. Cette propriété permet de séparer les solutions en deux groupes suivant que la limite existe ou n'existe pas. L'étude de cette limite (saturation ou solubilité) est la première question qui se pose à propos des solutions ; elle est d'un intérêt pratique immédiat.

Le problème peut se poser de la façon suivante : On met en présence des quantités connues de deux substances différentes, dans des conditions extérieures (température, pression) déterminées ; quels seront l'état et la composition des systèmes formés, quand l'équilibre sera atteint ?

Le but à poursuivre est de résoudre ce problème avec un nombre de données expérimentales aussi petit que possible. La première méthode qui ait été suivie, la seule d'ailleurs que l'on puisse considérer comme définitivement acquise, consiste à construire expérimentalement un réseau de courbes dont les différents points représentent tous les états possibles du système. L'application méthodique de ce procédé nécessite un certain nombre de précautions, qui n'ont pas toujours été observées et dont l'omission a conduit à bien des contradictions dans l'étude de la solubilité. Le point sur lequel il importe surtout d'in-

sister est la nécessité de la présence d'un excès du corps par rapport
auquel le système est saturé.

Le fait qu'une solution est saturée, c'est-à-dire contient la proportion maximum d'un corps dans des conditions données, ne peut se
constater qu'en mettant un excès de ce corps au contact de la solution. Comme, d'autre part, il existe souvent plusieurs substances, qui,
mises au contact d'une autre, donnent des solutions identiques (par
exemple, les différents hydrates d'un même sel au contact de l'eau), il
faut, toutes les fois que l'on parle d'une solution saturée, spécifier par
rapport à quel corps elle est saturée.

Quand on dit qu'un gaz est saturé de vapeur, il faut indiquer quel
est l'état du corps qui fournit cette vapeur. Un gaz sera saturé de
vapeur d'eau au contact d'une solution saline et en contiendra une
quantité moindre que s'il est saturé de vapeur au contact d'eau pure.
Dans les deux cas cependant, le système *gaz-vapeur* ne présente aucune
différence, en dehors de la composition qui caractérise la saturation.

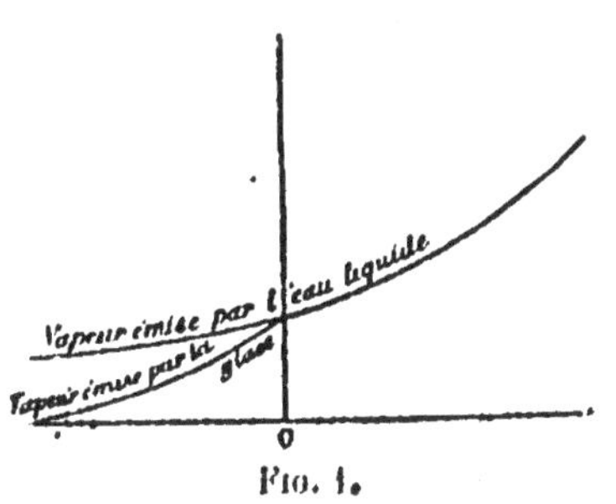

Fig. 1.

La tension maxima de la vapeur d'eau
(tension de vapeur saturante) n'a pas
la même valeur à une température
déterminée, suivant que l'eau est à
l'état liquide ou à l'état solide. Si l'on
représente le phénomène par une autre
courbe, en portant en abscisses les
températures, en ordonnées les tensions de la vapeur saturante, on a
deux courbes : l'une relative à l'eau
liquide, l'autre relative à l'eau solide. Ces deux courbes se coupent au
triple point correspondant à la température de transformation d'un
état dans l'autre (fig. 1).

Le même fait se retrouve dans les autres cas de la dissolution.

Considérons en particulier le cas *solide-liquide*, en supposant la
pression constante et la température variable, ce qui est le cas usuel.

Si un même sel peut se présenter à l'état solide sous deux formes
différentes (si, par exemple, il est dimorphe ou donne deux hydrates
cristallisés), ces corps mis au contact de l'eau donnent des solutions
qui présentent exactement les mêmes propriétés ; mais, la composition
correspondant à l'équilibre, à la saturation, ne sera pas la même dans
les deux cas. On aura donc, pour représenter cette limite en fonction
de la température, deux courbes de solubilité distinctes ; le point d'in-
tersection de ces deux courbes correspondra à la température pour
laquelle l'un des hydrates se transforme dans l'autre.

On a un exemple très net de ce cas avec le sulfate de sodium. Ce sel peut exister à l'état cristallisé soit anhydre, soit combiné avec $7H^2O$ ou $10H^2O$. Il aura donc trois courbes de solubilité distinctes. La figure 2 représente la position relative de ces courbes, telle qu'elle résulte des expériences de Loewell.

On voit donc qu'il peut exister, à la même température, jusqu'à trois solutions saturées de sulfate de so-dium. Cette expression n'est donc pas suf-fisante, et il faut avoir soin de séparer les solutions saturées de sel anhydre, d'hy-drate à $7H^2O$, enfin les solutions de sulfate à $10H^2O$. L'existence de plusieurs solutions saturées à la même température a permis à M. Le Chatelier d'expliquer très simple-ment les phénomènes dits de sursaturation, sans faire intervenir la notion d'équilibre

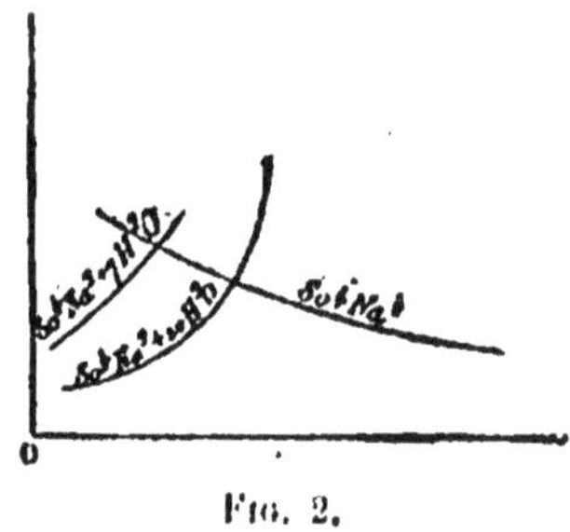

Fig. 2.

instable ; mais cette explication nous éloignerait du but de cette con-férence.

On voit donc que la première chose à faire pour étudier la solubilité d'un sel, dans l'eau par exemple, consiste à déterminer l'ensemble des combinaisons solides du sel et de l'eau, les circonstances qui déter-minent le dépôt de l'une ou l'autre de ces combinaisons, enfin les con-ditions dans lesquelles ces hydrates peuvent coexister ou se transformer l'un dans l'autre.

Ces résultats doivent forcément se déduire de l'expérience. Une fois qu'on les connaît, on peut déterminer expérimentalement les courbes de solubilité relatives aux différents hydrates, et obtenir ainsi un gra-phique qui permet de résoudre tous les problèmes relatifs aux équi-libres entre le sel et l'eau.

Il est logique de chercher à simplifier cette recherche en détermi-nant l'équation des courbes de solubilité en fonction d'un nombre de données expérimentales aussi petit que possible. Deux formules appro-chées ont déjà été proposées. La première est due à M. Le Chatelier; la deuxième, qui semble plus exacte, mais est beaucoup plus compliquée, est due à M. Van der Waals. Voici la formule de M. Le Chatelier :

$$i\frac{dC}{C} - LKdT = 0,$$

i étant un coefficient numérique spécial à chaque se.,;

C, la concentration ;

K, une constante numérique dépendant des unités choisies ;

L, la chaleur de dissolution du sel *dans une solution presque saturée* ;

T, la température absolue.

Cette formule ne comporte donc que deux quantités à déterminer, i et L. Ce n'est d'ailleurs qu'une formule approximative ; mais elle permet déjà de tirer des conséquences qualitatives très utiles en pratique. Elle montre notamment que :

$$\text{si } L > 0 \qquad \frac{dC}{dT} < 0,$$

$$L = 0 \qquad \frac{dC}{dT} = 0,$$

$$L < 0 \qquad \frac{dC}{dT} > 0.$$

C'est-à-dire que suivant que la chaleur de dissolution, *dans une solution presque saturée*, est positive, négative ou nulle, la solubilité doit être décroissante, invariable ou croissante quand la température s'élève, ce que vérifie parfaitement l'expérience.

Par exemple, le chlorure de potassium, le sulfate de sodium et un grand nombre d'autres sels, dont la chaleur de dissolution est positive, ont une solubilité qui augmente quand la température s'élève. Le chlorure de sodium, dont la chaleur de dissolution est très faible, présente une solubilité sensiblement indépendante de la température. Enfin l'isobutyrate de calcium, l'hydrate de calcium, le sulfate de calcium présentent, dans certaines limites de température, des chaleurs de dissolution négatives et des solubilités décroissantes quand la température s'élève.

Le chlorure de cuivre permet de se rendre compte de l'importance des mots *dans une solution presque saturée* ; la solubilité augmente avec la température, et la chaleur de dissolution dans l'eau est négative ; mais la chaleur de dissolution dans une solution presque saturée est positive.

L'obtention d'une formule du genre de celle de M. Le Chatelier, mais qui serait numériquement exacte, est le but à atteindre actuellement dans l'étude des dissolutions, aussi bien pour les solutions gaz-vapeur que pour les solutions solide-liquide.

III

Le second problème qui se présente dans l'étude des solutions est la détermination de l'état des corps dissous. Ce n'est pas là, comme semble l'indiquer le titre sous lequel on le désigne, un problème purement philosophique, une recherche de la constitution intime de la matière, dont l'utilité immédiate serait au moins contestable. Cette question intervient toutes les fois que l'on cherche à prévoir quel sera l'état d'équilibre qui s'établira dans une réaction réversible portant sur des corps dont quelques-uns sont dissous. C'est là le problème pratique auquel il convient de s'attacher et que, par une tendance continuelle de notre esprit, nous avons dépouillé de sa forme abstraite pour le mettre sous la forme objective de recherche de l'état des corps dissous.

Par exemple, quand on met du sulfate de mercure SO^4Hg dans l'eau, il se dépose au fond du vase un sel jaune, sulfate basique de mercure, SHg^6O^8, et il reste une dissolution contenant de l'acide sulfurique et de l'oxyde de mercure.

Le problème pratique qui se pose est celui-ci : quel sera l'état d'équilibre qui s'établira quand on mettra en présence des quantités connues de sulfate de mercure et d'eau, dans des conditions déterminées ? Comme, en chimie, on raisonne toujours d'après l'hypothèse moléculaire, on a cherché à résoudre ce problème en déterminant la composition des molécules contenues dans le liquide, c'est-à-dire l'état du corps dans la solution.

Pour bien voir comment s'est introduite cette notion, il est bon de rappeler rapidement ce que nous savons sur les équilibres chimiques. Considérons d'abord un équilibre chimique ne comportant que des corps gazeux, par exemple :

$$2Cl^2 + 2H^2O \rightleftarrows 4HCl + O^2.$$

A chaque température, l'état d'équilibre est défini par la formule :

$$\frac{C^p}{C_1^{p_1}} = C^{te},$$

C et C_1 étant les concentrations du premier et du second système, c'est-à-dire les quantités de ces systèmes qui sont contenues dans l'unité du volume ; P et P_1, les pressions de ces deux systèmes. Or, entre le volume et la pression d'une quantité de gaz égale au poids moléculaire, on a :

$$P v = RT.$$

Dans le cas actuel $v = 1$; donc $P = RT$; pour a molécules, $P = RTa$; enfin, pour $a + a' + a''$ molécules :

$$P = RT (a + a' + a'') = RT \sum a.$$

Dans le cas actuel :

$$P \ = RT (2 + 2)$$
$$P_1 = RT (4 + 1).$$

L'équation d'équilibre sera donc :

$$\frac{C^4}{C^5} = C^{te},$$

D'une manière générale, si l'on a la réaction réversible :

$$a M + a' M' + a'' M'' \rightleftarrows a_1 M_1 + a'_1 M'_1 + a''_1 M''_1,$$

on aura :

$$P = RT \sum a, \quad P_1 = RT \sum a_1$$
$$\frac{C^{RT \Sigma a}}{C^{RT \Sigma a_1}} = \frac{C^{\Sigma a}}{C^{\Sigma a_1}} = C^{te}$$

La même équation s'applique encore quand la réaction comporte des corps liquides ou solides, à condition de ne tenir compte dans Σa que des corps gazeux.

Cette équation d'équilibre se déduit des principes de la Thermodynamique aussi bien que de la théorie cinétique des gaz. Elle est vérifiée par l'expérience ; on peut donc la considérer comme un résultat acquis. Elle permet, comme on le voit, de prévoir l'équilibre qui se produira dans un système donné, à condition qu'on ait déterminé, par un certain nombre d'expériences, la valeur de la constante relative aux différentes températures. Interprétée dans le langage de l'hypothèse moléculaire, cette formule conduit à la conception que, dans les solutions, les molécules gazeuses conservent leur individualité propre.

Or, toutes les lois relatives à la pression des systèmes gazeux ont été retrouvées pour la pression osmotique des systèmes liquides. On est donc conduit à conclure que, dans une réaction réversible, l'équilibre sera défini par l'équation :

$$\frac{C_1^{\Sigma a_1}}{C^{\Sigma a}} = C^{\text{te}}$$

à condition de ne pas faire intervenir dans Σa et Σa_1 les corps solides isolés.

L'expérience n'a pas vérifié cette conclusion d'une manière générale. La formule ne s'applique pas, en particulier, aux solutions aqueuses des bases, des acides et des sels. Van'T Hoff a montré qu'il fallait, dans ce cas, multiplier le terme a, relatif à chaque sel, par un coefficient numérique particulier, i, que l'on peut déterminer d'après l'étude des tensions de vapeur ou des points de congélation [1].

L'existence de ce coefficient i montre que, dans le cas des solutions salines, on ne peut considérer les molécules du sel comme gardant leur individualité au sein de l'eau. Néanmoins, s'il suffisait d'une détermination expérimentale du coefficient i dans chaque cas particulier, on pourrait considérer le problème comme résolu. Malheureusement, il n'en est pas ainsi. La formule $\dfrac{C_1^{\Sigma a_1 i_1}}{C^{\Sigma a i}} = C^{\text{te}}$, qui donne de bons résultats dans un certain nombre de cas, ne peut être considérée que comme une formule approchée. Le coefficient i varie notablement avec la température et la concentration, sauf dans un petit nombre de cas particuliers.

Ce qu'il s'agit de déterminer, c'est donc la variation de i en fonction de la température et de la concentration. En se plaçant sur le terrain de l'hypothèse moléculaire, on a proposé trois interprétations physiques de la variation de i.

---

[1] La valeur de i est égale à l'abaissement moléculaire du point de congélation divisé par 18,5.

La valeur de i est égale à 5,6 fois le poids moléculaire (m) du corps dissous multiplié par la partie (Δ) dont sa présence diminue la tension de vapeur de l'eau (dissolution à 1 p. 100) : $i = m . \Delta . 5,6$ (Van'T Hoff).

Ces trois hypothèses sont les suivantes :

Hypothèse de la dissociation électrolytique, proposée par MM. Arrhénius et Ostwald ; hypothèse du dédoublement des molécules, mise en avant par M. Ramsay ; enfin, hypothèse de l'hydratation, défendue principalement par MM. Mendeleeff et Pickering.

Remarquant que les solutions pour lesquelles on était obligé d'admettre un coefficient i différent de l'unité donnaient toutes des solutions conductrices de l'électricité, susceptibles, par suite, de subir l'électrolyse, M. Arrhénius a admis que la séparation du sel en *ions*, que produit le passage d'un courant, était déjà obtenue par simple dissolution, et que l'électricité n'avait d'autre rôle que de diriger chacun de ces *ions* vers l'une ou l'autre des électrodes.

Cette hypothèse a soulevé de violentes contradictions ; il semblait contraire à toutes les idées reçues en chimie d'admettre que les composés les plus stables fussent séparés en leurs éléments par une simple dissolution, donnant lieu à des phénomènes thermiques très faibles, et surtout qu'il pût exister dans une dissolution de chlorure de potassium par exemple, du chlore et du potassium en liberté. A cela, M. Arrhénius répond qu'il ne faut pas considérer les *ions* libres au sein de la dissolution comme identiques aux molécules isolées des mêmes corps. La différence réside peut-être d'abord dans l'état d'aggrégation moléculaire, et surtout dans ce fait que les *ions* possèdent une très forte charge électrique, positive ou négative, qui empêche toute action de l'*ion* sur le dissolvant et représente une grande quantité d'énergie. L'*ion* est donc tout à fait différent de la molécule, et il ne faut pas chercher à retrouver dans la dissolution où l'on suppose les *ions* libres les propriétés des corps qui constituent ces *ions*.

Voici maintenant quelques-uns des faits qui viennent à l'appui de l'hypothèse de M. Arrhénius. Les solutions électrolytiques ne pouvant transmettre l'électricité sans subir de décomposition, on est conduit à admettre que le transport de l'électricité ne se fait que par l'intermédiaire des *ions ;* la conductibilité moléculaire variera donc en même temps que le rapport du nombre des molécules dissociées au nombre des molécules non dissociées. Dans les solutions très étendues, on trouve une conductibilité moléculaire constante ; c'est qu'alors le sel est complètement dissocié en *ions*. Quand la concentration augmente, la conductibilité moléculaire diminue ; c'est qu'un certain nombre de molécules salines restent indécomposées. On peut, d'après le rapport des conductibilités, calculer la proportion de molécules dissociées et, par suite, le coefficient i.

Par exemple, la conductibilité moléculaire-limite pour le chlorure, do potassium est 1,217 (multipliée par 10^3) ; à la concentration 0,74 par litre, la conductibilité est 1,147 ; le rapport $\frac{1,147}{1,217} = 0,94$ est, d'après M. Arrhénius, égal au rapport du nombre n de molécules dissociées au nombre total m de molécules.

Le nombre de molécules libres est donc égal à $m - n + 2n$, chacune des molécules dissociées donnant naissance à deux autres ; par suite :

$$i = \frac{m - n + 2n}{m} = 1 + \frac{n}{m} = 1,94.$$

Pour $CaCl^2$ on aura :

$$i = \frac{m - n + 3n}{m} = 1 + 2\frac{n}{m},$$

car chaque molécule se dédouble en trois autres (Ba, Cl, Cl) ; or les conductibilités sont les suivantes :

Conductibilité moléculaire-limite. . . . 1,144
1 gr. 04 par litre 1,006   rapport = 0,87

donc :
$$i = 1 + 0,87 \times 2 = 2,74.$$

On peut donc calculer i au moyen de la conductibilité électrique, et comparer la valeur ainsi obtenue aux valeurs déduites de la pression osmotique, de la tension de vapeur, ou de l'abaissement du point de congélation.

Les différentes valeurs ainsi obtenues concordent assez bien ; voici quelques résultats numériques :

1° i_1, calculé d'après la conductibilité électrolytique ;

i_2, déduit de la pression osmotique (mesures de M. de Vries) :

	KCl	NaCl	AzH^4Cl	AzO^3Na	AzO^3K
i_1	1,87	1,82	1,85	1,73	1,80
i_2	1,80	1,72	1,82	1,70	1,76

2° i''_1, calculé d'après la conductibilité électrique ;
i_3, déduit de l'abaissement du point de congélation (Raoult) :

	KCl	AzO³Na	(AzO³)² Pb	KOH	HCl
i''_1	1,86	1,82	2,08	1,93	1,90
i_3	1,82	1,82	2,02	1,91	1,98

3° i''_1, calculé d'après la conductibilité électrique ;
i_4, déduit de la diminution de tension de vapeur (Tamman) :

	NaCl	LiCl	NaOH	SO⁴K²	SrCl²
i''_1	1,75	1,69	1,80	2,02	2,15
i_4	1,80	1,76	1,72	2,00	2,15

L'hypothèse d'Arrhénius donne une explication simple des propriétés modulaires des solutions étendues. M. Valson, en étudiant les densités des solutions salines normales, c'est-à-dire contenant une molécule de sel par litre, était arrivé à formuler la loi suivante :

La densité d'une solution saline normale peut se déduire de celle d'une solution prise comme type en y ajoutant deux nombres, correspondant : l'un au radical électro-positif, l'autre au radical électro-négatif. Ces nombres ou modules sont caractéristiques d'un radical et indépendants de l'autre radical auquel il se trouve associé.

Cette loi modulaire a été étendue depuis à un grand nombre de propriétés physiques (volume spécifique, dépression capillaire, chaleur de neutralisation, compressibilité, frottement interne, pouvoir rotatoire, indice de réfraction). L'existence des modules des radicaux suffirait presque, à elle seule, à conduire à l'hypothèse de la dissociation électrolytique. Voici comment s'expriment à ce sujet MM. Favre et Valson dans un Mémoire daté de 1873 :

« En présence de ces résultats, n'est-on pas autorisé à se demander si l'action dissolvante de l'eau sur les sels n'aurait pas pour effet de dissocier leurs éléments et de les amener, sinon à un état de liberté complète, du moins à un état d'indépendance réciproque qu'il serait difficile de définir maintenant, mais du moins très différent de leur état primitif. »

Dans son beau Mémoire sur le point de congélation des solutions salines, M. Raoult arrive à la conclusion suivante :

« Donc, pour les solutions étendues, la diminution des hauteurs capillaires, l'accroissement des densités, la contraction du protoplasma, l'abaissement du point de congélation, bref la plupart des effets physiques produits par les sels sur l'eau dissolvante sont la somme des effets produits séparément par les radicaux électro-positifs et électro-négatifs qui les constituent, et qui agissent comme s'ils étaient simplement mélangés dans le liquide. »

Il faut donc reconnaître que MM. Valson et Raoult avaient été conduits par leurs recherches expérimentales à l'hypothèse de la dissociation électrolytique, mais sans oser attribuer à la séparation en ions une réalité objective, comme l'a fait M. Arrhénius d'après l'étude des propriétés électriques. De nombreuses recherches ont été effectuées dans ces dernières années pour contrôler cette hypothèse. Il faut citer principalement les expériences de M. Ostwald, en particulier celles relatives à l'interversion du sucre par les acides.

M. Ostwald attribue l'interversion du sucre par les acides à l'hydrogène mis en liberté par le fait de la dissociation électrolytique. D'après cela, la vitesse de la réaction doit être d'autant plus grande que la proportion d'hydrogène libre est plus grande. C'est ce que vérifie, en effet, l'expérience. De plus, si l'on a déterminé pour un acide à une série de concentrations différentes, d'une part la proportion d'hydrogène libre au moyen de la conductibilité électrique, d'autre part la vitesse d'interversion du sucre, on pourra calculer pour d'autres acides la vitesse d'interversion qui correspondra à une concentration et par suite à une proportion d'hydrogène libre connue. Les expériences d'Ostwald ont très exactement vérifié ces conclusions.

Enfin M. Ostwald a cherché à mettre directement en évidence l'existence des ions libres [1] au sein de la dissolution; mais l'interprétation des expériences qu'il a réalisées est trop délicate pour qu'on puisse les considérer comme apportant une preuve décisive.

---

[1] OSTWALD et NERNST, *Uber freie Jonen. Zeitschrift für physikalische Chemie*, 1889.

IV

L'augmentation du nombre des molécules dans une solution saline peut aussi s'expliquer, comme cela a été indiqué plus haut, en admettant que les molécules salines sont des agglomérations qui se désagrègent par la dissolution. Ce cas sera sûrement le cas réel, si le corps dissous est un corps simple. C'est ce qui semble se présenter pour les solutions d'iode, de soufre et de phosphore. Pour l'iode, en particulier, des mesures de tension de vapeur dues à M. Morris Loeb, et des mesures cryoscopiques effectuées par MM. Gautier et Charpy, conduisent à conclure que la condensation moléculaire de l'iode est différente dans les solutions brunes et dans les solutions violettes.

M. Aignan, en étudiant la polarisation rotatoire de l'acide tartrique, a été conduit à considérer la molécule comme double et pouvant se dédoubler partiellement en solution aqueuse. Un certain nombre de faits tendent d'ailleurs à faire admettre que la condensation moléculaire n'est pas la même pour certains corps à l'état liquide et à l'état gazeux, et que cette condensation peut encore s'augmenter beaucoup à l'état solide [1]. M. Raoult, d'après ses recherches cryoscopiques, suppose que la molécule de l'eau doit être considérée comme multiple, ainsi que celle de l'acide acétique. M. Ph.-A. Guye, dans des recherches tout à fait indépendantes, arrive à la même conclusion pour l'eau, l'alcool méthylique, etc.

V

Enfin, un certain nombre de savants, se refusant à admettre la théorie cinétique de la dissolution, expliquent la constitution variable des solutions salines par l'existence, au sein du liquide, d'hydrates définis en voie de dissociation. De nombreux faits, il est vrai, conduisent à admettre qu'il existe un lien entre l'eau et le sel dissous, surtout lorsque ce sel peut donner des hydrates solides stables. On sait que la dissolution de ces sels, pris à l'état anhydre, donne lieu à un déga-

[1] V. *Sterry Hunt*. The coefficient of mineral condensation in chemistry. *Chemical News*, 19 et 26 décembre 1890.

gement de chaleur, parfois considérable; que certaines solutions (chlorure cuivrique, chlorure de cobalt) présentent une coloration variable avec la concentration et la température, coloration qui est tantôt celle du sel anhydre, tantôt celle du sel hydraté. L'hypothèse la plus ancienne sur la constitution des sels dissous, et celle qui se présente le plus naturellement, consiste à admettre que le sel est au même état d'hydratation dans la dissolution que les cristaux obtenus par évaporation à la même température. Mais cela ne correspond évidemment pas à la réalité, car une même dissolution peut, à une même température, laisser déposer différents hydrates pourvu qu'on la mette en contact avec une parcelle de l'un de ces hydrates. M. Berthelot, à la suite de ses recherches calorimétriques, arrive à concevoir les solutions salines comme contenant tantôt le sel anhydre, tantôt des hydrates partiellement dissociés en eau et sel anhydre, ou bien en eau et hydrate moins hydraté. Cette conception a été reprise par M. Mendeleeff qui a voulu voir dans cette dissociation des hydrates la cause des anomalies que présentent les solutions salines très étendues, et a cherché à déterminer quels sont les hydrates qui peuvent exister en dissolution. Voici quel est le principe de sa méthode :

Supposons qu'on fasse varier d'une façon continue la concentration d'une dissolution, et qu'on étudie en même temps l'une quelconque de ses propriétés physiques. A un certain moment, il existera dans la dissolution des hydrates à $7H^2O$ et $8H^2O$, par exemple. Quand la concentration aura atteint la valeur qui correspond à la formation intégrale de l'hydrate à $8H^2O$, on verra paraître un nouvel hydrate, à $10H^2O$, par exemple. La constitution de la solution a donc changé brusquement, et ce changement doit se traduire par un point anguleux dans la courbe qui représente, en fonction de la concentration, la propriété physique étudiée. On doit donc obtenir sur cette courbe une série de points anguleux correspondant aux différents hydrates qui peuvent exister dans la dissolution. Cette méthode a été appliquée par M. Mendeleeff à la densité des solutions d'alcool et d'acide sulfurique, par M. Crompton à la conductibilité électrique des solutions d'acide sulfurique, par M. Pickering à la densité, la chaleur de dilution et l'abaissement des points de congélation des solutions d'acide sulfurique et de chlorure de calcium. La méthode est contestable en elle-même, mais ce qui est plus grave, c'est que les résultats des différents expérimentateurs ne sont pas concordants. M. Mendeleeff trouve pour l'acide sulfurique 4 hydrates, M. Crompton 5, M. Pickering 16. Dans les solutions très étendues, qui sont celles dans lesquelles on a observé la variation de i, la détermination des points anguleux devient presque complètement arbitraire. Il ne semble donc pas qu'il y ait de raison bien sérieuse d'admettre l'existence d'hydrates contenant jusqu'à 1 000 molécules d'eau, comme le fait M. Pickering.

Si l'on doit regarder comme certaine l'existence d'un lien entre le dissolvant et le corps dissous, au moins dans certains cas particuliers, on ne peut rien affirmer sur la nature des composés que peuvent former l'eau et les sels dissous.

A priori, il n'y a aucune raison pour préférer l'une de ces hypothèses aux autres. Elles se rapportent toutes à des faits qui sont tellement loin de nos moyens expérimentaux que nous ne pouvons, en conscience, décider s'ils sont possibles ou non. Les deux premières hypothèses sont acceptées en général sans trop de difficultés, tandis que l'hypothèse de la dissociation électrolytique rencontre une grande résistance par suite de ce fait qu'on ne parvient pas à se figurer une solution de chlorure de potassium comme renfermant du chlore et du potassium isolés.

L'opinion inverse est parfaitement défendable. On peut faire remarquer que rien ne nous permet d'admettre dans une solution aqueuse de chlorure de potassium l'existence d'un hydrate, tandis que les ions, que nous séparons par la pensée, sont en effet les corps que nous séparons soit sous l'influence de l'électricité, soit sous l'influence des réactifs chimiques; ce sont les ions que nous dosons dans les opérations de l'analyse.

En fait, ce sont là des arguments de sentiment; ils n'ont de raison d'être qu'autant que l'on considère l'hypothèse moléculaire comme une réalité objective et non comme l'expression concrète d'un ensemble de faits. Si l'on veut rester dans le domaine de la science positive, on doit considérer qu'il nous est complètement impossible de juger ces hypothèses, et que nous devons choisir celle qui nous donnera des résultats pratiques. On semble s'être peu préoccupé jusqu'ici de cette question; il n'y a guère que l'hypothèse de la dissociation électrolytique qui ait été appliquée dans quelques cas. Le professeur Max Planck, de Berlin, a développé une formule relative à l'équilibre des solutions salines, en supposant les sels complètement dissociés en leurs ions. Cette formule, très compliquée, donne dans quelques cas des résultats voisins de l'expérience; mais on ne peut encore la considérer comme un progrès sérieux sur la formule de Van'T Hoff.

En résumé, le mot solution, que l'on prend en général dans un sens trop restreint, s'applique à des systèmes se présentant sous les différents états physiques. Le problème général qu'il y a lieu de résoudre revient à trouver un moyen de prévoir quels seront les états et les compositions des différents systèmes qui se formeront quand on mettra en présence des quantités connues de substances déterminées. Le problème est résolu complètement dans quelques cas très particuliers ; mais, pour la plupart, qu'il s'agisse de systèmes formés de deux ou de plusieurs substances, on ne possède encore que des solutions empiriques. L'hypothèse moléculaire, qui permet d'interpréter d'une façon satisfaisante les phénomènes relatifs aux systèmes gazeux, sur lesquels elle est basée, n'a pas donné de résultats suffisamment généraux dans les autres cas. La théorie de la dissociation électrolytique, qui, sans être parfaite, conduit à un certain nombre de résultats intéressants, est celle qui s'écarte le plus de l'hypothèse moléculaire. En dehors de cette considération, c'est de beaucoup la plus satisfaisante, et elle a même permis de prévoir quelques faits nouveaux. Il semble donc qu'on doive rechercher les lois des phénomènes que présentent les solutions sans se préoccuper, autant qu'on le fait, des conceptions généralement admises sur la constitution de la matière, et qui sont peut-être, sinon oiseuses, du moins prématurées.

TAUTOMÉRIE ET DESMOTROPIE

PAR

M. R. LESPIEAU
AGRÉGÉ DE L'UNIVERSITÉ

Lorsqu'on débute dans l'étude de la chimie organique, on est frappé de l'élégance et de la précision avec laquelle on parvient à rassembler toutes les réactions d'un corps dans un symbole aussi simple qu'une formule de constitution.

On ne pouvait prévoir *a priori* qu'un tel résultat fût possible. Une molécule chimique constitue une sorte d'édifice en équilibre. Si l'on vient à rompre cet équilibre en mettant un corps en présence d'un autre, ou en changeant les conditions extérieures, on arrivera forcément à un nouvel état stable.

Il pourrait arriver que cet état définitivement atteint ne rappelât en rien l'équilibre primitif, que la structure des corps engendrés n'eût rien de commun avec celle des générateurs. Et, en réalité, nous savons que, quand les forces mises en jeu dans la réaction ont une grande intensité, dans certaines réactions pyrogénées par exemple, la parenté est souvent peu marquée entre les corps d'où l'on part et ceux auxquels on arrive.

Toutefois, l'exemple d'un nombre immense de composés est là pour nous montrer que l'on peut à chaque individualité chimique assigner une sorte de squelette se retrouvant plus ou moins démembré à travers les réactions et permettant de donner de celles-ci une interprétation simple.

S'il en est presque toujours ainsi, il se présente cependant des exceptions, alors même que la réaction observée n'est pas violente. M. Auger, dans une conférence qu'il a faite, il y a quelques années, à ce laboratoire, a rassemblé un grand nombre de cas de ce genre : alors que tout concorde pour faire attribuer à un corps une certaine formule, il se trouve une ou deux réactions en désaccord avec elle. M. Auger nous a montré que ce désaccord n'est souvent qu'apparent. Si l'état initial et l'état final semblent étrangers l'un à l'autre, c'est qu'il existe un état intermédiaire dont on n'a pas tenu compte. On sait comment, par des fixations ou des enlèvements momentanés d'eau, d'acide chlorhydrique, etc., on explique la plupart de ces exceptions. Ce ne sont pas là des explications créées pour le besoin de la cause; on a pu quelquefois isoler ces intermédiaires ou mettre leur existence hors de doute. Aussi, quand dans l'histoire d'un corps de formule bien établie, nous rencontrerons une anomalie, nous aurons le droit de croire qu'elle n'est qu'apparente, et nous conserverons la formule admise auparavant.

Les cas que je vais examiner sont un peu plus complexes : les faits exceptionnels sont ici presque aussi nombreux que les autres et souvent, à vrai dire, on ne sait pas où sont les exceptions. Aussi a-t-on pour chaque corps à hésiter entre plusieurs formules presque également vraisemblables.

L'exemple le plus simple que l'on puisse citer est celui de l'acide prussique. Les théories actuelles prévoient deux corps isomériques CAzH :

$$C \equiv Az - H \qquad \text{et} \qquad H - C \equiv Az.$$

Or on ne connaît pas d'isomère à l'acide prussique. Toutefois ses sels, en réagissant sur les iodures alcooliques, donnent tantôt des nitriles, tantôt des carbylamines, et tantôt un mélange des deux. Il est donc fort difficile de décider entre les deux formules.

Bien que les corps présentant une telle particularité soient actuellement assez nombreux, on peut presque tous les rassembler dans les deux formules suivantes :

$$\begin{array}{ccc} -\,C - C = & \qquad & -\,Az - C - \\ \parallel \quad | & & | \quad \parallel \\ O \quad H & & H \quad O \end{array}$$

en n'écrivant de la molécule que la partie qui nous intéresse. La difficulté consiste à savoir si l'on doit adopter les formules écrites ci-dessu ou les suivantes :

$$\begin{array}{ccc} -\,C = C = & \qquad & -\,Az = C - \\ | & & | \\ OH & & OH \end{array}$$

(l'oxygène pouvant d'ailleurs être remplacé par du soufre.)

Vous voyez, Messieurs, où gît la difficulté. C'est dans la fixation de la position de l'atome d'hydrogène. Lorsqu'on le remplace en effet par un groupe méthyle, éthyle, acétyle, on a suivant le cas, en partant du même corps, des dérivés qui appartiennent nettement à l'une ou à l'autre forme. Ces sortes de transpositions moléculaires se rencontrent constamment. Avec M. Conrad Laar, nous appellerons les corps de ce genre des corps *tautomères*. J'en cite quelques exemples :

La phloroglucine, réagissant sur l'alcool en présence de l'acide chlorhydrique, donne l'éther

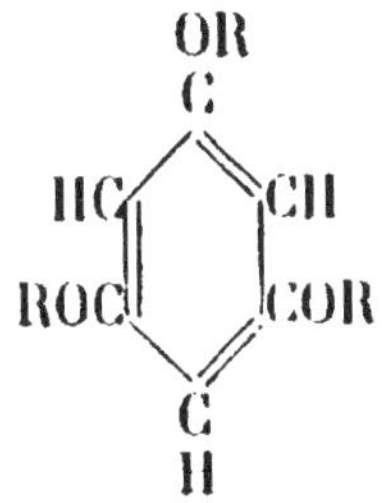

$$
\begin{array}{c}
OR \\
C \\
HC \quad\quad CH \\
ROC \quad\quad COR \\
C \\
H
\end{array}
$$

Si, au contraire, on veut remplacer les atomes d'hydrogène par des groupes éthyle en utilisant l'iodure d'éthyle en présence de la potasse on obtient l'éther

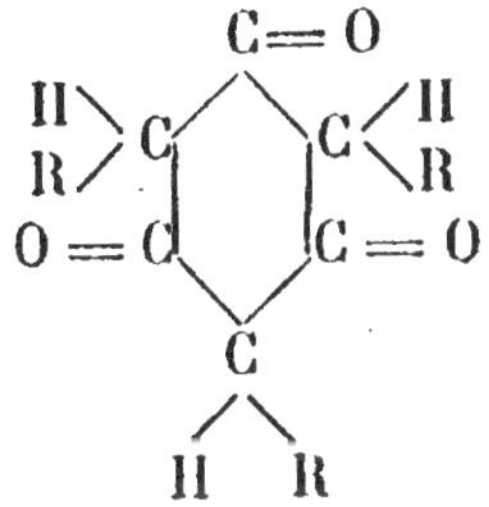

$$
\begin{array}{c}
C = O \\
H{\scriptstyle\diagdown}C \quad C{\scriptstyle\diagdown}H \\
R{\scriptstyle\diagup}\quad\quad\quad R \\
O = C \quad\quad C = O \\
C \\
H \quad R
\end{array}
$$

Ce carbostyrile donne un sel d'argent qui par les iodures alcooliques fournit les éthers

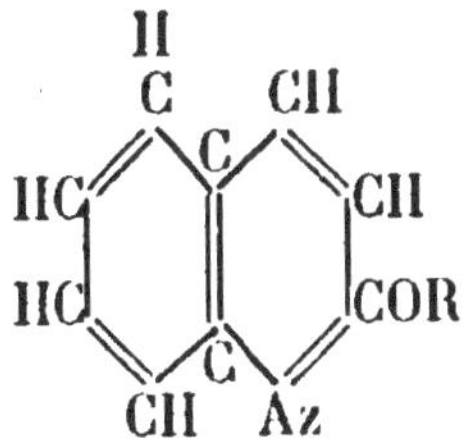

$$
\begin{array}{c}
H \\
C \quad\quad CH \\
HC \quad C \quad CH \\
HC \quad\quad\quad COR \\
CH \quad C \quad Az
\end{array}
$$

tandis que C^3H^5I en présence de KOH donne :

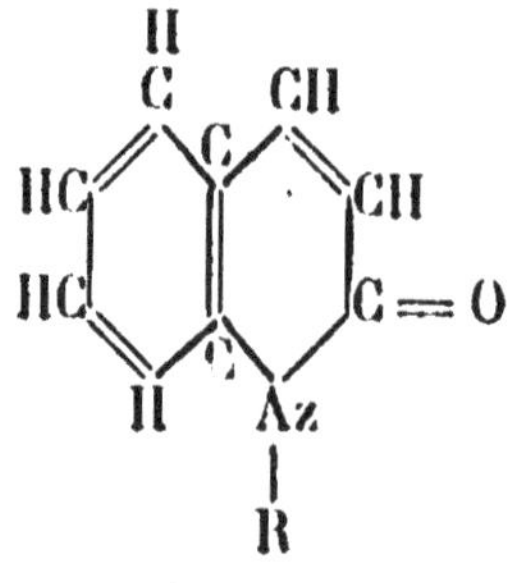

$$\begin{array}{c}
H \\
C \qquad CH \\
HC \quad C \quad CH \\
HC \qquad C = O \\
H \quad Az \\
R
\end{array}$$

L'isatine a pour formule $C^6H^4\!\!\left\langle\begin{array}{c}CO - COH\\ Az \end{array}\right.$; cependant par ébullition

avec l'anhydride acétique elle fournit $C^6H^4\!\!\left\langle\begin{array}{c}CO - CO\\ Az \quad COCH^3\end{array}\right.$

Laar a essayé de donner une explication générale de ces anomalies. D'après lui, s'il est difficile dans un corps tautomère de fixer la position d'un atome d'hydrogène, c'est qu'en réalité il est mobile et que, dans son mouvement, il passe d'un atome à un autre.

Dans le cas de l'acide prussique par exemple, l'hydrogène passe du carbone à l'azote, de l'azote au carbone, et cela continuellement.

D'après Laar, cette conception n'est pas sans analogues ni sans précédents. Gerhardt faisait appartenir le même corps à différents types suivant le cas. Un exemple mieux choisi est la mobilité de la valence admise par M. Kekulé pour justifier sa formule hexagonale ; je ne crois pas devoir m'arrêter sur ces deux points.

Voici en tout cas comment M. Laar explique les réactions des corps tautomères : Un corps se trouve en présence de l'acide prussique. Il peut n'être susceptible de réagir sur l'hydrogène que quand celui-ci se trouve dans une phase déterminée de son mouvement, par exemple : quand il est relié au carbone, on aura des corps analogues aux nitriles. Inversement, on pourrait n'avoir que des carbylamines. Il se peut aussi que le réactif agisse, quelle que soit la phase du mouvement ; on aura alors un mélange de nitriles et de carbylamines. Si la tautomérie disparaît après la substitution d'un groupe éthyle à l'hydrogène, cela tient à ce que l'hydrogène est très léger et très mobile, tandis que le groupe substitué est lourd.

Telles sont, Messieurs, les raisons données par M. Laar à l'appui de son idée. Il existe bien un second mémoire de lui sur le même sujet, mais il est rempli de raisons par trop métaphysiques pour que je croie devoir vous en parler.

La théorie de Laar a eu peu de succès auprès des chimistes. M. Baeyer, qui avait découvert un grand nombre de ces cas de tautomérie, n'avait pas été sans s'étonner de ces migrations fréquentes. D'après lui, chaque corps a une formule parfaitement déterminée. Si un même corps donne deux dérivés éthylés, l'un dit normal a la même constitution que le corps lui-même ; l'autre correspond à une forme inconnue, instable, dite pseudoforme ; les éthers cétoniques de la phloroglucine sont des pseudo-éthers. Mais appeler une forme pseudo, ce n'est pas expliquer sa formation, aussi M. Baeyer a-t-il essayé d'interpréter les réactions anormales. Je reviendrai sur ce sujet.

Auparavant, je dois mentionner une théorie due à M. Hantzsch et à M. Herrmann.

Jacobson avait remplacé le mot de tautomérie par celui de desmotropie. M. Hantzsch s'en empare en changeant sa signification. Pour lui, dans des circonstances physiques bien déterminées, un corps tautomère répond à une formule unique. Mais, ces circonstances venant à changer, il peut y avoir migration de l'atome d'hydrogène supposé mobile par M. Laar, et le corps répond alors à une deuxième formule. On dira alors que le corps tautomère a passé d'un état desmotropique à un autre. On se trouve en présence de corps différents répondant à des formules de constitutions différentes : c'est l'isomérie la plus habituelle. Mais ce qu'il y a de particulier ici, c'est que dans des conditions physiques déterminées une seule des modifications desmotropiques est stable ; si, la plupart du temps, on ne connaît qu'une des formes desmotropiques, c'est qu'on n'a pas réalisé les conditions où une autre serait stable. Mais, d'après M. Hantzsch, il n'en est pas ainsi dans la série des éthers succinosucciniques et de leurs dérivés.

Lehmann a obtenu pour la plupart de ces corps de beaux cristaux microscopiques. Or ces corps sont polymorphes, et on peut passer facilement d'une forme à l'autre par un simple changement de température. Pour MM. Hantzsch et Herrmann, ces différentes formes correspondent aux divers états desmotropiques.

Admettons ceci momentanément. Comment attribuer à chaque état la formule qui lui convient ?

On s'appuiera sur une remarque de MM. Graebe et Liebermann : les corps quinoniques donnent des dérivés colorés.

M. Hantzsch ajoute que les corps dérivant de l'anneau benzénique sont incolores (c'est-à-dire les corps où chacun des $6C$ du noyau n'a qu'une valence en dehors de l'anneau.)

Voici comment M. Hantzsch utilise cette règle :

Lehmann a trouvé trois modifications du quinonedihydroparadicarbonate d'éthyle : l'incolore correspondra à une formule hydroxylée ; les deux colorées correspondront à des formules quinoniques. La plus stable de ces deux dernières aura son hydrogène mobile le plus près possible du groupe $CO^2C^2H^5$ dont l'attraction sur lui expliquera sa stabilité plus grande :

$$
\begin{array}{ccc}
\text{Incolore} & \text{Stable} & \text{Instable} \\
 & \multicolumn{2}{c}{\text{Colorés}}
\end{array}
$$

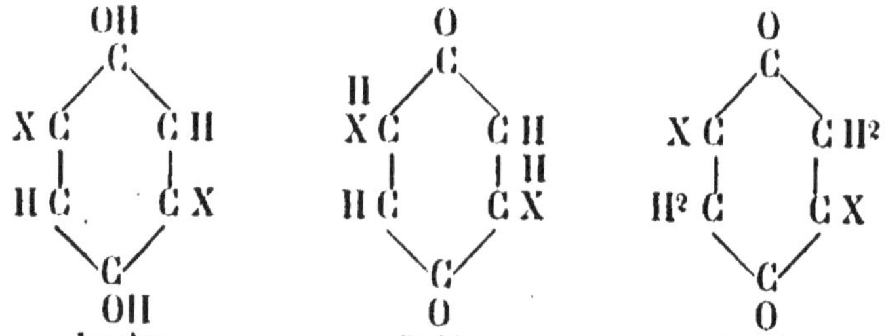

M. Hantzsch cite une douzaine de cas analogues. Un des plus intéressants est celui de l'éther $C^6H^2O^2Cl^2X^2$. Ce corps, incolore à la température ordinaire, correspond à une formule hydroxylée. Vert foncé quand il est fondu, il est devenu cétonique. Quand on le dissout, il passe à l'état fondu, il devient encore cétonique. Effectivement ses dissolutions sont vertes, sauf cependant sa dissolution dans l'alcool. A quoi cela tient-il ? C'est qu'il s'est alors ajouté deux molécules d'alcool (ainsi qu'on le voit en évaporant), et que l'hydrogène mobile s'est trouvé fixé par l'attraction qu'exercent sur lui les groupes C^2H^5O.

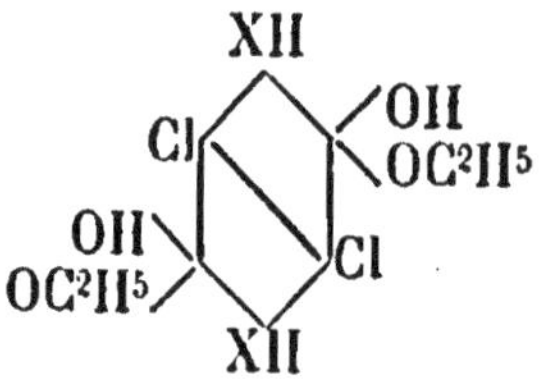

Telles sont les affirmations de MM. Hantzsch et Herrmann. Elles ont été vivement combattues par M. Goldschmidt et par M. Nef.

D'abord, il n'y a aucune raison d'attribuer le polymorphisme à des changements de constitution chimique. La question de couleur est tout à fait secondaire.

____

[1] $X = CO^2C^2H^4$.

Les trois modifications de l'éther trimorphe cité ci-dessus sont colorées. Celle que M. Hantzsch déclare incolore a été obtenue par Lehmann, puis par Muthmann en cristaux dichroïques verts.

Il est d'ailleurs inexact que les dérivés purement benzéniques soient incolores. M. Nef cite plusieurs exemples (*Americ. Ch. J.*, t. XII, p. 385) contredisant cette règle.

De plus, aucune des formes desmotropiques ne se distingue des autres vis-à-vis des réactifs chimiques. C'est ainsi, par exemple, que M. Goldschmidt, en traitant l'éther chloré ($C^6H^2O^2Cl^2X^2$) par l'isocyanate de phényle, a obtenu, suivant une réaction commune aux corps hydroxy-lés, mais non aux cétones, le composé $C^6X^2Cl^2$ ($OCOAzHC^6H^5)^2$.

Si on opère à 100 degrés en l'absence de dissolvant, la réaction se fait très bien. Mais ellese fait mieux à 150 degrés, température où l'éther est fondu et vert et correspond, d'après M. Hantzsch, à une formule quinonique. La présence d'un dissolvant (le benzène) diminue et même empêche la réaction ; mais cela tient, comme on s'en est assuré, à ce que le composé formé est très facilement disso-ciable.

Quels arguments reste-t-il en faveur de la tautomérie ou de la des-motropie ? Il reste les réactions de l'hydroxylamine et de la phénylhy-drazine sur les corps auxquels on attribue des formules hydroxylées non cétoniques. Si la phloroglucine est un phénol, comment donne-t-elle une trioxime ? M. Nef répond à cet argument : Les corps en question ne sont pas des oximes, mais des composés d'oxyammonium.

Le quinone-dioxytéréphtalate d'éthyle a donné à M. Lœwy un corps qui à l'analyse a fourni des résultats constants, 7,45 à 7,85 0/0 d'Az. La dioxime exigerait 8,9. M. Lœwy en a conclu qu'il avait un mélange de di- et de monoxime.

C'est, en réalité, un composé d'oxyammonium :

$$\begin{array}{ccc} & CO - CO & \\ X\diagup & & \diagdown X \\ AzH^4O\ C & & C\ OAzH^4 \\ \diagdown & & \diagup \\ & CO - CO & \end{array}$$

lequel exige 7,65 0/0 d'Az. M. Bœniger, qui a repris ces analyses, a confirmé les vues de Nef.

De même les soi-disant hydrazones sont des hydrazides, ainsi qu'il ressort des recherches de MM. Bacyer et Kocherdœrfer sur la phloro-glucine. Les polyphénols, surtout s'ils contiennent des groupements électro-négatifs, réagissent comme il suit :

$$C^6X^4 (OII)^2 + 2AzII^2AzIIC^6II^5 = 2II^2O + C^6X^4 \Big\langle \begin{matrix} AzII - AzII - C^6II^5 \\ AzII - AzII - C^6II^5 \end{matrix}$$

De plus, on n'arrive pas à hydrogéner les soi-disant cétones en vue d'obtenir des alcools ou des phénols.

Enfin leurs formules comporteraient des doubles liaisons analogues à celles que l'on rencontre dans les acides dihydrotéréphtaliques. Or ces acides fixent une ou deux molécules de brome, et les corps en question n'en fixent pas.

Pour MM. Nef et Goldschmidt, la tautomérie ou la desmotropie n'existent donc pas. Chaque corps a une formule unique. Comment expliquerons-nous alors les faits anormaux ?

D'abord à la façon habituelle : par une fixation temporaire de groupements :

L'isatine est pour M. Baeyer $C^6II^4 \begin{matrix} CO \\ \diagdown \\ Az \end{matrix} COII$; à l'ébullition avec l'anhy-

dride acétique, elle donne $C^6II^4 \begin{matrix} CO \\ \diagdown \\ AzCOCII^4 \end{matrix} C\begin{matrix} OII \\ COOCII^3 \end{matrix}$ en fixant une molécule

d'anhydride. Ce corps, perdant une molécule d'acide, devient :

$$C^6II^4 \begin{matrix} CO \\ \diagdown \\ AzCOCII^3 \end{matrix} CO$$

Examinons avec M. Nef le cas du carbostyrile. Les sels d'Ag donnent par les iodures alcooliques des éthers « oxygénés » ; les sels de Na, un mélange d'éthers oxygénés et azotés.

C'est que l'argent s'en va facilement. Le sodium, au contraire, est assez difficile à enlever. En même temps qu'il est remplacé, il se fait une addition de l'iodure IC^2II^5

$$C^6II^4 \begin{matrix} CII = CII \ I \\ \diagdown \\ Az \\ C^2II^5 \end{matrix} CONa, \text{ puis départ de NaI.}$$

Une autre explication ingénieuse est due à M. Goldschmidt.

Pour remplacer l'atome d'hydrogène soi-disant mobile par un groupe C^2H^5, on a recours aux sels de potassium, d'argent, à l'iodure d'éthyle en présence de la potasse, etc., etc. Or les théories actuelles sur les solutions nous conduisent à admettre que les électrolytes y sont dissociés en ions. Quand nous écrivons à propos de la thioacétanilide :

$$C^6H^5AzH.CS.CH^3 + NaOH = C^6H^5AzNa.CS.CH^3 + H^2O$$

nous sommes étonnés de ce que l'iodure d'éthyle nous donne :

$$C^6H^5Az = C \Big\langle {SC^2H^5 \atop CH^3}$$

Remarquons au contraire que, la soude étant dissociée, la réaction s'est passée entre l'acétanilide et Na + OH.

Le sodium est naturellement attiré par le soufre, le groupe OH par l'hydrogène; plaçons-les vis-à-vis :

$$\begin{matrix} C^6H^5.Az.C.CH^3 \\ |\ \ \ || \\ H\ \ S \\ OH\ \ Na \end{matrix}$$

les attractions sont suffisantes pour rompre les liaisons et le résultat se trouve être :

$$\begin{matrix} C^6H^5Az = C.CH^3 \\ | \\ S \\ | \\ H^2O\ \ \ \ Na \end{matrix}$$

Des explications analogues conviennent à tous les électrolytes ; on peut même remarquer que la dissociation préalable n'est pas indispensable.

Que conclure, Messieurs, de cette conférence, où je n'ai pu insister sur les exemples comme il l'aurait fallu ?

MM. Laar et Hantzsch ont introduit dans la science des hypothèses infécondes puisqu'elles n'expliquent rien d'autre que les faits pour lesquels elles ont été créées, non démontrées par l'expérience, puisque celle-ci peut les contredire ; tant que de nouveaux faits ne viendront pas les appuyer, nous serons autorisés à les rejeter.

On sent néanmoins qu'il y a une difficulté considérable à déterminer les formules de constitutions des corps dits tautomères. On s'en aperçoit en lisant les mémoires des différents chercheurs. En tout cas, il sera probablement plus sûr de n'employer dans les réactions destinées à éclaircir la question ni électrolytes, ni corps susceptibles de perdre HCl, H^2O, etc.

Peut-être aussi les procédés physiques seront-ils de quelque secours ; pour l'acide acétylacétique, par exemple, les mesures d'indices conduisent à la formule cétonique ; l'étude des quantités de chaleur pourra peut-être aussi fixer la position de l'atome d'hydrogène, comme le font pressentir les données de M. Matignon.

R. LESPIEAU.

Le 16 juin 1892.

LA STÉRÉOCHIMIE DE L'AZOTE

PAR

M. A. WERNER

PROFESSEUR A L'UNIVERSITÉ DE ZURICH

MESSIEURS,

La stéréochimie de l'azote, c'est-à-dire la considération des places relatives qu'occupent dans l'espace les atomes, groupes, radicaux directement unis à l'azote, est le sujet des développements que j'ai l'honneur de vous présenter.

Les problèmes variés qui forment l'ensemble de cette étude, par le fait que l'azote dans ses combinaisons peut jouer le rôle d'atome tri ou quintivalent, se divisent en deux chapitres : 1° ceux relatifs à la stéréochimie de l'azote trivalent, et 2° ceux relatifs à la stéréochimie de l'azote quintivalent.

Nous abordons, en premier lieu, l'étude de la stéréochimie de l'azote trivalent, en envisageant les composés de la formule $Az \underset{\diagdown R_3}{\overset{\diagup R_1}{\text{---}R_2}}$. Pour faciliter et simplifier l'exposé, je me permettrai de faire abstraction de toutes les hypothèses vraisemblables ou invraisemblables émises sur la valence jusqu'à ce jour. Je ne considérerai donc que les positions relatives des atomes groupés autour de l'azote, en m'abstenant de donner une explication de ces arrangements moléculaires à l'aide de valences disposées dans l'espace.

Dans une molécule $Az \underset{\diagdown R_3}{\overset{\diagup R_1}{\text{---}R_2}}$ les centres de gravité des radicaux R_1, R_2, R_3 peuvent se trouver dans un même plan avec le centre de gravité de l'azote ou bien être dans un plan différent.

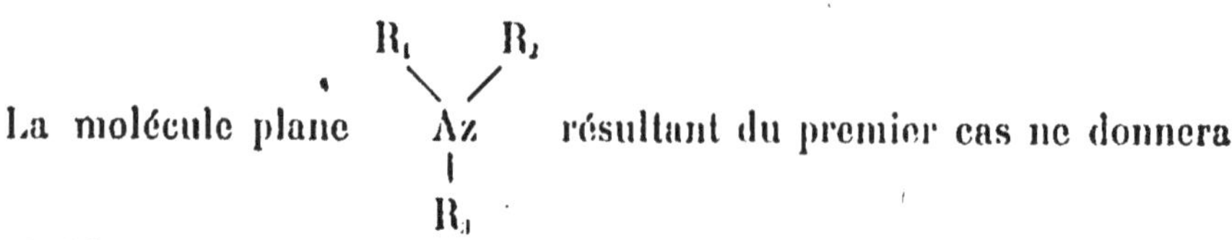

La molécule plane Az résultant du premier cas ne donnera probablement pas lieu à deux états d'équilibre différents ; nous n'en connaissons du moins pas d'exemple.

En envisageant le second cas nous arrivons à une molécule à trois dimensions, qui peut être représentée par un tétraèdre de la façon suivante :

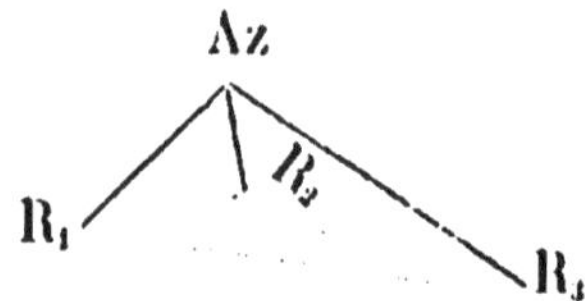

Ce tétraèdre étant composé de quatre éléments différents, Az, R_1, R_2, R_3 nécessairement est un corps à image non superposable. Les deux formules correspondantes sont les suivantes :

Les travaux entrepris par MM. Hantzsch et Kraft à Zurich, par M. Behrend à Leipzig pour appuyer cette manière de voir sur des faits expérimentaux n'ont donné que des résultats négatifs.

Des considérations dérivant du fait que l'azote remplace le groupe CH dans les noyaux aromatiques en engendrant la pyridine, la quinoléine, etc., et du fait que, dans les cyanures, il est uni à l'aide de trois valences au carbone, dont les valences sont disposées dans l'espace, d'après Van'T Hoff, portaient à admettre *a priori* également une disposition dans l'espace des valences de l'azote. Les expériences entreprises pour confirmer cette manière de voir n'ayant pas abouti, il n'y a aucune raison d'admettre que les molécules en question ne soient pas des molécules planes.

S'il en avait été autrement, l'isomérie produite aurait été l'isomérie optique de l'azote trivalent.

Nous savons que le carbone, à part l'isomérie optique, présente

 A. WERNER

encore dans la série éthylénique une isomérie spéciale, qui, bien qu'étant du domaine de l'isomérie stéréochimique, se traduit par des formules planes.

Ainsi l'isomérie des acides fumarique et maléique est représentée par les formules suivantes :

$$\begin{array}{ll} \text{COOH} - \text{C} - \text{H} & \text{COOH} - \text{C} - \text{H} \\ \qquad\quad\;\| & \qquad\quad\;\| \\ \text{COOH} - \text{C} - \text{H} & \text{H} - \text{C} - \text{COOH} \\ \qquad\text{maléique} & \qquad\text{fumarique} \end{array}$$

Il est intéressant de se demander si l'azote, en se substituant à un des carbones éthyléniques, maintiendra cette sorte d'isomérie.

Cela revient à se demander si un corps $X - C - Y$ peut exister

$$\begin{array}{c} X - C - Y \\ \|\| \\ Az \\ | \\ R \end{array}$$

sous deux formes isomériques, représentées par les formules

$$\begin{array}{ccc} X - C - Y & & X - C - Y \\ \quad\| & \text{et} & \quad\| \\ R - Az & & Az - R \end{array}$$

Nous arrivons au même problème par une voie bien plus générale, sans nous appuyer sur les analogies tirées de la série du carbone, en tenant compte des actions que doivent exercer l'un sur l'autre les groupes constituants d'une molécule, action dont l'existence a été mise en évidence par les travaux de M. J. Wislicenus et de ses élèves.

En effet, en considérant une molécule $X - C - Y$, on doit admettre

$$\begin{array}{c} X - C - Y \\ \|\| \\ Az \\ | \\ Z \end{array}$$

qu'il existe certaines actions attractives entre les groupes X et Z et les groupes Y et Z. Cela étant admis, on conçoit que ces attractions pourront, dans certains cas, avoir comme résultat l'existence de deux équilibres différents, représentés par les formules suivantes :

$$\begin{array}{ccc} X - C - Y & & X - C - Y \\ \quad\| & \text{et} & \quad\| \\ Z - Az & & Az - Z \end{array}$$

et dans d'autres cas où l'attraction entre les termes d'un des couples sera de beaucoup supérieure à celle de l'autre système, l'existence d'un seul de ces équilibres.

Cependant, encore dans ce dernier cas, la configuration de la molécule ne devra pas répondre à une position symétrique représentée par la formule X — C — Y, mais bien à une formule asymétrique,

par exemple : X — C — Y, en admettant que l'action attractive entre

Y et Z soit prédominante.

Pour les cas où les deux équilibres sont stables, ils devront se distinguer par une stabilité différente.

Ces développements théoriques, Messieurs, l'expérience les a pleinement confirmés.

Aux deux équilibres théoriques répondent, dans beaucoup de cas, deux isomères chimiques bien définis. Ces deux isomères présentent toujours une différence de stabilité, et dans le cas où une seule forme est stable, cette dernière répond à une formule stéréochimique bien déterminée. C'est ce que je vais avoir l'honneur de démontrer.

Les isomères géométriques de l'azote trivalent, connus aujourd'hui, appartiennent à deux classes différentes de corps : ce sont ou des oximes X — C — Y ou des hydrazones X — C — Y.

Les oximes peuvent être divisées en aldoximes, cétoximes, acides benzhydroximiques et benzénylchloroximes.

Nous passons à l'étude des aldoximes. Ces corps répondent à la formule R — C — H et se présentent souvent sous deux modifications

isomériques n'ayant aucune différence de constitution. L'existence de deux isomères a été constatée pour les aldoximes benzylique, anisique, cuminique, m. nitrobenzylique, p. nitrobenzylique, m. chlorbenzylique, p. chlorbenzylique et furfurique.

Exception faite de l'aldoxime du furfurol, toutes les aldoximes men-

tionnées peuvent être transformées de la même façon en leurs isomères. La méthode est due à M. Beckmann, qui en l'appliquant à l'aldéhyde benzylique, a été amené à la découverte de cet intéressant cas
d'isomérie ; il n'en a cependant pas reconnu la nature. Pour opérer
cette transformation, on dissout les aldoximes dans de l'éther parfaitement sec et l'on fait passer un courant d'acide chlorhydrique bien des-
séché. Les aldoximes sont précipitées à l'état de chlorhydrate ; mais ces
chlorhydrates ne sont pas les sels des aldoximes primitives, car en
les décomposant à l'aide d'un alcali on obtient des corps doués de
propriétés absolument différentes de celles appartenant aux aldoximes
primitives. Pour faire ressortir cette différence je vais en donner les
points de fusion.

	Aldoxime primitive — (α)	Nouvelle aldoxime — (β)
Aldoxime benzylique.	liquide	81°
m. nitrobenzylique . .	118-119°	116-118°
p. nitrobenzylique. . .	128-129°	176°
m. chlorbenzylique . .	70-71°	115-116°
p. chlorbenzylique. . .	106-107°	140°
anisique	48°	130°
cuminique	58°	112°

Il s'agit de prouver que les nouveaux corps répondent encore à la formule des aldoximes. Cela se fait aisément. En les traitant par les acides
minéraux, on les dédouble quantitativement en une molécule d'aldéhyde et une molécule d'hydroxylamine ; la détermination du poids
moléculaire d'après la méthode cryoscopique démontre qu'ils ne répondent pas à une molécule polymérisée.

Ces substances isomériques pourraient encore être représentées par
des formules

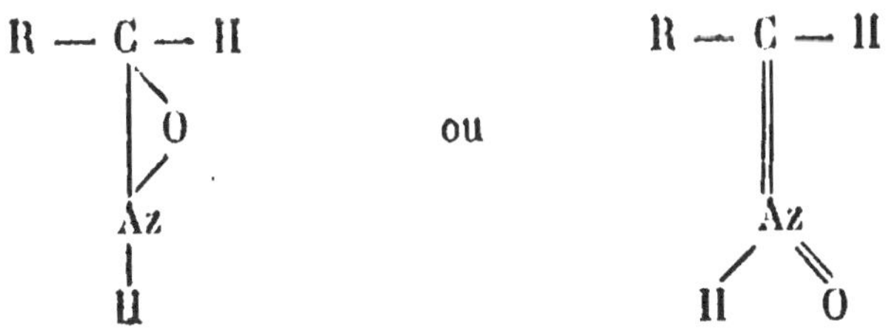

Mais l'expérience réfute catégoriquement cette manière de voir. Les
deux séries d'aldoximes isomériques donnent des dérivés isomériques,

soit des dérivés acétylés, soit des éthers méthyliques, éthyliques ou benzyliques dans lesquels les groupes substitués à l'hydrogène ne peuvent être unis qu'à l'oxygène. Les corps des deux séries se transforment les uns dans les autres avec une extrême facilité.

Prenons, par exemple, l'acétyl-β-benzaldoxime, corps solide, fondant à 55-56 degrés ; approchons-en une goutte d'acide chlorhydrique aqueux ; au même moment nous verrons le corps solide se liquéfier, l'acétyl-β-benzaldoxime solide s'est transformée en acétyl-α-benzaldoxime liquide. Il est inutile d'insister sur le fait qu'une pareille transformation ne peut pas être représentée par une formule admettant une migration de groupe qui n'a encore été constatée nulle part en chimie et qui serait la suivante :

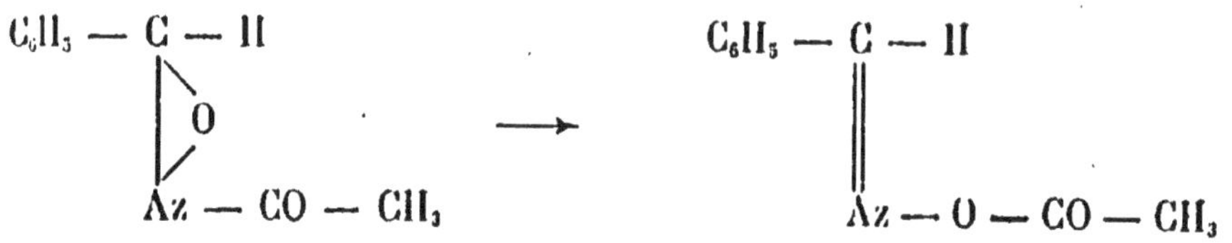

$$C_6H_5 - C - H \qquad\qquad\longrightarrow\qquad\qquad C_6H_5 - C - H$$
$$\text{(O pontant)} \qquad\qquad\qquad\qquad \parallel$$
$$Az - CO - CH_3 \qquad\qquad\qquad Az - O - CO - CH_3$$

La constitution identique de ces dérivés a été prouvée d'une façon très nette par la découverte de dérivés répondant à ces formules isomériques, dans lesquel le radical substituant est uni à l'azote.

On connaît ainsi, pour la métanitrobenzaldoxime, les trois isomères suivants :

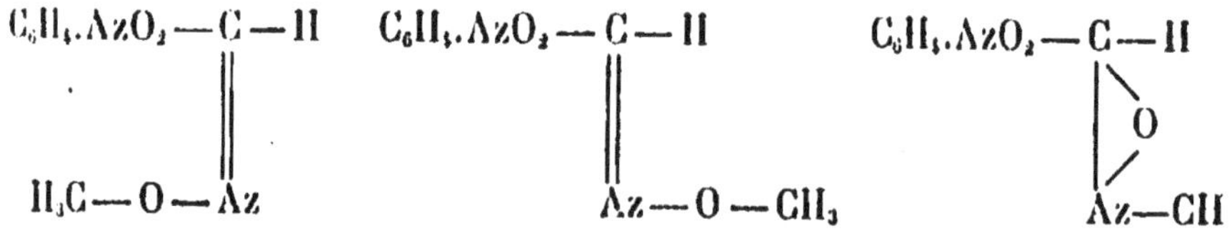

$$C_6H_4.AzO_2 - C - H \qquad C_6H_4.AzO_2 - C - H \qquad C_6H_4.AzO_2 - C - H$$
$$\parallel \qquad\qquad\qquad \parallel \qquad\qquad\qquad \text{(O)}$$
$$H_3C - O - Az \qquad\qquad Az - O - CH_3 \qquad\qquad Az - CH$$

Le dernier de ces trois corps, ayant une constitution tout à fait différente des deux premiers, se comporte également au point de vue chimique tout différemment.

Dédoublé par les acides, il fournit une méthylhydroxylamine ayant le groupe alcoolique uni à l'azote, tandis que les deux premiers donnent l'isomère ; les deux premiers ne sont pas attaqués par les alcalis, l'isomère est décomposé en méthylamine et aldéhyde benzylique ; les deux premiers ne réagissent pas avec l'isocyanate de phényle, l'isomère donne un produit d'addition, et ainsi de suite.

Les deux séries d'aldoximes ne sauraient donc être autre chose que des isomères stéréochimiques.

Cela étant prouvé, le problème capital à résoudre est la détermination de la formule stéréochimique appartenant à chaque série d'isomères.

Cela se fait d'une façon très élégante, en se basant sur le principe, non prouvé, mais guère discutable, que les groupes constituants d'une molécule donnent lieu avec d'autant plus de facilité à une réaction intramoléculaire qu'ils sont plus rapprochés. C'est le principe qui a toujours été appliqué en stéréochimie et qui, par exemple dans le cas de l'acide fumarique ou maléïque, nous fait admettre la formule avec les groupes COOH voisins pour le dernier, parce que c'est lui qui en perdant de l'eau forme un anhydride.

En admettant ce principe, en considérant les deux formules suivantes:

$$\begin{array}{ccc} \text{R} - \text{C} - \text{H} & & \text{R} - \text{C} - \text{H} \\ \parallel & et & \parallel \\ \text{HO} - \text{Az} & & \text{Az} - \text{OH} \end{array}$$

et en nous rappelant que certaines aldoximes par perte d'eau se transforment facilement en cyanures, nous conclurons que les isomères de la première formule réagiront moins facilement dans ce sens que ceux de la seconde formule.

Cette différence, Messieurs, est excessivement prononcée.

Prenons l'acétyl-α-benzaldoxime, traitons-la par une dissolution de carbonate de soude ou de potasse ; nous régénérerons l'α-aldoxime sans qu'il se forme une trace de benzonitrile ; traitons de même l'acétyl-β-benzaldoxime, nous la transformerons intégralement en benzonitrile.

Soumettons à la même réaction les autres termes des deux séries d'aldoximes isomériques, nous constaterons toujours le même fait. Les dérivés acétylés des α aldoximes régénèrent les aldoximes, tandis que les acétyl-β-aldoximes sont complètement transformées en cyanures.

Ce sont donc les β-aldoximes qui répondent à la formule $\begin{array}{c} \text{R} - \text{C} - \text{H} \\ \parallel \\ \text{Az} - \text{OH} \end{array}$

tandis que les isomères α sont représentés par la formule $\begin{array}{c} \text{R} - \text{C} - \text{H} \\ \parallel \\ \text{HO} - \text{Az} \end{array}$

Pour distinguer les deux séries d'aldoximes, nous nommerons, en suivant la proposition de M. Hantzsch, les β-aldoximes « synaldoximes » exprimant ainsi que, pour elles, les groupes donnant lieu à la réaction intramoléculaire sont rapprochés, et les α-aldoximes « antialdoximes » marquant ainsi l'éloignement de ces groupes.

Nous arrivons à la même conclusion sur la nature des syn- et des antialdoximes en considérant une autre réaction, non moins intéressante, découverte par M. H. Goldschmidt.

Les aldoximes donnent avec l'isocyanate de phényle des produits d'addition, répondant à la formule :

$$\begin{array}{c} R \\ \diagdown \\ C - Az - O.CO.AzH.C_6H_5 \\ \diagup \\ H \end{array}$$

et les deux séries d'aldoximes donnent des isomères, très bien caractérisés par leurs points de fusion et leurs formes cristallines.

Mais, tandis que les dérivés de la série α peuvent être conservés indéfiniment, ceux de la série β se décomposent déjà après quelques jours en cyanure, acide carbonique, eau et diphénylurée, d'après l'équation :

$$2R\overset{H}{\underset{H}{-}}C{=}Az.O.CO.Az\underset{C_6H_5}{C_6H_5}{=}2R-C{\equiv}Az+H_2O+CO_2+CO\overset{Az\diagup^{H}\diagdown_{C_6H_5}}{\underset{Az\diagup^{H}\diagdown_{C_6H_5}}{}}$$

Il n'y a donc pas de doute possible, les β-aldoximes sont des synaldoximes et les α-aldoximes des antialdoximes.

Les méthodes décrites permettent d'établir nettement les formules stéréochimiques des aldoximes ; leur application a fourni des aperçus intéressants sur l'influence qu'exercent, l'un sur l'autre, les groupes constituants de ces corps.

Dans la série des aldéhydes aromatiques substituées en méta ou en para, ce sont toujours les antialdoximes qui présentent la plus grande stabilité ; les synaldoximes se transforment avec la plus grande facilité en leurs antimodifications : ainsi les plus petites traces d'acides minéraux aqueux suffisent souvent pour opérer cette transformation.

Il n'en est pas de même pour l'aldoxime du furfurol ; des recherches de M. H. Goldschmidt, à Zurich, prouvent que, dans ce cas, la synaldoxime est la plus stable, et l'antialdoxime la moins stable. On n'a pas pu découvrir l'isomère de l'aldoxime de l'aldéhyde thiophénique ; mais l'aldéhyde connue se caractérise nettement comme synoxime. Il en est de même pour toutes les aldoximes de la série grasse ; ces corps ne se présentent que sous une forme, qui appartient à la série des synoximes.

Un fait particulier et digne d'intérêt se rencontre dans les oximes des aldéhydes de la série aromatique substituées en ortho. Ces aldoximes sont des antialdoximes et généralement ne se transforment en leurs isomères par aucune des méthodes réussissant dans les autres cas.

Toutes les aldoximes forment donc une série continue, dans laquelle la stabilité des formes stéréochimiques varie d'un extrème à l'autre, ce qui peut être représenté par le tableau suivant :

Ant.

stable	stable	moins stable	n'existent pas

Syn.

n'existent que rarement, très peu stables	moins stables	stable	seuls stables

Voilà où en est aujourd'hui l'étude des aldoximes, les résultats acquis permettent d'en espérer d'autres non moins intéressants.

Nous passons à l'étude des cétoximes. Ces oximes n'avaient été observées que sous une forme quand la théorie de la stéréochimie de l'azote, faisant prévoir l'existence d'isomères, provoqua de nouvelles recherches et l'expérience confirma pleinement les prévisions de la théorie.

Avant d'aborder l'étude des cétoximes proprement dites, nous allons nous occuper des oximes des acides cétoniques, qui, par certaines de leurs réactions, se rapprochent beaucoup des aldoximes.

Le premier de ces acides, étudié au point de vue stéréochimique, est l'acide phénylglyoxylique $C_6H_5 — CO — COOH$.

L'oxime de cet acide $C_6H_5 — C(=Az.OH) — COOH$ se présente sous deux formes, répondant aux formules :

$$C_6H_5 - C - COOH \qquad \text{et} \qquad C_6H_5 - C - COOH$$
$$\parallel \qquad\qquad\qquad\qquad\qquad \parallel$$
$$HO - Az \qquad\qquad\qquad\qquad Az - OH$$

p. de fusion 127°   145°

La détermination de la formule stéréochimique se fait d'après la même méthode que celle des benzaldoximes correspondantes. Chaque isomère donne un dérivé acétylé distinct; le dérivé de l'oxime (point de fusion, 127°) traité par le carbonate de soude régénère l'oxime correspondante, tandis que le dérivé acétylé de l'oxime isomérique se dédouble intégralement en benzonitrile, acide carbonique et eau.

Nous désignerons donc l'oxime ayant le point de fusion 127 degrés par *antioxime*, et celle ayant le point de fusion 145 degrés par *synoxime*.

Mais tandis que l'antibenzaldoxime présente une stabilité bien supérieure à celle de la synoxime, le contraire a lieu pour les oximes de l'acide phénylglyoxylique. Dans ce cas l'antioxime est facilement transformée en synoxime par les acides minéraux aqueux ; même, en dissolvant l'antioxime dans l'eau pure, on trouve après quelques heures la solution transformée en une masse solide de synoxime qui est beaucoup moins soluble dans l'eau.

Fait très curieux, la stabilité relative des deux isomères se trouve renversée dans les dérivés acétylés. La synoxime stable de l'acide phénylglyoxylique donne un dérivé acétylé moins stable que le dérivé acétylé de l'antioxime instable; en effet, l'acétylsynoxime se transforme par l'acide chlorhydrique en acétylantioxime, et la réaction inverse ne peut pas être produite.

Les variations de stabilité dans ces différents systèmes moléculaires prouvent clairement que ces isoméries stéréochimiques sont dues à des équilibres entre les divers groupes constituants des molécules, comme je l'ai développé au début de cette conférence.

L'étude des oximes des acides thiénylglyoxyliques $C_4H_3S-CO-COOH$ et pyruvique $CH_3-CO-COOH$ a prouvé que ces corps n'existent que sous une forme répondant au type des synoximes, comme il était facile de le prévoir en se basant sur le fait que les aldoximes correspondantes répondent déjà à ce type et que le groupe carboxylique a une grande tendance à attirer vers lui l'hydroxyle de l'azote, ce qui se déduit de l'étude des oximes de l'acide phénylglyoxylique.

Tandis que l'oxime de l'acide phénylglyoxylique présente les deux formes stéréochimiques, cela n'est plus le cas pour l'oxime de l'acide benzoylacétique :

$$C_6H_5 — CO — CH_2 — COOH.$$

L'antioxime, déjà peu stable pour l'acide phénylglyoxylique, disparaît complètement pour l'acide benzoylacétique ; l'oxime répond à la formule :

$$C_6H_5 — \underset{\overset{\|}{Az — OH}}{C} — CH_2 — COOH$$

Il en est naturellement de même pour les oximes des acides β-cétoniques de la série grasse, un groupe alcoolique C_nH_{2n+1} étant, comme nous l'avons vu pour les aldoximes, peu porté à maintenir à proximité le groupe hydroxyle. La comparaison des résultats obtenus dans l'étude des oximes des acides phénylglyoxylique et benzoylacétique démontrant que le groupe CH_2—COOH attire l'hydroxyle de l'azote plus énergiquement que le groupe COOH, l'étude comparative de ces deux actions dans une même molécule présente un grand intérêt.

Cette étude faite sur l'oxime de l'acide oxalacétique a pleinement confirmé les conclusions qu'on pouvait déduire des faits relatés plus haut. Cette oxime existe sous la forme de deux isomères géométriques, répondant aux formules suivantes :

$$COOH — CH_2 — \underset{\overset{\|}{Az — OH}}{C} — COOH \qquad COOH — CH_2 — \underset{\overset{\|}{HO — Az}}{C} — COOH$$

Je nommerai la première synoxime, la seconde antioxime. L'antioxime, au point de vue stéréochimique, présente la plus grande stabilité ; la synoxime se transforme facilement en antioxime, par exemple sous l'action de l'acide sulfurique, du chlorure d'acétyle, etc. La molécule de l'acide oxalacétique, représentant au point de vue chimique un groupement d'atomes peu stable, perd facilement une molécule d'acide carbonique et une molécule d'eau, en se transformant en acide cyanacétique ; mais, tandis que l'antioxime perd l'acide carbonique et l'eau très facilement, la synoxime ne le fait qu'après s'être transformée en son isomère, ce qui prouve que le voisinage de l'hydroxyle de l'azote et du groupe carboxylique augmente la stabilité de la liaison de ce dernier.

On a également étudié l'oxime de l'éther acide de l'acide oxalacétique. Cette oxime existe également en deux isomères répondant aux formules:

$$COOC_2H_5 — C — CH_2 — COOH$$
$$\|$$
$$HO — Az$$
$$\alpha$$

et

$$COOC_2H_5 — C — CH_2 — COOH$$
$$\|$$
$$Az — OH$$
$$\beta$$

Dans ce cas encore, l'oxime β présente la plus grande stabilité, les dérivés α se transforment facilement en dérivés β.

Cependant, comme les oximes de l'acide libre, les oximes de l'éther perdent facilement de l'acide carbonique. Mais, tandis que l'oxime α dégage l'acide carbonique déjà à une température peu élevée en se transformant en oxime de l'acide pyruvique, l'oxime β ne le fait qu'à une température bien plus élevée, ce qui prouve encore que la proximité des groupes COOH et OH augmente la stabilité de liaison du groupe COOH.

On a de même étudié la dioxime de l'acide dioxytartrique. La théorie fait prévoir trois isomères; on n'en a encore trouvé que deux, une étude ultérieure permettra peut-être d'isoler la troisième.

Après l'étude des oximes des acides cétonecarboniques, nous abordons celle des cétoximes proprement dites. Les cas d'isoméries constatés, sont nombreux.

Les oximes étudiées dérivent des cétones suivantes:

p. méthoxylbenzophénone
p. chlorobenzophénone
m. chlorobenzophénone
p. méthylbenzophénone
p. éthylbenzophénone
p. propylbenzophénone

p. oxybenzophénone
p. amidobenzophénone
m. oxybenzophénone
o. méthylbenzophénone
o. p. méthylbenzophénone
o. p. méthyl o. méthylbenzophénone
p. o. o. méthylbenzophénone

Les deux isomères géométriques se forment généralement l'un à côté de l'autre, quand on prépare l'oxime en partant de la cétone correspondante. Les méthodes de transformation d'un isomère dans l'autre sont moins nettement caractérisées et moins générales que dans le cas des aldoximes. Cependant les isomères moins stables sont souvent transformées en isomères stables par la chaleur et bien souvent également par les acides minéraux aqueux, mais la méthode à employer varie sensiblement d'un corps à l'autre.

Le problème important à résoudre pour ces isomères est encore la détermination des formules stéréochimiques correspondantes. *A priori*, on aurait pu croire que ce problème présenterait des difficultés insurmontables. Or il n'en est rien, ces formules se déterminent à l'aide d'une méthode d'une élégance parfaite, reposant sur la réaction connue sous le nom de migration de Beckmann. Cette réaction, très curieuse, est la suivante : En traitant une cétoxime par certains agents chimiques, on produit une transposition moléculaire exprimée par la formule suivante :

$$\begin{array}{c} R \\ \diagdown \\ C = Az.OH \\ \diagup \\ R \end{array} \qquad = \qquad R - CO - Az \overset{\diagup H}{-} R$$

En envisageant le cas où cette réaction est produite par le pentachlorure de phosphore, elle peut être représentée par les formules suivantes :

$$\begin{array}{c} R \\ \diagdown \\ C = Az - OH \\ \diagup \\ R \end{array} \rightarrow \begin{array}{c} R \\ \diagdown \\ C = Az - Cl \\ \diagup \\ R \end{array} \rightarrow \begin{array}{c} R \\ \diagdown \\ C = Az - R \\ \diagup \\ Cl \end{array}$$

L'eau réagissant sur ce dernier produit engendre la forme tautomère de l'amide, qui elle-même se transforme en amide :

$$\begin{array}{c} HO \\ \diagdown \\ C = Az - R \\ \diagup \\ R \end{array} \rightarrow R - CO - Az \overset{\diagup H}{\diagdown} R$$

On peut se demander lequel des radicaux d'une oxime

$$\begin{array}{c} R \\ \diagdown \\ C = Az - OH \\ \diagup \\ R_1 \end{array}$$

contenant deux radicaux différents subira la migration de Beckmann.
En appliquant encore le principe que les réactions intramoléculaires
se produisent entre les groupes les plus rapprochés, et en considérant
que dans les deux isomères des cétoximes, c'est une fois le groupe R,
et l'autre fois le groupe R'

$$R - C - R' \qquad\qquad R - C - R'$$
$$\|\qquad\qquad\qquad\qquad \|$$
$$HO - Az \qquad\qquad\qquad Az - OH$$

qui est à proximité, on pouvait espérer voir la réaction de Beckmann
se produire dans un sens différent chez les deux isomères stéréochimiques et obtenir des anilides se distinguant par le groupe ayant subi
la migration. Si ces prévisions théoriques, développées par M. Hantzsch,
sont justes, un corps de la première formule devra former une amide

$$\begin{array}{c} H \\ / \\ R_1 - CO - Az - R, \end{array}$$

tandis que l'isomère de la seconde formule devra engendrer une amide

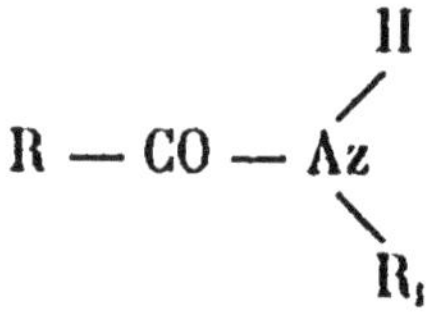

$$\begin{array}{c} H \\ / \\ R - CO - Az \\ \backslash \\ R_1 \end{array}$$

C'est ce que l'expérience confirme. Les isomères stéréochimiques des
cétoximes, soumis à la réaction de Beckmann, produisent des amides
substituées isomériques. Ainsi l'une des oximes de la paraéthoxylbenzo-
phénone :

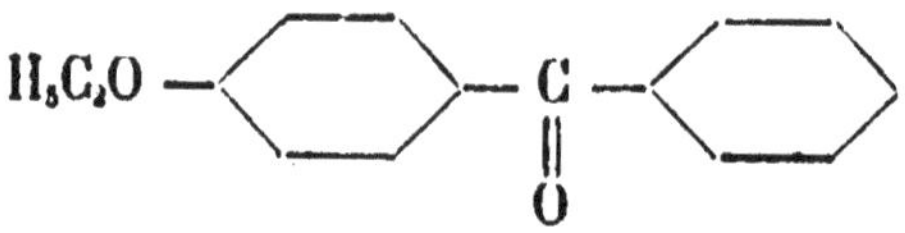

$$H_5C_2O - \langle\!\!\!\bigcirc\!\!\!\rangle - \overset{\displaystyle C}{\underset{\displaystyle O}{\|}} - \langle\!\!\!\bigcirc\!\!\!\rangle$$

donne l'amide $C_6H_5 - CO - NH - C_6H_4.OC_2H_5$, tandis que l'autre est
transformée en anilide de l'acide anisique

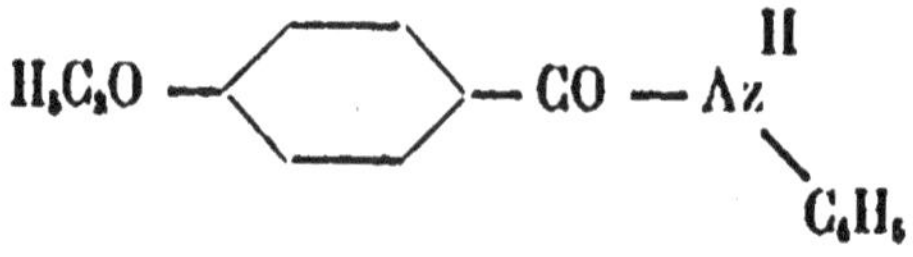

$$H_5C_2O - \langle\!\!\!\bigcirc\!\!\!\rangle - CO - Az \begin{array}{c} H \\ / \\ \backslash \\ C_6H_5 \end{array}$$

ce que nous pouvons formuler de la façon suivante :

$$C_2H_5—O—\underset{Az—OH}{\overset{}{\bigcirc}}—\overset{\parallel}{C}—\bigcirc \longrightarrow \text{migration entre phényle et hydroxyle}$$

$$C_2H_5—O—\bigcirc—CO \; H$$
$$\underset{Az}{|} \nearrow$$
$$\underset{C_6H_5}{}$$

$$C_2H_5—O—\bigcirc—\underset{HO—Az}{\overset{}{\overset{\parallel}{C}}}—\bigcirc \longrightarrow \text{migration entre paraoxæthyl phényle et hydroxyle}$$

$$H$$
$$C_2H_5O—\bigcirc—Az—CO—C_6H_5$$

Dans le cas envisagé la réaction est d'une netteté extraordinaire, les deux oximes étant très stables, mais dans d'autres cas, où la stabilité d'une des oximes est de beaucoup inférieure à celle de son isomère, la réaction n'a cette netteté que pour l'oxime stable, tandis que l'oxime moins stable, se transformant dans les conditions de la réaction en partie en isomère stable, donne un mélange des deux amides; cependant l'amide répondant à l'oxime soumise à la réaction se trouve toujours en quantité dominante. La réaction de Beckmann dans ce cas permet donc de trancher deux questions : 1°, celle de la configuration de l'oxime soumise à la réaction, et 2° celle des stabilités relatives des deux oximes.

L'étude comparative des oximes isomériques a donné des résultats nouveaux et intéressants sur l'action qu'exercent l'un sur l'autre les groupes constituants de ces molécules.

Comparons d'abord l'influence qu'exercent sur la stabilité des configurations stéréochimiques des oximes les groupes se substituant à l'hydrogène du phényle.

Un fait général, se vérifiant dans tous les cas, est la stabilité inférieure de l'oxime ayant l'hydroxyle du côté du groupe phénylique substitué d'un radical alcoolique. La loi générale peut être exprimée par les formules suivantes :

$$H_{2n+1}C_n\bigcirc—\underset{HO—Az}{\overset{\parallel}{C}}—\bigcirc \qquad\qquad C_nH_{2n+1}\bigcirc—\underset{Az—OH}{\overset{\parallel}{C}}—\bigcirc$$

$$\textit{moins stables} \qquad\qquad\qquad\qquad \textit{stables}$$

Nous désignerons les premières, ayant l'hydroxyle et le groupe substituant du même côté, par *synoximes*, les secondes ayant les deux groupes éloignés par *antioximes*.

Les faits montrent, en outre, que la nature du radical alcoolique et que même sa constitution ont une influence marquée.

L'influence de la nature du groupe alcoolique se traduit de la façon suivante : l'instabilité des synoximes devient de moins en moins prononcée quand on remplace l'hydrogène du phényle par des termes de plus en plus élevés de la série normale des radicaux alcooliques. Ainsi la synméthylbenzophénonoxime soumise à — 20 degrés à la réaction de Beckmann produit toujours un mélange des amides isomériques ; son dérivé acétylé se transforme spontanément en son isomère.

La synéthylbenzophénonoxime, soumise à basse température à la réaction de Beckmann, produit l'amide correspondante ; cependant son dérivé acétylé, chauffé en solution, se transforme en acétylantioxime ; la synpropylbenzophénonoxime enfin est déjà très stable, elle fournit l'amide correspondante sans trace d'isomère, même à la température ordinaire ; son dérivé acétylé est également très stable, on ne peut le transformer en dérivé acétylé de l'antioxime qu'en le chauffant fortement avec du chlorure d'acétyle ou de l'anhydride acétique.

L'influence de la constitution du radical alcoolique se traduit élégamment par la différence de stabilité des synoximes de la propylbenzophénone et de l'isopropylbenzophénone. Tandis que la première est très stable, comme nous venons de le voir, la synoxime de l'isopropylbenzophénone se rapproche par son instabilité de la synoxime de la méthylbenzophénone. En effet, même à basse température, la réaction de Beckmann produit toujours un mélange des amides isomériques, et son dérivé acétylé se transforme spontanément en acétylantioxime.

Les cas étudiés ne sont naturellement pas encore assez nombreux pour que l'on puisse se prononcer d'une manière formelle sur les lois régissant ces actions intramoléculaires ; cependant les aperçus intéressants qu'ils donnent dès aujourd'hui invitent à de nouvelles recherches.

L'influence d'autres groupes se trouvant également en position para dans le phényle n'est pas moins manifeste que celle des radicaux alcooliques. Jusqu'à présent, on a étudié l'influence des groupes Cl, OH, AzH$_2$ et OCH$_3$. Le chlore, l'hydroxyle et l'amidogène ont la même action que les groupes alcooliques, leurs synoximes présentent à l'état libre une stabilité bien moins grande que les antioximes correspondantes.

Le contraire a lieu pour le groupe — O — CH_3. Dans ce cas, c'est la synoxime qui présente une plus grande stabilité :

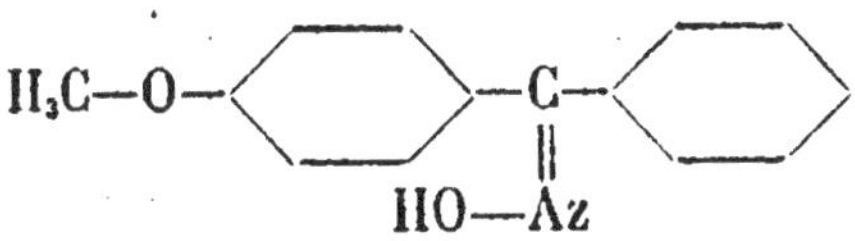

$$H_3C-O-\langle\ \rangle-\underset{\underset{\text{stable}}{HO-Az}}{\overset{\|}{C}}-\langle\ \rangle \qquad CH_3-O-\langle\ \rangle-\underset{\underset{\text{moins stable}}{Az-OH}}{\overset{\|}{C}}-\langle\ \rangle$$

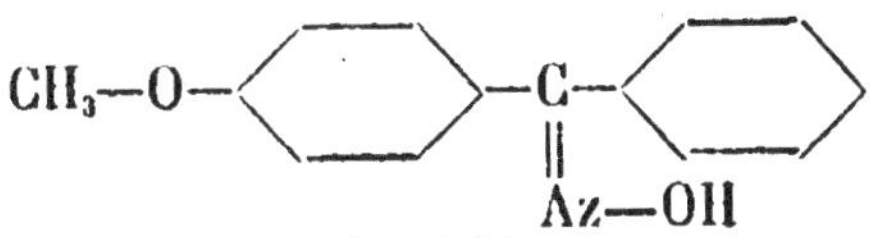

Je viens de donner l'étude de la stabilité de ces oximes en les considérant à l'état libre ou bien en solution acide, par exemple dans leurs dérivés acétylés. Cette stabilité n'est que relative, elle n'est réelle que pour les conditions envisagées. Si nous étudions les oximes en solution alcaline, souvent les antioximes stables à l'état isolé ou en solution acide se trouvent être les modifications moins stables. Cela a lieu pour l'antioxime de la parachlorbenzophénone ; en solution alcaline, elle se transforme en grande partie en synoxime. Cette différence est encore plus marquée pour l'oxime des para et métaoxybenzophénones. Tandis que la chaleur ou les acides aqueux transforment les synoximes en antioximes, au contraire en solution alcaline les antioximes se transforment intégralement en synoximes. Il résulte de ces observations que la stabilité de ces isomères géométriques n'est qu'une propriété relative, variant avec les conditions dans lesquelles on la détermine. Examinons à présent l'influence produite par la position qu'occupe le groupe substituant dans le radical phénylique. La différence entre l'influence qu'exerce un même substituant en méta ou en para n'est pas très marquée ; cependant les observations encore peu nombreuses semblent indiquer que cette influence est un peu plus accentuée en méta. Ainsi la syn. p. chlorbenzophénoneoxime ne donne naissance qu'à une seule amide, tandis que le dérivé méta produit un peu de l'amide isomérique.

L'étude de l'influence de la substitution en ortho a été faite pour le groupe méthylique. Il en résulte que l'action du méthyle est beaucoup plus marquée en ortho qu'en para. Dans les deux cas, l'effet produit est le même, la synoxime est moins stable que l'antioxime. Les deux isomères existent, on les a isolés dans le cas de l'ortholotolylphénylcétone et de l'orthoxylilphénylcétone.

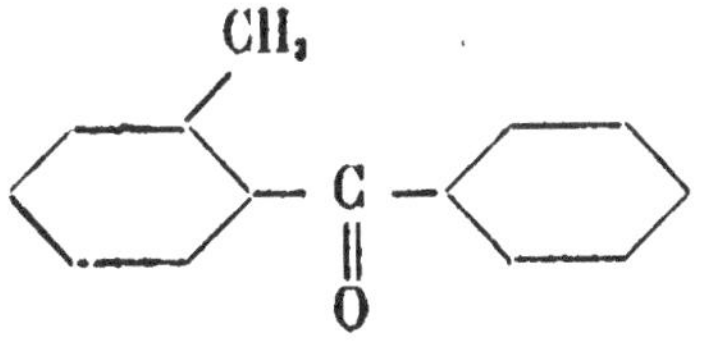

$$\underset{\underset{O}{\overset{\|}{C}}}{CH_3-\langle\ \rangle}-\langle\ \rangle \qquad \text{et} \qquad \underset{\underset{CH_3}{}}{CH_3-\langle\ \rangle}-\underset{\underset{O}{\overset{\|}{C}}}{}-\langle\ \rangle$$

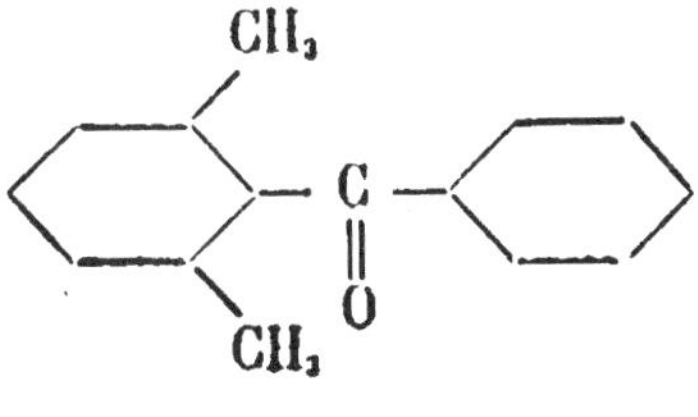

Mais, pour l'orthoxyliltolylcétone, on n'a pas pu isoler

$$CH_3 - \underset{\underset{O}{\parallel}}{C} - CH_3 \quad CH_3$$

d'oxime du tout. Dans les conditions où les oximes se forment, elles subissent directement la migration de Beckmann, on obtient le mélange des deux amides.

Fait encore plus curieux, la mésitylcétone ayant deux fois deux groupes méthyliques en ortho ne réagit plus du tout avec l'hydroxylamine même en tube scellé à 120 degrés. L'influence du groupement méthylique en ortho est donc très marquée, et son étude approfondie ne sera pas sans intérêt pour la discussion de la formule du benzène.

Je ne dirai que quelques mots des oximes dérivant des cétones mixtes, c'est-à-dire se composant d'un radical aromatique et d'un radical alcoolique comme l'acétophénone. Ces oximes n'existent que sous une forme, répondant à la formule avec proximité du groupe aromatique et de l'hydroxyle. Cependant dans le cas où un hydrogène du groupe alcoolique est remplacé par un groupe aromatique, les deux oximes sont stables; on connaît les deux oximes de la benzoïne et du benzile.

Les oximes des cétones grasses étant liquides, on ne saurait séparer les deux isomères; soumises à la réaction de Beckmann, elles donnent un mélange de deux amides. Ce fait peut être dû au peu de stabilité des formes isomériques, mais il peut également être la suite de la présence des deux oximes dans ces produits liquides.

Nous passons à l'étude des dioximes de la formule

$$R - \underset{\underset{OH}{\overset{\displaystyle\parallel}{\underset{\displaystyle|}{Az}}}}{C} - \underset{\underset{OH}{\overset{\displaystyle\parallel}{\underset{\displaystyle|}{Az}}}}{C} - R$$

dans laquelle R représente un radical aromatique.

On a étudié les dioximes du benzile, du nitrobenzile, du cuminile et de l'anisile. Une étude plus complète n'a été faite que pour les oximes du benzile.

La théorie fait prévoir pour ces corps trois états d'équilibre qui peuvent être représentés par les formules suivantes :

$$
\begin{array}{ccc}
\text{R} - \text{C} - \text{C} - \text{R} & \text{R} - \text{C} \!\!\rule[0.5ex]{3em}{0.4pt}\!\! \text{C} - \text{R} & \text{R} - \text{C} \!\!\rule[0.5ex]{4em}{0.4pt}\!\! \text{C} - \text{R} \\
\ \ \| \quad \| & \| \qquad \| & \| \qquad\qquad \| \\
\text{HO} - \text{Az} \quad \text{Az} - \text{OH} & \text{HO} - \text{Az} \quad \text{OH} - \text{Az} & \text{Az} - \text{OH} \quad \text{HO} - \text{Az}
\end{array}
$$

Ces trois isomères sont, en effet, connus pour le benzile; il existe trois dioximes du benzile, pour lesquelles les travaux de MM. Victor Meyer et Auwers ont nettement établi l'identité de constitution.

On peut également en déterminer les formules stéréochimiques. Les trois oximes forment une série continue, quand on tient compte de la facilité avec laquelle elles se transforment en un anhydride de la formule suivante :

$$
\begin{array}{c}
\text{C}_6\text{H}_5 - \text{C} - \text{C} - \text{C}_6\text{H}_5 \\
\| \quad\ \ \| \\
\text{Az} \quad \text{Az} \\
\diagdown \diagup \\
\text{O}
\end{array}
$$

La γ-dioxime, par la facilité extrême avec laquelle elle perd de l'eau pour se transformer en anhydride, se caractérise nettement comme l'isomère ayant les deux hydroxyles le plus rapprochés, c'est-à-dire répondant à la formule 3.

La β-dioxime par sa grande stabilité prouve, au contraire, qu'elle est l'isomère représenté par la première formule. Cela est du reste nettement prouvé par la réaction de Beckmann qui la transforme intégralement en oxanilide. C'est en effet l'oxime de la constitution envisagée qui doit fournir l'oxanilide. L'α-dioxime, enfin, répond à la seconde formule. Soumise à la réaction de Beckmann, elle ne donne pas trace d'oxanilide. Une étude plus complète de ces corps permettra d'en déterminer encore plus strictement les configurations.

Pour les autres dicétones, on n'a encore isolé que deux oximes isomériques, et leur étude stéréochimique n'est pas faite.

Pour la phénylglyoxime

$$
\begin{array}{c}
\text{C}_6\text{H}_5 - \text{C} - \text{C} - \text{H} \\
\| \quad\ \ \| \\
\text{Az} \quad \text{Az} \\
| \quad\ \ | \\
\text{OH} \quad \text{OH}
\end{array}
$$

on n'a pu isoler que deux oximes à l'état de pureté, mais un troisième isomère a été entrevu.

Voilà où en est l'étude des dioximes, elle est encore moins complète que celle des monoximes.

Nous arrivons à une classe de corps dont les isoméries curieuses sont restées inexpliquées pendant longtemps ; ce sont les acides benzhydroxamiques. Lossen, dans ses intéressantes recherches sur l'hydroxylamine, les a découverts et, ne leur ayant trouvé aucune différence de constitution, il les envisagea comme modifications physiques. A la suite de la théorie de la stéréochimie de l'azote, leur étude a été reprise et il est prouvé aujourd'hui, pour un de ces cas, l'acide éthylbenzhydroxamique, que les deux isomères représentent deux oximes isomériques répondant aux formules :

$$C_6H_5 - C - OC_2H_5 \qquad \qquad C_6H_5 - C - OC_2H_5$$
$$\parallel \qquad\qquad\qquad et \qquad\qquad \parallel$$
$$HO - Az \qquad\qquad\qquad\qquad\qquad Az - OH$$
$$\alpha \qquad\qquad\qquad\qquad\qquad\qquad \beta$$

La détermination de leurs formules stéréochimiques a pu être effectuée à l'aide de la réaction de Beckmann. L'isomère α donne de la phényluréthane et l'isomère β donne naissance à un éther phosphorique.

L'isomère β est le plus stable, l'isomère α se transforme en β quand on le traite par le chlorure de benzoyle ; la transformation inverse n'a pas pu être effectuée.

Une dernière classe d'oximes qui présentent l'isomérie géométrique dérivent de la benzénylchloroxime $C_6H_5 - C - Cl$.

$$\parallel$$
$$Az$$
$$\backslash$$
$$OH$$

On a, en effet, pu préparer deux acides de la formule suivante :

$$C_6H_5$$
$$/$$
$$COOH - CH_2 - O - Az = C \qquad\qquad : \text{l'un de ces acides se transforme}$$
$$\backslash$$
$$Cl$$

spontanément en son isomère ; mais l'étude de ces corps n'est pas encore terminée.

Si la théorie et les aperçus que je viens de développer pour les phénomènes d'isoméric que présentent les diverses classes d'oximes sont justes, il est naturel que, pour d'autres classes de corps présentant des groupements analogues, on doit arriver à des isoméries semblables. Cela semble en effet être le cas pour les hydrazones. Déjà MM. Victor Meyer et Krausse ont observé que l'acide orthonitrophénylglyoxylique donne deux hydrazones isomériques pour lesquels ils n'ont pas pu établir de différence de constitution.

MM. Hantzsch et Kraft ont de même observé que la phénylhydrazone

$$\underset{\substack{H_3C_2.C_6H_4}}{\overset{\substack{C_6H_5}}{C}} = Az - AzH - C_6H_5$$

de l'anisylphénylcétone $\quad$ existe sous

deux formes isomériques, qui ne présentent aucune différence de constitution.

Les formules respectives de ces isomères sont donc

$$CH_3O - C_6H_4 - C - C_6H_5 \qquad et \qquad CH_3.O.C_6H_4 - C - C_6H_5$$

Cependant on n'a pas encore trouvé de méthode pour en déterminer la configuration dans l'espace.

L'isomérie stéréochimique de l'azote dont je viens de vous entretenir n'a encore été observée que pour les oximes et les hydrazones. MM. Victor Meyer et Auwers, au moment où ils ont été forcés par les travaux de l'École de Zurich à abandonner leur théorie de la rotation entravée, ont opposé à la théorie développée par M. Hantzsch et par moi une autre théorie stéréochimique.

Ils la traduisent par les formules suivantes :

Il est aisé de prouver que les formules que j'ai employées expliquent mieux les réactions des deux séries d'isomères. Dans toutes les réactions employées pour déterminer les configurations des oximes, c'est toujours le groupe hydroxyle entier qui entre en réaction avec le groupe voisin du carbone ; ce fait prouve que c'est le groupe hydroxyle entier qui dans les isomères affecte une position asymétrique. En partant des formules de MM. Victor Meyer et Auwers, on ne serait jamais arrivé à prévoir que la migration de Beckmann pourrait donner des transpositions différentes avec les deux oximes ; ces formules non seulement ne la font pas prévoir, mais même ne l'expliquent pas.

D'un autre côté, les formules de MM. Victor Meyer et Auwers ne trouvent aucune analogie dans la série du carbone, tandis que celles que nous avons employées rapprochent cette isomérie de l'azote de l'isomérie du carbone, étudiée dans la série éthylénique.

Aux corps :

$$X - C - Y \qquad X - C - Y$$
$$\|\qquad\qquad\quad \text{et} \qquad \|$$
$$Z - C - R \qquad R - C - Z$$

répondent les corps

$$X - C - Y \qquad X - C - Y$$
$$\|\qquad\qquad\quad \text{et} \qquad \|$$
$$Z - Az \qquad\qquad\qquad C - Z$$

Une démonstration concluante sera, du reste, trouvée le jour où l'on arrivera à deux isomères ayant à la place de Z un groupe unique.

Les expériences tendent vers ce but en ce moment, et il n'est pas douteux qu'on n'arrive sous peu à la découverte de tels isomères.

Voilà, Messieurs, où en est la stéréochimie de l'azote trivalent, et je passe à celle de l'azote pentavalent.

On admet généralement aujourd'hui que, dans les combinaisons où l'azote fonctionne comme atome pentavalent, les cinq valences, bien qu'égales entre elles, cependant se distinguent par les places relatives qu'elles font occuper aux groupes qu'elles unissent à l'azote.

Cela revient à dire, en ne faisant aucune différence entre les atomes liés à l'azote, qu'on ne peut pas distribuer régulièrement cinq points sur une sphère. MM. Van't Hoff, Victor Meyer, Behrend, Willgerodt admettent que la distribution des groupes autour de l'azote se fait de telle façon que trois de ces groupes se trouvent dans un même plan, et les deux autres au-dessus et au-dessous de ce plan, dans une perpendiculaire à ce plan et passant par le centre de gravité de l'azote.

C'est l'hypothèse la plus simple qu'on puisse admettre, mais elle n'est pas prouvée.

Les principaux faits relatifs à la stéréochimie de l'azote pentavalent sont dus à M. Le Bel, et les conclusions qu'on peut en tirer sont les suivantes.

Il semble que, dans les dérivés simples du chlorure d'ammonium, dans ceux contenant encore de l'hydrogène et du méthyle, les places relatives des groupes ne sont pas fixes.

On n'a, en effet, pas isolé d'isomères de ces corps relativement simples, bien que la formule envisagée plus haut fasse prévoir deux formes isomériques déjà pour le chlorure d'ammonium.

Il n'en est plus de même quand les radicaux unis à l'azote deviennent plus volumineux. Il résulte des travaux de M. Le Bel que le triméthyl-propylammonium est le dernier terme qui ne présente plus d'isomérie; le terme suivant, le triméthylisobutylammonium existe sous deux formes isomériques dont l'une donne un chlorure stable et un chloroplatinate instable, l'autre un chlorure instable et un chloroplatinate stable.

Déjà M. Ladenburg avait observé un fait analogue pour le triéthyl-benzylammonium, fait du reste contesté par M. Victor Meyer.

Les travaux entrepris par M. Le Bel pour rendre actives les bases ammoniques ayant cinq radicaux différents conduisent à une conclusion analogue. Il n'a pas été possible de produire la modification active du chlorhydrate de méthyléthylpropylamine, tandis que le chlorure d'iso-butylpropyléthylméthylammonium a pu être rendu actif. On doit donc admettre que, dans les ammoniums dérivant de radicaux alcoo-liques contenant moins de trois carbones, les positions relatives de ces radicaux ne sont pas fixes, que ces radicaux peuvent facilement changer de place.

Lorsqu'on envisage les ammoniums à deux radicaux égaux, la théo-rie indique l'existence d'isomères actifs et d'isomères inactifs indé-doublables.

Les expériences de M. Le Bel sur les chlorures de certaines de ces bases tendent à prouver que les corps isolés répondent aux types in-dédoublables.

Une isomérie de l'azote pentavalent d'un tout autre ordre se déduit de faits observés dans l'étude des oximes.

Certaines de ces oximes présentant l'isomérie géométrique dévelop-pée donnent des chlorhydrates isomériques, régénérant les oximes respectives.

Il en est ainsi pour les chlorhydrates des deux oximes de paraméthoxylbenzophénone.

$$C_6H_5 - C - C_6H_4 - OCH_3$$
$$\|$$
$$HO - Az$$
123°-124°

$$C_6H_5 - C - C_6H_4 \, OCH_3$$
$$\|$$
$$Az - OH$$
110°

Il en est de même pour les chlorhydrates des deux acides éthylbenzhydroxamiques.

Il est très probable que les oximes sont maintenues intactes dans ces combinaisons, mais on ne saurait encore se prononcer sur la disposition de l'hydrogène et du chlore.

Voilà, Messieurs, où en est aujourd'hui la stéréochimie de l'azote ; l'attention des chimistes étant attirée sur les problèmes de ce genre, il est à espérer que, sous peu, elle s'enrichira de nouveaux faits expérimentaux et de nouveaux développements théoriques.

SUR LA VÉRATRINE

PAR

M. G. MEILLÈRE

CHEF DES TRAVAUX CHIMIQUES DE L'ACADÉMIE DE MÉDECINE

Les vératrées, plantes de la famille des colchicacées, fournissent à la matière médicale deux drogues autrefois très employées : *la graine de cévadille* et *le rhizome d'ellébore blanc*, connu aussi sous le nom de varaire ou vératre blanc.

Les *veratrum nigrum, viride, lobelianum*, plantes très voisines de la précédente, sont à peu près inusitées en Europe.

Occupons-nous d'abord de la cévadille.

La cévadille a été étudiée pour la première fois au point de vue clinique par Meissner, en 1818.

Ce chimiste y découvrit un corps basique, amorphe, auquel il donna le nom de *vératrine*, la plante ayant été décrite par Schlechtendal sous la dénomination de *veratrum officinale*.

Meissner préparait un extrait alcoolique qu'il reprenait par l'eau et précipitait par le carbone de soude, ce qui est à peu de chose près le procédé encore suivi aujourd'hui pour la préparation de la vératrine officinale.

L'année suivante, Pelletier et Caventou, ignorant les travaux de Meissner, publièrent les résultats de leurs recherches sur divers végétaux de la famille des colchicacées.

Ils retirèrent de la cévadille une base amorphe fondant à 50 degrés, et un acide spécial auquel ils donnèrent le nom d'acide cévadique. Ce dernier corps fondait à 20 degrés. Il n'a pas été retrouvé depuis ; c'était probablement de l'acide angélique mal purifié. Ces chimistes séparaient d'abord les matières grasses par l'éther tiède, éliminant ainsi, sans s'en douter, la plus grande partie de la vératrine cristallisable.

L'extrait alcoolique était repris par l'eau pour séparer les résines, puis on séparait les matières colorantes par l'acétate de plomb. Enfin la base était précipitée par la magnésie après séparation de l'excès de plomb au moyen de l'acide sulfurique.

L'alcaloïde repris par l'alcool était ensuite précipité par l'eau, la plus grande partie de l'alcool ayant été séparée par distillation.

Couerbe chercha à purifier l'alcaloïde amorphe obtenu par Pelletier; il parvint à isoler une base amorphe, insoluble, *fusible à 115 degrés*, dont les sels cristallisaient. Il réserva à ce produit le nom de *vératrine*.

Il obtint en outre deux alcaloïdes relativement moins insolubles : l'un d'eux, cristallisable et fusible à 200 degrés, reçut le nom de *sabadilline;* l'autre, amorphe, fut considéré par Couerbe comme un hydrate de la base précédente.

Hübschmann apporta de légères modifications au procédé suivi par Couerbe, mais il vérifia ses conclusions.

En 1855, Merck isola du mélange connu dans le commerce sous le nom de *vératrine officinale* ou *veratria* une base cristallisable dont les sels, sauf l'aurochlorure, ne cristallisaient pas.

Merck évaporait lentement une solution faiblement alcoolique de vératrine brute. Il se formait, dans ces conditions, un dépôt mixte renfermant des cristaux et des matières résineuses ; l'alcool froid enlevait la résine, les cristaux étaient ensuite repris par l'alcool bouillant.

La base purifiée répondait à la formule:

$$C^{32}H^{52}Az^2O^8.$$

Le produit fondait à 205 degrés.

Merk retira aussi des graines de cévadille un acide fusible à 177 degrés qu'il nomma *acide vératrique*.

Ce corps paraît identique à l'acide diméthylprotocatéchique extrait par Wright de la pseudo-aconitine.

En 1871, Weigelin reprit l'étude des vératrines dans le laboratoire de Dragendorf. Il parvint à isoler trois bases; l'une, fusible à 150 degrés, fut regardée comme identique avec l'alcaloïde de Merck, malgré sa différence de fusibilité et sa composition centésimale répondant à la formule:

$$C^{52}H^{86}Az^2O^{15}.$$

Cette base était précipitée par l'ammoniaque de sa solution sulfurique. Les eaux mères cédaient à l'alcool amylique deux alcaloïdes: la *sabatrine* amorphe. fusible à 170 degrés, soluble dans quarante parties d'eau, et la *sabadilline* cristallisée, fusible à 200 degrés, soluble dans cent cinquante parties d'eau.

Weigelin signala, le premier, la curieuse propriété que présente la vératrine récemment précipitée de se dissoudre dans l'eau distillée. La solution ainsi obtenue précipite par l'ébullition. Weigelin ne put obtenir de sels cristallisés avec aucune des trois bases.

Schmidt et Kœppen réussirent à préparer de nouveau la base de Merck en modifiant légèrement le procédé donné par cet auteur.

Ils donnèrent à cette base la formule $C^{32}H^{50}AzO^9$; la différence portant uniquement sur la proportion centésimale de l'azote dont Merk n'avait pu faire qu'un seul dosage.

Schmidt et Kœppen regardèrent la *veratria* comme un mélange de trois bases isomères:

1° L'alcaloïde de Merck fusible à 205 degrés;

2° La modification soluble de cette base qu'ils ne réussirent pas à préparer en partant de ce corps;

3° Une base soluble par nature.

Wright et Luff (1878-1879) cherchèrent les premiers à établir la constitution des vératrines. Ils répétèrent en partie sur ces bases les expériences qu'ils avaient faites précédemment sur les aconitines. Ils réussirent à dédoubler la base de Merck appelée par eux *cévadine* en acide cévadique ou méthylcrotonique et cévine.

Ils donnèrent le nom de vératrine proprement dite, ou vératrine de Couerbe, à un alcaloïde amorphe donnant par saponification de l'acide vératrique et de la vérine.

La cévine et la vérine ont été obtenues à l'état de vernis amorphes colorés ne fournissant aucun dérivé cristallin. Ces auteurs croient à l'isomérie de ces deux bases, dont ils affirment la parenté avec l'aconine sans en fournir aucune preuve.

Ils décrivent en outre sous le nom de cévadilline le résidu amorphe que laissent les vératrines quand on les traite par l'éther.

Les formules de dédoublement données par ces auteurs sont les suivantes: Cévadine:

$$C^{32}H^{49}AzO^9 + H^2O = C^5H^8O^2 + C^{27}H^{43}AzO^8.$$

Vératrine:

$$C^{37}H^{53}AzO^{11} + H^2O = C^9H^{10}O^4 + C^{28}H^{45}AzO^8.$$

Wright et Luff regardent la veratria comme un mélange des trois bases précitées, et de leurs produits de décomposition.

Ce travail fut repris en 1883 par Rosetti, qui s'inspira surtout des recherches de Schmidt et Kœppen. Cet auteur critiqua les conclusions des chimistes anglais ; il considéra de nouveau la vératrine comme essentiellement constituée par un mélange de deux bases isomériques.

1° La vératrine cristallisée dite de Merck, dédoublable en acide angélique, isomère de l'acide méthylcrotonique, et cévidine :

$$C^{32}H^{49}AzO^9 + 2H^2O = C^5H^8O^2 + C^{27}H^{43}Az^2O^9.$$

2° La vératridine, vératrine soluble, se transformant par fixation d'eau en vératrate de vératroïne :

$$C^{55}H^{32} Az^2O^{16} = C^{27\ 1/2}H^{16}AzO^8.$$

Si nous cherchons à comparer les résultats si discordants obtenus par les chimistes qui ont étudié les vératrées, nous voyons qu'il paraît exister dans la *veratria :*

1° Une base insoluble cristallisable, fusible à 205 degrés ;

2° Une modification soluble de cette base ;

3° Un alcaloïde amorphe donnant des sels cristallisés, signalé par Couerbe et Wright, mais ayant échappé complètement à tous les autres chimistes ;

4° Un ou plusieurs corps solubles par nature ;

5° Une ou plusieurs bases insolubles dans l'éther : sabadilline cristallisée de Weigelin, cévadilline amorphe de Wright et de Couerbe.

De plus, les constituants basiques de la *veratria* paraissent avoir la même composition centésimale.

Les procédés de séparation employés par les auteurs peuvent être ramenés à trois types :

1° Procédé Merck, évaporation lente d'une solution faiblement alcoolique ; méthode suivie également par Weigelin, perfectionnée par Schmidt et Kœppen, puis Rosetti ;

2° Le mode opératoire de Wright et Luff, consistant à précipiter par la benzine une solution éthérée de *veratria ;*

3° L'épuisement des eaux mères de vératrine précipitée pour en retirer les sabatrines, sabadillines et autres produits solubles ou solubilisés.

L'examen des mémoires originaux montre que les auteurs se sont surtout attachés à la recherche des modifications solubles; leur constante préoccupation paraît être de déterminer quels liens peuvent exister entre les trois termes : base insoluble, base solubilisée et alcaloïde soluble par nature.

Les procédés qu'ils ont employés sont loin d'être à l'abri de toute critique, étant donnée surtout la grande altérabilité de ces bases sous les plus faibles influences ; et il paraît à peu près certain que dans la plupart des cas les produits ainsi obtenus ne préexistaient pas dans le mélange alcaloïdal primitif.

Je vais maintenant exposer les expériences que j'ai faites en vue d'élucider ces divers points.

Un seul procédé permet de séparer les uns des autres des principes immédiats instables; il est basé sur l'emploi judicieux des dissolvants neutres.

Nous avons fait agir sur la vératrine tous les liquides neutres, carbures, alcools, aldéhydes, éthers, etc., employés dans les laboratoires.

Afin d'épuiser régulièrement cette substance, nous la dissolvons au préalable dans du chloroforme pur, et nous évaporons cette solution sur du coke granulé (en évitant l'emploi de la chaleur).

Nous constatons que tous les dissolvants employés en excès abandonnent la vératrine sous la forme d'un vernis retenant énergiquement les dernières traces du dissolvant. Vient-on à chauffer pour séparer complètement ce dernier, les bases se résinifient en partie et perdent leur solubilité dans les acides.

Dans une autre série d'expériences, nous prenons la précaution d'employer une quantité de dissolvant de beaucoup inférieure à celle qui permet un épuisement complet du coke vératriné; dans ces conditions, il n'est pas rare d'obtenir par évaporation lente quelques cristaux isolés dans une gangue amorphe. Mais, chose très remarquable, l'extrait ainsi obtenu et repris par quelques gouttes d'alcool cristallise en totalité.

Il est donc évident que la dissolution fractionnée entraîne d'abord un produit cristallisable dans l'alcool. Disons tout de suite que ce produit n'est autre que la base de Merck.

Si nous poursuivons l'épuisement du marc vératrique, nous obtenons des produits qui refusent de cristalliser, mais qui, saturés par l'acide sulfurique, donnent des cristallisations assez nettes.

Les cristaux obtenus sont de deux sortes : les uns groupés en oursins sont très solubles dans l'eau et dans l'alcool.

Les autres, correspondant aux dernières portions extraites, se présentent en cristaux durs très réfringents, insolubles dans l'eau et dans l'alcool.

Ces deux sulfates présentent au plus haut degré le phénomène de la sursaturation ; ils se forment d'autant plus facilement que la liqueur est plus acide.

Nous constatons de plus, accidentellement il est vrai, la présence d'un corps insoluble dans l'éther anhydre exactement privé d'alcool.

Les dissolvants nous permettent donc de constater avec certitude l'existence de quatre bases dans les *veratria :*

1° Une vératrine cristallisable dans l'alcool, que nous appelons *vératrine* α ;

2° Une vératrine à sulfate soluble dans l'eau et dans l'alcool (*vératrine* β ou *asagréine*) ;

3° Une base à sulfate à peu près insoluble dans l'eau et dans l'alcool (*vératrine* γ) ;

4° Un produit basique insoluble dans l'éther (*vératrine* δ).

Tous les produits du commerce : vératrine cristallisée, cévadilline, sabadilline, sabatrine, etc., traités par ce procédé, se conduisent d'une manière identique, au rendement près.

L'extraction de ces quatre produits est, en général, très pénible, chaque échantillon demandant à être traité avec des précautions particulières.

Ainsi tel échantillon très pur cristallisera par simple dissolution dans l'alcool à 95 degrés ; un autre cédera sa partie cristallisable au benzène employé sans excès ; la plupart des échantillons du commerce demandent à être épuisés par un mélange de benzène et de pétrole. Enfin les échantillons très impurs ne donneront un résultat que si on les traite par l'éther de pétrole dont le pouvoir dissolvant est relativement faible, même à chaud.

L'individualité de ces quatre principes immédiats étant établie, nous pouvons essayer un procédé plus facile à mettre en pratique que le précédent.

Après de très nombreux essais, dont je crois inutile de vous entretenir, j'ai été amené à employer la méthode des précipitations fractionnées à l'exclusion de toute autre.

Ce procédé n'est d'ailleurs qu'un cas particulier du précédent ; la dissolution dans un acide se trouvant réglée, fractionnée en quelque sorte par l'intervention d'un alcali.

Un kilogramme de vératrine officinale est dissous dans une quantité connue et exactement suffisante d'acide sulfurique titré.

Il est facile de déterminer expérimentalement le poids d'ammoniaque ou de bicarbonate de soude qui neutraliserait la totalité de l'acide employé, et provoquerait la précipitation complète des bases organiques.

Cette opération effectuée, on introduit successivement en dix doses égales l'alcali nécessaire pour précipiter toute la vératrine.

Après chaque affusion opérée en refroidissant soigneusement les liqueurs, celles-ci sont agitées avec un grand excès d'éther sulfurique lavé.

Les dix doses d'éther sont évaporées séparément par distillation d'abord, puis au bain-marie sans dépasser 60 degrés, et les extraits obtenus additionnés d'alcool à 96-98 degrés sont abandonnés à eux-mêmes pendant vingt-quatre heures.

Les trois ou quatre premières capsules fournissent seules des cristallisations de la base α. Une cristallisation, ou même une simple digestion dans une petite quantité d'alcool à 60 degrés, fournit immédiatement de la vératrine pure cristallisée, anhydre, fusible à 205 degrés.

On sature l'extrait contenu dans les dernières capsules avec de l'acide sulfurique dilué; on remarque au bout de quelques heures la cristallisation de sulfate de vératrine β dans les capsules intermédiaires, tandis que le produit des derniers fractionnements fournit des cristaux grenus caractéristiques du sulfate de vératrine γ.

La cristallisation de sulfate de vératrine β est généralement précédée par la séparation de gouttelettes huileuses qui se concrètent peu à peu en fines aiguilles irradiant d'un centre commun.

Il est à remarquer que la plus petite trace d'alcool entrave la formation de ces cristaux. Ceci explique pourquoi ce sulfate n'a été entrevu qu'accidentellement par Wright, et qu'il lui a été impossible d'en retirer des vératrias qui en contiennent cependant plus du cinquième de leur poids.

Il est donc prudent de n'alcooliser que le premier tiers du produit fractionné, le rendement en vératrine α dépassant rarement 85 à 40 0/0 dans les vératrines commerciales.

D'ailleurs, rien n'empêche de faire un fractionnement préalable sur 10 ou 20 grammes, et de traiter le reste du produit en versant l'alcali en trois doses proportionnelles aux rendements observés dans le dosage préliminaire.

La vératrine préparée par la méthode de Stas, c'est-à-dire en évitant toutes les chances d'altérations, se conduit comme les vératrias; mais, chose digne de remarque, le rendement en vératrine γ est nul, et nous n'avons jamais obtenu dans ce cas la moindre trace de base δ.

Nous pouvons maintenant expliquer sans la moindre difficulté les résultats obtenus par les chimistes qui ont étudié les vératrines.

La base α n'est autre que l'alcaloïde décrit par Merck, c'est la cévadine de Wright. Sa variété soluble représente la sabadilline de Couerbe et celle de Weigelin, fusibles à 200 degrés.

La base β est certainement la vératrine dite de Couerbe, isolée par Wright. Nous verrons que c'est la base donnant de l'acide vératrique par dédoublement, vératrine soluble par nature des Allemands, vératrine de Schmidt et Rosetti.

L'alcaloïde δ doit correspondre aux cévadillines et sabatrines.

Il y a tout lieu de croire que le produit que nous désignons sous le nom de base γ est un produit d'altération ou de dédoublement.

Il doit vraisemblablement en être de même pour la base δ.

L'étude particulière de ces quatre produits va d'ailleurs confirmer cette opinion.

VÉRATRINE α

Cette base cristallise dans l'alcool fort en cristaux parfois assez volumineux ayant une grande tendance à se réunir en macles.

Ces cristaux fondent au-delà de 100 degrés, à une température qui varie avec la vitesse d'échauffement. Cette circonstance est due à la décomposition irrégulière de l'alcoolate formé dans ces conditions. Ce fait, qui n'avait jamais été expliqué, a dû induire plus d'une fois les chimistes en erreur; peut-être faut-il voir là l'explication des points de fusion de 115 et même 150 degrés observés par quelques auteurs, qui ont certainement eu ce corps en mains, car ils remarquent que ces cristaux, brillants au début, blanchissent à l'air. Il se forme une variété porcelanique rappelant certains échantillons d'acide arsénieux. Wright affirme même que cette modification a lieu sans perte de poids (?).

Ces cristaux formés dans l'alcool faible, l'éther anhydre, le benzène, le pétrole, fondent très régulièrement à 204-205 degrés. Rappelons à ce propos les points de fusion annoncés :

50° — Pelletier
115 — Couerbe
150 — Weigelin
150-155 — Schmidt
205 — Merck

Tous les auteurs s'accordent pour dire que les vératrines n'ont pas de pouvoir rotatoire. Ceci tient sans doute à une purification incomplète des produits qui agissent tous au contraire sur la lumière polarisée.

En solution chloroformique, le pouvoir rotatoire de la base z est de — 18°,9 (zD), et — 15°,15 (zC).

Le pouvoir dispersif

$$p = \frac{zD}{zC} = 1,24.$$

Il est très voisin de celui des sucres.

Une solution sulfurique neutre est nettement dextrogyre : zD = 25,79.

Ce pouvoir rotatoire est indépendant du temps écoulé depuis la dissolution du sel, du degré de dilution et de l'acidité.

Le pouvoir rotatoire des solutions alcooliques et éthérées est très faiblement lévogyre, ce qui explique peut-être l'opinion émise par divers chimistes.

La vératrine récemment précipitée par l'ammoniaque employée sans excès se dissout complètement dans l'eau distillée froide ; la solution additionnée d'ammoniaque ou simplement chauffée abandonne la vératrine à peine altérée et susceptible de cristalliser dans l'alcool fort.

C'est cette pseudo-solution qui a fait croire à la présence d'isomères solubles dans les vératrias.

La question se complique quand la précipitation est faite par un alcali fixe, comme nous le verrons plus loin.

Ceci d'ailleurs n'est pas spécial à la vératrine ; tous les alcaloïdes naturels ont un coefficient de solubilité qui varie avec leur état physique, et c'est aller un peu loin, à mon avis, que d'attribuer une individualité à l'état temporaire que peut affecter un produit organique.

En dehors des précipités fournis par les réactifs généraux des alcaloïdes, quelques réactions colorées permettent de caractériser la base qui nous occupe.

La vératrine présente un faible pouvoir réducteur, ce qui permet de reproduire avec elle la plupart des réactions de la morphine et des ptomaïnes, à un moindre degré cependant.

C'est ainsi qu'elle réduit l'acide iodique et donne des traces de bleu de Prusse avec le réactif des ptomaïnes (ferricyanure et perchlorure de fer).

L'acide chlorhydrique employé à froid développe lentement une coloration rose groseille sans fluorescence et sans dépôt.

Un cristal de vératrine projeté dans l'acide sulfurique concentré donne des stries jaune gomme-gutte accompagnées d'une fluorescence verte qui s'étend peu à peu à toute la masse du liquide. La teinte vire au rouge carminé au bout de quelques minutes. Cette coloration s'obtient immédiatement à chaud, mais on n'obtient pas dans ce cas d'une façon aussi nette la fluorescence caractéristique.

En présence du sucre ou plutôt du furfurol, l'acide employé sans excès donne d'abord la teinte gomme-gutte, puis une couleur vert pré, virant par hydratation au bleu intense, puis au violet.

Pour une recherche toxicologique, il conviendra de soumettre à l'examen spectroscopique la teinte obtenue, que l'on comparera à celle que fournit une vératrine type.

COMPOSITION CENTÉSIMALE:

(moyenne de treize combustions)

Calculé pour :		trouvé :	
C^{32} 384	64,96 64,07		
H^{49} 49	8,29 8,27		
Az 14	2,38 2,44		
O^9 144	24,37		
591			

La détermination de l'or dans le sel double a donné:

$$21,04\,\%\ 1^{re}\ \text{série d'expériences};$$
$$21,09\,\%\ 2^{e}\ \text{—} \qquad \text{—}$$

la formule

$$C^{32}H^{49}AzO^9,\ HCl,\ AuCl^3$$

exige 21,08 et correspond au poids moléculaire 593,10.

La base est exactement saturée par 1 molécule d'un acide monobasique.

Les sels sont amorphes, sauf l'iodhydrate, le tartrate acide, le nitrate, le picrate et le chromate.

Les sels doubles halogènes sont généralement cristallisés. Nous avons préparé et analysé les sels de mercure, or, zinc, cadmium.

L'analyse de ces sels confirme la formule donnée pour la vératrine.

Propriétés chimiques. — Agents d'hydratation : les réactifs dédoublent l'alcaloïde.

La saponification de la vératrine a été réalisée pour la première fois par Wright et Luff qui dédoublèrent la base en acide méthylcrotonique et cévine amorphe.

Rosetti obtint au contraire de l'acide angélique.

Ces chimistes ont employé la potasse alcoolique et la baryte, bases énergiques qui dénaturent profondément le noyau azoté.

Nous avons été assez heureux pour isoler ce produit à l'état de pureté par l'action des alcalis caustiques à froid, et par celle de l'eau en tubes scellés à 160 degrés.

Action des alcalis caustiques dilués. — Nous prenons une dose de vératrine de 10 grammes environ dissoute dans une quantité suffisante d'acide dilué ; nous ajoutons lentement 25 grammes de soude caustique dissoute dans un litre d'eau.

Au bout d'un instant, la dissolution de la base est complète. Ce résultat atteint, la liqueur alcaline est épuisée par l'éther. Ce dissolvant est ensuite évaporé ou simplement agité avec de l'acide sulfurique dilué. Le sulfate cristallise presque aussitôt sous la forme que nous avons décrite (base γ).

Il se forme en même temps dans cette réaction de l'acide angélique accompagné de ses produits de décomposition (acides formique et acétique).

Action de l'eau à 160 degrés. — La vératrine traitée par l'eau à 160 degrés se dissout intégralement. Les alcalis séparent de la solution la base γ, que l'on caractérise par la cristallisation caractéristique de son sulfate.

Dans certains cas, quand la chaleur n'a pas été maintenue trop longtemps, l'éther employé en très grand excès (au moins 200 volumes) isole un corps basique que l'évaporation du dissolvant abandonne en cristaux insolubles dans l'éther et dans un mélange d'alcool et d'éther, ce qui le distingue déjà des bases α et γ.

Ce nouvel alcaloïde paraît être un isomère optique plutôt qu'un apodérivé de la base α ; il fond à 171 degrés. Nous avons évidemment reproduit dans cette réaction l'alcaloïde δ.

Comme on le voit, ces deux réactions sont capitales : elles permettent d'expliquer les résultats contradictoires obtenus jusqu'à ce jour.

Action de la chaleur. — Au-delà de 300 degrés, la vératrine subit la décomposition pyrogénée en fournissant une huile empyreumatique, de laquelle on peut isoler :

Des bases, des acides, des carbures fluorescents.

Bases. — Mélange de pyridine et de ses homologues, de bases quinoléiques souillées de pyrrol.

Acides. — Acide méthylcrotonique provenant de la transformation pyrogénée isomérique de l'acide angélique.

Carbures. — Mélange de carbures aromatiques où dominent des corps présentant une composition très voisine de celle des xylènes.

Action des halogènes. — Le chlore, le brome, l'iode fournissent des dérivés substitués amorphes. La saponification de ces produits par l'acide sulfurique donne du sulfate de la base γ (cévine ou vérine).

D'ailleurs, quel que soit le réactif que l'on fasse agir sur la vératrine, il est difficile d'éviter deux écueils : ou bien la vératrine contracte une combinaison instable dont on régénère sans difficulté la base primitive, ou la vérine, si les alcalis interviennent; ou bien la réaction est énergique, et il est alors impossible d'empêcher la formation de produits goudronneux fluorescents.

Les oxydants ne nous ont pas permis d'obtenir un acide pyridine-carbonique défini. Il se forme toujours une quantité très considérable d'acide oxalique.

Action des anhydrides acides. — L'action directe de ces réactifs est beaucoup trop énergique; il convient de les diluer dans une certaine dose d'éther ou de chloroforme.

C'est ainsi que l'acétylvératrine cristallisée a été obtenue par l'action d'une solution éthérée d'anhydride acétique sur une solution également éthérée de vératrine.

La benzoylvératrine s'obtient en traitant la vératrine par l'anhydride benzoïque en solution chloroformique; le dérivé obtenu fond à 250 degrés. Wright avait préparé une benzoylvératrine fusible à 180 degrés, c'est-à-dire beaucoup plus bas que la base elle-même, ce qui est inexplicable.

L'analyse élémentaire conduit à la formule :

$$C^{36}H^{51}AzO^{11}$$

		Calculé :		trouvé :
C^{36}	482	64,19		64,03
H^{51}	51	7,56		8,15
Az	14	2,08		2,12
O^{11}	176	26,15		

L'anhydride benzoïque donne un dérivé benzoylé fusible à 220 degrés.

La solution sulfurique de cette base est nettement dextrogyre. Les solutions éthérées sont au contraire lévogyres.

L'asagréine donne, comme la vératine α, des sels doubles cristallisés.

BASE δ

La composition élémentaire de cette base est très voisine de celle de la vératrine α. Il y a tout lieu de croire que c'est simplement un isomère optique de la base α, l'acide angélique se trouvant simplement transformé dans cet alcaloïde en acide méthylcrotonique.

Tandis que les bases α et β et leur noyau azoté sont dextrogyres en solution dans un acide minéral et lévogyres en solution éthérée, alcoolique ou chloroformique, les solutions de la base δ sont constamment lévogyres.

Nous étudierons plus complètement cette base quand nous serons arrivés à régulariser sa préparation.

NOYAU AZOTÉ : CÉVINE OU VÉRINE

Le sulfate de vérine ou cévine s'obtient sans difficulté par saponification ménagée des vératrines au moyen des alcalis caustiques à froid ou de l'eau en tubes scellés.

La base isolée cristallise dans l'éther quand on amorce l'opération avec un échantillon bien purifié et cristallisé.

Action des alcools, aldéhydes, acétones, phénols. — La vératrine contracte des combinaisons instables avec tous ces corps.

La simple cristallisation de la vératrine dans l'alcool fort donne un alcoolate défini contenant 13 0/0 d'alcool, soit deux molécules, comme le montre le dosage de l'alcool par analyse et par synthèse, ainsi que la combustion du produit.

Le méthylalcoolate et le benzylalcoolate cristallisent avec plus de difficulté.

La vératrine fixe également une molécule de paraldéhyde en fournissant un produit dont la cristallisation facile permettrait de retirer la vératrine α d'une vératrine commerciale.

Cette base s'unit également à une molécule d'acétone.

Les iodures alcooliques ne réagissent pas à froid sur la vératrine; à chaud, ils contractent des combinaisons très instables d'où la base se sépare inaltérée par cristallisation dans l'alcool.

Le bromure d'éthylène se fixe molécule à molécule sur la vératrine. Le produit obtenu est amorphe.

VÉRATRINE β OU ASAGRÉINE

Nous avons vu que cette base n'était autre chose que la vératridine de Rosetti, la vératrine dite de Couerbe obtenue par Wright.

C'est l'alcaloïde qui fournit par saponification de l'acide vératrique.

L'isolement de cette base est subordonné à la séparation du sulfate, opération qui présente les plus grandes difficultés, par suite de la solubilité de ce sel, et de sa tendance à la sursaturation.

Ce sel se présente à l'état humide sous la forme d'un feutrage à reflets micacés, prenant peu à peu l'aspect de la pâte à papier, caractère décrit par Wright.

Une dessiccation plus avancée le transforme en lames cornées translucides, comparables à la gomme adragante.

Le sel devient ensuite complètement opaque.

La décomposition de ce sulfate doit être faite avec tous les ménagements possibles, car sous les plus faibles influences l'alcaloïde se dédouble en acide vératrique et une base qui ne peut être distinguée de celle fournie par la saponification de α.

En effet, les sulfates de cévine et de vérine sont absolument identiques

L'asagréine donne avec l'acide sulfurique une teinte rouge sans fluorescence verte; le furfurol ne donne pas dans ce cas la teinte vert pré si caractéristique pour la base α.

L'acide chlorhydrique fournit immédiatement une teinte rouge avec dépôt d'acide vératrique cristallisé.

La cévine paraît répondre à la formule :

$$C^{27}H^{43}AzO^8 = 509$$

		Calculé :		trouvé :
C^{27}	324	63,65		63,44
H^{43}	43	8,45		8,42
Az	14	2,75		2,87
O^8	128	25,16		
	509			

Les compositions élémentaires des trois bases α, β, γ sont très voisines :

$$\text{pourcentage du carbone : } \alpha \ldots \ldots \ldots \quad 65$$
$$- \qquad - \qquad \beta \ldots \ldots \ldots \quad 64,20$$
$$- \qquad - \qquad \gamma \ldots \ldots \ldots \quad 63,65$$

De plus, la séparation des deux sulfates de α et β est fort délicate; on conçoit aisément que la plupart des auteurs aient admis l'isomérie de ces trois produits, dont la combustion demande beaucoup de soins.

Tous les efforts que nous avons tentés pour reproduire les bases des vératrées en partant de leurs produits de décomposition sont demeurés sans résultats. Si cette réaction pouvait se faire, on conçoit que l'union de la vérine à la plupart des acides organiques à fonction mixte donnerait un grand nombre de vératrines.

Je vous demande la permission d'ouvrir ici une parenthèse et de vous dire quelques mots de l'aconitine, base présentant quelques analogies avec les vératrines.

Pour Wright et Luff, la cévine et la vérine sont parentes de l'aconine; peut-être même les trois corps n'en forment-ils qu'un seul à différents états d'hydratation.

A priori, cette assertion n'est pas soutenable, car l'aconitine et l'aconine ne donnent aucune des réactions colorées fournies par les vératrines, réactions que ces bases doivent à leur noyau azoté.

Nous apportons de plus une démonstration expérimentale de la non-identité de ces corps.

En effet l'aconitine traitée par l'eau en tubes scellés à 160 degrés donne une aconine pure susceptible de fournir un nitrate nettement cristallisé.

Cette base ne présente ni les caractères physiques, ni les propriétés chimiques de la vérine.

Les vératrines et l'aconitine donnent avec le chlorure d'iode des combinaisons cristallisées insolubles dans l'eau.

NOTE SUR LES VARAIRES

Les varaires ou vératres forment un groupe très voisin de la cévadille.

Toutes ces plantes contiennent des bases sternutatoires dont la parenté avec les vératrines n'a jamais été mise en doute.

Mais à côté de ces bases se trouve un alcaloïde non saponifiable dans les conditions où les vératrines se dédoublent si aisément, c'est la jervine, découverte par Simon en 1837, étudiée par Schroff jeune, Tobien, Dragendorf, Mitchell, Will, Limpricht, Gerhardt, plus récemment par Wright et Luff, et pour laquelle les formules les plus diverses et les plus bizarres ont été proposées :

$$
\begin{aligned}
&\text{Will.} \dots\dots\dots & C^{30}H^{45}AzO^{2\ 1/2} \\
&\text{Gerhardt} \dots\dots & C^{30}H^{46}AzO^{3} \\
&\text{Tobien.} \dots\dots & C^{37}H^{47}Az^{2}O^{8} \\
&\text{Wright} \dots\dots & C^{26}H^{37}AzO^{3}
\end{aligned}
$$

Les solutions de cette base sont lévogyres. Nos analyses lui assignent la formule :

$$C^{25}H^{37}AzO^{3}$$

qui exige :

Calculé :			trouvé :		
$C^{25} = 300$	......	75,18	74,77	......	75,01
$H^{37} = 37$	......	9,27	9,47	......	9,32
$Az = 14$	......	3,50	3,20		
$O^{3} = 48$					
$\overline{399}$					

La jervine est caractérisée par l'insolubilité de ses sels, et plus particulièrement de son sulfate, ce qui lui a valu le nom de *baryte végétale*.

La base pure fond à 236 degrés. On l'isole sans difficulté en soumettant à la précipitation fractionnée la vératrine brute de l'ellébore. Il ne faut pas oublier dans ce cas que les sels et particulièrement le chlorure se dissolvent dans l'éther et dans le chloroforme.

La base se présente en cristaux orthorombiques portant deux troncatures.

L'insolubilité des sels ne permet pas d'opérer des déterminations polarimétriques exactes. Une solution alcoolique au vingtième présente une déviation de 2 degrés à gauche. Rappelons que la vératrine donne 2°,20 dans les mêmes conditions.

Là jervine résiste à la plupart des réactifs ; les alcalis ne paraissent pas l'altérer sensiblement à la température de l'ébullition.

CONCLUSIONS

Nous croyons avoir suffisamment établi que les vératrines ne sont pas des corps isomères. Il était d'ailleurs assez singulier d'admettre l'isomérie de corps à fonction chimique identique, donnant par dédoublement des produits très différents sans relation immédiate entre eux ; il faudrait admettre une singulière transposition d'atomes.

En dehors des résultats fournis par les combustions, nous pouvons invoquer à l'appui de notre thèse la différence des poids moléculaires établie par de nombreuses expériences : précipitation fractionnée, déterminations alcalimétriques, dosage de l'or dans les sels doubles, analyses des dérivés de substitution.

Nous croyons que l'on pourra tirer un excellent parti des méthodes de fractionnement que nous avons développées.

Nous conseillons de préparer les dérivés substitués à très basse température ; c'est grâce à cette précaution qu'il nous a été possible de régulariser la préparation des acétyl et benzoylvératrines.

Nous nous proposons d'appliquer à d'autres principes immédiats l'action des réactifs généraux à très basse température qui nous a donné de si intéressants résultats avec la vératrine.

SUR LES FORMULES DE M. THOMSEN

POUR LE

CALCUL DE LA CHALEUR DE COMBUSTION DES CARBURES

PAR

M. R. ENGEL

PROFESSEUR A L'ÉCOLE CENTRALE DES ARTS ET MANUFACTURES

———

MESSIEURS,

On a cherché à diverses reprises à établir une relation rationnelle entre les chaleurs de combustion des carbures. La plus importante de ces tentatives est due à M. Thomsen, qui a exposé sa théorie dans le quatrième volume de ses *Recherches chimiques.*

M. Thomsen donne, pour calculer la chaleur de combustion ($f.$) des carbures, la formule suivante :

$$f.C^nH^{2b} = a \ \ 135,34 + b \times 37,78 - n \times 14,20 + 0,58,$$

dans laquelle n est la somme des liaisons simples et doubles entre les atomes de carbone. Cette formule est mentionnée, sans développements et sans discussion, par M. Beilstein, dans son *Traité de chimie organique.* Je me propose, dans cette conférence, d'exposer les vues de M. Thomsen, d'établir la signification des constantes 135,34; 37,78; 14,20; 0,58, et de discuter la portée de cette formule.

Les idées de M. Thomsen ont eu, en effet, un certain retentissement. Elles ont conduit ce savant à donner des moyens de calculer non seulement les chaleurs de combustion des carbures, mais encore celles de plusieurs groupes de composés oxygénés et azotés; à prendre les déterminations calorimétriques comme unique base pour établir la constitution chimique des composés organiques, enfin à formuler, sur ce point, des conclusions contre lesquelles plusieurs chimistes se sont élevés. S'il est possible d'admettre, avec M. Thomsen, que, dans le benzène, les six atomes de carbone sont unis par neuf simples liaisons, il est plus difficile de se rallier aux conclusions suivantes, que le savant physicien considère comme démontrées par les relations qu'il a établies entre les chaleurs de combustion des divers composés :

1° L'oxyde d'éthylène ne répond pas à la formule classique
$$\left.\begin{array}{l} CH^2 \\ | \\ CH^2 \end{array}\right\rangle O\,;$$
il faut considérer ce corps comme de l'oxyde de diméthylène ($CH^2 - O - CH^2$)″, composé dans lequel les atomes de carbone ne sont pas unis entre eux, mais présentent chacun une valence libre;

2° Les aldéhydes renferment de l'oxhydryle dans leur molécule et sont caractérisés par le groupement non saturé: $R' - C - OH$;
$$\overset{\parallel}{}$$

3° Dans les amines dérivées des carbures gras saturés, l'azote fonctionne comme quintivalent. La constitution de la méthylamine, par exemple, est représentée par la formule : $CH^2 = AzH^3$; les formules des amines secondaires et tertiaires seront, par suite, respectivement :

$$\left.\begin{array}{l} CH^2 = \\ CH^3 - \end{array}\right\} AzH^2 \quad \text{et} \quad \left.\begin{array}{l} CH^2 = \\ CH^3 - \\ CH^3 - \end{array}\right\} AzH.$$

La constitution de l'aniline, au contraire, est représentée par la formule habituelle : $C^6H^5 - AzH^2$; il en est de même de quelques autres amines : allylamine, isobutylamine;

4° La pyridine ne dérive pas du benzène par la substitution de l'azote trivalent au groupement (CH)‴; l'azote est monovalent dans ce composé, et les cinq atomes de carbone sont unis par sept simples liaisons. La formule de la pyridine est donc :

$$Az - CH \underset{CH - CH}{\overset{CH - CH}{\diagdown\diagup}}$$

5° Dans le thiophène, il n'y a pas de double liaison entre les atomes

de carbone, qui sont unis par cinq simples liaisons ; la constitution de
ce composé est exprimée par l'une des formules :

$$\text{CH—CH} \diagdown \text{S} \diagup \text{CH—CH} \qquad \text{ou} \qquad S = C \diagup_{\displaystyle \text{CH}}^{\displaystyle \text{CH}} \diagdown \text{CH}^2, \text{etc.}$$

L'étude de la formule donnée précédemment pour le calcul des chaleurs de combustion des carbures suffira pour apprécier la base scientifique sur laquelle reposent ces déductions. Je vous demanderai la permission de rappeler d'abord quelques notions élémentaires ; j'expose-
rai ensuite dans une deuxième partie les théories de M. Thomsen, en
suivant l'ordre adopté par ce savant ; enfin, dans une troisième partie,
je soumettrai ces théories à la discussion.

I

La chaleur de *combustion* des composés organiques est la quantité
de chaleur dégagée par la combustion totale d'une molécule-gramme
du corps envisagé.

La chaleur de *formation*, c'est-à-dire la chaleur dégagée pendant la
synthèse des composés organiques, au moyen de leurs éléments, n'est
pas susceptible d'être mesurée directement, cette synthèse ne s'effectuant, comme l'on sait, que dans des conditions qui écartent les
mesures directes. Mais le principe de l'équivalence calorifique des
transformations chimiques a permis à M. Berthelot de tourner la difficulté et de calculer les chaleurs de formation d'après les chaleurs de
combustion. La chaleur de formation d'un composé apparaît, en effet,
en vertu du principe rappelé ci-dessus, comme la différence entre la
somme des chaleurs de combustion totale de ses éléments et la chaleur de combustion du composé, avec formation de produits identiques.

Comme je me propose d'exposer et de discuter les idées de M. Thomsen, je me servirai des chaleurs de combustion déterminées par ce
savant, soit $96^{Cal},96$ pour la chaleur de combustion du carbone amorphe
à l'état d'anhydride carbonique, et $68^{Cal},36$ pour la chaleur de combustion d'une molécule (H^2) d'hydrogène à l'état d'eau liquide, à la température de 18 degrés. Les chaleurs de combustion des composés orga-

niques sont rapportées à l'état gazeux et à la température de 18 degrés ;
elles sont ainsi immédiatement comparables.

Soit à déterminer la chaleur de formation de l'acide formique, la
combustion de cet acide d'après la formule :

$$CH^2O^2 + O = CO^2 + H^2O$$

dégageant $69^{Cal},39$. La somme des chaleurs de combustion des éléments
de l'acide formique est $96,96 + 68,36 = 165,32$. La différence entre
cette somme $165,32$ et $69,39$, chaleur de combustion de l'acide formique, soit $95^{Cal},93$, est la chaleur de formation de cet acide.

Dans les études thermochimiques, il est utile, pour éviter des lon-
gueurs d'exposition, de compléter les équations chimiques en notant
les chaleurs de formation des diverses molécules figurant dans l'équation et la quantité de chaleur dégagée ou absorbée dans la réaction.
Les équations thermiques sont surtout utiles quand il s'agit d'exprimer la quantité de chaleur qui correspond à un phénomène non accessible aux déterminations calorimétriques, comme, par exemple, la
chaleur de formation des composés organiques. Or il n'existe, sur ce
point, aucune notation généralement adoptée. M. Ostwald écrit les
composés en caractères différents suivant qu'ils sont à l'état solide,
liquide ou gazeux, note à la droite de la formule le phénomène thermique qui accompagne la réaction formulée, mais n'indique pas les
chaleurs de formation des composés réagissants ou formés. M. Thomsen écrit d'abord le second membre des équations chimiques ordinaires, le fait suivre du signe —, puis du premier membre et égale
cette différence à V qui représente la chaleur dégagée ou absorbée
dans la réaction. La plupart des chimistes intercalent entre les termes
d'une équation chimique ordinaire les données thermiques ou des
indications relatives à l'état du corps, ce qui rend aussi difficile la
lecture de la réaction chimique que celle du phénomène thermique
qui l'accompagne. La notation suivante, que je propose, et que j'ai
appliquée dans un traité élémentaire de chimie (¹) me paraît la plus
simple ; elle fournit toutes les données nécessaires au calcul et permet
la lecture de l'équation chimique, en faisant abstraction de l'équation
thermique. On inscrit sous la formule des diverses molécules la quantité de chaleur qui répond à la formation de cette molécule à partir
des éléments pris dans leur état actuel (solide, liquide ou gazeux)

____

(¹) *Eléments de chimie médicale;* 4ᵉ édition.

à + 15 degrés (¹) ; on fait précéder ce nombre d'une des lettres g, l, s, d, qui veulent dire respectivement gazeux, liquide, solide et dissous et indiquent l'état considéré du corps ; enfin on écrit à droite de la formule la quantité de chaleur dégagée dans la réaction. Cette quantité de chaleur est la différence entre la somme des calories du second membre de l'équation et la somme des calories du premier membre. La combustion de l'acide formique, par exemple, s'écrira :

$$CH^2O^2 \quad + \quad O \quad = \quad CO^2 \quad + \quad H^2O$$
$$(g. + 95,93) \qquad (g.) \qquad (g. + 96,96) \quad (l. + 68,36) = + 69,39.$$

On lit facilement, dans cette notation, que la chaleur de formation est égale à la somme des chaleurs de combustion des éléments diminuée de la chaleur de combustion du composé, et inversement que la chaleur de combustion du composé (69,39) est égale à la somme (96,96 + 68,36) des chaleurs de combustion des éléments diminuée de la chaleur de formation (95,93) du composé.

Les chaleurs de formation, obtenues comme il a été dit plus haut, représentent les chaleurs de formation des corps à pression constante. Or une partie de cette chaleur peut provenir d'une condensation dans la combinaison des éléments gazeux. On sait, en effet, qu'une condensation correspondant au volume moléculaire, soit à $22^{lit},3$, est accompagnée d'un dégagement de $0,002 \times \theta$ calories, θ étant la température absolue ; à 18 degrés la valeur de θ est : $273 + 18 = 291$, et le produit $0,002 \times \theta$ sera : $0^{cal},582$. Dans les considérations théoriques qui suivront, nous aurons à corriger les chaleurs de formation des corps de l'influence du travail extérieur ; autrement dit, à calculer les chaleurs de formation des corps à volume constant, quantités qui seules sont rigoureusement comparables dans la mesure des affinités chimiques. Pour obtenir la chaleur de formation des corps à volume constant, il suffit de retrancher de la chaleur de formation à pression constante de ce corps le produit $\left(\dfrac{n}{2} - 1\right) \times 0,58$, n étant le nombre d'atomes des éléments *gazeux* entrant dans le composé. En effet, $\dfrac{n}{2}$ sera le nombre des molécules gazeuses des composants, et, par suite, $\dfrac{n}{2} - 1$ représentera bien la condensation des composants dans la formation

---

(¹) Comme je me sers dans cet exposé des nombres de M. Thomsen, la chaleur de formation des composés répond ici à la température de 18 dègrés au lieu de 15.

d'une molécule du composé. Pour l'acide formique CH^2O^2, par exemple, $n = 4$. Le nombre des molécules gazeuses des composants sera $\frac{n}{2} = 2$ et la condensation $\frac{n}{2} - 1 = 1$. La chaleur de formation à volume constant sera par suite : $95^{Cal},93 - 0^{Cal},58 = 95^{Cal},35$.

II

I. — La comparaison des chaleurs de combustion des composés organiques a conduit à la proposition fondamentale suivante :

Quand on passe d'un carbure et, plus généralement, d'un composé quelconque à son homologue supérieur, la chaleur de combustion augmente sensiblement de $157^{Cal},87$.

Cette remarquable relation échappa aux recherches de Favre et Silbermann, parce que ces savants rapportaient les chaleurs de combustion au poids d'un gramme du composé. M. Thomsen en attribue la découverte à M. Hermann (1869). Mais dès 1865 M. Berthelot l'avait signalée, en calculant, d'après les expériences de Favre et Silbermann, les chaleurs de combustion moléculaires. On ne connaissait à cette époque que les chaleurs de combustion du méthane, de quelques carbures éthyléniques, de quatre alcools, de cinq acides et de quelques éthers.

Plus tard, lorsque M. Berthelot détermina lui-même les chaleurs de combustion des carbures gras saturés, la constance de la différence des chaleurs de combustion ne se manifesta pas, tout au moins pour les premiers termes de la série. Le caractère général de cette relation parut vraisemblablement plus douteux à ce savant qui ne la mentionne pas dans sa *Mécanique chimique*. Mais, depuis la publication de cet ouvrage, M. Berthelot est revenu, à diverses reprises, sur cette relation, en l'envisageant comme approximative. Elle s'est dégagée également des chaleurs de combustion des alcools propylique, isobutylique, amylique et caprylique mesurées par M. Louguinine.

Enfin, de ses propres déterminations, M. Thomsen conclut que, non seulement, il existe une différence constante entre les chaleurs de combustion de deux termes successifs d'une même série de composés homologues, mais que cette différence est sensiblement la même dans les divers groupes de composés. Elle est légèrement plus faible que la moyenne pour les éthers haloïdes des alcools, les oxydes, les composés azotés et sulfurés ; elle est un peu plus forte pour les carbures, les alcools, les aldéhydes, les cétones. La moyenne de 44 différences a donné la valeur: 157^{Cal},87, avec 155,12 et 159,56 pour valeurs extrêmes.

Voici quelques exemples :

COMPOSÉS	FORMULES	CHALEURS de COMBUSTION DU COMPOSÉ à l'état gazeux et à 18°	DIFFÉRENCE
HYDROCARBURES SATURÉS			
Méthane	$C H^4$	211,93	
Éthane.	$C^2 H^6$	370,44	158,51
Propane	$C^3 H^8$	529,21	2×158.98
CARBURES ÉTHYLÉNIQUES			
Éthylène.	$C^2 H^4$	333,35	
Propylène	$C^3 H^6$	492,74	159,39
Isobutylène	$C^4 H^8$	650,62	$2 \times 158,635$
ÉTHERS HALOÏDES			
Chlorure de méthyle	CH^3Cl	164,63	
Chlorure d'éthyle .	C^2H^5Cl	321,93	157,60
Chlorure de propyle	C^3H^7Cl	480,20	$2 \times 157,78$
AMINES			
Méthylamine. . . .	CH^5Az	258,32	
Éthylamine	C^2H^7Az	415,67	157,35
Amylamine	$C^5H^{13}Az$	890,58	$4 \times 158,065$
ALCOOLS			
Méthylique	CH^4O	182,23	
Éthylique	C^2H^6O	340,53	158,3
Isobutylique. . . .	$C^4H^{10}O$	658,49	$3 \times 158,753$
Isoamylique	$C^5H^{12}O$	820,07	$4 \times 159,46$

Prenant cette relation thermique entre les composés homologues pour point de départ, M. Thomsen poursuit dans l'ordre suivant l'exposé des faits et des déductions qui l'ont conduit à l'établissement de la formule dont nous nous occupons.

II. — *Les atomes d'une molécule n'ont d'action essentielle que sur les atomes auxquels ils sont unis.*

S'il n'en était pas ainsi, l'entrée du groupe CH^2 dans une molécule aurait pour conséquence une variation différente des chaleurs de combustion, suivant que la molécule renferme de l'oxygène, de l'azote, du chlore ou simplement de l'hydrogène; ce qui n'est pas.

III. — *Les quatre valences du carbone sont identiques entre elles.*

En comparant les chaleurs de combustion des quatre carbures, éthane, propane, triméthylméthane et tétraméthylméthane qui dérivent du méthane par la substitution successive du méthyle aux 4 atomes d'hydrogène de ce carbure, on observe que la variation de la chaleur de combustion et, par suite, celle de la chaleur de formation, est la même pour chacune des substitutions du méthyle à l'hydrogène.

		Chaleurs de combustion	Différence
Méthane	CH^4	211,93	
Éthane	$CH^3 (CH^3)$	370,44	$1 \times 158,51$
Propane	$CH^2 (CH^3)^2$	529,21	$2 \times 158,175$
Triméthylméthane	$CH (CH^3)^3$	687,19	$3 \times 158,11$
Tétraméthylméthane . . .	$C (CH^3)^4$	847,11	$4 \times 158,562$

Chaque radical méthyle est donc uni au carbone avec une énergie égale, et, par suite, les 4 valences du carbone sont identiques entre elles.

IV. — *Le carbone faisant partie intégrante d'une combinaison chimique possède une chaleur de combustion plus grande que le carbone à l'état de liberté.*

La démonstration de cette proposition ressort de la comparaison des chaleurs de combustion de divers composés qui, deux à deux, ne diffèrent entre eux que par un atome de carbone en plus, comme, par exemple, le méthane CH^4 et l'éthylène C^2H^4.

COMPOSÉS	FORMULES	CHALEURS DE COMBUSTION état gazeux et à 15°	DIFFÉRENCE
Méthane.	CH^4	211,93	121,42
Éthylène.	C^2H^4	333,35	
Éthane.	C^2H^6	370,44	122,30
Propylène	C^3H^6	492,74	
Propane.	C^3H^8	529,21	121,41
Isobutylène	C^4H^8	650,62	
Chlorure de méthyle . .	CH^3Cl	164,77	121,39
Éthylène monochloré. .	C^2H^3Cl	286,16	
Bromure d'éthyle	C^2H^5Br	341,82	120,30
Bromure d'allyle	C^3H^5Br	462,12	

Ce tableau montre que la différence des chaleurs de combustion de deux composés ne différant, en formule brute, que par un atome de carbone est sensiblement la même. La moyenne de 10 différences a donné à M. Thomsen la valeur $121^{Cal},09$. Or on sait que la chaleur de combustion du carbone amorphe à l'état d'anhydride carbonique n'est que de $96^{Cal},96$.

Cette différence considérable des chaleurs de combustion du carbone combiné et du carbone à l'état de liberté ne saurait tirer son origine de la différence des états physiques (gazeux dans les composés envisagés, solide pour le carbone amorphe), car elle se retrouve pour les composés à l'état liquide ou à l'état solide. Elle signifie que le carbone amorphe absorbe, en brûlant, pour la désagrégation de sa molécule en atomes, une quantité de chaleur beaucoup plus grande que celle qui est nécessaire pour la séparation d'un égal nombre d'atomes de carbone d'une molécule organique.

Dans les divers exemples cités dans le tableau ci-dessus, le carbone, en se fixant sur la molécule saturée pour la transformer en une molécule non saturée, s'unit, d'après les idées actuelles, à un autre atome de carbone par une double liaison. Exemple : CH^4 et $H^2C = CH^2$. La chaleur de combustion $121^{Cal},09$ de cet atome de carbone représente donc la chaleur de combustion de l'atome isolé de carbone, diminuée de la quantité de chaleur dégagée dans l'union de deux atomes de carbone par double liaison. En désignant par v_i cette quantité de chaleur, et par $f.c$ la chaleur de combustion de l'atome isolé de carbone, on aura :

$$f.c = 121,09 + v_i \qquad (1)$$

V. — *La décomposition du carbone amorphe en atomes absorbe $38^{Cal},30$ pour chaque atome de carbone ; la chaleur de combustion de l'atome isolé de carbone est de $135^{Cal},34$.*

Puisque les quatre valences du carbone sont identiques (III), la combinaison de chacun des deux atomes d'oxygène de l'anhydride carbonique avec l'atome de carbone devrait être accompagnée d'un même effet thermique et, par suite, la chaleur de formation de l'anhydride carbonique devrait être le double de la chaleur de formation de l'oxyde de carbone, si une partie de la chaleur n'était absorbée pour la désagrégation du carbone amorphe en atomes isolés. Appelons d cette quantité de chaleur pour un atome de carbone. Sachant que les chaleurs de formation, à volume constant, de l'anhydride carbonique et de l'oxyde de carbone sont respectivement $96^{Cal},96$ et $29^{Cal},29$, on aura :

$$96,96 + d = 2(29,29 + d)$$

d'où

$$d = 38^{Cal},38$$

La chaleur de combustion de l'atome isolé de carbone sera par suite égale à la chaleur de combustion de l'anhydride carbonique (96,96) augmentée de la quantité de chaleur absorbée pour la mise en liberté d'un atome de carbone à partir du carbone amorphe (38,38), soit, au total : 135,34.

VI. — *La chaleur dégagée dans la combinaison d'une molécule d'hydrogène avec l'atome isolé de carbone est égale à* $2 \times 15^{Cal},00$.

En ajoutant à la chaleur de formation des composés à volume constant la valeur d, soit $38^{Cal},38$, autant de fois que le composé renferme d'atomes de carbone, on obtient la quantité de chaleur qui se dégagerait dans la formation du composé à partir de l'atome isolé de carbone. Nous appellerons cette quantité de chaleur « chaleur de formation réduite », et désignerons par c l'atome isolé de carbone.

La chaleur de formation, à volume constant, du méthane $(C + H^4)$ étant $21^{Cal},17$, on aura pour sa chaleur de formation réduite

$$(c + H^4) = 21,17 + 38,38 = 59,55.$$

La combinaison de l'atome isolé de carbone avec une seule molécule (H^2) d'hydrogène se fera avec un dégagement de chaleur moitié moindre, soit $20^{Cal},77$ ou $2 \times 14,88$. En calculant cette quantité de chaleur d'après un plus grand nombre de données expérimentales, par la méthode des moindres carrés, on trouve sensiblement la valeur $2 \times 15,00$ que nous désignerons par le signe $2r$.

VII. — *La chaleur dégagée lorsque deux atomes de carbone s'unissent par simple ou par double liaison est sensiblement la même dans les deux cas, et égale à* $14^{Cal},20$; *la chaleur dégagée dans l'union de deux atomes de carbone par triple liaison est nulle.*

1° Nous avons vu (IV) que la chaleur de combustion de l'atome isolé de carbone, diminuée de la quantité de chaleur v' dégagée dans l'union de deux atomes de carbone par double liaison est égale à 121,09, c'est-à-dire que :

$$f.c = 121.09 + v, \qquad (1)$$

Or nous savons maintenant que la chaleur de combustion de l'atome isolé de carbone est de $135^{Cal},34$, c'est-à-dire que :

$$f.c = 135,34$$

La valeur de v^2 sera donc : $135,34 - 121,09 = 14,25$.

2° En retranchant de la chaleur de formation réduite de l'éthane, du propane, du butane, etc., la quantité de chaleur dégagée par la fixation de l'hydrogène sur les atomes isolés de carbone, soit, respectivement, $6, 8, 10 \times 15^{Cal},00$, on obtient un reste qui représente l'influence des simples liaisons entre les atomes de carbone.

Exemple : La chaleur de formation de l'éthane étant $27^{Cal},40$, sa chaleur de formation réduite sera : $27,40 + 2 \times 38,38 = 104,16$, c'est-à-dire que la combinaison de deux atomes isolés de carbone entre eux, par simple liaison, et avec six atomes d'hydrogène ($c + c + H^6$) dégage $104^{Cal},16$. Mais la combinaison de H^6 avec les atomes isolés de carbone dégagera $6 \times 15^{Cal},00 = 90^{Cal},00$. La chaleur dégagée par l'union des deux atomes de carbone dans l'éthane sera donc

$$104,16 - 90 = 14,16$$

La quantité de chaleur dégagée par la simple liaison est donc sensiblement égale à celle que dégage la double liaison, en moyenne $14^{Cal},20$.

3° Il n'en est plus de même de la quantité de chaleur dégagée dans l'union de deux atomes de carbone, par triple liaison. Cette quantité se calcule au moyen des chaleurs de formation réduites de l'acétylène, de l'allylène et du dipropargyle, qui sont respectivement : 28,99, 74,61 et 133,08. Ces grandeurs représentent la somme des chaleurs de liaison des atomes de carbone entre eux et de la chaleur de combinaison de ces atomes avec l'hydrogène. On pourra donc écrire :

Acétylène $(c^2 + H^2) = 28,99 \ = 2r + v_3$
Allylène $(c^3 + H^4) = 74.61 \ = 4r + v_3 \ + v_1$
Dipropargyle $(c^6 + H^6) = 133,08 = 6r + 2v_3 + 3v_1$

En remplaçant r et v_1 par les valeurs trouvées plus haut, on obtient pour v_3, dans les équations ci-dessus, les valeurs : $- 1,14, + 0,29, + 1/2 \times 0,52$. La moyenne est : $- 0,08$, quantité absolument négligeable.

VIII. — *On peut calculer à l'aide de formules communes à tous les carbures les chaleurs de formation et les chaleurs de combustion des carbures dont la constitution est connue.*

Rappelons d'abord les valeurs numériques trouvées :

1° La chaleur absorbée pour isoler un atome de carbone du charbon amorphe est :

$$d = 38^{Cal},38$$

2° La chaleur de combinaison d'une molécule d'hydrogène avec l'atome isolé de carbone est :

$$2r = 2 \times 15^{Cal},00$$

3° La chaleur de combinaison de deux atomes isolés de carbone unis par simple liaison (v_1) et par double liaison (v_2) est :

$$v_1 = v_2 = 14^{Cal},20$$

4° La quantité de chaleur dégagée par la combinaison de deux atomes isolés de carbone, unis par triple liaison, est nulle :

$$v_3 = 0$$

La chaleur de formation d'un carbure quelconque à partir des atomes isolés de carbone sera nécessairement, d'après tout ce qui précède, égale à la somme de la chaleur de combinaison de l'hydrogène avec ces atomes de carbone, et de la chaleur de combinaison des atomes de carbone entre eux. En appelant n le nombre des liaisons simples et doubles entre les atomes de carbone, la chaleur de formation réduite d'un carbure C^aH^{2b} sera donnée par la formule :

$$C + H^{2b} = b \times 30,00 + n\,14,20$$

La chaleur de formation de ce carbure à partir du carbone amorphe sera inférieure de $38^{Cal},38$ par atome de carbone. On aura donc :

$$C^a + H^{2b} = b \times 30,00 + n \times 14,20 - a \times 38,38$$

La valeur obtenue ainsi répond à la chaleur de formation à volume constant du composé à l'état gazeux et à 18 degrés. La chaleur de formation à pression constante sera :

$$C^a + H^{2b} = b \times 30,00 + n \times 14,20 - a \times 38,38 + (b - 1)\,0,58.$$

Enfin la chaleur de combustion du composé s'obtiendra en retranchant la chaleur de formation à pression constante de la somme des chaleurs de combustion des éléments :

$$f.C^aH^{2b} = a \times 96,96 + b \times 68,36 - [b \times 30,00 + n \times 14,20 - a \times 38,38 + (b-1) + 0,58]$$

ou en réduisant :

$$f.C^aH^{2b} = a(96,96 + 38,38) + b(68,36 - 30,00 - 0,58) - n \times 14,20 + 0,58$$

et, en effectuant les opérations indiquées entre parenthèses ·

$$f.C^aH^{2b} = a \times 135,34 + b \times 37,78 - n \times 14,20 + 0,58$$

Voici quelques comparaisons entre les chaleurs de formation résultant de l'observation et les chaleurs de formation calculées à l'aide de la formule.

NOMS	FORMULES	ÉLÉMENTS DU CALCUL	CHALEURS DE FORMATION		DIFFÉRENCE
			calculées	observées	
Méthane . . .	CH^4	$4r - 38,38$	21,62	21,17	— 0,45
Éthane	C^2H^6	$6r + v_1 - 2 \times 38,38$	27,44	27,40	— 0,04
Propane . . .	C^3H^8	$8r + 2v_1 - 3 \times 38,38$	33,26	33,37	+ 0,11
Éthylène . . .	C^2H^4	$4r + v_2 - 2 \times 38,38$	— 2,56	— 3,29	— 0,73
Dipropargyle.	C^6H^6	$6r + 2v_3 + 3v_1 - 6 \times 38,38$	—97,86	—97,20	— 0,48
Benzène . . .	C^6H^6	$6r + 9v_1 - 6,38,38$	—12,48	—13,67	— 1,19

IX. — Telles sont les formules établies par M. Thomsen, pour calculer les chaleurs de formation et de combustion des carbures. Elles montrent que les carbures isomériques ne présentent de différences dans leurs chaleurs de combustion que lorsqu'ils renferment un nombre différent de liaisons simples ou doubles entre les atomes de carbone, et permettent de calculer le nombre n de ces liaisons. C'est ainsi que pour le benzène, par exemple, le calcul donne pour n la valeur 9, autrement dit, dans ce carbure, les 6 atomes de carbone sont unis par 9 simples liaisons.

Les résultats de l'expérience et ceux du calcul sont consignés dans le tableau ci-dessus.

Le système de M. Thomsen est, comme on l'a vu, présenté avec force, ordonné avec une rigueur apparente, si bien qu'on peut être tenté, au premier abord, d'y voir l'expression d'une vérité scientifique. Aussi les chimistes qui se sont occupés de ce sujet, se sont-ils élevés plutôt contre les déductions que M. Thomsen tire de ces théories au point de vue de la constitution des composés organiques que contre les théories elles-mêmes. Il n'existe, à ma connaissance, aucune critique d'ensemble des bases expérimentales et hypothétiques sur lesquelles s'appuie M. Thomsen ; c'est cette critique que je vais essayer de faire.

III

I. — Il convient tout d'abord d'examiner le degré de précision qu'on peut attribuer aux valeurs numériques des chaleurs de combustion déterminées par M. Thomsen. Sans insister sur ce point, il y a lieu toutefois de remarquer que des déterminations postérieures aux recherches de M. Thomsen ont révélé des erreurs de plusieurs unités pour quelques-unes de ces valeurs. C'est ainsi que M. Stohmann a obtenu pour la chaleur de combustion du benzène le nombre 785,5 qui se rapproche de la valeur trouvée par M. Berthelot (783,2), et qui diffère de $13^{Cal},9$, en moins de la valeur trouvée par M. Thomsen. M. Stohmann estime que le nombre trop élevé obtenu par ce savant est dû à l'emploi du brûleur qui transmettrait de la chaleur au calorimètre, et cette opinion se trouve corroborée par plusieurs autres déterminations plus récentes. Les chaleurs de combustion données par M. Thomsen ne peuvent donc pas être considérées comme absolument exactes et, d'une manière générale, les erreurs sont d'autant plus probables que le corps bout à une température plus élevée. Il faut encore considérer comme inexactes les chaleurs de combustion de certains composés chlorés, qui sont particulièrement difficiles à déterminer. Le tétrachlorure de carbone, par exemple, a pour chaleur de formation à l'état gazeux $20^{Cal},45$, d'après M. Thomsen, et $68^{Cal},5$, d'après MM. Berthelot et Malignon, valeur trois fois et demie plus grande que la première. Cette valeur serait encore augmentée si on rapportait la chaleur de formation au carbone amorphe pour la rendre tout à fait comparable à celle trouvée par M. Thomsen. Ce n'est que depuis peu de temps, par l'emploi de la bombe calorimétrique, que les divers expérimentateurs arrivent à trouver pour les chaleurs de combustion d'un même corps des valeurs suffisamment concordantes ; aussi poursuit-on, tant en France qu'en Allemagne, la revision des chaleurs de combustion déterminées autrefois par des méthodes moins parfaites.

Il est donc permis de penser que les vues d'ensemble émises par M. Thomsen sur la chimie organique sont tout au moins prématurées. Il est bien évident, par exemple, que, si l'on compare la chaleur de combustion calculée du benzène à la chaleur expérimentale telle qu'elle résulte des expériences de M. Stohmann, l'accord entre le calcul et l'observation est bien loin d'être aussi satisfaisant qu'il l'est avec la valeur expérimentale de M. Thomsen.

Mais, pour la discussion des théories de M. Thomsen, je considérerai comme exactes toutes les données expérimentales de ce savant, et je m'en servirai exclusivement.

II. — Les conceptions de M. Thomsen ont pour base scientifique la loi de l'homologie d'après laquelle la chaleur de combustion des composés organiques augmente sensiblement d'une même quantité, en moyenne de $157^{Cal},87$, lorsqu'on passe d'un terme d'une série à son homologue supérieur, et cela quelle que soit la série.

J'ai déjà fait observer que cette loi ne pouvait être considérée que comme une loi approchée. De plus, si l'on remarque que les éléments C et H^2 développent en brûlant $165^{Cal},29$, nombre très voisin de 157,87, et que la chaleur de formation d'un composé s'obtient en retranchant de la somme des chaleurs de combustion des éléments la chaleur de combustion du composé, on voit que les éléments C et H^2, en s'ajoutant à un corps pour former son homologue supérieur, ne dégagent qu'une quantité de chaleur peu considérable et égale, en moyenne, à $165,29 - 157,87 = 7^{Cal},42$. Il résulte aussi de cette considération qu'à une erreur relative très faible de la chaleur de combustion d'un corps correspond une erreur relative considérable de la chaleur de formation de ce corps. Ainsi, pour le benzène, par exemple, une différence d'une calorie, c'est-à-dire de $\dfrac{1}{800^e}$ dans la chaleur de combustion, donnera une différence de $\dfrac{1}{7^e}$ dans la chaleur de formation. Or, les chaleurs de combustion ne sont connues qu'à 1 ou 2 centièmes près.

La loi de l'homologie n'établit donc qu'une chose : c'est que les chaleurs de formation de deux homologues voisins ne diffèrent entre elles que d'une quantité peu considérable (7,42 calories, en moyenne); et ne permet qu'une déduction rigoureuse, à savoir : que les chaleurs de formation de deux isomères présentant le même nombre de liaisons ne différeront nécessairement entre elles que d'une quantité peu considérable et inférieure à 7,42 calories en moyenne.

Aussi, lorsque M. Thomsen conclut de la loi de l'homologie que la combinaison d'un élément avec le carbone n'a d'influence que sur l'atome de carbone auquel il est uni, que les carbures isomères ne présentent de différence dans leurs chaleurs de formation que lorsqu'ils renferment un nombre différent de liaisons simples ou doubles entre les atomes de carbone, fait-il des déductions singulièrement audacieuses et contraires aux données mêmes de ses propres expériences.

Considérons, en effet, les différences des chaleurs de formation à volume constant de quelques carbures de la série grasse saturée :

		Différence
CH^4	21,17	6,23
C^2H^6	27,40	
C^5H^{10}	40,13	4,82
C^5H^{12}	44,95	
C^5H^{12}	44,95	12,65
C^6H^{14}	57,60	

Entre les termes C^5 et C^6, on constate une différence de plus du double de celle qui existe entre les deux premiers termes; entre le quatrième et le cinquième terme existe encore une différence inférieure de 35 0/0 à la valeur moyenne 7,42.

Soit encore :

		Différence
C^6H^6	— 13,67	8,41
C^7H^8	— 5,20	2,85
C^9H^{12}	— 2,41	

La différence entre les termes C^7 et C^9 est 2,85, soit 1,43 pour une fois CH^2.

Il résulte de ces nombres que la différence entre les chaleurs de formation de deux homologues peut varier de $1^{cal},43$ à $12^{cal},65$. Un isomère du carbure normal C^6H^{14}, par exemple, ayant le même nombre de liaisons que ce carbure puisqu'il s'agit de composés saturés, pourra donc posséder une chaleur de formation inférieure de 2, 4, 6 calories, soit de 4, 8, 12 0/0 environ à celle de ce carbure, tout en présentant avec son homologue inférieur ou supérieur une différence comprise entre $1^{cal},43$ et $12^{cal},65$.

Quoique les exemples ci-dessus, auxquels on pourrait en ajouter beaucoup d'autres, contredisent les déductions de M. Thomsen, considérons encore ces déductions comme scientifiquement établies, et continuons la discussion de la théorie de M. Thomsen, dans l'ordre où elle a été exposée.

III. — Ici intervient une hypothèse : les quatre valences du carbone sont identiques entre elles, et, par suite, dans la formation du carbure CH^4, l'union successive de chaque atome d'hydrogène avec l'atome de carbone supposé isolé dégagera une même quantité de chaleur.

On admet, en chimie organique, la première partie de cette hypothèse, c'est-à-dire l'équivalence des quatre atomicités du carbone dans le carbure CH^4 tout formé et au point de vue des phénomènes de substitution ; mais il ne s'ensuit nullement que, dans la formation de ce carbure, une même quantité d'énergie devienne libre pour chaque atome d'hydrogène fixé, autrement dit, que la quantité de chaleur soit exactement proportionnelle à la quantité d'hydrogène fixée.

Cette deuxième partie de l'hypothèse faite est même peu vraisemblable. En effet, d'une part, l'énergie chimique ne réside pas dans un élément, le carbone, dans le cas particulier ; elle n'est relative qu'à l'état initial et final du système d'éléments mis en présence. D'autre part, on constate, en comparant les chaleurs de formation des composés chimiques isolables, que, d'une manière très générale, ces quantités de chaleur vont en diminuant à mesure que les affinités sont satisfaites.

M. Thomsen appuie l'hypothèse sur l'argument suivant : En remplaçant successivement chaque atome d'hydrogène du méthane par le radical méthyle, on obtient quatre carbures dont la chaleur de combustion croît d'une égale quantité pour chaque substitution effectuée. Si les atomes d'hydrogène étaient unis au carbone avec des dégagements différents de chaleur, la substitution du méthyle à chacun des atomes d'hydrogène serait elle-même accompagnée d'un effet thermique différent, et, par suite, l'augmentation de la chaleur de combustion ne serait plus la même pour chacune des substitutions, comme l'établit le tableau suivant :

	Chaleur de combustion	Augmentation
CH^4	211,93	
$CH^3(CH^3)$	370,44	$1 \times 158,51$
$CH^2(CH^3)^2$	529,21	$2 \times 158,17$
$CH(CH^3)^3$	687,49	$3 \times 158,11$
$C(CH^3)^4$	847,11	$4 \times 158,56$

Cette disposition des résultats est fort avantageuse, au point de vue des conclusions qu'en tire M. Thomsen. Si, au contraire, on compare l'augmentation 158,51 résultant de la substitution du premier atome d'hydrogène à l'augmentation 159,92 résultant de la substitution du dernier atome d'hydrogène, on constate une différence importante de 1^{Cal},41. Comme on conclut les chaleurs de formation des chaleurs de combustion, il faut, pour apprécier l'importance relative de cette différence, comparer entre elles les chaleurs de formation de ces quatre carbures. Voici cette comparaison :

		Différence
CH^4	21,17	
$CH^3(CH^3)$	27,40	6,23
$CH^2(CH^3)^2$	33,37	5,97
$CH(CH^3)^3$	40,13	6,76
$C(CH^3)^4$	44,95	4,82

Elle montre que la première substitution étant accompagnée d'une augmentation de 6^{Cal},23 dans la chaleur de formation, la dernière substitution ne se fait plus qu'avec une augmentation de 4^{Cal},82. La différence 1,41 entre ces deux valeurs représente les 23 centièmes de la première.

Devant une différence relative aussi considérable, on est amené à poser le dilemme suivant : ou bien les chaleurs de combustion sont rigoureusement exactes, et alors la conclusion que tire M. Thomsen est matériellement inexacte ; ou bien l'expérience ne peut donner les chaleurs de combustion qu'avec une approximation de 0,5 à 1 p. 100 et alors on ne peut plus tirer de conclusions du tout, au point de vue qui nous occupe, les différences entre les chaleurs de formation de ces carbures étant trop faibles et, par suite, trop fortement influencées par les erreurs expérimentales.

On arrive à un résultat plus concluant encore en comparant les chaleurs de formation des dérivés chlorés substitués du méthane.

	Chaleur de formation	Différence
CH^4	21,17	+ 1,38
CH^3Cl	22,55	
$CHCl^3$	23,55	− 3,08
CCl^4	20,45	

Ici la première substitution dégage 1^{Cal},38; la dernière absorbe 3^{Cal},08!

L'argument sur lequel M. Thomsen appuie son hypothèse manque donc de base expérimentale. Il y a lieu de remarquer de plus que, si même la substitution du radical méthyle à chacun des atomes d'hydrogène du carbone CH^4 était accompagné d'un effet thermique constant, il ne s'ensuivrait pas nécessairement que l'union successive de chaque atome d'hydrogène avec l'atome de carbone supposé isolé dégage une même quantité de chaleur.

IV. — Mais voici qui montre mieux encore, s'il est possible, combien il faut se défier du prestige des raisonnements de M. Thomsen.

Les quatre valences du carbone étant identiques, continue M. Thomsen, chaque atome d'oxygène dégagera une égale quantité de chaleur, en se combinant avec l'atome isolé de carbone pour former l'anhydride carbonique. Or l'oxyde de carbone en fixant un atome d'oxygène dégage $67^{Cal},67$. Donc la chaleur de combustion de l'atome isolé de carbone (c) sera égale à deux fois 67,67, soit : $135^{Cal},34$. Comme la chaleur de combustion du carbone amorphe à l'état d'anhydride carbonique n'est que de $96^{Cal},96$, la mise en liberté d'un atome de carbone exigera $135^{Cal},34 - 96^{Cal},96, = 38^{Cal},38$.

Ce raisonnement est basé sur une extension de l'hypothèse exposée au paragraphe précédent, extension d'après laquelle la quantité de chaleur dégagée par la saturation d'une des valences du carbone par un élément ne dépend que de la nature de cet élément et nullement du nombre et de la nature des éléments déjà combinés au même atome de carbone. Or il est facile de démontrer que cette hypothèse ne cadre pas avec les faits, et que, de plus, les analogies tendent à démontrer, contrairement à l'opinion de M. Thomsen que, dans la formation de l'anhydride carbonique à partir de l'atome isolé de carbone, le premier atome d'oxygène dégage une plus grande quantité de chaleur que le second.

1° Comparons, en effet, respectivement les chaleurs de formation des dérivés méthylés du méthane et celles des dérivés méthylés de l'alcool méthylique. Nous avons :

	Chaleur de formation	Différence		Chaleur de formation	Différence
CH^4	21,17		$CH^3(OH)$	50,58	
		6,23			6,44
$CH^3(CH^3)$	27,40		$CH^2(OH)CH^3$	57,02	
		5,97			11,95
$CH^2(CH^3)^2$	33,37		$CH(OH)(CH^3)^2$	68,97	
		6,76			16,72
$CH(CH^3)^3$	40,13		$C(OH)(CH^3)^3$	85,69	
		4,82			
$C(CH^3)^4$	43,95				

On voit que la dernière substitution du méthyle à l'hydrogène dans l'alcool méthylique se fait avec un dégagement de chaleur qui est plus de trois fois plus grand que celui qui résulte de la substitution du dernier hydrogène dans le méthane. On voit aussi que dans l'alcool méthylique les substitutions successives se font avec des dégagements de chaleur croissante, et qu'enfin les différences sont tellement notables qu'on ne saurait les attribuer à l'incertitude des déterminations expérimentales.

La quantité de chaleur dégagée qui accompagne la substitution du méthyle à l'hydrogène n'est donc pas indépendante de la nature des éléments déjà combinés à l'atome de carbone.

2° Si, d'autre part, on considère ce qui se passe dans l'oxydation des divers éléments autres que le carbone, on constate que la chaleur dégagée dans la formation du premier degré d'oxydation est toujours plus grande que celle qui résulte du passage du premier au deuxième degré d'oxydation.

| | | | | | DÉGAGEMENT DE CHALEUR : | |
Exemples :					total	par atome d'O
S	$+$	O^2	$=$	SO^2	69,2	34,5
SO^2	$+$	O	$=$	SO^3	22,6	22,6
Sn	$+$	O	$=$	SnO	69,8	69,8
SnO	$+$	O	$=$	SnO^2	66	66
Sb^2	$+$	O^3	$=$	Sb^2O^3	167,4	55,8
Sb^2O^3	$+$	O^2	$=$	Sb^2O^5	61,4	30,7
Mn	$+$	O	$=$	MnO	94,8	94,8
MnO	$+$	O	$=$	MnO^2	21,4	21,4
Pb	$+$	O	$=$	PbO	51	51
PbO	$+$	O	$=$	PbO^2	12,2	12,2

Je ne multiplierai pas inutilement ces exemples. Si, tout à fait exceptionnellement, la chaleur dégagée est plus considérable dans l'union du deuxième atome d'oxygène avec le carbone que dans l'union du premier, il faut tirer de cette circonstance la conclusion que le carbone amorphe, pour se résoudre en atomes libres, absorbe une quantité de chaleur beaucoup plus grande que les autres éléments. Mais les analogies conduisent à admettre qu'à partir de l'atome isolé de carbone, l'union du premier atome d'oxygène se fera avec un dégagement de chaleur plus grand que l'union du deuxième.

Comme C + O à partir du carbone amorphe dégage $29^{cal},29$ et que la combinaison $CO + O$ se fait avec un dégagement de $67^{Cal},67$, la chaleur de désagrégation de l'atome de carbone sera donc $> 67,67 - 29,29$, c'est-à-dire $> 38,38$. Cette conclusion a été formulée par M. Berthelot dans sa première étude sur les chaleurs de combustion déterminées par Fabre et Silbermann.

M. Armstrong, ne pouvant admettre avec M. Thomsen que deux atomes isolés de carbone s'unissent par triple liaison, avec un dégagement de chaleur nul, est amené également à considérer que la chaleur absorbée pour la désagrégation du carbone est égale à $38^{Cal},38 + x$ par atome de carbone.

M. Diffenbach arrive de son côté, par des considérations d'un autre ordre encore, à la même conclusion : $d > 38,38$.

3° Enfin, et ceci est absolument décisif, M. Thomsen, dans une autre partie de son ouvrage, est amené à donner lui-même des valeurs différentes pour la combinaison du carbone avec l'oxygène. Dans les acétones, $C + O$ dégage $54^{Cal},25$, dans les éthers ordinaires, l'union de l'oxygène avec le carbone se fait avec un dégagement de $31^{Cal},51$, tandis que dans l'oxydation de l'oxyde de carbone cette union dégage $67^{Cal},67$.

Comment M. Thomsen concilie-t-il tout cela avec l'hypothèse qui nous occupe dans ce paragraphe? Il ne nous l'explique pas.

On voit que le système de M. Thomsen ne repose pas sur une hypothèse simple permettant des déductions en conformité avec les faits. L'hypothèse fondamentale a ceci de particulier, c'est qu'elle a de singulières et nombreuses ramifications aussi hypothétiques que l'hypothèse elle-même. Nous allons en voir un nouvel exemple.

V. — En admettant que la chaleur atomique de combinaison du carbone avec lui-même, dans le carbone amorphe, est de $38^{Cal},38$, M. Thomsen calcule les chaleurs de formation réduite des carbures, et en déduit, comme nous l'avons vu, la chaleur de combinaison $2r$ de la molécule d'hydrogène avec l'atome isolé de carbone et la valeur thermique des liaisons simple, double et triple de l'atome de carbone avec lui-même.

On voit tout de suite que dans ce calcul interviennent deux nouvelles hypothèses qui ne sont pas nécessairement contenues dans l'hypothèse fondamentale, à savoir : 1° lorsque le carbone se combine à lui-même par simple liaison la quantité de chaleur dégagée est la même, que ce carbone soit uni à un ou plusieurs autres atomes de carbone, que cette union soit faite par simple, double, ou triple liaison, que ce carbone fasse partie d'un carbure à chaîne ouverte ou à chaîne fermée, qu'il appartienne à la série grasse ou à la série aromatique; 2° l'union de la molécule d'hydrogène avec le carbone est également accompagnée toujours du même effet thermique dans toutes ces circonstance diverses.

Il est inutile de discuter plus longtemps ces hypothèses. Je veux simplement démontrer par un seul exemple (on pourrait en citer plusieurs) qu'elles sont inexactes même pour les carbures.

Le triméthylène a pour formule de constitution $\begin{array}{c} CH^2 \\ | \\ CH^2 \end{array} \Big\rangle CH^2$, en chaîne fermée.

Sa chaleur de formation calculée par la formule de M. Thomsen sera égale à la somme :

$$3v + 6r$$

La chaleur de formation du propylène, $CH^2 = CH - CH^3$, sera :

$$v_1 + v_2 + 6r = 2v + 6r$$

Donc la chaleur de formation triméthylène devrait être plus grande que celle du propylène de la valeur de v, c'est-à-dire de $14^{Cal},20$.

Si l'on admet pour le triméthylène la formule : $CH^2 - CH^2 - CH^2$, en chaîne ouverte, sa chaleur de formation serait :

$$2v + 6r,$$

c'est-à-dire égale à celle du propylène.

Or la chaleur de formation du triméthylène n'est ni plus grande, ni égale à celle du propylène ; elle est de $6^{Cal},69$ plus petite !

VI. — Il ne reste plus qu'un point à éclaircir. Pourquoi les chaleurs de combustion calculées par la formule de M. Thomsen cadrent-elles généralement avec les chaleurs de combustion expérimentales ? Il est facile de l'expliquer.

En vertu de la loi de l'homologie, il y a dans une même série de carbures une relation entre le nombre d'atomes de carbone et la chaleur de combustion, puisqu'en passant d'un terme à son homologue supérieur la chaleur de combustion croît d'une quantité sensiblement constante (157,87 en moyenne). La chaleur de combustion d'un carbure peut donc être exprimée par la formule linéaire :

$$f.C^aH^{2b} = A + aB,$$

dans laquelle A et B sont deux constantes, dont l'une B est la même dans diverses séries de composés, et dont l'autre A varie pour chacune des séries.

Or la formule de Thomsen, qui sert à calculer les chaleurs de combustion, revient exactement à l'expression ci-dessus. Appliquons, en effet, la formule :

$$(1) \quad f.C^a H^{2b} = a \times 135{,}34 + b \times 37{,}78 - n \times 14{,}20 + 0{,}58$$

au calcul des carbures saturés $C^a H^{2a+2}$. Pour cela, remplaçons dans la formule (1) a par n, b par $(n+1)$, n qui est le nombre de liaisons par $n-1$, on aura :

$$f.C^a H^{2a+2} = n \times 135{,}34 + (n+1) \times 37{,}78 - (n-1) \times 14{,}20 + 0{,}58$$

et en mettant n en facteur :

$$f.C^a H^{2a+2} = (37{,}78 + 14{,}20 + 0{,}58) + n(135{,}34 + 37{,}78 - 14{,}20).$$

En posant :

$$37{,}78 + 14{,}20 + 0{,}58 = 52{,}56 = A$$
$$135{,}4 + 37{,}78 - 14{,}20 = 158{,}98 = B$$

On aura :

$$f.C^a H^{2a+2} = A + nB = 52{,}56 + n\,158{,}98.$$

M. Thomsen est donc purement et simplement revenu au point de départ, sa formule n'étant que l'expression de la loi de l'homologie. Si la valeur 158,98, obtenue en partant de la formule de M. Thomsen, diffère un peu de l'augmentation moyenne 157,87 de la chaleur de combustion des homologues, cela tient à ce que cette moyenne a été obtenue à l'aide des chaleurs de combustion des carbures, des alcools, des acides, etc., tandis que la valeur 158,98 représente l'augmentation des chaleurs de combustion des carbures seulement.

La formule de M. Thomsen n'emporte donc avec elle aucune notion ou idée scientifique nouvelle. Elle ne permet pas de calculer la chaleur de combustion d'un carbure quelconque, comme on l'a vu pour le triméthylène, par exemple, mais s'applique seulement au calcul des chaleurs de combustion des carbures qui sont soumis à la loi thermique de l'homologie. Or, dans ce cas elle est inutile.

J'espère, Messieurs, que vous aurez trouvé qu'il n'était pas sans intérêt de chercher ce qu'il y avait au fond du système de M. Thomsen ; de montrer que les déductions qu'il en tire, au point de vue de la constitution des composés organiques, ne reposent sur aucun fondement ; enfin d'établir que nous nous retrouvons uniquement, au terme de cette étude, en présence de la loi de l'homologie, loi approchée et qui ne s'applique manifestement, d'une manière rigoureuse, qu'aux homologues vrais.

FERMENTATION ANAÉROBIE
PRODUITE PAR LE *BACILLUS ORTHOBUTYLICUS*

PAR

M. L. GRIMBERT
PHARMACIEN EN CHEF DE L'HÔPITAL DE LA CLINIQUE

MESSIEURS,

C'est un grand honneur pour moi que de prendre la parole dans ce laboratoire, auquel j'aurais été fier d'appartenir, si mes goûts personnels ne m'avaient entraîné vers l'étude de la chimie biologique.

Cet honneur, je le dois à notre excellent maître, M. Friedel ; qu'il me soit permis de lui en exprimer ici toute ma reconnaissance.

Permettez-moi aussi, Messieurs, de réclamer votre indulgence.

Le sujet dont je vais vous entretenir sort un peu du cadre ordinaire de vos occupations journalières. Vous n'y trouverez sans doute pas la précision rigoureuse que vous êtes habitués à rencontrer dans les expériences de chimie pure ; mais n'oubliez pas qu'il s'agit ici de la chimie même de la vie, c'est-à-dire de réactions éminemment variables et contingentes, subordonnées à l'existence de cet être fragile qu'on nomme un ferment.

MESSIEURS,

Quand un ferment organisé se développe dans un milieu nutritif, il emprunte à ce milieu les matériaux dont il a besoin pour vivre ; il en résulte la destruction du corps fermentescible dont les molécules s'organisent en de nouveaux groupements, en même temps que la chaleur dégagée dans la réaction fournit l'énergie nécessaire à la fonction du ferment.

Est-il possible de traduire cette réaction par une équation chimique, c'est-à-dire de retrouver dans les corps produits par la vie du ferment la totalité des atomes dont se composait la matière première fermentescible ?

Pendant longtemps, on a admis avec Dumas que la fermentation du sucre sous l'action de la levure de bière se faisait d'après la formule très simple :

$$C^6H^{12}O^6 = 2C^2H^6O + 2CO^2$$

Mais, quand on eut découvert, dans les liqueurs fermentées, l'acide succinique et la glycérine, et qu'on voulut introduire ces nouvelles substances dans l'équation, celle-ci perdit de sa simplicité.

D'ailleurs les idées reçues sur le mécanisme des fermentations se modifiaient profondément grâce aux travaux de M. Pasteur.

Au lieu des théories de Berzélius et de Liebig, qui faisaient du ferment un corps inerte, n'agissant que par sa présence ou par le mouvement de décomposition qu'il communiquait au liquide, M. Pasteur démontrait victorieusement qu'un ferment est avant tout un être vivant, né lui-même d'un être semblable, et que la fermentation n'est que la conséquence de la vie.

Néanmoins, en tenant compte de la petite quantité de sucre utilisé par la levure pour ses besoins, M. Pasteur arrivait à établir une balance assez exacte entre le sucre détruit et les différents corps formés, et l'expérience a démontré que ce rapport ne varie que dans les limites relativement restreintes, au moins en ce qui regarde la production de l'alcool et de l'acide carbonique.

Mais en est-il de même pour les ferments différents de la levure et moins limités dans le choix de leurs aliments, pour les ferments butyriques, lactiques, acétiques ou autres?

Déjà, dans l'étude de la fermentation butyrique, M. Pasteur constatait que l'expérience ne s'accordait jamais avec la formule donnée ; que la proportion des gaz dégagés variait dans le courant de la fermentation.

Plus récemment, M. Perdrix démontrait qu'un même ferment peut donner des produits en quantités variables, suivant son âge.

Si l'on envisage la fermentation comme le résultat d'un acte vital, le problème se complique de toutes les causes qui peuvent influencer la vie du ferment.

Est-il possible alors de fixer le processus de décomposition des substances fermentescibles dans les limites d'une équation simple, comme s'il s'agissait d'une désagrégation de molécules sous l'action d'un réactif chimique?

Le rapport entre le corps qui fermente et les produits formés sera-t-il constant pendant toute la durée de la fermentation?

L'âge du ferment aura-t-il une influence sur le phénomène?

Ne faudra-t-il pas tenir compte de l'éducation de cette semence?

Tel ferment, par exemple, capable de se développer sur divers milieux et de les faire fermenter, variera-t-il dans ses manifestations, quand, habitué à vivre dans un milieu donné, on le transportera dans un autre, ou bien fera-t-il fermenter ce dernier comme s'il y avait toujours vécu?

C'est pour répondre en partie à ces questions que j'ai entrepris l'étude des actions chimiques d'un bacille anaérobie que j'ai isolé et pour lequel je propose le nom de *Bacillus orthobutylicus.*

Depuis les travaux de M. Pasteur sur la fermentation butyrique l'étude des ferments anaérobies n'a donné lieu qu'à un nombre fort restreint de mémoires. La difficulté du mode opératoire entre, sans doute, pour quelque chose dans cette abstention.

La plupart des auteurs qui se sont occupés de ces fermentations semblent s'être attachés surtout à déterminer minutieusement la nature des produits formés, sans s'inquiéter des circonstances qui peuvent les faire varier. Je citerai notamment les recherches de Fitz sur le *B. butylicus* et sur le *B. ethylicus.* Ceux de Franckland et de ses élèves sur le *B. ethaceticus* et ceux de Perdrix sur le *B. amylozyme.*

Origine et séparation. — Le *B. orthobutylicus* est un microbe anaérobie du sol.

Je l'ai isolé d'une fermentation de tartrate de chaux qui avait été mise en marche au moyen de quelques gouttes d'une macération de graines de légumineuses.

La présence de ce bacille dans cette fermentation était accidentelle, car, ainsi que je le démontrerai tout à l'heure, il est sans action à l'état pur sur le tartrate de chaux.

Pour le séparer j'employai le procédé suivant :

Quelques centimètres cubes du liquide de fermentation furent chauffés au bain-marie à 100 degrés pendant une minute. Les spores du *B. orthobutylicus* résistent à cette température pendant ce temps très court. Le liquide ainsi chauffé provoquait une fermentation rapide de tranches de pommes de terre cuites, placées dans des tubes à essai dans lesquels on avait fait le vide; il était, au contraire, sans action sur le même milieu ayant le libre accès de l'air.

Le bacille était donc un anaérobie vrai.

Il ne fallait pas songer, pour l'obtenir à l'état de pureté, aux plaques de gélatine nutritive qui sont d'un emploi si répandu dans les laboratoires de microbie. Mais on pouvait avoir recours aux tubes roulés d'après la méthode d'Esmark, ou bien aux tubes de Vignal.

Or, ni les tubes d'Esmark, ni ceux de Vignal, à base de gélatine nutritive, soit sucrée, soit additionnée d'amidon cuit, ne m'ont donné de développement ; il en fut de même de l'emploi de la gélose.

Force me fut de m'adresser aux tranches de pommes de terre elles-mêmes.

A cet effet, des tranches de pommes de terre, découpées en petits parallélipipèdes, sont introduites dans des tubes à essai étranglés à leur partie inférieure et fermés par un tampon de coton.

Ces tubes sont chauffés dans l'autoclave pendant 20 minutes, afin de stériliser la pomme de terre et de la cuire en même temps.

Ceci fait, au moyen d'un fil de platine flambé, on prélève un peu de liquide de la fermentation, et on trace avec ce fil, et sans le recharger, une série de stries sur plusieurs tranches de pommes de terre.

Les tubes sont ensuite étirés à la lampe ; on y fait le vide ; on les ferme par un trait de chalumeau dans la partie étranglée et on les porte à l'étuve à 35 degrés.

Au bout de quelques jours, chaque point touché par le fil donne naissance à une trace épaisse et confluente, de couleur blanchâtre, et diminuant d'épaisseur dans les derniers tubes, au point de ne plus présenter que des colonies isolées.

Une de ces colonies, délayée dans de l'eau stérilisée, fut ensemencée de nouveau de la même manière, et l'opération fut recommencée une troisième fois.

On n'avait plus à la fin que des colonies pures d'un bacille présentant les caractères suivants :

Morphologie. — Le *B. orthobutylicus* se présente au microscope sous forme d'un bâtonnet cylindrique arrondi aux extrémités et mesurant de 3 à 6 μ de long sur 1,5 μ de large. Il est très mobile dans les milieux privés d'oxygène.

Quand il est jeune, il se présente en général sous forme de battant de cloche. Mais cette forme disparaît à mesure que le bacille avance en âge et dans les fermentations vieilles d'une semaine, on ne rencontre plus que la forme droite ordinaire.

Plus tard, des spores se forment à l'intérieur du bacille au nombre de 2 à 3, en même temps que ses mouvements cessent.

Ces caractères rapprochent beaucoup le *B. orthobutylicus* du *B. butyricus* de M. Pasteur et du *B. amylozyme* de M. Perdrix, mais il se sépare nettement de ces derniers par ses fonctions physiologiques.

Fonctions physiologiques. — Le *B. orthobutylicus*, nous l'avons déjà dit, est un anaérobie vrai. Il ne se développe pas dans les solutions laissées au contact de l'air.

Les spores résistent à une température de 100 degrés pendant une minute, et à la température de 80 degrés pendant 10 minutes, mais elles sont détruites à 85 degrés pendant le même temps.

Il fait fermenter les substances suivantes :

Glycérine. — Mannite. — Glucose et sucre interverti. — Saccharose. — Lactose. — Maltose. — Galactose. — Arabinose. — Amidon et pommes de terre. — Dextrine et Inuline.

Il est sans action sur :

Le tréhalose. — L'érythrite. — Le glycol. — Le lactate de chaux. — Le tartrate de chaux.

Les produits de fermentation sont :

L'alcool butylique normal. — L'acide acétique. — L'acide butyrique normal, et, dans quelques circonstances, un peu d'acide formique.

Les gaz dégagés sont :

L'hydrogène et l'acide carbonique.

Il offre de plus les particularités suivantes :

a) Il fait fermenter le saccharose, le maltose et le lactose sans les dédoubler ;

b) Il transforme l'amidon en maltose et en dextrine ; mais celle-ci est transformée en maltose au fur et à mesure de sa formation, de sorte qu'on ne peut la déceler dans le courant d'une fermentation ;

c) Il transforme la dextrine directement en maltose ;

d) Il attaque l'inuline sans la transformer en lévulose.

Distinction. — Le *B. orthobutylicus* se distingue du *B. butyricus* de M. Pasteur et du *B. amylobacter* de M. Van Tieghem, en ce qu'il ne fait pas fermenter de lactate de chaux ni la cellulose. De plus, il ne se colore en bleu par l'iode à aucune période de son développement.

Il se différencie du *B. butylicus* de Fitz par la faculté qu'il a de faire fermenter le lactose et l'amidon et de ne pas intervertir le saccharose. Enfin, la propriété qu'il possède de donner de l'alcool butylique normal avec les divers hydrates de carbone le sépare nettement du *B. amylozyme* de M. Perdrix.

Méthode de culture. — Si le *B. orthobutylicus* se développe rapidement sur des tranches de pommes de terre, c'est qu'il trouve dans ce milieu naturel les matériaux azotés et les sels nécessaires à son existence. Il n'en est plus de même si l'on vient à l'ensemencer dans une solution de glucose et de glycérine dans l'eau pure.

Aussi voyons-nous la plupart des auteurs faire dissoudre dans du bouillon les hydrates de carbone qu'ils veulent offrir aux microbes. Mais les bouillons à base de viande de bœuf ou de veau offrent une composition trop complexe et en même temps trop variable pour permettre de suivre d'une manière rigoureuse les modifications chimiques d'une fermentation. Aussi, ai-je préféré avoir recours à un milieu artificiel de composition bien définie et toujours identique à lui-même.

Après divers essais, je me suis arrêté au liquide suivant qui diffère peu de celui employé par M. Pasteur dans ses recherches sur la fermentation du tartrate de chaux :

Liquide nutritif :

Phosphate d'ammoniaque.	0 gr.	40
Sulfate de magnésie.	0	40
Phosphate de potasse	0	20
Sulfate d'ammoniaque.	0	20
Nitrate de potasse.	0	20
Peptone sèche.	2	50
Eau	1 litre.	

C'est dans ce liquide que je faisais dissoudre la substance fermentescible dans les proportions de 3 à 5 p. 100.

Vases employés pour les cultures. — Un matras d'une capacité variant de 50 centimètres cubes à 2 litres était muni d'un bouchon de caoutchouc percé de deux trous. Dans l'un de ces trous, s'engageait à frottement dur un tube de verre droit descendant presque jusqu'au fond du matras. Dans l'autre trou s'engageait un tube recourbé deux fois sur lui-même et affleurant l'orifice inférieur du bouchon. Le tube droit était muni d'un tampon de coton et recouvert d'un tube en caoutchouc fermé par une baguette de verre. Le ballon étant rempli entièrement de liquide, on fixait le bouchon au moyen d'une ficelle, et on faisait plonger le tube recourbé dans un vase contenant le même liquide que le ballon et dont l'orifice était garni d'un tampon de coton.

D'autre part, une autre portion du liquide était mise de côté et partagéc en deux parties : l'une qui servait à l'analyse, l'autre qu'on introduisait dans des tubes à essai garnis de coton. Chaque tube en renfermait de 5 à 10 centimètres cubes. Le ballon, les tubes à essai et l'échantillon étaient ensuite stérilisés à l'autoclave à 120 degrés pendant un temps qui variait entre 15 minutes à 3/4 d'heure, suivant le volume des vases.

Dans cette opération, une partie du liquide du ballon était refoulée dans le vase par l'air expulsé ; mais, lors du refroidissement, un vide partiel se produisant, le liquide faisait retour au ballon et le remplissait entièrement, sans courir le risque d'être contaminé, grâce au tampon de coton.

Le ballon refroidi était ensuite porté à l'étuve à 35 degrés, où il restait en observation pendant plusieurs jours avant d'être ensemencé.

Pour cela, une colonie isolée prise sur pommes de terre est portée dans un des tubes à essai. Celui-ci est étiré à la lampe dans sa partie moyenne. Le coton est refoulé jusqu'à l'étranglement et la partie supérieure est étirée de manière à pouvoir pénétrer dans le caoutchouc d'une trompe à eau. Le vide étant fait, on ferme le tube à la lampe dans la partie étirée et on le porte à l'étuve.

24 ou 48 heures après, la fermentation est active. On sort le tube de l'étuve et, présentant sa pointe effilée dans la flamme d'un bec de Bunsen, on laisse échapper les gaz, et on recueille quelques gouttes du liquide dans une petite pipette stérilisée. C'est là la semence que l'on introduit dans le grand ballon par le tube droit, en s'entourant de toutes les précautions usitées en pareille matière, pour éviter la contamination par les germes de l'air.

Le ballon ainsi ensemencé est porté à l'étuve en ayant soin de faire plonger l'extrémité de son tube recourbé dans un verre contenant du mercure, pour éviter toute communication entre l'atmosphère et le liquide.

Je passe sous silence la marche générale que j'ai suivie pour la détermination des produits de la fermentation, réservant votre attention pour le dosage de l'alcool butylique et des acides volatils.

Dosage des éléments. — La portion distillée contenant l'alcool est soumise à une seconde distillation, de façon à réunir tout l'alcool sous un volume de 50 centimètres cubes à 100 centimètres cubes.

Il s'agit maintenant de le doser. Comme on se trouve en présence d'une dissolution très étendue, la séparation en nature ou la détermination de la densité ne sont pas applicables. J'ai préféré me servir de la méthode du compte-gouttes de M. Duclaux, basée sur les différences de tension superficielle que présentent les divers alcools.

Ce compte-gouttes n'est autre chose qu'une pipette de 5 centimètres cubes, construite de façon à donner exactement 100 gouttes à 15 degrés avec l'eau distillée.

Un mélange d'alcool et d'eau ayant une tension superficielle plus faible que celle de l'eau pure donnera pour un même alcool un nombre de gouttes d'autant plus élevé que le liquide sera plus riche en alcool ; et pour une même concentration donnera un nombre de gouttes d'autant plus grand que l'alcool aura un poids atomique plus élevé.

C'est ainsi qu'un liquide renfermant 5 p. 100 des alcools suivants, donnera au compte-gouttes à 15 degrés :

Alcool méthylique.	116 gouttes	
» éthylique.	127	»
» isopropylique	146	»
» butylique.	209	»
» amylique.	327	»

J'ai pu, par cette méthode, recueillir dès le début de mes expériences d'utiles indications sur la nature de l'alcool produit en comparant le degré alcoolique, de la liqueur distillée et concentrée à un petit volume, avec le nombre de gouttes qu'elle donnait.

Nature de la fermentation	Degré alcoolique à 15°	Nombre de gouttes	Théorie pour l'alcool butylique.
Amidon.	4°	192	193
Pommes de terre. . .	6°	226	224
Saccharose	5°,5	210	217
Mannite.	6°	224	224

En réunissant le produit d'un certain nombre de distillations, j'ai pu séparer assez d'alcool pour en prendre le point d'ébullition.

Un cinquième environ passa entre 105 degrés et 115 degrés ; le reste, exactement à 116 degrés.

Ce dernier chiffre correspond au point d'ébullition de l'alcool butylique normal.

Fixé sur ce point, je me suis servi pour le dosage de l'alcool butylique de la table dressée par M. Duclaux en tenant compte des corrections dues à la température.

Acides volatils. — Des essais préliminaires m'ayant démontré la présence de l'acide butyrique normal et de l'acide acétique dans les produits de la fermentation du *B. orthobutylicus*, pour déterminer dans quelles proportions ils se trouvaient mélangés, j'ai eu recours à la méthode des distillations fractionnées de M. Duclaux.

Cette méthode est basée sur les faits suivants. Si l'on distille un acide volatil en solution étendue, et, si l'on fractionne la distillation de façon à recueillir ce qui passe de 10 centimètres cubes en 10 centimètres cubes par exemple, la quantité d'acide passée à la distillation sera d'autant plus élevée dans les premières prises que l'acide aura un poids moléculaire plus élevé, autrement dit un acide volatil en solution étendue passera d'autant plus rapidement à la distillation que son point d'ébullition sera plus élevé.

Pour nous mettre dans les conditions d'expériences décrites par M. Duclaux, prenons 110 centimètres cubes d'une solution étendue d'acide acétique et distillons-la.

Recueillons le produit de la distillation de 10 centimètres cubes en 10 centimètres cubes et faisons-en un tirage acidimétrique avec une liqueur alcaline très étendue, avec de l'eau de chaux par exemple.

Nous aurons une suite de nombres croissants.

(a)

1 7,4		6 9,7
2 7,8		7 10,4
3 8,2		8 11,0
4 8,6		9 12,5
5 8,9		10 15,6

Répétons la même expérience avec de l'acide butyrique; ici les chiffres vont suivre une marche inverse.

(b)

1 17,8		6 8,0
2 16,0		7 7,4
3 14,0		8 6,0
4 12,2		9 4,7
5 10,3		10 2,8

Si maintenant nous faisons le total des centimètres cubes d'eau de

(a) Les chiffres 7,4, 7,8, etc., représentent le nombre de centimètres cubes d'eau de chaux employé pour la neutralisation des prises d'essai.
(b) Même remarque que précédemment.

chaux employés, nous aurons l'acidité totale des centimètres cubes passés à la distillation.

Nous pourrons ainsi établir un rapport entre cette acidité totale et la quantité d'acide passée dans les 10, 20, 30, etc., premiers centimètres cubes.

Ce qui nous conduira aux tableaux suivants :

<table>
<tr><td colspan="2" align="center">A
Acide acétique</td><td colspan="2" align="center">B
Acide butyrique</td></tr>
<tr><td>1 . . . .</td><td>7,4</td><td>1 . . . .</td><td>17,6</td></tr>
<tr><td>2 . . . .</td><td>15,2</td><td>2 . . . .</td><td>33,6</td></tr>
<tr><td>3 . . . .</td><td>23,4</td><td>3 . . . .</td><td>47,5</td></tr>
<tr><td>4 . . . .</td><td>32,0</td><td>4 . . . .</td><td>60,0</td></tr>
<tr><td>5 . . . .</td><td>40,9</td><td>5 . . . .</td><td>70,6</td></tr>
<tr><td>6 . . . .</td><td>50,5</td><td>6 . . . .</td><td>79,5</td></tr>
<tr><td>7 . . . .</td><td>60,9</td><td>7 . . . .</td><td>86,5</td></tr>
<tr><td>8 . . . .</td><td>71,9</td><td>8 . . . .</td><td>92,5</td></tr>
<tr><td>9 . . . .</td><td>84,4</td><td>9 . . . .</td><td>97,0</td></tr>
<tr><td>10 . . . .</td><td>100,0</td><td>10 . . . .</td><td>100,0</td></tr>
</table>

Ces tableaux ont été établis une fois pour toutes par M. Duclaux.

Si maintenant nous opérons avec un mélange d'acide acétique et d'acide butyrique, nous obtiendrons pour une série de dix dosages une suite de nombres qui s'écarteront évidemment de ceux-ci.

Mais il nous sera facile de déterminer la valeur du rapport $\dfrac{a}{b}$ entre le nombre de molécules d'acide acétique et le nombre de molécules d'acide butyrique contenu dans le mélange.

Établissons, comme nous l'avons fait pour chacun des deux acides, le rapport, à la quantité d'acide totale, des quantités d'acide passées dans les 10, 20, 30 premiers centimètres cubes ; nous aurons par chaque prise un nombre n et le rapport sera obtenu par l'équation :

$$\frac{b}{a} = \frac{n - A}{B - n}$$

A et B représentent le rapport tiré de l'acide acétique, et B celui tiré de l'acide butyrique pour une prise déterminée occupant le même rang dans la série.

C'est ainsi, par exemple, qu'une fermentation de glucose m'ayant donné les nombres suivants :

		N	$\frac{b}{a}$
1.	17,6.	14,5.	2,1
2.	16,3.	28,1.	2,2
3.	15,0.	40,5.	2,3
4.	13,5.	51,7.	2,3
5.	12,4.	62,0.	2,5
6.	11,1.	71,2.	2,5
7.	10,0.	79,5.	2,6
8.	9,0.	86,9.	2,6
9.	8,1.	93,6.	2,5
10.	7,6.	100,0.	»

j'en déduirai le rapport N et le rapport $\frac{b}{a}$.

Celui-ci étant sensiblement égal à 2,5, on a :

$$\frac{a}{b} = \frac{1}{2,5} = \frac{2}{5}$$

c'est-à-dire que la liqueur renferme deux molécules d'acide acétique pour cinq molécules d'acide butyrique.

Analyses des gaz. — Encore un mot, Messieurs, pour terminer cette trop longue exposition.

Pour analyser les gaz dégagés pendant la fermentation, j'aurais pu les recueillir en plaçant une éprouvette sur le mercure dans lequel plongeait l'extrémité inférieure du tube à dégagement du ballon de culture ; mais la quantité de gaz produite rendait cette manipulation difficile et lui ôtait toute précision.

Voici le dispositif que j'ai employé :

Dans un ballon à col étroit de 200 centimètres cubes, j'introduisais de 20 à 50 centimètres cubes de la solution à faire fermenter préalablement titrée et, après avoir fermé l'extrémité du tube au moyen d'un tampon de coton, je stérilisais le tout à l'autoclave. Le liquide refroidi, ensemencé par les procédés ordinaires, le col du ballon était légèrement étranglé au-dessous du coton ; celui-ci flambé avec soin était refoulé jusqu'à l'étranglement ; puis, l'extrémité libre du col étirée à la lampe, on portait le ballon dans une étuve de Roux réglée à 35 degrés et on le reliait à une trompe à mercure de Schlœsing au moyen d'un mince tube de plomb pénétrant dans l'étuve par une étroite ouverture. Le vide étant fait, la fermentation ne tardait pas à s'établir et les gaz recueillis au moyen de la trompe de Schlœsing dans une éprouvette graduée étaient analysés par les procédés ordinaires.

Influence de la réaction du milieu. — Si l'on ensemence avec le *B. orthobutylicus* un milieu non additionné de carbonate de chaux, la fermentation, d'abord active, ne tarde pas à s'arrêter par suite de l'acidité prononcée que prend la liqueur. Et, si l'on dose cette acidité, on remarque qu'elle varie dans des limites très larges, d'abord avec la nature du corps qui fermente, et, pour une même substance, qu'elle est influencée par divers facteurs au nombre desquels il faut certainement compter l'âge et l'activité de la semence, et sans doute aussi la proportion d'alcool formé, qui, toutes choses égales, est d'autant plus abondante que l'acidité est plus faible.

Aussi est-il assez difficile de décider si une fermentation a été arrêtée par l'acidité seule de la liqueur ou par l'accumulation des produits empêchants fabriqués par le bacille.

Dans une fermentation qui s'acidifie, non seulement la substance fermentescible est consommée en moins grande quantité que dans une fermentation maintenue neutre grâce à l'addition de carbonate de chaux, mais encore, le rapport entre les divers produits de la fermentation est fort différent de ce qu'il est dans le second cas.

		Alcool butylique	Acide acétique	Acide butyrique
100 parties de	sans craie =	32,9	7,2	7,0
glucose	avec craie =	11,0	9,5	35,0
Sucre	sans craie =	32,9	9,4	»
interverti	avec craie =	6,9	10,0	36,0
Glycérine	sans craie =	64,3	2,6	15,3
	avec craie =	7,5	2,5	22,8
Pommes de	sans craie =	28,0	7,7	8,8
terres	avec craie =	4,2	8,2	81,9

En général, on constate une augmentation de l'alcool quand le milieu s'acidifie, et une diminution de l'acide butyrique. L'acide acétique varie à peine. Au contraire, quand le milieu est maintenu neutre par addition de carbonate de chaux, c'est l'acide butyrique qui l'emporte sur l'alcool et la fermentation peut devenir complète.

Vous voyez, Messieurs, quels troubles profonds la réaction du milieu amène dans la transformation de la molécule.

Influence de la durée. — Existe-t-il pendant toute la durée d'une fermentation un rapport constant entre le poids de la substance détruite et les divers produits qui résultent de cette destruction.

Si ce rapport varie, dans quel sens se fait cette variation?

Pour répondre à ces questions nous avons institué les expériences suivantes :

Des ballons renfermant du glucose et du sucre interverti en solution à 5 p. 100 dans le liquide nutritif dont nous avons donné plus haut la composition, les uns additionnés de craie, les autres sans craie, ont été ensemencés le même jour avec une semence âgée au plus de deux jours pour éliminer certaines perturbations dont nous parlerons tout à l'heure.

Voici les résultats obtenus :

1° *Glucose sans addition de craie*

Durée de la fermentation.	2 jours	4 jours	20 jours
Quantité pour cent de glucose consommé.	20 0/0	22,5 0/0	26,3 0/0

100 gr. de glucose ont donné :

Alcool butylique	25,4	30,8	37,6
Acide acétique	3,9	4,0	4,0
Acide butyrique	7,4	4,0	2,0
Rapport $\dfrac{a}{b}$	$\dfrac{3}{4}$	$\dfrac{3}{2}$	$\dfrac{3}{1}$

2° *Sucre interverti sans craie*

Durée de la fermentation.	1 jour	4 jours	20 jours
Quantité consommée 0/0.	3,7 0/0	22,4 0/0	25 0/0

100 grammes donnent :

Alcool butylique	9,3	29,5	32,9
Acide acétique	25,1	8,5	9,4
Acide butyrique	24,5	»	»
Rapport $\dfrac{a}{b}$	$\dfrac{3}{2}$	$\dfrac{1}{0}$	$\dfrac{1}{0}$

3° *Glucose additionné de craie*

Durée de la fermentation.	4 jours	20 jours
Quantité pour cent de glucose consommé.	49 0/0	61 0/0

100 parties donnent :

Alcool butylique	13,5	15,15
Acide acétique	7,8	4,3
Acide butyrique.	34,5	32,2
Rapport $\dfrac{a}{b}$	$\dfrac{1}{3}$	$\dfrac{1}{5}$

4° *Sucre interverti additionné de craie*

Durée de la fermentation. .	1 jour	4 jours	16 jours	8 mois
Quantité pour cent de sucre consommé	15 0/0	43 0/0	56 0/0	90 0/0

100 parties donnent :

Alcool butylique.	1,5 . .	5,9. . .	6,9. . .	10,8
Acide acétique.	31,3 . .	11,4. . .	11 . . .	4,6
Acide butyrique	46,4 . .	42,3. . .	40,5. . .	27,5
Rapport $\dfrac{a}{b}$	$\dfrac{1}{1}$	$\dfrac{2,5}{1}$	$\dfrac{2,5}{1}$	$\dfrac{1}{4}$

On voit par ces résultats : 1° que la quantité d'alcool butylique formé va en augmentant pendant toute la durée de la fermentation, quelle que soit la réaction du milieu;

2° Que les quantités d'acide butyrique et d'acide acétique vont en diminuant;

3° Que le rapport $\dfrac{a}{b}$ va en diminuant en milieu neutre, et en augmentant en milieu acide.

D'ailleurs, ces résultats se trouvent confirmés par l'analyse des gaz dégagés pendant la fermentation. On voit, en effet, l'hydrogène aller constamment en diminuant.

Or, si l'on suppose que le glucose ne donne que de l'acide butyrique, en fermentant, la formule la plus simple de cette décomposition sera :

$$C^6H^{12}O^6 = C^4H^8O^2 + 2CO^2 + 4H,$$

c'est-à-dire que, pour 100 volumes de gaz, on trouvera 50 parties d'hydrogène et 50 parties d'acide carbonique.

Si, au contraire, la fermentation du glucose ne donne lieu qu'à la production d'alcool butylique, l'équation deviendra :

$$C^6H^{12}O^6 = C^4H^{10}O + 2CO^2 + H^2O$$

et le rapport en volume entre CO^2 et H sera évidemment $\dfrac{H}{CO^2} = \dfrac{O}{100}$.

Par conséquent, puisque l'hydrogène diminue constamment pendant la fermentation, c'est que la seconde équation l'emporte peu à peu sur la première, c'est-à-dire que la production d'alcool augmente incessamment.

On ne peut donc assigner une formule unique à une fermentation, et, si nous voulions représenter chacune de ces expériences par une équation vous verriez que cette équation, souvent impossible à établir au début, varie en se simplifiant au fur et à mesure que le glucose ou le sucre interverti tendent à disparaître, et qu'elle atteint son maximum de simplicité quand tout le sucre est consommé.

Par exemple, pour établir la formule correspondant à une fermentation de glucose à 5 p. 100, âgée de vingt jours et dans laquelle 60 p. 100 seulement du sucre a été détruit et qui nous a donné :

		Calculé pour la formule ci-dessous
Alcool butylique.	15,5	15,0
Acide acétique	4,3	4,4
Acide butyrique.	32,2	32,5

il nous faut écrire :

$$30C^6H^{12}O^6 = 11C^4H^{10}O + 4C^2H^4O^2 + 20C^4H^8O^2 + 48CO^2 + 24H + 25H^2O$$

Tandis qu'une fermentation à 3 p. 100, âgée également de vingt jours, et dans laquelle tout le glucose est consommé, nous a donné les chiffres suivants :

		Calculé pour la formule ci-dessous
Alcool butylique	11,0	11,7
Acide acétique.	9,5	9,5
Acide butyrique.	35,0	34,9

qui nous conduisent à la formule plus simple :

$$7C^6H^{12}O^6 = 2C^4H^{10}O + 2C^3H^4O^2 + 5C^3H^8O^2 + 10CO^2 + 4H + 6H^2O$$

L'équation varie donc constamment pendant toute la durée de la fermentation.

La cause doit en être recherchée dans l'accumulation des produits formés dans la liqueur, et ceux-ci se produisent en raison de la quantité de sucre en dissolution ; il en résulte qu'une fermentation sera d'autant plus régulière que la concentration sera plus faible.

Influence de l'âge de la semence. — Si l'on ensemence avec des spores de *B. orthobutylicus*, prises sur une colonie poussée sur pomme de terre, une série de tubes de glucose par exemple, et qu'on examine ces cultures à divers intervalles, on remarque, au bout de vingt-quatre à quarante-huit heures des bacilles jeunes en forme de battant de cloche.

Huit jours après environ, les bacilles mobiles présentent leurs formes ordinaires; puis, au fur et à mesure que la culture vieillit, les spores se forment et les mouvements cessent.

Si on prélève dans ces cultures d'âge différent des bacilles doués par conséquent d'activité différente et qu'on les porte dans un milieu donné, quelle sera l'influence de l'âge de la semence sur la marche de la fermentation ? Une première série d'expériences faites avec une semence cultivée sur glucose nous ayant montré qu'en se plaçant au point de vue de la production d'alcool butylique, l'activité de la semence croît pendant les premiers jours pour décroître ensuite au fur et à mesure de la formation des spores, nous avons pensé qu'une semence subira des modifications d'autant plus rapides que son milieu de culture sera plus fermentescible, c'est-à-dire que la durée de son évolution sera plus courte.

C'est ce qui arrive si l'on ensemence une colonie dans une série de tubes contenant de la bouillie de pommes de terre, milieu que le bacille fait fermenter avec une grande énergie, et si nous nous servons de ces tubes pour ensemencer des ballons de glucose d'après la méthode suivante :

L'un des tubes à pomme de terre est employé dès le lendemain ; un autre huit jours après, et un troisième au bout de quinze jours.

Des ballons de glucose à 3 p. 100 additionnés de craie et examinés au bout de vingt jours nous ont donné les résultats suivants, tout le glucose étant consommé :

Age de la semence.	1 jour	8 jours	15 jours
Alcool butylique.	20,9	8,5	3,0
Acide acétique.	5,5	6,6	7,0
Acide butyrique	24,2	29,2	41,5
Rapport $\frac{a}{b}$	$\frac{1}{3}$	$\frac{1}{3}$	$\frac{1}{4}$

Ainsi, quelle que soit la cause agissante, l'âge de la semence a une influence très notable sur la marche d'une fermentation.

Éducation de la semence. — Nous venons de voir que l'origine d'une semence peut amener aussi des changements dans la marche d'une fermentation.

C'est ainsi que les spores du *B. orthobutylicus*, développées d'abord sur bouillie de pomme de terre avant d'être ensemencées sur glucose, acquièrent la propriété de donner de l'alcool butylique en grande quantité dans ce dernier milieu, pourvu toutefois que l'ensemencement ait lieu dans les vingt-quatre heures. Plus tard, nous savons que cette faculté diminue à mesure que la semence vieillit.

Ce fait semble d'ordre général. Il était intéressant de voir ce qu'on obtiendrait avec une semence habituée à vivre dans un milieu présentant avec le glucose des différences considérables dans la marche de sa fermentation.

L'inuline, qui fermente sous l'influence du *B. orthobutylicus*, ne donne, quelle que soit la réaction du milieu, que de faibles quantités d'alcool butylique, de 3 à 4 p. 100. Le *B. orthobutylicus,* habitué à vivre dans ce milieu, continuera-t-il à ne donner que des traces d'alcool quand on le reportera sur glucose ?

L'expérience montre qu'après six passages consécutifs sur inuline, le bacille reporté sur glucose y produira jusqu'à 20,5 p. 100 d'alcool butylique, c'est-à-dire un chiffre bien supérieur à la moyenne qui est de 8 à 10 p. 100.

Cette exaltation de la fonction alcool après une série de passages sur un milieu réfractaire à la production de cet alcool est un fait intéressant et curieux à noter.

Mais cette semence nouvelle va-t-elle constituer une race et transmettre ses qualités à ses descendants ?

L'expérience va nous apprendre encore qu'il n'en est rien et qu'après

de nouveaux passages sur glucose le bacille aura repris ses qualités
ordinaires.

Mais, chose curieuse, il aura acquis du même coup la propriété de
faire produire à l'inuline des quantités d'alcool butylique relativement
considérables, comme on peut le voir par le tableau suivant :

	Glucose	Inuline
Alcool butylique	8,4	19,2
Acide acétique	9,1	10,6
Acide butyrique	40,2	15,0

Il y a là un effet inverse curieux à noter : le passage sur inuline
exaltant les fonctions du ferment vis-à-vis du glucose et, au contraire,
le passage sur glucose rendant le bacille plus apte à faire fermenter
l'inuline.

Comment chercher à expliquer ces faits ?

En supposant, ce qui est vraisemblable, que tous les bacilles d'une
génération ne sont doués ni de la même activité ni de la même force de
résistance, faut-il croire que par une véritable sélection ceux-là seuls
subsistent qui peuvent résister à un milieu peu favorable, comme
l'inuline ?

Une fermentation, en effet, est le résultat de la vie d'une foule
d'individus, autrement dit est la somme des fermentations partielles
produites par chacune des cellules du ferment prises isolément ; on
comprend dès lors que les résultats varient quand une cause quelconque vient retrancher de cette collectivité une catégorie de membres
actifs.

Dans le cas qui nous occupe, ce seraient précisément les individus
les moins résistants qui disparaîtraient les premiers, ceux-là même
qui dans une solution de glucose donneraient le minimum d'alcool, et
qui sur inuline n'en donneraient plus du tout. Les autres, au contraire, subsisteraient avec toutes leurs qualités ; aussi, reportés sur
glucose, produiraient-ils dans ce milieu une augmentation apparente
d'alcool butylique. Ne peut-on rapprocher ces faits de ce qui se passe
chez les microbes pathogènes ?

La bactéridie charbonneuse atténuée ne retrouve-t-elle pas sa virulence en passant par l'organisme du chien, animal doué de peu de
réceptivité pour ce virus ? C'est même un procédé général employé
pour exalter la virulence d'une bactérie.

Dans le cas du passage sur glucose provoquant une fermentation
plus active de l'inuline, la comparaison subsiste encore, avec les

microbes pathogènes. N'est-ce pas par des inoculations successives de lapin à lapin que le virus de la rage atteint son maximum d'intensité ?

Le rouget du porc, passant en série sur le pigeon, augmente de virulence d'une façon absolue.

Et, cependant, ni le lapin dans le premier cas, ni le pigeon dans le second n'offrent de résistance à ces virus, mais au contraire présentent vis-à-vis d'eux une réceptivité toute particulière.

Quelle que soit l'explication qu'on voudra donner de ces faits, la conclusion à tirer de nos expériences, c'est que le milieu dans lequel a vécu un ferment peut exercer une influence considérable sur l'activité de ce ferment.

Il nous resterait à examiner maintenant l'action du bacille sur les divers milieux qu'il peut faire fermenter.

Mais l'heure avancée me fait un devoir d'être bref.

Je me contenterai donc de vous signaler les particularités les plus saillantes de cette action sans entrer dans le détail des expériences.

Quand on ensemence avec le *B. orthobutylicus* de l'empois d'amidon stérilisé à 120 degrés *pendant au moins une heure*, on remarque que l'empois se liquéfie rapidement et qu'il entre en fermentation.

Si l'on interrompt une fermentation en marche, on constate que le liquide filtré ne se colore plus par l'iode, et qu'il ne précipite pas sensiblement par addition de dix fois son volume d'alcool.

Il ne contient donc pas de dextrines, mais un sucre réducteur que la déviation polarimétrique et la réduction de la liqueur permettent d'identifier au maltose.

Cette absence de dextrine dans les produits de dédoublement de l'amidon est un fait curieux dont il fallait rechercher la cause. La transformation de l'amidon en maltose avait-elle lieu sous l'influence d'une diastase? et cette diastase ne produisait-elle que du maltose sans dextrine?

L'expérience démontre que le *B. orthobutylicus* sécrète une diastase, une *zymase*, selon l'expression de M. Béchamp, analogue à l'amylase du malt, capable de dédoubler l'empois d'amidon en maltose et en dextrine.

Mais d'où vient que dans les liqueurs en fermentation on ne trouve plus de dextrine? que devient la dextrine formée?

L'expérience nous apprend encore que la dextrine est transformée elle-même par le *B. orthobutylicus* en maltose et qu'elle fermente facilement.

Notre bacille sécrète donc une diastase capable de saccharifier la dextrine, et comme, dans le courant d'une fermentation, cette saccharification est accompagnée de la destruction des produits formés et du renouvellement incessant de la cause agissante, on comprend que cette saccharification puisse devenir complète et que finalement nous ne trouvions que du maltose dans nos liqueurs fermentées.

Amylo-cellulose. — Lorsque l'empois se liquéfie sous l'action du *Bacillus orthobutylicus*, il laisse un résidu floconneux insoluble.

Examiné au microscope, ce résidu se présente sous forme de granulations amorphes mêlées à des sortes de débris cellulaires, le tout colorable en jaune par l'iode.

Des tranches de pommes de terre, examinées après fermentation, montrent leurs cellules remplies de ces mêmes granulations, sans trace d'amidon.

Mais, si l'on vient à chauffer légèrement la préparation en présence d'eau iodée, elle prend aussitôt une coloration d'un bleu intense.

Cette substance est ce que Schulze, Nægeli, Brown et Héron ont désigné sous le nom d'*amylo-cellulose*.

J'ai fait à ce sujet la remarque suivante :

Si l'on introduit de cette amylo-cellulose dans une série de tubes à essai avec un peu d'eau et si l'on chauffe ces tubes à des températures croissantes, on obtient, avec l'eau iodée, une suite de teintes qui se succèdent dans l'ordre inverse des couleurs qu'on observe en faisant agir la diastase sur l'amidon, c'est-à-dire qu'on a successivement du rouge brun, du pourpre, du violet et finalement du bleu.

La réaction commence à partir de 75 degrés; elle est complète à 100 degrés.

En sorte qu'en se basant sur la succession des teintes produites, il semblerait que l'amylo-cellulose se transforme d'abord en dextrines variées avant d'arriver à la modification finale d'amidon soluble.

Cette action de la chaleur sur l'amylo-cellulose s'accorde mal avec la théorie qui admet l'existence dans le grain d'amidon de deux substances distinctes : la *granulose*, qui fournit l'amidon soluble, et l'amylo-cellulose, qui constituerait le squelette du grain.

S'il en était ainsi, puisque la température de 100 degrés transforme cette amylo-cellulose en amidon soluble, on ne devrait plus la rencontrer dans un empois préparé comme le nôtre à une température de 120 degrés. Ne faut-il pas admettre, plutôt, que l'amylo-cellulose forme avec la granulose un corps unique que la diastase dédouble en deux substances inégalement sensibles à l'action des ferments organisés et de la chaleur.

Si la destruction des matières amylacées est précédée de leur transformation en maltose et en dextrines, je dois dire que l'inuline est consommée en nature sans production de lévulose ou de dextrines lévogyres intermédiaires.

Sucre interverti. — Vous avez pu remarquer les différences considérables qui existent entre les fermentations de glucose et les fermentations de sucre interverti.

Ces différences tiennent à la résistance que présente le lévulose à l'action du *B. orthobutylicus*.

En effet, une fermentation de sucre interverti à 5 p. 100 environ, examinée au bout de deux mois, fournit les quantités suivantes de sucres consommés : soit 200 parties de sucre interverti, composées de 100 parties de glucose et de 100 parties de lévulose, on trouve après fermentation :

	Avant	Après
Glucose	100	0
Lévulose	100	80

Cette consommation inégale de deux sucres offrant la même composition centésimale est un fait qui a été signalé autrefois par Dubrunfaut dans l'action de la levure de bière sur le sucre interverti, et plus récemment par M. Bourquelot dans l'action de cette même levure sur un mélange de lévulose et de maltose.

Pour le cas du *B. orthobutylicus*, cette résistance du lévulose est à rapprocher de celle que présente l'inuline, également lévogyre.

Les différences de signe dans le pouvoir rotatoire des substances actives étant la manifestation de différences existant dans le groupement de leurs atomes, il n'y a donc rien d'étonnant que des corps possédant la même composition chimique, mais doués de pouvoir rotatoire inverse, offrent aux ferments des résistances inégales.

C'est même là un fait d'ordre général qui, depuis la célèbre expérience de M. Pasteur sur le dédoublement du paratartrate d'ammoniaque par le *Penicillium glaucum*, a été mis à profit par un grand nombre d'expérimentateurs pour dédoubler un corps optiquement inactif en ses composants actifs.

Telles sont les expériences de M. Le Bel sur les alcools amyliques, le méthylpropylcarbinol, etc. etc., et celles de M. Fischer et de ses élèves dans leurs remarquables synthèses des sucres.

Encore un mot, Messieurs, et j'ai fini.

Saccharose. — On a longtemps admis que nul être organisé ne pouvait assimiler le sucre de canne qu'après l'avoir interverti.

Depuis quelques années, divers expérimentateurs ont rencontré des bactéries qui faisaient exception à cette règle : le ferment lactique, par exemple, et le bacille amylozyme.

Le *B. orthobutylicus* offre un nouvel exemple d'assimilation directe du sucre de canne.

Dans aucune de nos fermentations de saccharose nous n'avons pu constater de réduction sensible, ni de déviation lévogyre de nos liqueurs.

Le saccharose partage cette propriété avec le maltose et le lactose.

Glycérine. — Enfin, une dernière particularité à signaler, c'est que, parmi les produits de fermentation de la glycérine sous l'action de notre bacille, nous avons toujours constaté la présence d'une petite quantité d'*acide lactique gauche*.

Aucune autre fermentation ne nous a donné ce corps.

Si maintenant, Messieurs, nous jetons un coup d'œil d'ensemble sur les faits que je viens de vous présenter, nous voyons que : la réaction et la nature du milieu, la durée de la fermentation, l'âge de la semence et son éducation sont autant de facteurs qui interviennent pour modifier l'action chimique du *Bacillus orthobutylicus*.

Mais nous voyons aussi que ces modifications ne se font pas au hasard et que, si l'on prend soin de se placer dans des conditions bien déterminées, le phénomène se reproduit toujours dans le même sens.

En résumé, chaque cellule du ferment, soumise aux lois immuables de la vie, passe par un maximum d'activité, puis vieillit et meurt.

Si l'on réfléchit que, dans le courant d'une fermentation, on rencontre à la fois des cellules qui viennent de naître et des cellules en voie de dégénérescence ; si l'on ajoute que les produits formés peuvent à leur tour entraver l'action de ces cellules, on comprendra combien est illusoire l'idée de vouloir représenter le phénomène par une formule unique et simple !

MALTOSE ET TRÉHALOSE
ÉTUDE CHIMICO - PHYSIOLOGIQUE

PAR

M. Em. BOURQUELOT
PROFESSEUR AGRÉGÉ A L'ÉCOLE DE PHARMACIE

Messieurs,

La question que j'ai à vous exposer diffère essentiellement de celles qui sont habituellement traitées dans ces conférences. C'est, en effet, une question de chimie physiologique et non une question de chimie pure.

J'ai tout lieu de croire, cependant, qu'elle sera bien accueillie, car elle est de celles qui doivent attirer l'attention de tous ceux qui s'intéressent aux phénomènes intimes de la vie, puisqu'elle a trait à la physiologie de deux des matières sucrées les plus répandues chez les êtres vivants, à savoir : le *maltose* et le *tréhalose*.

Ces deux matières sucrées sont toutes deux des isomères du sucre de canne et, par conséquent, appartiennent au groupe des *bioses* de Scheibler.

La première prend naissance toutes les fois que la diastase agit sur l'amidon ou sur le glycogène : elle peut donc se rencontrer chez tous les végétaux à chlorophylle, lesquels, comme on sait, produisent de l'amidon, ainsi que chez tous les animaux, puisque ces derniers élaborent du glycogène. La seconde, comme je l'établirai dans quelques instants, existe transitoirement chez la plupart des champignons, sinon chez tous, c'est-à-dire chez les végétaux sans chlorophylle, dont le nombre est peut-être aussi considérable que celui des autres végétaux.

La physiologie du maltose et du tréhalose est, en outre, une question nouvelle. Il y a quinze ou vingt ans, le sujet aurait surpris plus d'un auditeur, et l'on se serait demandé quel pouvait bien en être l'intérêt. Les traités de chimie et, à plus forte raison, ceux de physiologie, ne relataient même pas les noms de ces deux sucres ; c'est à peine si on leur avait réservé quelques lignes dans les dictionnaires de chimie, et cependant ils étaient connus depuis longtemps. C'est qu'il en est des corps chimiques comme des individus : les auteurs ne les mentionnent, avec quelques détails, que quand ils ont une histoire et, à l'époque que je viens de rappeler, le maltose et le tréhalose n'en avaient pas encore.

J'espère vous montrer que depuis lors la question s'est considérablement étendue. Peut-être même jugera-t-on que ces deux sucres méritent, du moins au point de vue spécial auquel je me placerai, qu'on leur consacre désormais un chapitre dans les traités.

Les débuts du maltose dans la science ne manquent pas d'un certain intérêt. On en doit, comme vous le savez, la découverte à Dubrunfaut. En 1847, ce savant établit que, lorsqu'on traite l'empois d'amidon par la diastase (macération de malt), le produit de la réaction est en grande partie constitué par un sucre nouveau. Il désigne ce sucre sous le nom de *maltose*, il en donne un procédé de préparation qui n'a été modifié depuis que pour quelques détails, il en décrit très exactement les propriétés principales et insiste, en particulier, sur celles qui permettent de le distinguer du glucose. Malgré cela, sa découverte passe inaperçue. Pendant vingt-cinq ans on continue à considérer le sucre du malt comme du glucose, et les analyses, voire les recherches de laboratoire (Musculus, 1860 et 1865 ; — Payen, 1865 ; — Schwarzer, 1870) se pratiquent en s'appuyant sur cette donnée inexacte.

Aussi, lorsqu'en 1872 les recherches de Cornélius O'Sullivan sont venues confirmer celles de Dubrunfaut, le travail du savant anglais a-t-il paru une nouveauté. C'en était une à la vérité, car, à partir de cette époque seulement, l'attention des chimistes et des physiologistes a été attirée sur un composé dont on avait oublié l'existence et dont on ne soupçonnait pas l'importance.

Les mémoires de C. O'Sullivan suscitèrent d'autres recherches de divers côtés, mais surtout en Allemagne et, tout d'abord, des recherches d'ordre purement chimique. Elles portèrent, les unes, sur les substances qui, outre l'amidon, peuvent donner du maltose (glycogène, Külz), d'autres sur les propriétés physiques et chimiques de ce sucre, d'autres, enfin, sur la question de savoir comment agit la diastase sur l'amidon et de quelle façon cette action peut être modifiée.

Je ne vous parlerai pas des deux premières séries de recherches, dont les résultats sont devenus classiques; je m'arrêterai un instant seulement sur la troisième.

La formule de l'amidon est représentée par un multiple de $(C^{12}H^{20}O^{10})$. On ne sait pas quelle est la valeur de ce multiple; aussi le désignerons-nous simplement par la lettre n. Traité par la diastase, l'amidon, préalablement transformé en empois, donne naissance, par hydratation, à de la dextrine et à du maltose. Le maltose a pour formule $C^{12}H^{22}O^{11}$; la dextrine, qui est un isomère de l'amidon, a pour formule un multiple indéterminé de $(C^{12}H^{20}O^{10})$.

Mais il existe plusieurs dextrines : 1° des dextrines à poids moléculaires élevés se rapprochant, par conséquent, de l'amidon, dextrines que Brücke a désignées sous le nom d'*érythrodextrines* en raison de la propriété qu'elles possèdent de donner des solutions aqueuses qui se colorent en rouge plus ou moins violacé par addition d'eau iodée ; 2° des dextrines à poids moléculaires plus faibles, dont les solutions aqueuses ne sont pas colorées par l'iode et que le même physiologiste a appelées *achroodextrines.*

Au cours de l'action de la diastase sur l'amidon, ces différentes dextrines se formeraient successivement et dans l'ordre des équations suivantes :

$$\text{Érythrodextrines} \begin{cases} (1)\ \underset{\text{amidon}}{(C^{12}H^{20}O^{10})^n} + H^2O = \underset{\text{dextrine (1)}}{(C^{12}H^{20}O^{10})^{n-1}} + \underset{\text{maltose}}{C^{12}H^{22}O^{11}} \\[1em] (2)\ \underset{\text{dextrine (1)}}{(C^{12}H^{20}O^{10})^{n-1}} + H^2O = \underset{\text{dextrine (2)}}{(C^{12}H^{20}O^{10})^{n-2}} + \underset{\text{maltose}}{C^{12}H^{22}O^{11}} \\[1em] (3)\ (C^{12}H^{20}O^{10})^{n-2} + H^2O = (C^{12}H^{20}O^{10})^{n-3} + C^{12}H^{22}O^{11} \end{cases}$$

$$\text{Achroodextrines} (n-2)\ (C^{12}H^{20}O^{10})^2 + H^2O = C^{12}H^{20}O^{10} + C^{12}H^{22}O^{11}$$

En définitive, il y aurait hydratation par phases successives. A chaque phase, il y aurait soustraction, à la molécule de l'amidon ou de la dextrine provenant de la phase précédente, d'une molécule $C^{12}H^{20}O^{10}$, laquelle s'hydraterait en donnant du maltose.

La dextrine formée en dernier lieu serait inattaquable par la diastase.

Cette manière d'envisager l'action de la diastase est, il faut l'avouer, une hypothèse, mais elle s'accorde assez bien avec les phénomènes que l'on observe durant cette action. On peut donc l'admettre en attendant mieux. C'est d'ailleurs en réfléchissant à cette hypothèse que j'ai été conduit à étudier les modifications apportées par la chaleur à l'action de la diastase[1], modifications dont je vais vous dire quelques mots.

<hr>

[1] *Sur les caractères de l'affaiblissement éprouvé par la diastase sous l'action de la chaleur.* Annales de l'Institut Pasteur, 1887, p. 336.

En étudiant les produits de l'action de la diastase sur l'amidon à différentes températures, on avait constaté des différences dans la quantité de maltose obtenue. Ainsi, on sait que la diastase est détruite, lorsqu'elle est en solution aqueuse, à une température de 74 à 76 degrés. Or, lorsqu'on la fait agir sur l'empois d'amidon à des températures voisines de sa température de destruction, il y a d'autant moins de maltose formé que l'on est plus près de cette température.

Il m'a paru intéressant d'examiner ces faits plus en détail et de rechercher si la chaleur agit ici d'une façon générale, en mettant obstacle — en tant que chaleur — à la réaction, ou si plutôt elle n'intervient pas en affaiblissant l'agent actif de la saccharification, c'est-à-dire la diastase.

Pour cela, des solutions aqueuses de diastase ont été tout d'abord maintenues à des températures comprises entre 66 et 74 degrés pendant un certain temps, puis, après refroidissement, ajoutées en excès à de l'empois d'amidon.

Dans aucun cas, la saccharification de l'amidon n'a pu être poussée aussi loin qu'avec de la diastase qui n'avait pas subi l'action de la chaleur. La production de maltose a été d'autant plus faible que la diastase avait été portée à une température plus élevée; de plus, les dextrines formées étaient colorables par l'iode. Donc, on peut dire que la chaleur intervient en affaiblissant l'énergie du ferment, et, si l'on s'en tient à l'hypothèse que j'ai développée tout à l'heure, on peut admettre que, lorsque la diastase a été chauffée, son action s'arrête à l'une des phases intermédiaires de la saccharification.

Ce n'est pas tout — et c'est là un fait intéressant, — que les solutions de diastase aient été chauffées ou non, les premières phases de la réaction s'accomplissent dans le même temps, ce dont on peut s'assurer en suivant le processus à l'aide de l'eau iodée.

Quelle explication donner à ces faits? Il en est une fondée sur une hypothèse déjà émise d'autre part, c'est que la diastase que l'on retire de l'orge germé n'est pas un ferment simple, mais un mélange de plusieurs ferments, et que les ferments qui président à l'accomplissement des premières phases de la réaction résistent le mieux à l'action de la température. Nos connaissances sur l'essence des ferments solubles sont trop peu avancées pour que l'on puisse se prononcer ; mais je ne puis m'empêcher d'ouvrir ici une parenthèse.

On paraît être actuellement d'accord pour attribuer l'action des microbes pathogènes à des composés toxiques sécrétés par eux. On a été, en outre, conduit à assimiler ces composés toxiques, ou tout au moins un certain nombre d'entre eux, à des ferments solubles. On sait que les cultures de ces microbes peuvent être atténuées par l'action de la chaleur. N'y a-t-il pas là une analogie avec ce que nous venons de voir pour la diastase? Au fond, il est probable qu'une action toxique se résout en une action chimique s'exerçant sur un des nombreux composés complexes qui entrent dans la constitution de l'être vivant, par exemple sur une des matières azotées du sang ou de la substance nerveuse. Si cette action, pour être complète et produire son plus grand effet, comprend une série de phases, il n'y aurait rien d'étonnant, la matière toxique étant un ferment soluble, à ce que la chaleur l'affaiblisse comme elle affaiblit la diastase.

Après les recherches d'ordre chimique devaient venir des recherches physiologiques. Les miennes ont eu pour origine une étude, que j'ai faite il y a déjà dix ans, de la digestion chez les mollusques céphalopodes. Au cours de cette étude, j'avais été frappé de l'importance du maltose dans la question de la digestion des matières amylacées et, par une association d'idées toute naturelle, je m'étais demandé si ce sucre n'avait pas une importance semblable en physiologie végétale. Or, à cette époque, trois savants seulement s'étaient incidemment occupés du sujet, et encore uniquement au point de vue de la physiologie animale. D'une part, Von Méring avait étudié l'action des divers ferments digestifs sur le maltose et, d'autre part, Brown et Héron avaient examiné celle du suc pancréatique et du suc intestinal.

Un travail analogue, cependant, avait été fait longtemps auparavant : c'est celui que Cl. Bernard a publié, au cours de sa carrière scientifique, sur le sucre de canne, et il n'y avait qu'à le prendre pour modèle, puisque le maltose est, comme le sucre de canne, un biose. Les résultats de ce travail peuvent se formuler ainsi qu'il suit : 1° le sucre de canne n'est pas un sucre directement assimilable ; 2° pour être utilisé par l'économie, il doit être au préalable interverti ; 3° cette interversion se fait chez les animaux sous l'influence d'un ferment soluble (invertine) présent dans le suc intestinal ; 4° le même sucre de canne accumulé dans certains organes des végétaux sous forme de réserve n'est également utilisé par la plante que lorsqu'il est interverti par un ferment semblable.

Il y avait donc lieu de se demander si le maltose est un sucre directement assimilable, s'il existe un ferment soluble capable de le dédoubler et, le cas échéant, si ce ferment existe chez les animaux et chez les végétaux.

Nous avons essayé, M. Dastre et moi[1], de résoudre la première ques-

[1] *Assimilation du maltose*, Comptes rendus, t. 98, p. 1604, 1884.

tion par des injections de solutions aqueuses de maltose dans le sang. Cl. Bernard a démontré, et cela a été le point de départ de ses recherches, que lorsqu'on injecte du sucre de canne dans le sang, on le retrouve en totalité dans l'urine, tandis que, lorsqu'on injecte du glucose de la même façon et avec certaines précautions, on n'en retrouve pas trace. C'est que le glucose est directement assimilable, tandis que le sucre de canne ne l'est pas.

Nous avons constaté, et nous avons varié nos expériences de toutes façons, que, lorsqu'on injecte du maltose dans le sang, on n'en retrouve jamais qu'une partie relativement faible dans l'urine.

La question n'était pas pour cela résolue, car on pouvait dire que, si le maltose était utilisé partiellement, c'est que peut-être le sang renferme un ferment qui le dédouble en glucose à la façon des acides. La présence de ferments solubles divers dans le sang est, en effet, une notion aujourd'hui classique.

L'étude des deux autres questions [1] m'a conduit à des résultats plus nets. Tout d'abord éliminons-en tout ce qui est négatif. Ni l'invertine de la levure de bière, ni la diastase retirée de l'orge germé, ni la salive, ni le suc gastrique, ni l'émulsine n'ont le pouvoir de dédoubler le maltose.

Mais, pour ne parler d'abord que des animaux supérieurs, le suc pancréatique et le liquide intestinal le dédoublent exactement en deux molécules de glucose.

A cet égard, je ferai remarquer en premier lieu que, pour que le suc pancréatique soit actif, il est nécessaire qu'il provienne d'un animal en digestion, ce qui est d'accord avec ce que j'ai constaté dans d'autres recherches sur les sécrétions digestives; en second lieu, que la région du tube intestinal qui fournit le suc le plus actif est la région moyenne.

En résumé, si nous appelons *maltase* le ferment qui dédouble le maltose en deux molécules de glucose et le transforme ainsi sûrement en aliment assimilable, nous dirons que chez les animaux supérieurs il existe de la maltase dans le suc *pancréatique* et dans le *suc intestinal*.

Trouve-t-on quelque chose d'analogue chez les végétaux? J'ai été amené à étudier tout d'abord la question à l'aide d'une moisissure bien connue, l'*Aspergillus niger*, à la suite d'une observation que voici :

Cet *Aspergillus* est une moisissure noirâtre dans son ensemble, qui

[1] *Recherches sur les propriétés physiologiques du maltose.* Journ. de l'anat. et de la phys., 1886, p. 162.

se développe spontanément sur les fruits acides ; elle se cultive très facilement et en abondance à la surface du liquide de Raulin qui est une solution aqueuse de divers sels, d'acide tartrique et de sucre de canne. L'*Aspergillus* sécrète de l'invertine, ce qui explique qu'il consomme si bien ce dernier sucre.

Or, si l'on remplace, dans le liquide de Raulin, le sucre de canne par du maltose, la culture est tout aussi abondante. Il y avait donc quelque raison de penser que la moisissure élabore aussi un ferment du maltose. L'expérience est venue confirmer cette supposition. Voici dans cette cuvette une culture d'*Aspergillus* arrivée à maturité ; elle se tient à la surface du liquide qui l'a nourrie. Qu'on siphone le liquide sous-jacent, qu'on lave par introduction d'eau distillée la surface inférieure du thalle, qu'on introduise de nouvelle eau distillée et qu'on attende quarante-huit heures, on aura un liquide possédant à un haut degré la propriété d'hydrolyser le maltose. C'est que l'eau ajoutée s'est chargée du ferment sécrété par la plante.

En effet, si on écrase la moisissure avec un peu de sable, si on délaie la pâte obtenue avec de l'eau distillée, si on filtre et si on ajoute au liquide filtré de l'alcool, on obtient un précipité qui, après dessiccation, présente toutes les propriétés d'un ferment soluble hydrolysant du maltose.

Ces expériences, je les ai répétées avec une autre moisissure, peut-être encore plus commune que la précédente, le *Penicillium glaucum* qui se présente sur les fruits sous la forme d'un enduit verdâtre, moisissure qui se cultive également bien sur le liquide de Raulin, et j'ai obtenu les mêmes résultats.

Donc, nous pouvons en conclure que ces moisissures, et il y en a d'autres dans le même cas, produisent de la maltase, comme ils produisent de l'invertine.

Avec les ferments proprement dits : ferments lactiques, ferments alcooliques, les choses paraissent se passer différemment.

Si l'on détermine une fermentation lactique de maltose et si on compare de temps en temps le pouvoir rotatoire et le pouvoir réducteur de la solution, on constate qu'à aucun moment il n'existe de glucose, comme si le maltose subissait directement la fermentation lactique sans dédoublement préalable. J'ajouterai qu'il en est de même dans la fermentation lactique du sucre de canne.

Lorsque j'ai fait cette dernière observation [1], aucun fait semblable

---

[1] *Sur le non-dédoublement préalable du saccharose et du maltose dans leur fermentation lactique.* Journ. de pharm. et de chim. [5], t. VIII, p. 420, 1883.

n'avait encore été signalé, c'est-à-dire qu'on tenait les conclusions de Cl. Bernard relatives aux conditions d'assimilabilité du sucre de canne (nécessité d'une interversion préalable) comme ne comportant pas d'exception. Depuis, de pareils résultats ont été observés avec d'autres ferments, en particulier par Hueppe, Hansen et Koch. Eh bien ! malgré mon observation que je viens de rapporter, malgré celles plus récentes des savants que je viens de citer, je persiste à penser qu'il n'y a là qu'une exception apparente aussi bien pour le maltose que pour le sucre de canne; et ce qui fortifie mon opinion à cet égard est précisément ce qui se passe dans la fermentation alcoolique.

Tout le monde sait que, dans la fermentation alcoolique du sucre de canne, celui-ci ne fermente qu'après avoir été interverti, c'est-à-dire dédoublé en glucose et lévulose sous l'influence de l'invertine sécrétée par la levure. Il paraît en être tout autrement dans la fermentation alcoolique du maltose, puisqu'à aucune période de cette fermentation on ne trouve de glucose dans la liqueur. Fallait-il donc conclure à une fermentation alcoolique directe de cette matière sucrée?

Je n'ai pas cru devoir le faire avant d'avoir poussé plus loin l'étude de cette question. Je me suis d'abord demandé, à supposer que la levure sécrétât un ferment hydrolysant du maltose, si ce ferment ne restait pas à l'intérieur de la cellule, et j'ai cherché à en provoquer l'exosmose. Pour cela, recourant à une méthode qui m'a servi dans d'autres circonstances, j'ai délayé une certaine quantité de levure dans de l'eau saturée de chloroforme. Le chloroforme possède la propriété de déterminer une sorte d'albuminurie des cellules, à la façon du tartrate neutre de potasse indiqué autrefois par Dumas, c'est-à-dire que le liquide se trouve bientôt chargé de matières albuminoïdes. En filtrant, on devait avoir, si ma première supposition était juste, un liquide tenant en dissolution le ferment. J'ai essayé le liquide ; il n'exerçait pas d'action hydrolysante sur le maltose. Donc, de ce côté, résultat négatif.

J'ai alors donné à mes recherches une autre direction. Admettons, pour un instant, que la fermentation alcoolique du maltose soit le résultat de deux phénomènes successifs: 1° dédoublement du maltose en glucose par un ferment soluble ; 2° transformation du glucose formé en alcool et acide carbonique. Admettons, en outre, que le premier phénomène n'ait pas de prépondérance sur l'autre. Dans ces conditions, on ne trouvera jamais de glucose dans le liquide en fermentation, ce qui arrive précisément dans le cas ordinaire.

La difficulté consistait à trouver un moyen de démontrer que les choses peuvent se passer ainsi. Il fallait, pour cela, ralentir ou annihiler le second phénomène, tout en permettant au premier de se continuer. J'y suis, arrivé en anesthésiant, à l'aide du chloroforme, une levure accomplissant une fermentation alcoolique de maltose. On constate alors que la fermentation s'arrête et que le pouvoir rotatoire de la solution diminue, tandis que son pouvoir réducteur augmente, ce qui ne peut se concevoir qu'en admettant que du maltose s'est dédoublé en glucose.

L'hypothèse qui s'accorde le mieux avec ces faits est que la levure, dans une solution aqueuse de maltose, produit réellement un ferment soluble hydrolysant de ce sucre, mais que le ferment suffit tout au plus à la fermentation alcoolique et que c'est pour cela qu'on ne retrouve pas le glucose formé.

En résumé, chez les animaux, chez les moisissures et chez les ferments, tout se passe avec le sucre du malt comme avec le sucre de canne, c'est-à-dire que, comme Cl. Bernard l'avait énoncé pour le second de ces sucres, l'utilisation exige une hydrolysation préalable.

Nous allons voir qu'il en est encore ainsi avec le tréhalose.

Le tréhalose a été découvert par Berthelot en 1857 [1] dans une sorte de manne appelée tréhala, vendue sur les marchés en Syrie et utilisée dans ce pays pour sucrer des pâtisseries ou faire des potages à la manière du tapioca. Cette manne n'est pas autre chose que la substance du nid maçonné par un insecte coléoptère, le *Larinus subrugosus*, sur un *Echinops*. D'où l'insecte tire-t-il les matériaux qui lui servent à édifier cette construction? Quelle préparation leur fait-il subir? Ce sont là des questions intéressantes à connaître, mais sur lesquelle. nous n'avons presque aucun renseignement.

Le travail de Berthelot a paru *in extenso* dans les *Annales de chimie et de physique*, en 1859. Mais, quelques mois après la communication du savant français à la Société de biologie, Mitscherlich annonçait (2 novembre 1857) l'existence, dans un champignon parasite du seigle, *l'ergot de seigle*, d'un sucre nouveau qu'il appelait *mycose*.

Ce mycose possédait toutes les propriétés du tréhalose de Berthelot, sauf une portant sur son pouvoir rotatoire. Le pouvoir rotatoire du mycose avait été trouvé, en effet, un peu plus faible que celui du tréhalose.

Jusqu'en 1873 rien à signaler sur ce sujet, sinon une observation de Boudier, qui retira en 1866 du cèpe comestible (*Boletus edulis*) un sucre cristallisé en gros cristaux et non réducteur.

L'auteur n'ayant pas insisté sur sa découverte, celle-ci n'a pas été

[1] Société de biologie, août 1857.

remarquée, et cependant il avait eu entre les mains le mycose de Mitscherlich.

Enfin, en 1873 et 1874 viennent les intéressantes recherches de Müntz, qui réussit à retirer ce prétendu mycose d'une douzaine de champignons et à l'identifier avec le tréhalose de Berthelot. Le travail de ce dernier savant ayant la priorité, il convient de conserver à ce sucre le nom qu'il lui a donné.

C'est tout à fait incidemment que j'ai été amené à m'occuper de la question. Errera, un physiologiste belge, avait annoncé l'existence du glycogène dans la plupart des champignons. Dans le but de comparer le glycogène de ces végétaux avec celui des animaux, je pensai à l'extraire d'une espèce très commune pendant l'été aux environs de Paris, l'*agaric poivré*, qui doit son nom à sa saveur âcre et piquante.

En 1886 je récoltai une certaine quantité de cet agaric et, pour prévenir l'hydrolysation du glycogène, hydrolysation qui se produit, comme on sait, très rapidement dans les tissus vivants, je traitai immédiatement ces champignons par l'eau bouillante.

Je n'insiste pas sur la suite du traitement, qui n'offre pas d'intérêt, et j'arrive au résultat. Au lieu d'obtenir du glycogène, j'obtins un sucre en gros cristaux transparents. Ce sucre était le mycose ou tréhalose [1].

En 1888, je résolus, dans un but de curiosité, d'extraire une grande quantité de cette matière sucrée et je fis récolter 35 kilogrammes d'agaric poivré. Mais, pour abréger les manipulations, je les fis dessécher à l'air libre d'abord, puis à l'étuve.

A ma grande surprise, ces 35 kilogrammes de champignons ne donnèrent pas de tréhalose, mais de la mannite seulement, et encore en faible proportion.

Ces résultats singuliers m'amenèrent à faire, l'année suivante, — car la poussée des agarics poivrés ne dure que deux ou trois semaines — des essais comparatifs sur des agarics poivrés frais et sur des agarics poivrés desséchés à l'air libre ou simplement conservés pendant quelques heures dans le laboratoire. Les agarics frais renfermaient du tréhalose (10 gr. par kilogr. environ), tandis que les mêmes champignons desséchés ou conservés pendant quatre ou cinq heures n'en renfermaient plus [2].

Ainsi donc le tréhalose peut ne se rencontrer que pendant un laps de temps très court dans un champignon déterminé.

---

[1] *Recherches sur les matières sucrées contenues dans les champignons.* Comptes rendus. Séance du 18 mars 1889.

[2] *Sur la présence et la disparition du tréhalose dans les champignons.* Comptes rendus. Séance du 13 octobre 1890.

Or, cet agaric poivré (*Lactarius piperatus*) avait été précisément analysé antérieurement par de nombreux chimistes : Braconnot (1811), Knopp et Schnedermann (1844), Bolley (1853), Bissinger (1883), et on n'en avait jamais retiré que de la mannite.

Évidemment ces savants n'avaient opéré que sur des champignons desséchés ou conservés un certain temps avant l'analyse, et il devait en avoir été de même pour d'autres espèces. C'est là ce qui m'a amené à m'occuper activement de ce sujet et à passer en revue tout d'abord un nombre considérable d'espèces.

Mais, avant de parler de ces nouvelles recherches, je désire dire un mot d'un petit artifice que j'ai imaginé pour rechercher le tréhalose dans des liquides organiques, artifice qui m'a rendu les plus grands services[1].

Pour retirer le tréhalose d'un champignon, on le traite d'abord par l'alcool à 90 degrés bouillant, on exprime, on filtre et on évapore le liquide filtré en consistance demi-sirupeuse. On délaye le sirop dans 5 ou 6 volumes d'alcool à 95, ce qui détermine la formation d'un précipité qu'on élimine par filtration ou par décantation. On évapore alors en consistance d'extrait et on abandonne à la cristallisation. Mais celle-ci se fait très lentement, et n'apparaît quelquefois qu'au bout de plusieurs mois. Pour la provoquer rapidement, on frotte une lame de verre avec un cristal de tréhalose et, sur les places frottées, on étale une petite portion d'extrait qu'on recouvre aussitôt d'une lamelle. Dans ces conditions, au bout de quelques heures, on peut déjà voir au microscope les petits cristaux qui se sont formés sur les lignes de frottement. On remarquera que ce mode opératoire est en même temps une réaction du tréhalose, car un cristal d'un composé déterminé ne peut provoquer que la cristallisation de ce même composé. En introduisant ensuite ces petits cristaux en voie de formation dans la totalité de l'extrait, on ne tarde pas à voir celui-ci se prendre en masse pour peu que le tréhalose y soit abondant.

Grâce à ce petit artifice, j'ai pu, en un temps relativement court, examiner 212 espèces de champignons, prises à peu près dans tous les groupes et retirer du tréhalose de 142 de ces espèces[2].

La présence du tréhalose dans les champignons ne pouvait donc plus être considérée comme exceptionnelle et il fallait bien admettre que ce sucre joue dans ces végétaux un rôle physiologique important compa-

[1] *Sur un artifice facilitant la recherche du tréhalose dans les champignons.* Comptes rendus des séances de la Société de biologie, 1891, p. 788.
[2] *Matières sucrées contenues dans les champignons.* Bull. de la Soc. myc. de France, 1889-1893.

rable à celui de l'amidon, par exemple, chez les végétaux à chlorophylle.

C'est ce rôle physiologique que j'ai essayé finalement de déterminer. Et, d'abord, je me suis demandé si le tréhalose est également réparti dans le champignon. Mes recherches sur ce sujet ont porté sur plusieurs espèces, mais en particulier sur le cèpe comestible [1]. Ce cèpe, que l'on vend sur nos marchés, se compose d'un pied et d'un chapeau. Le chapeau lui-même comprend deux parties, l'une supérieure dont le tissu ne diffère guère de celui du pied, l'autre inférieure constituée par des tubes accolés les uns aux autres et renfermant les spores. Cette seconde partie est désignée sous le nom d'*hyménophore*. Le tableau suivant résume les résultats auxquels m'a conduit l'analyse des cèpes adultes, frais et traités par l'eau bouillante aussitôt après la récolte.

	tréhalose par kilogr.	glucose par kilogr.
Pied	24 gr. 5	0 gr. 77
Chapeau (partie supérieure)	13 8	0 74
Hyménophore	0	0

Le pied est donc chez les grands champignons l'organe où s'accumule tout d'abord le tréhalose.

Cette première question résolue, une autre se présentait à l'esprit: A quel moment le tréhalose apparaît-il.

Je ne vous rapporterai ici encore qu'une de mes expériences [2], celle qui se rapporte à l'*Aspergillus niger*. Lorsqu'on ensemence un liquide de Raulin avec des spores d'*Aspergillus* et qu'on place la cuvette qui le renferme dans une étuve dont la température varie seulement de 30 à 33 degrés, on remarque que, déjà au bout de vingt-quatre heures, le liquide est recouvert d'une sorte de peau blanchâtre constituée par les tubes germinatifs des spores qui sont enchevêtrés. Dans les vingt-quatre heures qui suivent, cette peau, ou, pour employer le langage scientifique, ce thalle, augmente en épaisseur; mais on ne voit pas encore se former les organes qui portent les spores. C'est seulement dans la période suivante qu'ils commencent à se montrer. Le thalle se couvre ainsi de fructifications noires dont la quantité atteint son maximum vers la quatre-vingt-dixième heure.

J'ai examiné comparativement des thalles de quarante-huit heures,

---

[1] *Répartition des matières sucrées dans le cèpe comestible et le cèpe orangé.* Comptes rendus de la Société de biologie, 1891, p. 785.

[2] *Sur l'époque de l'apparition du tréhalose dans les champignons.* Bull. de la Soc. myc. de France, t. IX, p. 11, 1803.

de soixante-huit heures et de quatre-vingt-seize heures. Les premiers ne renfermaient pas de tréhalose; les seconds en contenaient, et les troisièmes n'en renfermaient plus. Donc, et les mêmes faits ont été observés sur d'autres espèces, le tréhalose apparaît en général au moment de la formation des spores et il disparaît à la maturité.

On le voit, la question s'éclaircissait peu à peu. Mais, dans les travaux de laboratoire, à peine a-t-on élucidé un point que d'autres surgissent auxquels on ne pensait pas. C'est ainsi qu'après avoir établi l'époque relative de l'apparition et de la disparition du tréhalose, je me suis trouvé conduit à rechercher, d'une part, de quelle substance préexistante le tréhalose tire son origine, d'autre part en quels composés il se transforme tout d'abord quand il disparaît, et enfin quel est l'agent de cette transformation.

De ces trois questions je n'ai pu jusqu'à présent résoudre que les deux dernières.

Leur solution m'a été facilitée par deux observations qui, à l'origine de mes recherches, ne m'avaient pas frappé. Ces deux observations sont les suivantes: le tréhalose, avons-nous dit, n'existe pas dans les champignons très jeunes; il en est de même du glucose qui n'apparaît en général que lorsque le premier existe déjà en notable quantité. En second lieu, dans le champignon avancé, quand le tréhalose a disparu on trouve encore du glucose.

Or, nous savons que le tréhalose, traité par les acides minéraux étendus bouillants, se dédouble en deux molécules de glucose; il y avait donc lieu de supposer que le glucose des champignons provient du tréhalose formé antérieurement, et qu'il en provient par une réaction comparable à celle des acides étendus. Mais, chez les êtres vivants, ces sortes de réactions sont toujours accomplies par des ferments solubles, et l'on devait finalement penser que les champignons élaborent un ferment soluble hydrolysant du tréhalose.

Ce ferment soluble existe, en effet[1]; je l'ai retiré de l'*Aspergillus niger* et en ai constaté la présence dans d'autres champignons. L'étude que j'en ai faite m'a amené à le distinguer des ferments solubles actuellement connus, et en particulier de l'invertine, de la diastase, de l'émulsine et de la maltase. Aussi ai-je cru devoir lui donner un nom, et pour me conformer à la nomenclature des ferments, je l'ai appelé *tréhalase*. Cette tréhalase dédouble le tréhalose exactement en deux molécules de glucose.

[1] *Sur un ferment soluble nouveau dédoublant le tréhalose en glucose.* Comptes rendus de l'Institut. Séance du 17 avril 1893.

Tous ces faits tendent finalement à démontrer que si, comme nous l'avons vu précédemment, les conditions d'utilisation du sucre de canne énoncées par Cl. Bernard sont applicables au maltose, elles le sont également au tréhalose et vraisemblablement à tous les bioses, en sorte qu'il en ressortirait une loi générale que l'on peut énoncer sous cette forme :

« Les bioses ne sont pas des sucres directement assimilables. Pour être utilisés par l'organisme, il faut qu'ils soient, au préalable, transformés en glucoses. Cette transformation est toujours déterminée chez les êtres vivants par un ferment soluble. »

SUR LA LOI DES VOLUMES MOLÉCULAIRES

CONFÉRENCE FAITE AU LABORATOIRE DE M. FRIEDEL

PAR

M. A. LEDUC

MAITRE DE CONFÉRENCES DE PHYSIQUE A LA FACULTÉ DES SCIENCES

———

MESSIEURS,

On peut distinguer dans les sciences physiques trois sortes de lois:
1° lois exactes; 2° lois limites et 3° lois approchées.

EXEMPLES. — 1° Les lois de Képler sont des lois exactes; la recherche des poids atomiques est fondée sur l'*exactitude de la loi des nombres proportionnels;*

2° La loi de Mariotte est une loi limite. Il existe à toute température supérieure au point critique une pression au voisinage de laquelle $PV = C^{te}$, c'est-à-dire que sur chaque isotherme d'un gaz il y a un point (limite) où la sous-tangente égale l'abscisse, ainsi que cela arrive pour tous les points d'une hyperbole rapportée à ses asymptotes.

On commet une erreur plus ou moins considérable en appliquant la loi de Mariotte entre deux limites quelconques, à moins que celles-ci ne correspondent sur l'isotherme à deux points sensiblement équidistants du point favorisé dont il vient d'être question;

3° Enfin, la loi des capacités calorifiques atomiques de Dulong et Petit n'est qu'une loi approchée. Même en excluant un certain nombre de corps tels que l'aluminium, l'iode et le carbone, qui sont par trop gênants, et en choisissant pour chaque corps la chaleur spécifique la plus convenable, correspondant à une température très élevée pour les uns, très basse pour les autres, le produit de cette chaleur spécifique par le poids atomique est encore loin d'être uniforme. Il n'y a donc

pas, en général, de *chaleur spécifique limite* répondant à la définition : $C = \dfrac{K}{A}$.

La loi de Dulong reçoit une application très heureuse en ce qu'elle
permet de choisir le poids atômique de chaque corps parmi plusieurs
nombres proportionnels; mais elle ne permet de calculer qu'approxi-
mativement le poids atômique d'après la chaleur spécifique.

Dans laquelle de ces trois catégories faut-il ranger la loi des volumes
moléculaires d'Avogadro et Ampère, ainsi que la loi des volumes de
Gay-Lussac ?

Avant de répondre à cette question, permettez-moi de mettre sous
vos yeux les nombres qui étaient classiques lorsque j'ai entrepris les
recherches dont je vais avoir l'honneur de vous entretenir :

Ancien système

| FORMULE | POIDS MOLÉCULAIRE | DENSITÉS PAR RAPPORT A L'AIR | | VOLUMES MOLÉCULAIRES RAPPORTÉS A L'AZOTE | POINT CRITIQUE |
		THÉORIQUE	EXPÉRIMENTALE (conditions normales)		
H	2 (base)	0,06912	0.06949	0,9970	— 230 (?)
Az	28,04	0,9692	0,9714	1 (base)	— 145
CO	27,93	0,9654	0,967	1,0006	— 140
O	31,92	1,1033	1,1056	1,0002	— 115
AzO	29,98	1,0362	1,039	0,9996	— 93
CH^4	15,97	0,5520	0,558	0,9915	— 85
C^2H^4	27,94	0,9657	0,971	0,9968	+ 9°
CO^2	43,89	1,5170	1,5290	0,9944	+ 31
Az^2O	44,00	1,5208	1,527	0,9982	36
HCl	36,37	1,2571	1,278 / 1,247	0,9859 / 1,0104	52
H^2S	33,92	1,1724	1,1012	0,9865	100
$(CAz)^2$	51,08	1,7966	1,8064	0,9969	124
AzH^3	17,02	0,5883	0,5967	0,9882	130
Cl	70,74	2,4450	2,445	1,0023	143
SO^2	63,84	2,2065	2,234	0,9900	156

	POIDS ATOMIQUE	Composition de l'air en poids
C	11,97	Az : 77
Ag	107,67	O : 23

Poids atomique moyen: 14,466

Pour calculer les densités théoriques par rapport à l'air, inscrites dans la troisième colonne, j'ai admis pour le poids moléculaire moyen de l'air le nombre 28,93, qui résulte de la composition en poids de l'air, d'après Dumas et Boussingault. On voit que ces densités sont fort éloignées des densités expérimentales, même pour l'azote et l'oxygène, contrairement à ce que l'on devait prévoir. Il y a à cela une bonne raison : tous les nombres qui ont servi au calcul (les poids atomiques de l'azote et de l'oxygène, leurs densités et la composition de l'air) sont inexacts, ainsi que je le montrerai tout à l'heure.

Prenons pour unité de volume moléculaire celui de l'azote[1].

Si nous laissons de côté le chlore et l'acide chlorhydrique, pour lesquels les erreurs sont manifestes, nous voyons que les volumes moléculaires varient entre 0,9882 et 1,0006, d'une manière qui ne présente aucune liaison avec le point critique ou avec toute autre donnée du même genre.

Il semblerait résulter de ces comparaisons que la loi d'Avogadro-Ampère dût être rangée dans la troisième catégorie : ce ne serait qu'une loi approchée, le volume moléculaire des gaz (à 0° par exemple) variant de l'un à l'autre de 1 à 2 p. 100, sans que cette variation fût en en relation avec aucune loi physique connue.

Je n'ai jamais admis cette conclusion que sous toutes réserves, et je crois avoir établi aujourd'hui que cette loi, ainsi que par conséquent la loi des volumes de Gay-Lussac, sont des lois limites au même titre que la loi de Mariotte.

I. — Densités de l'oxygène et de l'azote et composition de l'air atmosphérique

L'origine de mes recherches sur ce sujet remonte à 1889. J'avais été frappé de la discordance qui existait entre les densités de l'azote et de l'oxygène d'après Regnault et la composition de l'air d'a-

---

[1] Il convient évidemment de rapporter les densités, et par suite ces volumes, à un gaz quasi parfait. Or il faut rejeter l'air, parce que sa composition varie d'une manière appréciable, — le nitrosyle et surtout le formène, parce qu'il est difficile de les obtenir parfaitement purs, — l'hydrogène, parce qu'il me semble impossible de déterminer sa densité à un dix-millième près de sa valeur.

Il ne nous reste à choisir qu'entre l'azote, l'oxygène et l'oxyde de carbone. J'ai préféré l'azote, parce qu'il m'a paru le plus facile à préparer à l'état de pureté et que la seule impureté qu'il puisse contenir, l'oxygène, a une densité voisine de la sienne.

près Dumas et Boussingault, dont les déterminations étaient restées classiques et faisaient foi malgré quelques expériences plus récentes.

Si l'on désigne, en effet, par x le volume d'oxygène contenu dans 100 volumes d'air, par d et d' les densités de l'oxygène et de l'azote par rapport à l'air, on peut écrire l'équation :

$$dx + (100 - x)\, d' = 100.$$

d'où l'on tire $x = 21,32_4$, et par suite $dx = 23,58$, — résultat très différent, comme on le voit, de celui de Dumas et Boussingault.

Je pensai tout d'abord que le désaccord devait provenir principalement d'une erreur sur la densité de l'azote, parce qu'une petite différence sur celle-ci modifiait notablement la composition calculée. Je trouvai, en effet, que la densité de l'azote était comprise entre 0,972 et 0,07207 (moyenne $0,9720_3$); mais cette modification n'était pas suffisante. Je déterminai la densité de l'oxygène et je trouvai moins que Regnault : $1,1050_6$ en moyenne.

D'après ces nombres, l'air devrait contenir $21,02_5$ p. %/₀ d'oxygène en volume et $23,23_4$ en poids.

Je me proposai de déterminer directement la composition de l'air en poids par une méthode fondée sur l'absorption de l'oxygène par le phosphore. Un assez grand nombre d'analyses m'ont montré que l'air pris dans la cour de la Sorbonne renferme en moyenne 232 millièmes d'oxygène, nombre qui coïncide avec le précédent autant qu'on pouvait l'espérer.

J'ajouterai que la proportion de l'oxygène est restée comprise entre 0,2317 et 0,2323, sauf pour une expérience sur la qualité de laquelle j'ai quelque doute.

Je ne puis m'empêcher de faire une remarque sur le degré de précision véritable de ces expériences.

D'une part, je crois pouvoir affirmer que la méthode à laquelle je viens de faire allusion ne comporte qu'une incertitude d'un dix-millième environ ; elle est donc bien supérieure, sous ce rapport, à la méthode eudiométrique la plus perfectionnée, qui ne permet en aucun cas de compter sur le chiffre des millièmes lorsque l'étincelle a lieu en présence d'azote, d'hydrogène et d'oxygène.

D'un autre côté, j'ai rapporté les densités avec 5 décimales telles qu'elles ressortent des moyennes; mais je me hâte de dire que la 5ᵉ décimale peut être affectée d'une erreur de 3 ou 4 unités. J'ajouterai même qu'il me paraît illusoire de compter sur la densité d'un gaz à moins de 1/20,000ᵉ près de sa valeur, — même dans le cas le plus favorable où ce gaz peut être préparé à l'état de pureté parfaite.

Il est facile de voir, en effet, que les erreurs des pesées ne descendent pas au-dessous de 1/30,000ᵉ ; une erreur de 0°,01 sur la température du gaz produit une altération de même ordre sur le résultat ; quant à la pression, il me paraît difficile de la connaître à moins de 1/20,000ᵉ près de sa valeur. Il faudrait être bien optimiste pour admettre que ces diverses erreurs doivent se compenser dans les moyennes.

Il faut enfin compter avec les changements de composition de l'air atmosphérique ; mais on évitera cet inconvénient en rapportant les densités des gaz à l'azote, ainsi que je l'ai dit plus haut.

Bref, on voit par ce qui précède qu'il est parfaitement permis d'admettre pour les densités de l'azote et de l'oxygène les nombres 0,0720₆ et 1,1051, d'après lesquels l'air moyen de Paris contiendrait exactement 21 volumes d'oxygène pour 79 d'azote, soit 0,2320₇ d'oxygène en poids, — le dernier chiffre n'étant inscrit que pour mémoire.

Avant d'aller plus loin, je dois vous exposer en quoi consistent les erreurs commises par nos illustres devanciers, Regnault et Dumas, et comment je les ai évitées.

Pour les déterminations de densités, j'ai suivi la méthode de Regnault ; je me bornerai donc à indiquer les perfectionnements que j'y ai apportés. Ces modifications sont de nature à diminuer les erreurs accidentelles et permettent d'obtenir des résultats partiels plus concordants, — dont la moyenne sera par conséquent bien plus certaine.

J'emploie un ballon de verre de *2 à 3 litres*, muni d'un *robinet de verre* et non d'une garniture métallique à robinet. Outre qu'on peut vérifier ainsi l'état de celui-ci à chaque instant, et l'essuyer parfaitement, on évite l'absorption de l'eau par le mastic.

Il est bien inutile de prendre un ballon de 10 litres, comme le faisait Regnault, à la condition de faire les *pesées au 10ᵉ de milligramme*, au lieu du demi-milligramme. Il est facile de voir que l'emploi d'un gros ballon crée toutes sortes de difficultés. J'ajouterai même que l'on peut déterminer les densités à 1/2,000ᵉ près au moyen d'un ballon d'un quart de litre comme celui que j'ai l'honneur de mettre sous vos yeux, et qui a servi à mes premières expériences.

Pour déterminer le poids de gaz qui remplit le ballon à 0° et à une certaine pression, Regnault tarait d'abord son ballon rempli à la pression atmosphérique, puis vide à quelques millimètres près. Le dernier poids est trop petit, en général ; car le ballon a perdu, par suite de l'essuyage, un peu de verre et de graisse enlevée autour du robinet.

Afin d'éviter l'essuyage, j'ai bien essayé, comme l'a fait depuis lord

Rayleigh, de remplir le ballon à la température ambiante ; mais je n'ai pas été satisfait du résultat. On élimine du reste l'erreur en pesant le ballon vide *avant et après* chaque remplissage ; l'un des poids est trop fort de quelques dixièmes de milligramme, l'autre trop faible à peu près d'autant, de sorte que la moyenne se trouve sensiblement dégagée de cette erreur.

En outre, si la pompe présente quelque fuite, le gaz résiduel peut être fortement mêlé d'air : j'emploie la machine à mercure.

Quant à la mesure de la pression, j'ai apporté au mano-baromètre normal de Regnault le perfectionnement suivant : j'installe à cheval sur le bord de la cuvette un tube en S dont l'une des extrémités plonge dans le mercure, tandis que l'autre communique avec l'atmosphère. Cette dernière a le même diamètre que les 2 tubes de l'appareil. On réalise ainsi tous les avantages du *baromètre de précision à siphon*, tout en conservant ceux du manomètre de Regnault.

Le tube manométrique est maintenu plein de mercure. A cet effet, il ne communique avec les récipients qu'au moment de mesurer la pression résiduelle. Il est à peu près certain qu'il a ainsi la même température que son voisin à $0°,1$ ou $0°,2$ près.

Il convient enfin de faire une correction omise par Regnault : *le ballon se contracte* lorsqu'on y fait le vide ; il en résulte ici une diminution de poussée de 0.mgr.6 à 0.mgr.7 ; les moyennes du tableau ci-après devront être majorées d'autant.

On pourra juger du degré de précision de l'ensemble des mesures et de l'effet de compensation dont je viens de parler en jetant les yeux sur quelques nombres obtenus avec des gaz dont la pureté ne paraît pas douteuse.

Poids de divers gaz remplissant le ballon à densités dans les conditions normales

	NOMBRES QUI DOIVENT ÊTRE APPROCHÉS		MOYENNES
	par excès	par défaut	
Air	2,9286 (?) 2,9290 2,9289	2,9288 2,9288 2,9287 .	2,9288
Oxygène[1]	3,2369 3,2367	3,2361 3,2358 3,2362	3,2364
Hydrogène	0,2032 0,2031	0,2026	0,2029
Id. (Autre ballon)	0,2077 0,2079	0,2070 0,2075 0,2073	0,2075

Je rappelle, avant de quitter ce tableau, que Regnault prenait la moyenne des nombres de la première colonne seulement. En ce qui concerne les densités par rapport à l'air d'un grand nombre de gaz, l'erreur qui en résulte est assez faible ; car elle revient à ajouter deux quantités très petites et presque égales aux deux termes d'une fraction voisine de l'unité.

Mais, si l'on se propose de déterminer un poids absolu, comme par exemple le *poids du litre d'air normal à Paris*, on obtient un résultat notablement trop grand. C'est ainsi que Regnault a trouvé pour ce dernier le nombre 1 gr. 293187, qui devait être porté à 1 gr. 29347 pour tenir compte de la contraction du ballon vide, — tandis qu'en faisant subir aux nombres obtenus toutes les corrections convenables et bien connues (après avoir comparé, par exemple, la règle de mon cathétomètre aux étalons du Bureau international des poids et mesures), je trouve pour le poids de ce même litre d'air moyen de Paris 1 gr. 2932 tout au plus.

---

[1] Le robinet était trop graissé.

Toutefois les principales causes d'erreur dans les expériences de Regnault sont d'ordre chimique: les gaz sur lesquels il opérait n'étaient pas toujours suffisamment purs. Nous allons le montrer par quelques exemples.

1° Azote. — Regnault préparait l'azote en faisant passer de l'air dans un tube de cuivre *incandescent* chargé de planure de cuivre préalablement oxydée, puis réduite par l'hydrogène.

En opérant d'abord comme lui, mais dans un tube en verre de Bohême, j'ai obtenu des nombres très variables, dont la moyenne était voisine de la sienne.

Les causes d'erreur connues ne permettant pas de si grands écarts, je fus amené à penser que mon azote contenait des quantités variables d'un gaz léger, probablement d'hydrogène.

Je pris donc la précaution d'oxyder le cuivre sur une longueur de quelques centimètres du côté de la sortie, et je vis en effet se réduire, pendant la préparation de l'azote, tout l'oxyde préalablement formé. Pour éviter désormais le mélange d'hydrogène à l'azote, j'oxydai le cuivre sur une plus grande longueur et je m'assurai, à la fin de chaque opération, de ce que la réduction n'avait pas été complète. J'obtins alors des résultats bien concordants.

Permettez-moi de m'attarder un peu sur ce point particulier. Plusieurs auteurs, même avant les travaux de Regnault, ont énoncé que le cuivre réduit contient souvent de l'hydrogène *occlus*. Ce mot a l'avantage de dire tout, par cela même qu'il n'exprime rien de précis. Si on le prend à la lettre, on est porté à admettre que le gaz occlus doit se dégager entièrement dans le vide. Or, il ne s'en dégage pas trace même au rouge sombre.

Mais, si l'on fait passer dans ce tube au *rouge cerise* un courant d'acide carbonique, on recueille sur la cuve à potasse une quantité de gaz combustible (H et CO) d'autant plus grande que la température est plus élevée. On est donc bien en présence d'un *hydrure de cuivre* formé au-dessous du rouge, et dont la tension de dissociation devient appréciable au rouge vif.

C'est ainsi que l'azote préparé par Regnault contenait 1/2000ᵉ d'hydrogène dans les quatre premières expériences qu'il rapporte, et 1/1000ᵉ dans les deux dernières.

On trouve dans ce même fait l'explication de l'erreur de Dumas et Boussingault sur la composition de l'air. Le cuivre réduit laissait échapper de l'hydrogène qui se rendait dans le ballon, soit directement, soit après s'être transformé en vapeur d'eau. Il en résultait évidemment un poids trop faible pour l'oxygène, et un poids trop fort d'autant pour l'azote.

2° Oxygène. — Regnault préparait l'oxygène au moyen de chlorate de potasse. Je ne crois énoncer rien de bien nouveau pour vous, Messieurs, en disant que ce gaz contenait du chlore ou des composés chlorés qui en augmentaient la densité. Mais, afin de lever toute espèce de doute, voulez-vous me permettre de vous rappeler un fait caractéristique? Regnault a renoncé à étudier la compressibilité de ce même oxygène parce qu'aux pressions élevées, le mercure salissait le tube où il avait le contact de ce gaz, tandis qu'avec l'air, le même fait ne s'était jamais présenté. Or, nous savons bien aujourd'hui, et M. Amagat l'a surabondamment établi, que l'oxygène et le mercure purs sont sans action l'un sur l'autre aux pressions dont il s'agit.

J'ai préparé ce gaz par électrolyse d'une solution de potasse dans un voltamètre disposé de manière à recevoir un courant de 10 à 15 ampères. Au bout de quelque temps, les gaz dissous primitivement sont éliminés, et l'oxygène ne peut plus contenir qu'un peu d'hydrogène diffusé, dont on se débarrasse aisément en faisant passer le gaz sur une petite colonne de mousse de platine chauffée au rouge sombre.

II. — Densité de l'hydrogène et composition de l'eau

Hydrogène. — Ce gaz a été préparé par électrolyse d'une solution soit de potasse, soit d'acide sulfurique, ou bien par la réaction du zinc et de l'acide sulfurique, en le purifiant au moyen de permanganate de potasse, de potasse fondue et d'une colonne de cuivre au rouge sombre.

La concordance des résultats a été aussi parfaite que possible. La densité trouvée 0,06948 coïncide d'ailleurs cette fois avec celle de Regnault (0,06949, en tenant compte de la contraction du ballon vide); car le dernier chiffre ne peut être donné qu'à une ou deux unités près.

Poids atomique de l'oxygène. — De même que nous avons déterminé plus haut la composition de l'air atmosphérique au moyen des densités, nous pourrions déterminer celle de l'eau si nous connaissions la densité D du mélange d'oxygène et d'hydrogène provenant de l'électrolyse d'une solution de *potasse.*

Soit, en effet, x la proportion centésimale en volume de l'hydrogène dans le mélange. On a évidemment :

$$x \times 0{,}06948 + (100 - x)\, 1{,}1051 = 100 \times \mathrm{D}.$$

On tire de là la composition de l'eau en volumes $\dfrac{100 - x}{x}$, et en poids : $\dfrac{(100 - x)\, 1{,}1051}{x \times 0{,}06948}$.

Cette méthode doit donner avec beaucoup de précision la composition en volumes, à cause de la grande différence qu'il y a entre les coefficients de x et de $(100 - x)$. Mais la difficulté consiste à recueillir les deux gaz sans autre mélange, et dans la proportion exacte où ils sont mis en liberté par l'électrolyse.

A cet effet, j'ai fait construire le voltamètre que voici, formé d'un flacon d'un litre environ, dont le goulot est fermé par un bouchon creux rodé et collé, tout spécial, que je dois à l'obligeance de M. Chabaud. — L'une des trois tubulures que porte ce bouchon est munie d'un robinet ; dans les deux autres, sont mastiquées à la paraffine les deux tiges de platine de 3 millimètres de diamètre qui portent le courant aux électrodes. Ces dernières tubulures sont prolongées intérieurement jusqu'au liquide, de manière à éviter tout contact entre le platine et le mélange tonnant.

La tubulure centrale est mise en relation avec la canalisation (en plomb) qui sert à toutes les expériences de ce genre, et sur laquelle est greffé un tube de verre de 85 centimètres, descendant jusqu'à une petite cuvette à mercure.

Après avoir fait le vide dans le voltamètre, je lui fournis pendant plusieurs jours sans interruption un courant de 5 ampères. Le premier remplissage de mon ballon à densités, effectué après vingt-six heures de ce fonctionnement, a donné exactement le même résultat que les suivants ; les électrodes et le liquide étaient donc arrivés à un état permanent.

Toutefois, pour éviter tout mécompte, il faut avoir soin de ne pas produire un vide, même partiel, dans le voltamètre pendant le remplissage ; car, ainsi que je l'ai constaté, l'appareil dégage momentanément dans ces conditions un petit excès d'hydrogène, — ce qui a pour effet de diminuer la densité du mélange, et par suite le poids atomique de l'oxygène que nous allons calculer tout à l'heure. Dans un remplissage bien conduit, une bulle se dégage de temps à autre par le tube manométrique dont je viens de parler.

J'ai trouvé pour la densité : $\mathrm{D} = 0{,}4142_3$, à $\dfrac{1}{10{,}000^{\mathrm{e}}}$ près de sa valeur.

Par suite $x = 66,71$. D'où : $\dfrac{x}{100 - x} = 2,0039$, et le poids atomique de l'oxygène $O = 15,875$.

Je ne donne, bien entendu, que sous toutes réserves la dernière décimale de ces deux nombres ; il est facile de voir qu'elle peut présenter une erreur de plusieurs unités, mais que le rapport des volumes ne peut être inférieur à 2,003 ni le poids atomique de l'oxygène supérieur à 15,88, comme on l'a prétendu.

J'ai profité de l'occasion qui s'offrait de reprendre la détermination directe de ce poids atomique. J'ai suivi la méthode de Dumas, en y apportant quelques perfectionnements.

J'ai l'honneur de vous présenter l'appareil qui m'a servi. Bien que, comme vous le voyez, il tienne tout entier dans une seule main, il m'a permis de former en une seule opération plus de 22 grammes d'eau. Un appareil comme celui-ci peut être pesé avec une grande précision.

Je passerai rapidement sur les détails.

Dans un tube de 4 centimètres de diamètre j'introduis 200 grammes de cuivre électrolytique laminé très mince, qui, bien qu'assez fortement tassé, laisse facilement passer les gaz. — Après l'avoir oxydé, puis réduit plusieurs fois, je l'oxyde aussi profondément que possible, puis je l'introduis dans ce tube en verre demi-dur, de même diamètre et de 25 centimètres de longueur, muni à ses extrémités de tubes plus étroits dont l'un porte un robinet de verre, et l'autre convenablement recourbé se termine par une pointe que l'on ferme à la lampe avant et après la réduction.

L'appareil condenseur est formé de trois pièces soudées que l'on peut isoler au moyen de bouchons-robinets rodés : la première est une petite ampoule de 35 centimètres cubes ; la deuxième, un tube en U qui, plongé dans un mélange de glace et de sel, condense la majeure partie de la vapeur d'eau entraînée vers la fin de l'opération par l'hydrogène non utilisé ; — enfin, un autre tube en U renfermant de l'anhydride phosphorique également refroidi.

Cette partie de l'appareil est toujours pesée pleine d'hydrogène, sauf l'ampoule qui contient de l'air ; le tube à cuivre est pesé vide de gaz.

Enfin je réoxyde superficiellement le cuivre au moyen d'oxygène ou d'air sec, et je recueille dans ce petit tube à anhydride phosphorique les quelques centigrammes d'eau formée, — dont $1/9^e$ représente le poids d'hydrogène fixé par le cuivre dans sa réduction.

J'ai rencontré dans cette opération une difficulté assez sérieuse. Un tube que l'on chauffe vers 400 degrés pendant une demi-heure dans une gouttière garnie d'amiante, puis lavé et essuyé, pèse moins, et quelquefois notablement moins, qu'avant l'opération.

On n'évite pas toujours cet inconvénient en garnissant la gouttière de magnésie ; quelquefois d'ailleurs il y a dans ces conditions augmentation de poids. Il est bien préférable d'envelopper le tube dans une feuille de platine bien continue et bien propre passée à la flamme du chalumeau. Il suffit ainsi d'essuyer soigneusement la partie du tube qui n'était pas recouverte et qui n'a pas été chauffée. J'ai du reste constaté que l'essuyage de la partie chauffée ne produit qu'une perte de poids insignifiante.

Après un certain nombre d'expériences d'essai, destinées à étudier la méthode, et qui m'ont amené à modifier successivement l'appareil, deux opérations dans lesquelles j'ai formé 42 grammes d'eau m'ont donné pour le poids atomique de l'oxygène 15,880 et 15,882.

Ces nombres doivent être approchés par excès ; car les pertes de poids subies par les deux parties de l'appareil dans leur essuyage ainsi que la perte possible d'une petite quantité d'eau au moment de leur séparation contribuent à diminuer le poids de l'eau et à exagérer celui de l'oxygène. Mais, grâce au poids d'eau relativement considérable formé dans chaque expérience, ces erreurs ne peuvent affecter que faiblement le dernier chiffre.

La méthode précédente nous donnait 15,875, valeur vraisemblablement approchée par défaut ; celle-ci donne 15,881 par excès. Le poids atomique de l'oxygène est donc très probablement 15,878 à une ou deux unités près sur le dernier chiffre ; mais je me défie de l'extrême précision, et je crois que vous serez avec moi d'avis d'admettre le nombre rond 15,88, qui, d'après ce qui précède, est approché à moins de $\frac{1}{3,000^e}$ près et probablement à $\frac{1}{10,000^e}$ près par défaut.

Ne vous semble-t-il pas d'ailleurs, Messieurs, comme à moi, qu'il est fâcheux de prendre pour base l'hydrogène, dont la comparaison avec les autres corps simples présente tant de difficultés ? L'oxygène se prête beaucoup mieux à ces comparaisons. Attribuons-lui donc, suivant l'usage, le poids atomique 16 : celui de l'hydrogène devient 1,0076.

III. — Volumes moléculaires

Je me suis attardé, Messieurs, sur cette première partie de mon sujet, que je considère comme fondamentale. J'arrive maintenant aux *volumes moléculaires.*

Nous avons vu plus haut que, dans les conditions dites « normales », le rapport des volumes moléculaires de l'hydrogène et de l'oxygène est 1,0019 environ. Mais l'hydrogène dans ces conditions s'écarte de la loi de Mariotte, par exemple, en sens contraire des autres gaz, — de l'oxygène en particulier.

Le volume d'une molécule d'hydrogène doit être supérieur à celui d'une molécule de gaz parfait, tandis que celui d'une molécule d'oxygène doit être plus petit. Enfin, dans le même ordre d'idées, les volumes moléculaires de l'azote et de l'oxyde de carbone doivent être un peu plus grands que celui de l'oxygène, parce qu'ils sont un peu moins compressibles.

Oxyde de carbone. — Pour me rendre compte de la valeur de cette idée, je me suis proposé de calculer le poids atomique du carbone, en admettant à titre d'approximation que l'*oxyde de carbone* a même volume moléculaire que l'oxygène.

J'ai donc déterminé avec grand soin la densité de ce gaz et trouvé 0,9670$_2$. Son poids moléculaire, dans l'hypothèse ci-dessus, serait donc (en partant de 15,88 pour l'oxygène).

$$2 \times \frac{0,9670_2}{1,1051} \times 15,88 = 27,792 \quad .$$

et le poids atomique du carbone :

$$C = 11,912.$$

Or, M. Friedel a trouvé par la synthèse de l'acide carbonique 11,917, et Van der Plaat 11,915.

Il n'est pas impossible que des traces d'acide carbonique aient échappé ici à l'absorption ; mais il est bien plus probable que l'écart 11,912 — 11,916 tient uniquement à ce que l'oxyde de carbone est plus éloigné de son point critique que l'oxygène.

La densité théorique x de l'oxyde de carbone, rapportée à l'oxygène, c'est-à-dire calculée en admettant encore l'égalité des volumes moléculaires de ces deux gaz, avec le poids atomique 11,916 pour le carbone, serait donnée par :

$$\frac{2x}{1,1051} \times 15,88 = 27,796$$

et par suite le volume moléculaire de ce gaz par rapport à l'oxygène est :

$$\frac{x}{0,9670_2} = \frac{27,796}{27,792} = 1,0001_5.$$

On voit donc que la différence des volumes moléculaires de ces deux gaz n'est que de 1 à 2 dix-millièmes.

Poids atomique de l'azote. — L'*azote* a son point critique bien près de celui de l'oxyde de carbone. Nous admettrons donc, sauf à le justifier ensuite, que son volume moléculaire rapporté à l'oxygène est 1,0002. D'après cela, son poids atomique est

$$\frac{0,97206 \times 1,0002}{1,1051} \times 15,88 = 13,971,$$

ou plus simplement, eu égard aux incertitudes diverses 13,97.

Nitrosyle. — Le *nitrosyle* a son point critique un peu plus haut que l'oxygène. Son volume moléculaire doit être plus petit. J'ai fait tout mon possible pour en déterminer exactement la densité ; mais je n'ai pas réussi à le préparer absolument pur.

Le gaz extrait de sa combinaison avec le chlorure ferreux en solution très concentrée à une température ne dépassant guère 40 degrés n'était pas complètement absorbable par une solution saturée du même sel ; le résidu s'élevait à $\frac{1}{1,000^e}$ environ et rallumait ordinairement une allumette.

Dans l'impossibilité d'analyser une si petite quantité de gaz, j'ai dû me contenter d'une correction approximative — heureusement très faible, — et je crois pouvoir donner pour la densité du nitrosyle : 1,0388, à une unité près sur le dernier chiffre.

Or, sa densité théorique par rapport à l'oxygène est :

$$1,1051 \times \frac{29,85}{2 \times 15,88}$$

et par suite le rapport des volumes moléculaires est :

$$\frac{1,1051 \times 29,85}{1,0388 \times 2 \times 15,88} = 0,9998_5.$$

Je retrouve le même écart de 1 à 2 dix-millièmes entre l'oxygène et le nitrosyle qu'entre l'oxygène et l'oxyde de carbone, alors que les points critiques de ces deux gaz sont aussi à peu près équidistants de celui de l'oxygène.

Le principe sur lequel je me suis appuyé paraît donc entièrement justifié, et l'on est porté à croire, d'après ces exemples, que les gaz également éloignés de leur point critique ont dans les conditions normales le même volume moléculaire, et, comme ils ont aussi même compressibilité et même coefficient de dilatation, que cette égalité devra se conserver dans des limites très étendues.

Mais on prévoit que ces conclusions ne seront entièrement justifiées que si les gaz comparés ont aussi à peu près la même pression critique ; c'est en effet à cette double condition que les gaz seront comparés dans des *états correspondants*.

Il ne suffit pas d'avoir montré à quelles conditions la loi d'Avogadro est applicable ; car il est rare que ces conditions soient remplies. Il faut maintenant rechercher s'il est possible de calculer le rapport des volumes moléculaires (dans les conditions normales, par exemple) de deux gaz dont on connait le point critique avec la pression critique, ou bien le point de liquéfaction sous la pression normale.

Pour ceux dont nous venons de parler et dont le point critique est très bas, nous avons vu que le volume moléculaire augmente de $\dfrac{1}{10,000^e}$ pour un abaissement du point critique d'environ 15 degrés. Il serait intéressant de voir jusqu'à quel point cet énoncé s'applique au formène ; mais j'ai renoncé à entreprendre la préparation de ce gaz à l'état de pureté

Une difficulté évidente va se présenter pour les gaz plus voisins des conditions de liquéfaction. L'influence de ce voisinage pourra devenir considérable, prépondérante.

Je suis très porté à croire que *tous des gaz pris dans les états correspondants ont sensiblement le même volume moléculaire*. C'est la loi d'Avogadro, considérée comme loi limite. Mais les matériaux me manquent encore pour essayer de l'établir. Quoi qu'il en soit, le volume moléculaire doit être en général fonction à la fois de la température et de la pression critiques, du point de liquéfaction, peut-être même d'autres propriétés indépendantes de celles-là. Adressons-nous à l'expérience.

Poids atomiques de l'argent, du chlore et du soufre. — Mais, avant d'aller plus loin, nous avons besoin de connaître les poids moléculaires d'un certain nombre de gaz, et j'ai tenu à n'emprunter aux déterminations purement chimiques que le moins possible de données.

Les chimistes me paraissent suffisamment d'accord sur la composition de l'azotate d'argent.

D'après Stass $\qquad \dfrac{Ag}{AzO^3} = 1,7400.$

Le poids atomique de l'argent est donc :

$$1,74 \times (13,97 + 3 \times 15,88) = 107,20.$$

Peut-être ne s'accorde-t-on pas aussi bien sur la composition du chlorure et du sulfure d'argent ; j'admettrai néanmoins, avec Stass, jusqu'à plus ample informé, que l'argent se combine au chlore dans le rapport de 107,93 à 35,457, et au soufre, dans le rapport de 100 à 14,852. D'après cela, le poids atomique du chlore est 35,216, celui du soufre 31,843.

Densités et volumes moléculaires de quelques gaz

Les densités théoriques (par rapport à l'oxygène) d'un grand nombre de gaz peuvent être calculées maintenant.

Je me bornerai au chlore, aux acides chlorhydrique, carbonique et sulfureux, pour lesquels on a :

$$Cl : \frac{35,216}{15,88} \times 1,1051 = 2,4507;$$

$$HCl : \frac{36,216}{2 \times 15,88} \times 1,1051 = 1,2601;$$

$$CO^2 : \frac{11,916 + 2 \times 15,88}{2 \times 15,88} \times 1,1051 = 1,5197;$$

$$SO^2 : \frac{31,843 + 2 \times 15,88}{2 \times 15,88} \times 1,1051 = 2,2130.$$

J'ai déterminé la densité de l'*acide chlorhydrique* ; je ne crois pas utile d'insister sur les soins particuliers apportés à cette expérience et grâce auxquels les résultats ont été très concordants. Cette densité a été trouvé égale à 1,2696 [1].

[1] On trouve dans les traités classiques (le plus souvent sans indication d'auteur) : 1,278 et 1,267.

Le volume moléculaire de ce gaz est donc :

$$\frac{1,2601}{1,2696} = 0,9925.$$

Il est facile de préparer l'*acide sulfureux* pur; mais il est difficile de préciser sa densité dans les conditions normales parce qu'elle varie notablement avec la pression à 0° et que l'on n'opère pas souvent à 760 millimètres.

J'ai dû étudier spécialement la compressibilité de ce gaz à 0° afin d'apporter aux données expérimentales les corrections convenables.

Grâce à cette précaution, les résultats ont été concordants. Mais il est possible qu'il se produise avec ce gaz, si voisin de son point de liquéfaction, le phénomène de condensation sur les parois signalé par Cahours et Bineau ; la densité obtenue serait alors approchée par excès.

Bref, j'ai trouvé des nombres compris entre 2,2638 et 2,2644, dont la moyenne est 2,2639.

Le volume moléculaire est donc :

$$\frac{2,2130}{2,2639} = 0,9776.$$

Quant au *chlore*, les difficultés sont encore plus grandes. Cependant je ne renonce pas à obtenir sa densité avec la même précision que les précédentes.

Grâce au robinet de verre de mon ballon, lubréfié par une matière inattaquable au chlore, j'ai pu opérer comme d'habitude, à la condition de recouvrir d'acide sulfurique le piston de mercure de la machine pneumatique et d'éviter le contact du chlore avec le mercure du manomètre. J'ai même fait construire pour la préparation de ce gaz un appareil tout en verre, formé de pièces soudées ou raccordées par des rodages; mais, réduit à opérer seul, j'ai dû renoncer provisoirement à me servir de cet appareil assez fragile et d'une manipulation difficile. Je me suis contenté de prendre la densité du chlore extrait d'une de ces bouteilles en fer que vous connaissez, et que l'on trouve aujourd'hui dans le commerce, remplies de chlore liquide. M. Friedel a bien voulu me prêter un de ces récipients qui était en service à son laboratoire depuis plusieurs jours et dont, par conséquent, les impuretés plus volatiles que le chlore avaient dû être partiellement éliminées. Je plaçai seulement sur le trajet du gaz une double colonne de pierre ponce imbibée, d'une part, d'une solution de sulfate de cuivre concentrée à chaud, et d'autre part, d'acide sulfurique, pour arrêter l'acide chlorhydrique et la vapeur d'eau.

La densité de ce gaz a été trouvée de 2,4865 [1].

D'après cela, le volume moléculaire du chlore serait 0,9856.

Mais il faut remarquer que le chlore examiné contenait entre autres impuretés les gaz atmosphériques, dont la proportion pouvait atteindre 2 ou 3 millièmes, de sorte que la densité du chlore pur pourrait bien s'élever à 2,49, — ce qui abaisserait le volume moléculaire à 0,984 environ. Admettons provisoirement 0,985.

Enfin je n'ai pas fait jusqu'ici d'expérience sur l'acide carbonique ; mais, les nombres de Regnault relatifs à ce gaz étant bien concordants, j'admettrai la densité 1,5290 ; d'où le volume moléculaire 0,9939.

IV. — Conclusion

Voulez-vous maintenant, Messieurs, jeter un coup d'œil d'ensemble sur ces divers résultats ? Nous allons les résumer dans un tableau semblable au premier que vous avez encore sous les yeux ; mais, de même que dans celui-ci, nous rapporterons les volumes moléculaires à l'azote et nous en ferons autant pour les densités.

FORMULE	POIDS MOLÉCULAIRE OU ATOMIQUE		DENSITÉ EXPÉRIMENTALE PAR RAPPORT		VOLUME MOLÉCULAIRE	POINT CRITIQUE
			à l'air	à l'azote		
H	1 (base)	1,0076	0,06948	0,07148	1,0017	— 230 (?)
Az	13,97	14,075	0,0720$_6$	1 (base)	1 (base)	— 145
CO	27,796		0,9670$_2$	0,9956$_4$	0,9999$_5$	— 140
O	15,88	16 (base)	1,1051	1,1308$_5$	0,9998	— 115
AzO	29,85		1,0388	1,0696	0,9996	— 93
CO^2	43,676		1,5290		0,9937	+ 31
HCl	36,216		1,2696	1,3072	0,9923	+ 52
Cl	35,216	35,482	2,488	2,560	0,985	+ 143
SO^2	63,60		2,2639	2,3309	0,9776	+ 156
C	11,916	12,006	Composition de l'air atmosphérique moyen de Paris			
Ag	107,20	108,01				
S	31,84		O = 0,232			
			Az = 0,768			

[1] Les traités indiquent 2,44.

Les corps rangés encore d'après l'ordre des points critiques se trouvent rangés aussi maintenant dans l'ordre de leurs volumes moléculaires. Voici donc un premier point acquis fort remarquable, à mon avis, et que ne faisait guère entrevoir le premier tableau.

De plus, si l'on dessine la courbe ayant pour abscisses les points critiques, et pour ordonnées les volumes moléculaires, on constate qu'elle affecte une forme très nette. Je suis porté à croire qu'il en sera encore de même lorsque j'aurai étudié un plus grand nombre de gaz. Toutefois, en ce qui concerne les gaz facilement liquéfiables, l'influence de la pression critique pourra être suffisante pour altérer la régularité de cette courbe, qui deviendra moins franche à mesure que le point de liquéfaction du gaz considéré se rapprochera de la température de 0° à laquelle sont prises les densités.

Il conviendra alors de comparer les volumes moléculaires des gaz à 0° par exemple et à des *pressions correspondantes*, et non à la même pression pour tous les gaz ; car, ainsi que je l'ai dit plus haut, le volume moléculaire n'est pas uniquement fonction de l'éloignement du point critique, mais, d'une manière plus générale, de *l'éloignement de la condition de gaz parfait*.

J'ai la conviction que la nouvelle courbe ainsi obtenue ne présentera ni maxima, ni maxima, ni même d'inflexions.

Dans le même ordre d'idées, la comparaison entre l'acide carbonique et le protoxyde d'azote sera très instructive, parce que celui dont le point critique est le plus élevé a un point de liquéfaction inférieur.

Quoi qu'il en soit, cette courbe complétera très heureusement la loi d'Avogadro ; car elle permettra de calculer, d'après le données critiques, à *un dix-millième* près pour les gaz difficilement liquéfiables, et tout au moins à un millième près pour les autres, le volume moléculaire et, par suite, la densité des gaz dont le poids moléculaire est connu. C'est ainsi, Messieurs, que je puis vous dire en toute certitude que la densité du formène par rapport à l'air dans les conditions normales est 0,5540 au lieu de 0,558, nombre admis jusqu'ici.

Réciproquement, cette même courbe me permettra de calculer avec exactitude le poids moléculaire des gaz dont la densité sera bien connue. Je me propose de déterminer ainsi le poids moléculaire du phosphure d'hydrogène gazeux, et d'en déduire le poids atomique du phosphore.

Enfin je vous indiquerai, en terminant, une autre application des résultats que je viens de vous exposer. Les analyses volumétriques, indépendamment des erreurs afférentes à chaque méthode, à chaque instrument et à chaque gaz, que l'on ne peut discuter par conséquent

qu'en détail, étaient sujettes jusqu'ici à des erreurs parfois considérables tenant à l'inégalité des volumes moléculaires des divers gaz en
expérience.

Vous venez, Messieurs, de voir s'évanouir cette dernière cause d'erreur par la connaissance exacte de ces volumes. Nous savons maintenant, par exemple, que 1 000 volumes d'acide chlorhydrique (à 0°),
traités par un absorbant du chlore, laisseront 505 volumes d'hydrogène,
et non 500, — et que 100 volumes d'oxyde de carbone absorbent 499^v,9
d'oxygène pour former 993^v,7 d'acide carbonique.

Grâce à l'usage de ces volumes moléculaires, dont je compte donner
un tableau plus étendu dans un avenir peu éloigné, certaines expériences volumétriques pourront donner des résultats aussi précis que
les méthodes en poids.

LES AZOLS

par

M. Ch. MOUREU
PHARMACIEN EN CHEF DES ASILES DE LA SEINE

MESSIEURS,

On connaît depuis longtemps le pyrrol; plus récemment on a découvert le furfurane, le thiophène et le sélénophène.

CH—CH	CH—CH	CH—CH	CH—CH
CH CH	CH CH	CH CH	CH CH
Az	O	S	Se
Pyrrol	**Furfurane**	**Thiophène**	**Sélénophène**

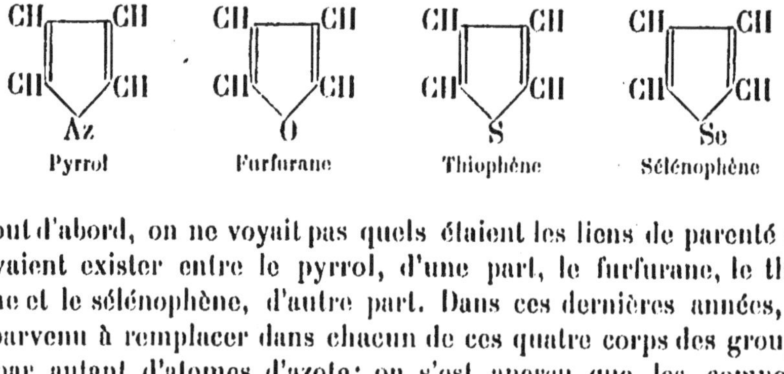

Tout d'abord, on ne voyait pas quels étaient les liens de parenté qui pouvaient exister entre le pyrrol, d'une part, le furfurane, le thiophène et le sélénophène, d'autre part. Dans ces dernières années, on est parvenu à remplacer dans chacun de ces quatre corps des groupes CH par autant d'atomes d'azote; on s'est aperçu que les composés nouveaux ainsi obtenus présentaient entre eux les plus étroites analogies, tant au point de vue de leurs propriétés que de leurs réactions. Tous ces corps ont été groupés en une classe: c'est la classe des azols.

Définissons d'abord un azol : Un azol est un corps possédant un noyau azoté à chaîne fermée pentagonale.

Bien pénétrés de cette définition, voyons quels sont les différents azols que nous pouvons avoir, en commençant par les plus simples de tous, ceux qui n'ont qu'un atome d'azote dans le noyau.

I. — AZOLS A UN ATOME D'AZOTE.

Le plus simple de tous est évidemment le pyrrol :

$$\text{CH}-\text{CH}$$
$$\text{CH}\quad\text{CH}$$
$$\text{AzH}$$

C'est à lui qu'on devrait logiquement donner la dénomination fondamentale d'*azol*; on devrait appeler le pyrrol *azol*. Ce corps peut avoir deux isomères :

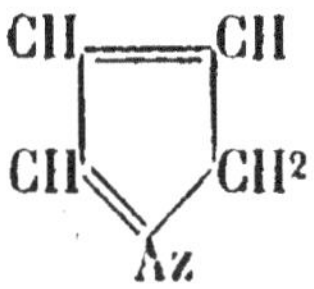

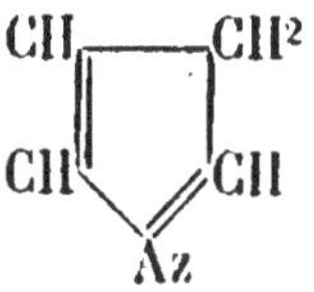

$$\text{CH}-\text{CH}\qquad\text{CH}-\text{CH}^2$$
$$\text{CH}\quad\text{CH}^2\qquad\text{CH}\quad\text{CH}$$
$$\text{Az}\qquad\qquad\text{Az}$$

ils sont inconnus [1].

Après le pyrrol, pour trouver un azol, nous sommes forcés de nous adresser au furfurane, au thiophène ou au sélénophène. Exemple :

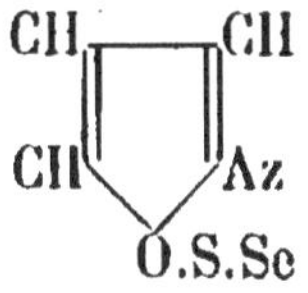

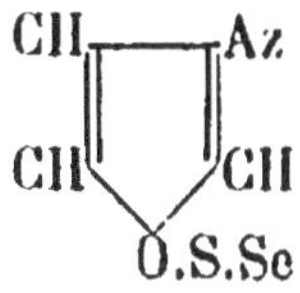

$$\text{CH}-\text{CH}\qquad\text{CH}-\text{Az}$$
$$\text{CH}\quad\text{Az}\qquad\text{CH}\quad\text{CH}$$
$$\text{O.S.Se}\qquad\text{O.S.Se}$$

II. — AZOLS A DEUX ATOMES D'AZOTE

Voici quelques exemples d'azols possibles :

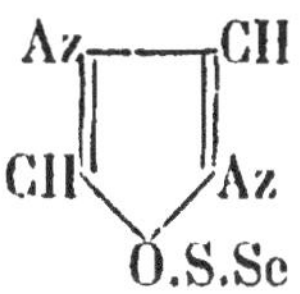

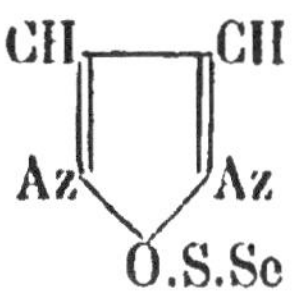

$$\text{CH}-\text{CH}\qquad\text{CH}-\text{Az}\qquad\text{Az}-\text{CH}\qquad\text{CH}-\text{CH}$$
$$\text{CH}\quad\text{Az}\qquad\text{CH}\quad\text{Az}\qquad\text{CH}\quad\text{Az}\qquad\text{Az}\quad\text{Az}$$
$$\text{AzH}\qquad\text{O.S.Se}\qquad\text{O.S.Se}\qquad\text{O.S.Se}$$

[1] D'une façon générale, tous les azols possédant un groupe AzH peuvent avoir des isomères, par suite du changement du groupement $=$ CH — AzH — dans le groupement — CH^2 — Az $=$. On ne connaît encore aucun azol possédant une pareille constitution.

III. — Azols a trois atomes d'azote

Exemples :

$$\text{CH—Az / CH—Az / AzH} \qquad \text{Az—Az / CH—Az / O.S.Se} \qquad \text{Az—CH / CH—Az / AzH}$$

$$\text{CH—Az / Az—Az / O.S.Se} \qquad \text{CH—CH / Az—Az / AzH}$$

IV. — Azols a quatre atomes d'azote

Exemple :

$$\text{Az—Az / CH—Az / AzH}$$

On ne connaît pas d'azol à cinq atomes d'azote dans le noyau.

Nous venons d'écrire un certain nombre de types d'azols ; beaucoup d'autres sont possibles. Tous ne sont pas connus, mais on en a déjà préparé un grand nombre. Si on remplace les atomes d'hydrogène par des radicaux monovalents, on a d'autres azols dérivant des précédents par substitution ; par l'ouverture des doubles liaisons, on obtient encore d'autres azols.

NOMENCLATURE

On voit par là que le nombre d'azols possibles est très considérable. Remarquons que tous ces corps renferment· un des quatre radicaux ou atomes bivalents AzH, O, S, Se; ceci nous permet de dire que tous les azols peuvent être considérés comme des dérivés du pyrrol, du furfurane, du thiophène ou du sélénophène, dans lesquels un ou plusieurs groupes CH sont remplacés par un ou plusieurs atomes d'azote.

Il semble difficile de se reconnaître à *priori* au milieu de ces nombreux composés; il n'en est rien cependant, et on peut les classer et les nommer tous sans aucune espèce d'ambiguïté. On y parvient à l'aide de la nouvelle nomenclature qu'a proposée la Commission française présidée par M. Friedel, et dont le rapporteur pour la partie qui nous occupe est M. Bouveault. Exposons aussi succinctement que possible les principes de cette nomenclature.

1° Suivant que l'azol dérivera du pyrrol, du furfurane, du thiophène, ou du sélénophène, il prendra la préfixe pyrro, furo, thio, séléno;

2° Suivant que la substitution d'un Az à un CH aura été faite une fois, deux fois, trois fois, l'azol prendra la suffixe azol, diazol, triazol;

3° Le radical bivalent AzH, O, S ou Se occupe la position O; c'est à partir de cette position que les quatre autres sont comptées; on les désigne par les lettres grecques α, α', β, β' :

4° Les dérivés d'addition obtenus par rupture et saturation d'une seule double liaison reçoivent le nom d'*azolines*;

5° Les dérivés d'addition obtenus par rupture et saturation de deux doubles liaisons reçoivent le nom d'*azolidines*;

6° La présence d'un groupe CO dans le noyau sera indiquée par la désinence *one*;

7° Si au noyau pentagonal est soudé un autre noyau à chaîne fermée, la soudure étant faite par une arête du pentagone, on fera précéder le nom de l'azol du nom de l'autre noyau abrégé.

Ces principes posés, quelques exemples suffiront pour bien en faire comprendre l'application :

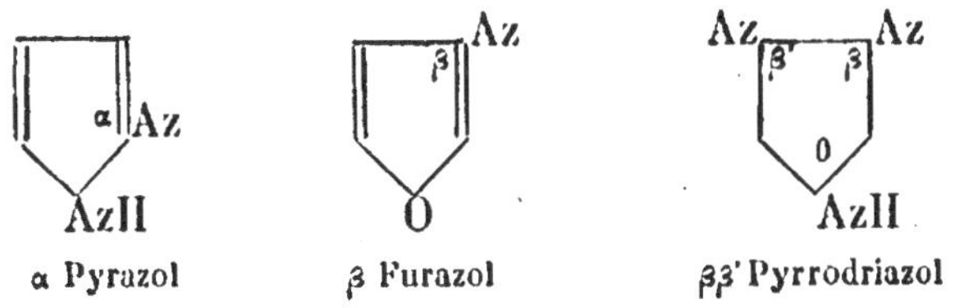

α Pyrazol   β Furazol   ββ'Pyrrodriazol

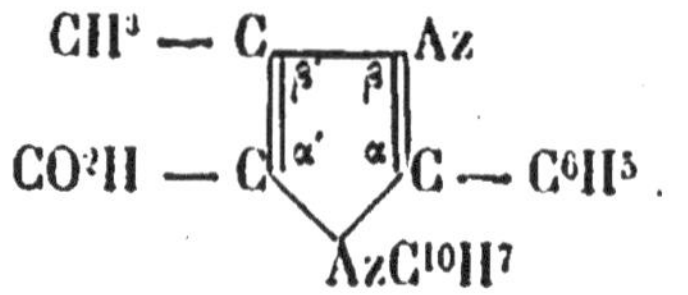

$$CH^3 - C \diagdown \diagup Az$$
$$CO^2H - C \diagup\diagdown C - C^6H^5$$
$$AzC^{10}H^7$$

Acide O naphthyl — α phényl — β′ méthyl
— β pyrazol — α′ carboniquo

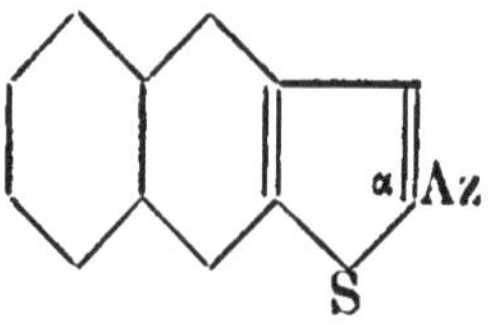

Naphtho α thyazol

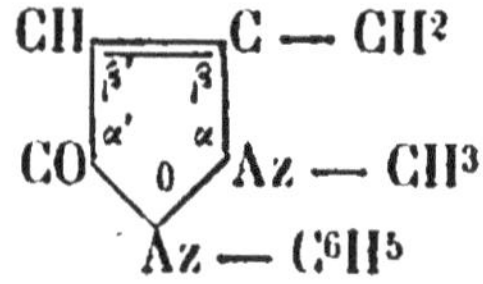

$$CH \diagdown \diagup C - CH^2$$
$$CO \diagup\diagdown Az - CH^3$$
$$Az - C^6H^5$$

O phényl — αβ diméthyl — α′ ono — αα′ —
α pyrazolino (Antipyrino)

Ces généralités une fois établies, nous allons entrer dans l'histoire proprement dite des azols.

Nous diviserons les azols en quatre sous-classes, d'après le nombre d'atomes d'azote contenus dans le noyau, et nous étudierons successivement chacune d'entre elles. Pour chaque sous-classe, nous commencerons par les *azols* proprement dits, et nous terminerons par leurs dérivés d'addition, que nous avons appelés *azolines* et *azolidines*.

I. — AZOLS A UN ATOME D'AZOTE

Nous ne ferons que signaler, pour marquer leur place, le pyrrol et ses dérivés les plus immédiats.

Les azols à un atome d'azote autres que les pyrrols dérivent du fufurane, du thiophène, ou du sélénophène, par substitution d'un atome d'azote à un groupe CH; nous avons ainsi les furazols, les thiazols et les sélénazols. L'azote peut occuper deux positions différentes par rapport au radical bivalent O, S. Se; il peut être en ortho ou en méta, c'est-à-dire en α (ou α′), ou en β (ou β′). De là, deux séries de dérivés, qu'on désigne ordinairement sous les noms d'*isoazols* et d'*azols vrais*.

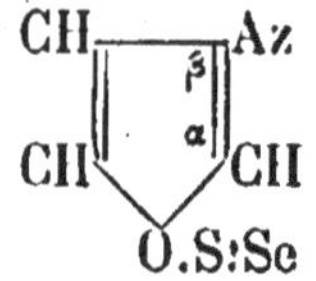

$$CH \diagup\diagdown CH$$
$$CH \diagdown\diagup Az$$
$$O.S.Se$$

$$CH \diagup\diagdown Az$$
$$CH \diagdown\diagup CH$$
$$O.S.Se$$

et qu'on appellera dans la nouvelle nomenclature α *furazols* ou α *thia zols*, β *furazols* ou β *thiazols*.

Nous commencerons par les thiazols, qui sont de beaucoup les mieux connus et les plus nombreux ; ils se forment en général plus facilement que les furazols.

Thiazols. — Disons tout de suite qu'on ne connaît aucun α thiazol ; les β thiazols

seuls ont été préparés.

Tous les thiazols connus peuvent être considérés comme dérivés du thiazol type

$$CH\text{---}Az \quad CH\text{---}CH \quad S$$

dans lequel un ou plusieurs atomes d'hydrogène sont remplacés par un ou plusieurs résidus monovalents CH^3, AzH^2, OH, CO^2H, etc.

Il existe trois procédés généraux de formation des thiazols, permettant d'obtenir à volonté les α alcoylthiazols, les α amidothiazols et les α oxythiazols :

$$CH\text{---}Az. \quad CH\text{---}C\text{---}R \text{ (rad. alcool).} \qquad CH\text{---}Az \quad CH\text{---}C\text{---}AzH^2 \qquad CH\text{---}Az. \quad CH\text{---}C\text{---}OH.$$

Les deux autres atomes d'hydrogène de la molécule peuvent être ou ne pas être substitués.

1° Les α *alcoylthiazols* se forment dans la condensation des thiamides avec les acétones ou aldéhydes α chlorées, et plus généralement avec les corps possédant le groupement $- CO - CHCl -$

Exemple :

$$CH^3\text{---}C\text{---}O \quad H\text{---}Az \qquad \qquad CH^3\text{---}C\text{---}Az$$
$$\qquad + \quad C\text{---}C^2H^5 = HCl + H^2O + \qquad C^6H^5\text{---}C\text{---}C\text{---}C^2H^5$$
$$C^6H^5\text{---}C\text{---}H\text{---}Cl \qquad \qquad S$$
$$H\text{---}S$$

α éthyl — β' méthyl — α' phényl
β thiazol

L'éther acétylacétique monochloré $CH^3 — CO — CHCl — CO^2C^2H^5$ donne lieu à la réaction suivante :

$$CH^3—CO\quad H)Az \quad\ldots\quad =H^2O+HCl+ \quad CH^3— C\underset{S}{\overset{Az}{\bigtriangledown}}C—CH^3$$

$$CO^2C^2H^5—CH(Cl\quad C—CH^3$$

α,β' déméthyl — β thiazol-
α' carbonate d'éthyle

Par saponification de l'éther formé, on obtient un acide, qui perd CO^2 à la distillation sèche en donnant le thiazol correspondant :

$$CH^3—C\underset{S}{\overset{Az}{\bigtriangledown}}C — CH^3$$

α β' diméthyl — β thiazol.

Les alcoylthiazols ressemblent beaucoup aux bases pyridiques cor· respondantes, non seulement par leurs propriétés chimiques, mais aussi par leurs propriétés physiques. L'odeur est la même ; les thiazols bouillent 3 degrés plus haut que les pyridines correspondantes. Ils sont incolores, liquides, très fluides, presque inattaquables par l'acide azotique ; ce sont des corps basiques. Les α' alcoylthiazols bouillent plus haut que les β', ceux-ci plus haut que les α.

Les α alcoylthiazols à noyau complexe formé d'un noyau azolique soudé lui-même à un noyau aromatique, se forment par condensation des orthoamidothiophénols avec les acides gras :

.Exemple :

$$[\text{noyau aromatique}]—AzH^2 + HO{-}\underset{O}{\overset{}{C}}—CH^3 = [\text{noyau}]\begin{smallmatrix}AzH\\CO—CH^3\end{smallmatrix} + H^2O\,;$$

puis :

$$[\text{noyau phéno}]\underset{S}{\overset{Az}{\bigtriangledown}}C — CH^3$$

phéno — α méthyl — β thiazol

Ces sortes de composés sont des bases faibles; les sels qu'ils forment avec les acides sont peu stables; l'ébullition avec les acides étendus régénère les composés primitifs dont on est parti.

2° Les α *amidothiazols* se forment dans la condensation des aldéhydes ou acétones α chlorées avec les thiourées.

Exemple :

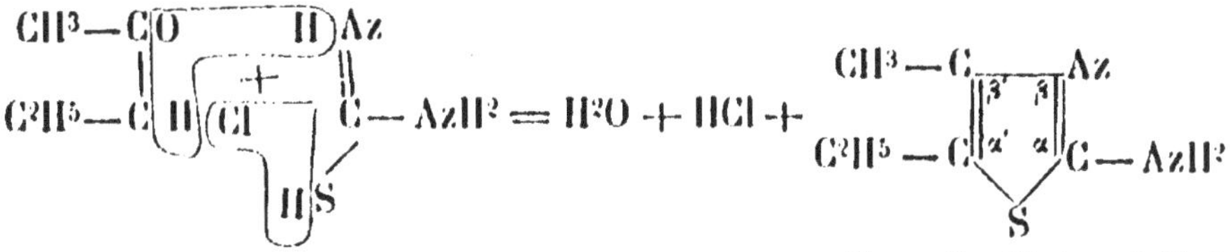

$$CH^3{-}C\underset{\displaystyle CH^5{-}C}{\overset{\displaystyle O}{}} \quad = \quad H^2O + HCl + \quad CH^3{-}C,\ C^2H^5{-}C,\ C{-}AzH^2,\ S$$

amido — β′ méthyl — α′ éthyl
β thiazol

Avec les thiourées substituées, la réaction est de tous points comparable, et on a les corps représentés par la formule générale :

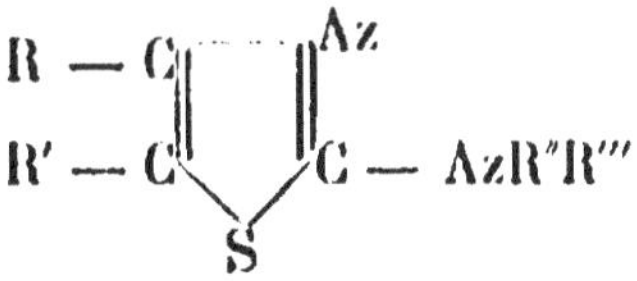

$$R{-}C,\quad R'{-}C,\quad C{-}AzR''R''',\quad Az,\quad S$$

L'acide bromopyruvique réagit de même avec facilité :

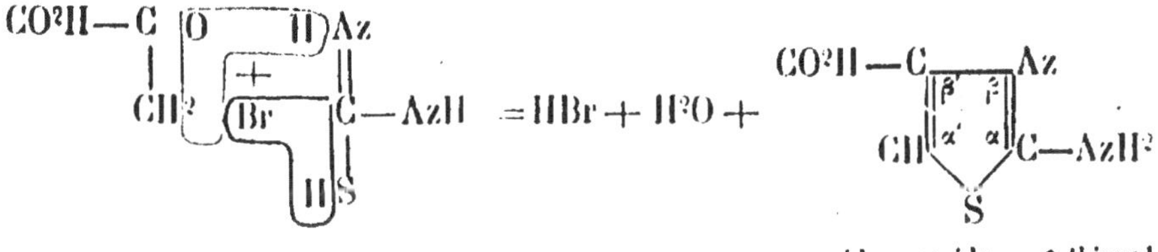

$$CO^2H{-}C,\quad CH^2,\quad C{-}AzH \quad = HBr + H^2O + \quad CO^2H{-}C,\ CH,\ C{-}AzH^2,\ S$$

acide α amido — β thiazol
β′ carbonique
(acide sulfuvinurique)

Les α amidothiazols sont des bases fortes, analogues aux anilines ; ils donnent, traités par les iodures alcooliques, des amines secondaires et des amines tertiaires, et même des iodures d'ammonium quaternaires. L'acide azoteux produit avec eux de véritables diazoïques (— Az = Az —,) donnant avec les phénols ou les amines des matières colorantes ; on peut obtenir aussi des hydrazines $\left|\begin{array}{l} AzH — R \\ AzH — R' \end{array}\right.$

Ces diazoïques, traités à chaud par l'alcool, donnent le carbure correspondant, AzH^2 étant remplacé par H; c'est par ce procédé qu'on a préparé le thiazol le plus simple :

$$
\begin{array}{ccc}
\text{CH---Az} & & \text{CH---Az} \\
\text{CH---C---}AzH^2 & \text{donne} & \text{CH---CH} \\
\text{S} & & \text{S}
\end{array}
$$

Les chlorures, bromures, iodures de diazoïques ($-Az = Az - Cl$), traités par la poudre de zinc, conduisent aux thiazols libres correspondants :

Exemple :

$$
\begin{array}{ccc}
\text{CH---Az} & & \text{CH---Az} \\
\text{CH---C---}Az = AzCl & \text{, donne} & \text{CH---CH} \\
\text{S} & & \text{S}
\end{array}
$$

Enfin les hydracides donnent avec les diazoïques les dérivés halogénés correspondants.

Exemple :

$$
\begin{array}{ccc}
\text{CH---Az} & & \text{CH---Az} \\
C^2H^5\text{---C---C---}Az = Az - R & \text{donne} & C^2H^5\text{---C---C---Cl} \\
\text{S} & & \text{S}
\end{array}
$$

3° Les *oxythiazols* se forment quand on fait réagir sur les α chloracétones le sulfocyanate de potassium et l'acide chlorhydrique. La réaction se passe en trois phases. Exemple :

$$
\begin{array}{l}
1° \quad
\begin{array}{l}
CH^3 - CO \\
| \qquad + \qquad \|Az \\
C^6H^5 - CH(Cl) \qquad C \\
\qquad KS
\end{array}
= KCl +
\begin{array}{l}
CH^3 - CO \qquad Az \\
| \qquad\qquad \| \\
C^6H^5 - CH \qquad C \\
\qquad\qquad S
\end{array}
\end{array}
$$

$$
\begin{array}{l}
2° \quad
\begin{array}{l}
CH^3 - CO \qquad Az \\
| \qquad\qquad \| \\
C^6H^5 - CH \qquad C \\
\qquad\qquad S
\end{array}
+ H^2O =
\begin{array}{l}
CH^3 - CO \qquad AzH \\
| \qquad\qquad \| \\
C^6H^5 - CH \qquad C\,(OH) \\
\qquad\qquad S
\end{array}
\end{array}
$$

$$3° \quad CH^3 - CO \cdots HAz \qquad = H^2O + \qquad CH^3 - C \cdots Az$$

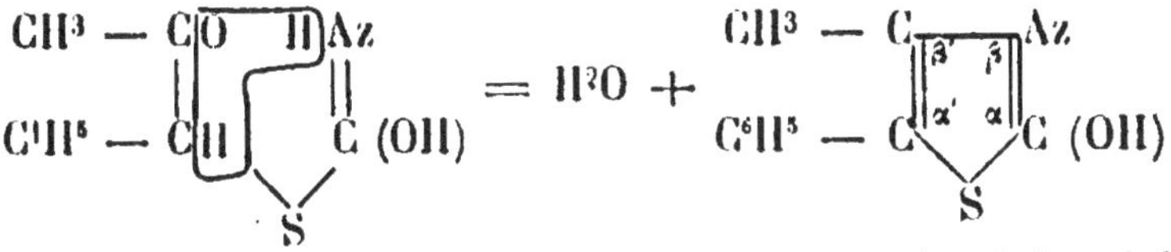

$$C^6H^5 - CH \cdots C\,(OH) \qquad\qquad C^6H^5 - C \cdots C\,(OH)$$

$$\overset{S}{} \qquad\qquad\qquad\qquad \overset{S}{}$$

$$\alpha\ \text{oxy} - \beta'\ \text{méthyl} - \alpha'\ \text{phényl}\ \beta\ \text{thiazol}$$

Les oxythiazols sont des acides faibles, ce qui semble les rapprocher des phénols. Ils sont peu stables et se transforment facilement dans les carbaminethioacétones correspondants. Exemple :

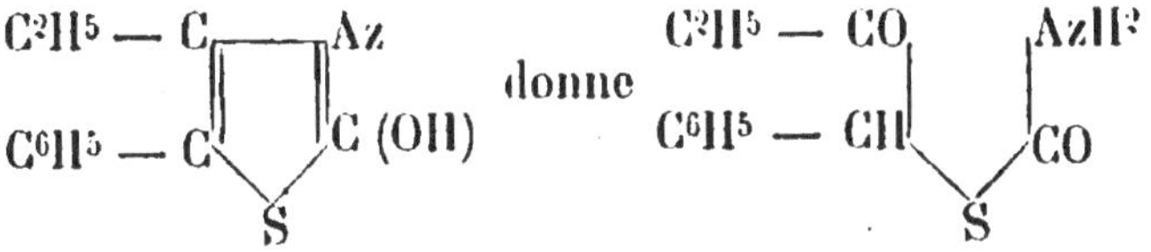

$$C^2H^5 - C \cdots Az \qquad\qquad C^2H^5 - CO \qquad AzH^2$$

$$C^6H^5 - C \cdots C\,(OH) \qquad \text{donne} \qquad C^6H^5 - CH \qquad CO$$

$$\overset{S}{} \qquad\qquad\qquad\qquad\qquad \overset{S}{}$$

Tous, distillés avec de la poudre de zinc, perdent leur atome d'oxygène et donnent les thiazols correspondants.

Thiazolines ou dihydrothiazols. — Elles se forment, en général, quand on fait réagir molécules égales d'un bibromure éthylénique et d'une thiamide.

Exemple :

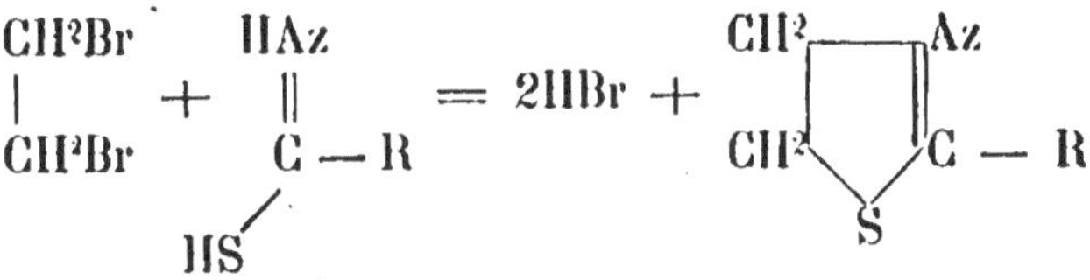

$$CH^2Br \qquad HAz \qquad\qquad CH^2 \cdots Az$$
$$\vert \qquad + \qquad \Vert \qquad = 2HBr + \qquad \vert \qquad\qquad$$
$$CH^2Br \qquad C - R \qquad\qquad CH^2 \cdots C - R$$
$$\qquad\qquad HS \qquad\qquad\qquad\qquad\qquad \overset{S}{}$$

Cette façon de représenter la réaction est évidemment la plus simple, et la première qui vient à l'esprit ; on peut, dans quelques cas, démontrer directement qu'elle se passe bien ainsi. Par exemple, dans l'action du bromure d'éthylène sur la thiobenzamide, on obtient le composé :

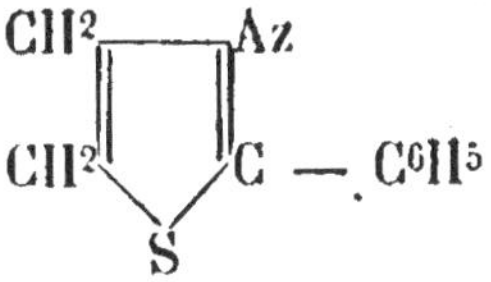

$$CH^2 \cdots Az$$
$$\vert \qquad\qquad$$
$$CH^2 \cdots C - C^6H^5$$
$$\overset{S}{}$$

En effet, ce corps oxydé par l'acide nitrique fumant donne la taurine

$$CH^2AzH^2$$
$$|$$
$$CH^2$$
$$\diagdown$$
$$SO^3H$$

et l'acide benzoïque, en même temps que la benzoyltaurine

$$CH^2 - AzH - CO - C^6H^5$$
$$|$$
$$CH^2 - SO^3H.$$

Les thiazolines sont de véritables bases ; elles se combinent à l'acide picrique et au bichlorure de platine.

Thiazolidines ou tétrahydrothiazols. — On place ici les éthylène-pseudourées, dont la plus simple est la suivante :

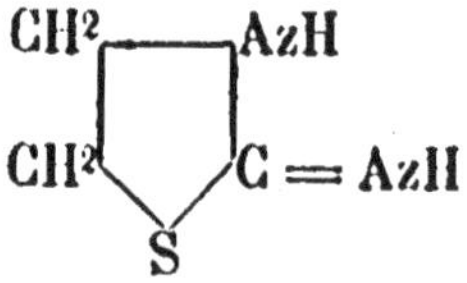

$$\begin{array}{ccc} CH^2 & \longrightarrow & AzH \\ & & \\ CH^2 & & C = AzH \\ & S & \end{array}$$

Elle se forme dans l'action du bromhydrate de brométhylamine sur le sulfocyanate de potassium ; on peut distinguer trois phases dans la réaction :

1° $CH^2 - AzH^2.HBr + KS \quad = KBr + \quad CH^2 - AzH^3.S$

2° Transposition moléculaire :

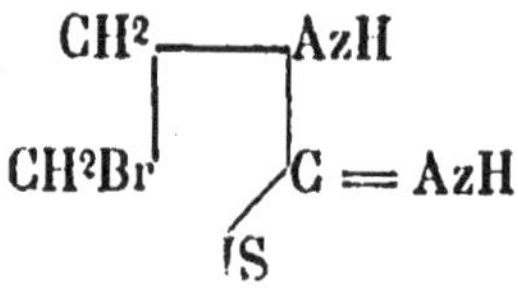

$$\begin{array}{ccc} CH^2 & \longrightarrow & AzH \\ & & \\ CH^2Br & & C = AzH \\ & S & \end{array}$$

3° Départ de HBr :

$$\begin{array}{ccc} CH^2 & \longrightarrow & AzH \\ & & \\ CH^2 & & C = AzH \\ & S & \end{array}$$

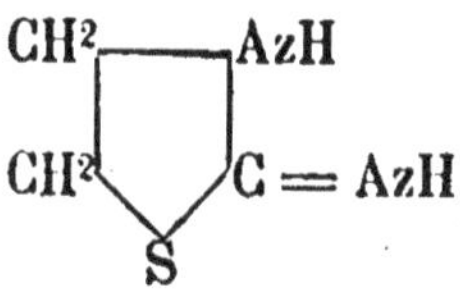

Ce composé est une base forte, donnant des sels bien cristallisés.

Avant de quitter les thiazols, nous dirons de suite que les sélénazols leur sont de tous points comparables ; les modes de préparation et les propriétés sont presque identiques ; les sélénazols bouillent en général plus haut que les thiazols.

Furazols. — On connaît des α furazols et des β furazols :

1° Les α *furazols*, souvent appelés *isoxazols*, sont peu connus. M. Hanriot, en traitant le propionylpropionitrile $C^2H^5 — CO — CH — C \equiv Az$ avec, en dessous, CH^3

par l'hydroxylamine, a obtenu un corps auquel il attribue la formule de constitution :

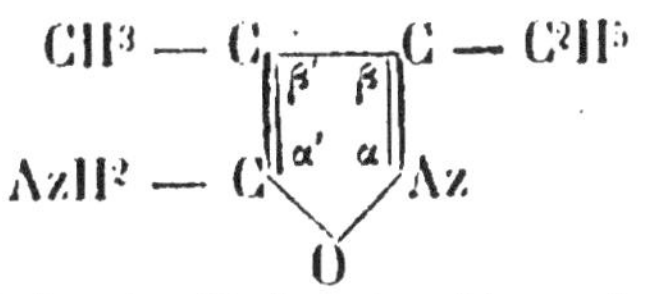

$$CH^3 — C \cdots C — C^2H^5$$
$$AzH^2 — C \overset{\alpha'\ \alpha}{\underset{}{}} Az$$
$$O$$

β éthyl— β' méthyl— α' amido— α furazol

Il existe cependant un procédé général de formation des α furazols, dû à M. Claisen ; il consiste à chauffer à une température déterminée les monoximes des β dicétones ($— CO — CH^2 — CO —$).

Exemple :

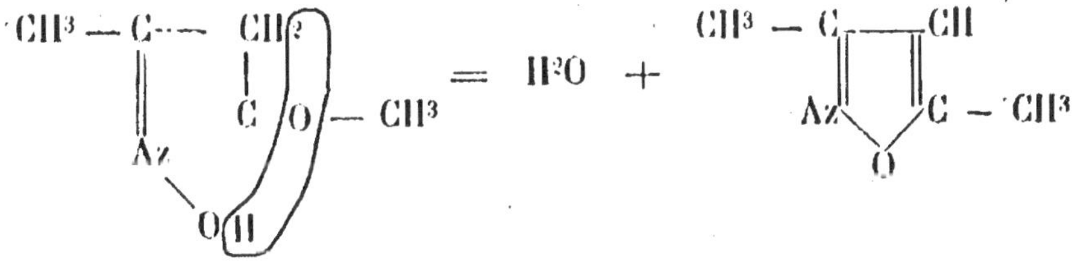

$$CH^3 — C \cdots CH^2 \qquad\qquad CH^3 — C \cdots CH$$
$$= H^2O \ + $$
$$Az \qquad C\ O — CH^3 \qquad\qquad Az \qquad C — CH^3$$
$$O H \qquad\qquad\qquad O$$

On connaît une α furazoline ; M. Claisen l'a obtenue en chauffant l'oxime de l'éther benzoylacétique $C^6H^5 — CO — CH^2 — CO^2C^2H^5$.

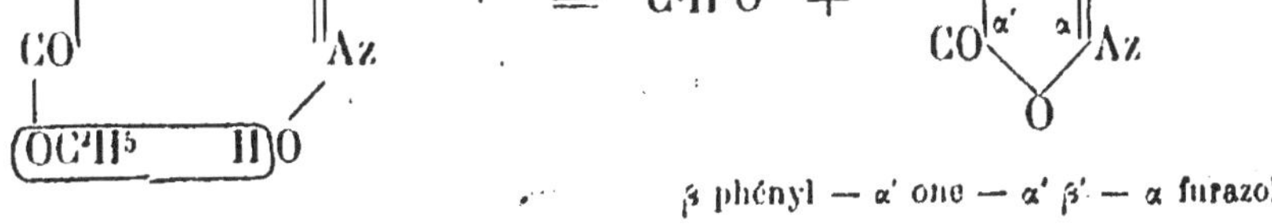

$$CH^2 \cdots C — C^6H^5 \qquad\qquad CH^2 \cdots C — C^6H^5$$
$$= C^2H^6O \ + $$
$$CO \qquad\qquad Az \qquad\qquad CO \overset{\alpha'\ \alpha}{} Az$$
$$OC^2H^5 \quad HO \qquad\qquad\qquad O$$

β phényl $— \alpha'$ one $— \alpha'\ \beta' — \alpha$ furazoline

2° Les β *furazols*, appelés simplement *oxazols*, dérivent tous du type [structure] qui n'a pas encore été isolé.

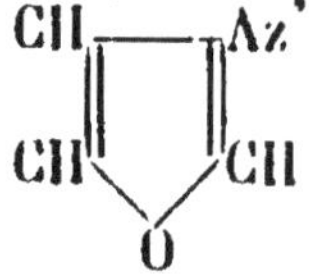

Les mêmes procédés généraux qui nous ont servi pour préparer les thiazols s'appliquent aux oxazols ; nous dirons seulement, d'une façon générale, qu'ils se forment moins facilement ; quelques réactions même sont ici impossibles.

Par la condensation des acétones α chlorées avec les amides, nous obtiendrons les α alcoylfurazols :

Exemple :

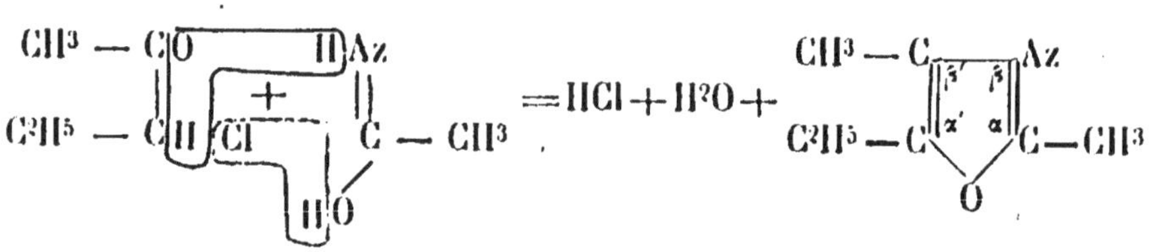

[structure] $= HCl + H^2O +$ [structure]

αβ' diméthyl — α' éthyl
— β furazol

La réaction ne se fait plus ni avec les aldéhydes chlorées, ni avec l'éther acétylacétique chloré, ni avec l'acide bromopyruvique.

Si on cherche de même à réaliser la condensation des α chloracétones avec les urées, auquel cas on devrait obtenir les α amidofurazols, on n'y parvient pas.

Les β furazols ou oxazols sont des bases monoacides, donnant des sels bien cristallisés.

De même que la condensation des orthoamidothiophénols, avec les acides nous a donné des phénothiazols, de même avec les orthoamidophénols nous aurons des phénofurazols.

Exemple :

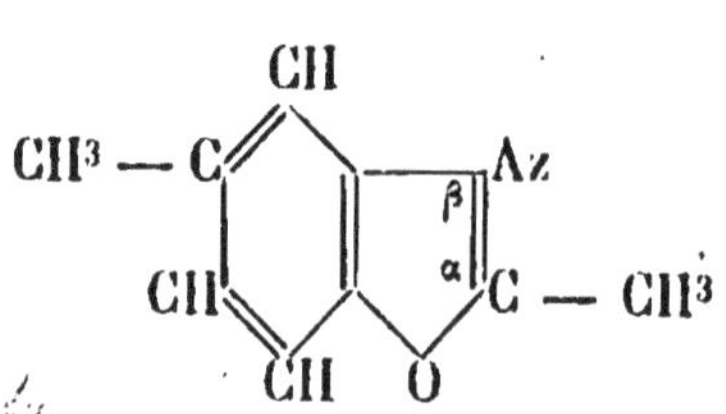

[structure]

Tolu — α méthyl — β furazol

Ces corps sont faiblement basiques ; leurs sels sont peu stables ;

chauffés avec de l'acide chlorhydrique, ils régénèrent leurs composants.

Les β *furazolines ou oxazolines* se forment quand on traite par les alcalis so¹t les dérivés acides des amines β bromées,

Exemple :

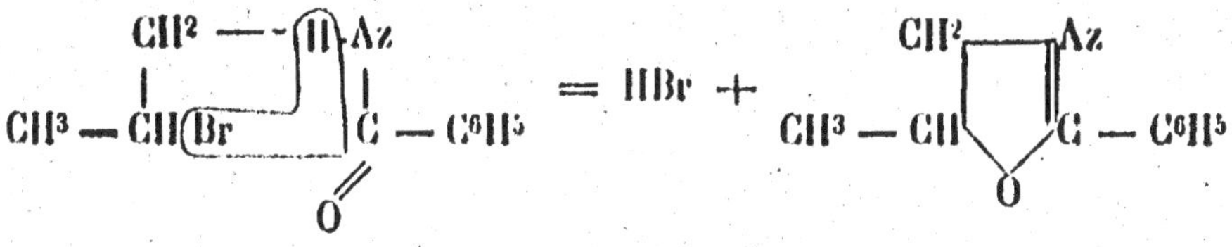

$$CH^2 — CH—Az \atop CH^3 — CH(Br \quad C — C^6H^5 \atop O} = HBr + \quad \begin{matrix} CH^2 — Az \\ CH^3 — CH \quad C — C^6H^5 \\ O \end{matrix}$$

soit les corps de la forme $R — C \begin{matrix} Az H \\ OCH^2 — CH^2Cl \end{matrix}$,

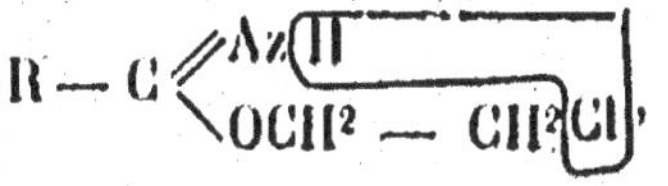

Exemple :

$$C^6H^5 — C \begin{matrix} Az H \\ OCH^2 — CH^2Cl \end{matrix} = HCl + \begin{matrix} CH^2 — Az \\ CH^3 \quad C — C^6H^5 \\ O \end{matrix}$$

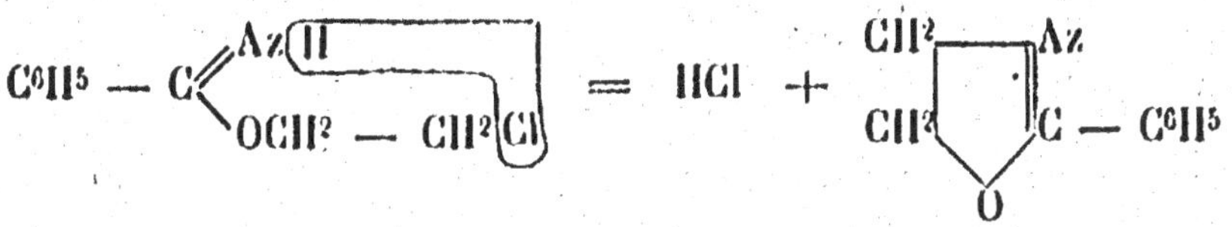

On ne connaît encore aucune *furazolidine*.

II. — AZOLS A DEUX ATOMES D'AZOTE

Nous les partagerons en deux catégories, suivant qu'ils dériveront du pyrrhol, ou du furfurane et du thiophène. La première comprendra les *pyrazols*, la seconde les *furodiazols* et les *thiodiazols*.

Pyrazols. — Nous distinguerons les α pyrazols et les β pyrazols.

1° α *pyrazols*. — Ce sont les pyrazols de Knorr. Ces corps sont aujourd'hui très nombreux ; à eux seuls, ils demanderaient une conférence entière pour être à peine esquissés ; aussi nous contenterons-nous d'indiquer les points les plus importants de leur histoire chimique.

L'α pyrazol le plus simple $\begin{matrix} CH — CH \\ CH \quad CH \\ AzH \end{matrix}$ se forme quand on condense

l'éther acétylènedicarbonique avec l'éther diazoacétique de Curtius ; on fait bouillir avec un alcali le produit de la réaction, on décompose le sel par un acide fort, et le composé acide ainsi obtenu perd sous l'influence de la chaleur deux molécules d'acide carbonique :

$$CO^2C^2H^5 - C = C - CO^2C^2H^5 \qquad CO^2C^2H^5 - C \underline{\quad} C - CO^2C^2H^5$$

puis, avec changement dans les liaisons et transposition moléculaire :

L'α pyrazol prend aussi naissance dans l'action de l'hydrazine de Curtius sur l'épichlorhydrine :

$$CHCl - CH - CH^2 + H^3Az = H^2O + HCl + H^2 +$$

Il cristallise en aiguilles incolores, fond à 70 degrés et distille à 185 degrés ; il est faiblement basique, sa réaction est neutre, ses sels sont peu stables.

Les α pyrazols, dérivés du pyrazol type par substitution de radicaux monovalents aux atomes d'hydrogène, s'obtiennent en chauffant les corps renfermant un groupement β dicétonique ($- CO - CHR - CO -$) avec la phénylhydrazine.

Exemple :

$$CH^3 - C \qquad CH^2 = 2H^2O +$$

Les *pyrazolines* ou dihydropyrazols se forment, par suite d'une transposition moléculaire, en même temps que les pyrazols par perte de 2 atomes d'H, quand on distille les hydrazones des aldéhydes ou acétones non saturées.

Exemple :

$$CH^3 - C \underline{\hphantom{--}} CH \qquad\qquad CH^3 - C \underline{\hphantom{--}} CH^2$$

Les pyrazolines sont des bases faibles ; oxydées, elles donnent une coloration rouge fuchsine (réaction des pyrazols de Knorr).

Les *pyrazolones*, qui sont des pyrazolines renfermant un groupe CO, prennent naissance dans l'action des éthers β cétoniques sur la phényl-hydrazine.

Exemple :

$$CH^3 - CO \cdots CH^2 \qquad = H^2O + C^2H^5OH + \qquad CH^3 - C \underline{\hphantom{--}} CH^2$$

C'est ici qu'il faut placer l'antipyrine, qui est une phényldiméthyl-pyrazolone. A vrai dire, elle dérive d'un noyau un peu différent, dans lequel les doubles liaisons sont distribuées de la façon suivante :

$$CH \underline{\hphantom{--}} C - CH^3$$
$$CO \quad Az - CH^3$$
$$Az - C^6H^5$$

O phényl — αβ diméthyl — α' one — αα' — α pyrazoline (antipyrine ou analgésine)

Les *phéno α pyrazols* connus sont l'indazol et l'isindazol.
L'indazol,

dont la formule de constitution a été parfaitement établie par M. Fischer, prend naissance quand on chauffe l'acide orthohydrazine cinnamique :

$$C^6H^4 \begin{cases} CH = CH — CO^2H \\ Az \end{cases} = CH^3 — CO^2H + \quad \text{(indazol)}$$

Ses sels sont peu stables ; avec l'iodure de méthyle, il donne un O méthylindazol.

L'isindazol

n'est pas connu ; mais on en a préparé de nombreux dérivés. Ils se forment dans une réaction générale, découverte par MM. Auwers et de Meyenburg, et qui consiste à déshydrater les oximes des orthoamidocétones.

Exemple :

$$\quad = H^2O + \quad$$

Ces corps donnent avec les acides des sels peu stables.

2° β *pyrazols* ou *glyoxalines*. — Les β *pyrazols* ont pour type la glyoxaline :

Cette formule de constitution des β pyrazols les rapproche des amidines $\left(- C \diagdown{\substack{AzH \\ AzH^2}}\right)$, où les atomes d'azote sont également en position méta. Comme les amidines, d'ailleurs, les glyoxalines ne donnent pas de combinaisons avec les chlorures d'acides, ni de nitrosamines avec l'acide azoteux.

La glyoxaline la plus simple se forme quand on traite le glyoxal par l'ammoniaque. La réaction se passe en deux phases :

$$1° \qquad \substack{CHO \\ | \\ CHO} + H^2O = H - CHO + H - CO^2H$$

$$\substack{CHO \quad H - AzH^2 \\ | \quad + \\ CHO \quad H - CH \\ \quad H^2 - AzH} = 3H^2O + \text{(glyoxaline)}$$

La glyoxaline est cristallisée, soluble dans l'eau, l'alcool et l'éther ; sa réaction est fortement alcaline ; elle se combine avec un équivalent d'acide en donnant des sels stables.

Les α alcoylglyoxalines se préparent, d'une façon générale, en faisant réagir l'ammoniaque sur un mélange de glyoxal et d'une aldéhyde. Exemple :

$$\substack{CHO \quad + \quad H^2 - AzH \\ | \\ CHO \quad CH - CH^3 \\ \quad H^2 AzH} = 3H^2O + \text{(méthylglyoxaline)}$$

Les dicétones α réagissent comme le glyoxal. Par exemple, avec le benzile et la benzaldéhyde, on a la triphénylglyoxaline :

$$\substack{C^6H^5 - CO \quad AzH^3 \\ | \quad + \\ C^6H^5 - CO \quad CHO - C^6H^5 \\ \quad AzH^3} = 3H^2O + \text{(triphénylglyoxaline)}$$

Ce composé n'est autre chose que la lophine ; il se forme aussi quand on oxyde l'amarine, isomère de l'hydrobenzamide.

Les α alcoylglyoxalines sont des substances cristallisées, possédant des propriétés basiques ; elles sont monacides.

L'atome d'hydrogène du groupe AzH peut être remplacé par des radicaux alcooliques ; les O alcoylglyoxalines ainsi obtenues, traitées par l'iodure d'éthyle, peuvent même donner des iodures d'ammonium quaternaires.

M. Maquenne a montré que l'acide dinitrotartrique CO^2H — $CH.AzO3$ — $CHAzO3$ — CO^2H se comporte, en présence de l'ammoniaque et d'une aldéhyde, comme une dicétone α. On peut, en effet, attribuer à ce corps la constitution suivante : CO^2H — $C\,(OH)\,AzO^2$ — $C\,(OH)\,AzO^2$ — CO^2H, qui en fait un éther dinitreux de l'acide dioxytartrique CO^2H — $C\,(OH)^2$ — $C\,(OH)^2$ — CO^2H. Sous l'influence saponifiante de l'alcali, il y d'abord production d'azotite d'ammonium et d'acide dioxytartrique, puis soudure de ce dernier avec l'ammoniaque, et enfin avec l'aldéhyde en présence. On obtient ainsi un acide β pyrazol — α alcoyl — α'β' dicarbonique,

$$
\begin{array}{l}
CO^2H - C \diagdown\!\!-\!\!\diagup Az \\
CO^2H - C\!\!\underset{\alpha'\ \alpha}{\overset{\beta'\ \beta}{|\ \ |}}\!\!C - R \\
\qquad\qquad AzH
\end{array}
$$

décomposable par la chaleur avec perte de 2 molécules d'acide carbonique et production de β pyrazol correspondant.

C'est ainsi qu'en chauffant l'acide β pyrazol — α'β' dicarbonique, provenant de l'action de l'ammoniaque sur le mélange d'acide dinitrotartrique et de formaldéhyde ou d'hexaméthylène-amine,

$$
\begin{array}{l}
CO^2H - C \diagdown\!\!-\!\!\diagup Az \\
CO^2H - C\!\!\underset{\alpha'\ \alpha}{\overset{\beta'\ \beta}{|\ \ |}}\!\!CH \\
\qquad\qquad AzH
\end{array}
$$

on obtient le β pyrazol le plus simple ou glyoxaline

$$
\begin{array}{l}
CH \diagdown\!\!-\!\!\diagup Az \\
CH\ |\ \ |\ CH \\
\qquad AzH
\end{array}
$$

sans passer par le glyoxal.

La méthode est générale et d'une application facile dans le cas des aldéhydes à poids moléculaire peu élevé.

Parmi les β *pyrazolines*, nous citerons seulement la plus importante, qui est l'amarine

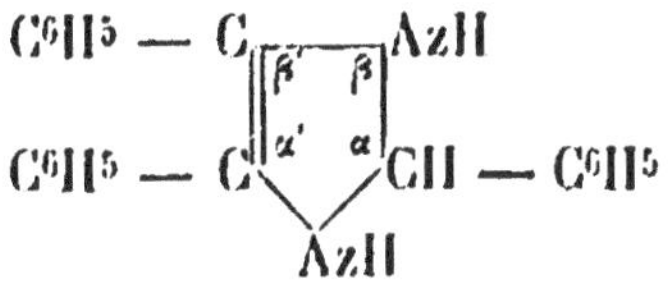

$$C^6H^5 - C \overset{\beta' \quad \beta}{\underset{\alpha' \quad \alpha}{\left|\quad\right|}} AzH$$
$$C^6H^5 - C \diagdown_{\diagup} CH - C^6H^5$$
$$AzH$$

Elle se forme quand on chauffe à 130 degrés l'hydrobenzamide

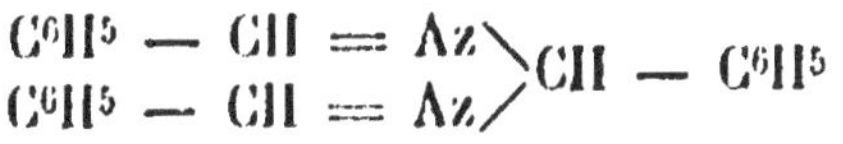

$$\begin{array}{l} C^6H^5 - CH = Az \diagdown \\ C^6H^5 - CH = Az \diagup \end{array} CH - C^6H^5$$

grâce à une transposition moléculaire ; on sait que l'hydrobenzamide elle-même prend naissance dans l'action de l'ammoniaque sur la benzaldéhyde.

Les β *pyrazolidines* s'obtiennent quand on fait réagir l'éthylène-aniline sur les aldéhydes ;
Exemple :

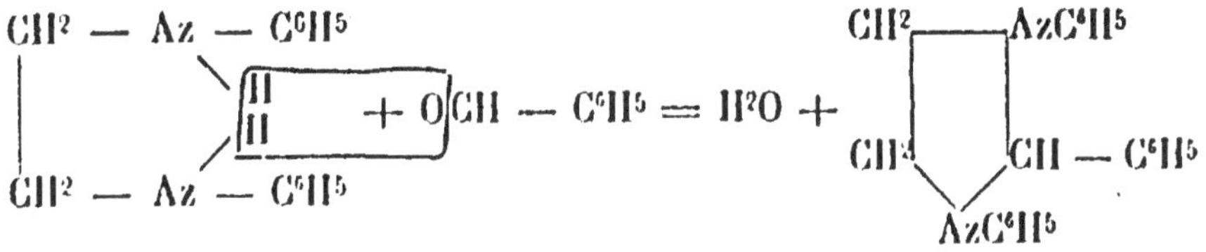

$$\begin{array}{l} CH^2 - Az - C^6H^5 \\ \quad\quad\quad\quad \diagdown_{\diagup} \parallel\parallel + O\,CH - C^6H^5 = H^2O + \\ CH^2 - Az - C^6H^5 \end{array}$$

$$\begin{array}{l} CH^2 \underline{\quad\quad} AzC^6H^5 \\ \quad\quad\quad\quad\quad \\ CH^4 \diagdown_{\diagup} CH - C^6H^5 \\ \quad\quad AzC^6H^5 \end{array}$$

On peut considérer comme un dérivé de la β pyrazolidine l'hydantoïne ou glycolylurée :

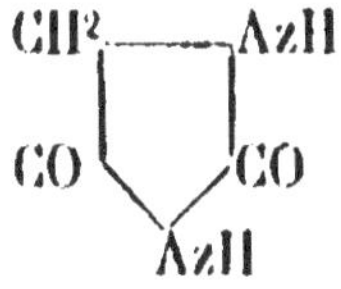

$$\begin{array}{l} CH^2 \underline{\quad\quad} AzH \\ \quad\quad\quad\quad\quad \\ CO \diagdown_{\diagup} CO \\ \quad\quad AzH \end{array}$$

On connaît des *phéno-βpyrazols* ; ce sont les anhydrobases et les bases aldéhydiques de M. Ladenburg.

Les *anhydrobases* résultent de la condensation des orthodiamines avec les acides.

Exemple :

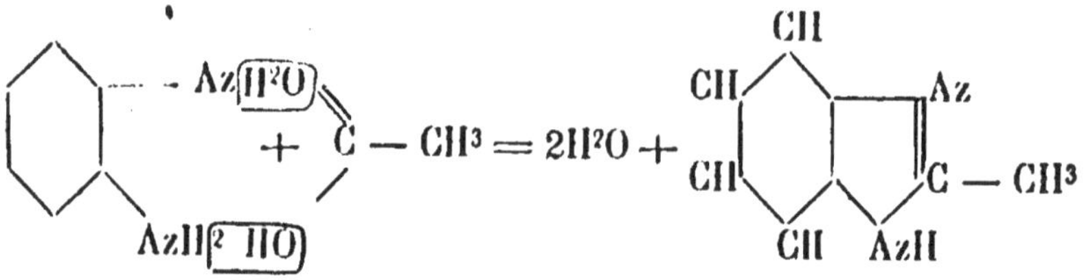

Les *bases aldéhydiques* se forment dans la condensation des aldéhydes avec les orthodiamines.

Exemple :

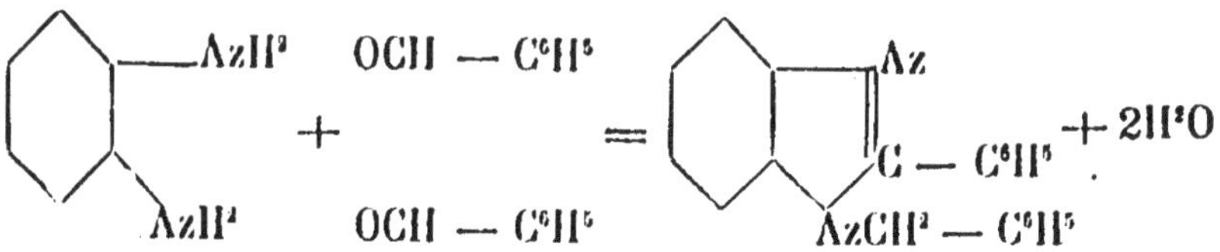

Cette formule de constitution, qui nécessite, comme on voit, une transposition moléculaire, est démontrée par un autre mode de formation des bases aldéhydiques, consistant à faire réagir les chlorures alcooliques sur les anhydrobases.

Exemple :

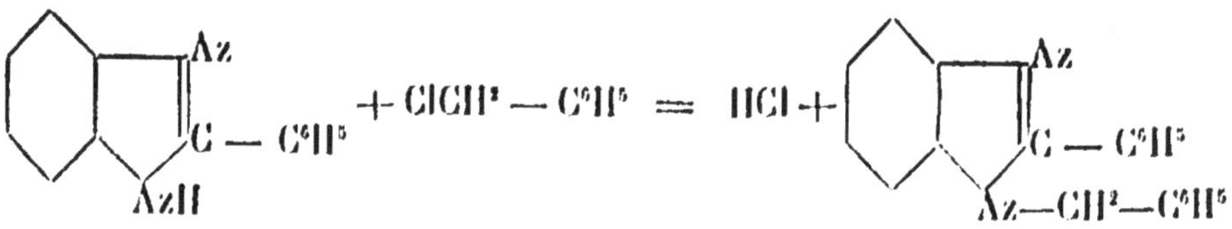

Les corps obtenus par cette seconde méthode sont identiques avec les précédents.

Furodiazols et thiodiazols. — Plusieurs types sont possibles :

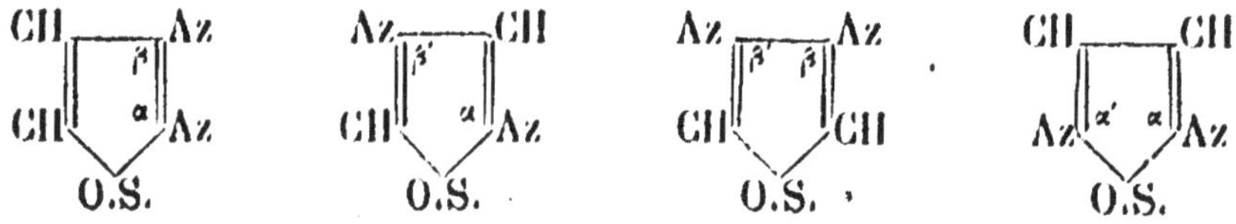

Nous allons les étudier successivement :

Premier type

Le corps type n'a pas été encore préparé ; mais on en connaît des dérivés ; ce sont les *diazoxides* et les *diazosulfures*.

Ils se forment dans l'action de l'acide nitreux sur les orthoamidophé nols et les orthoamidothiophénols.

Exemple :

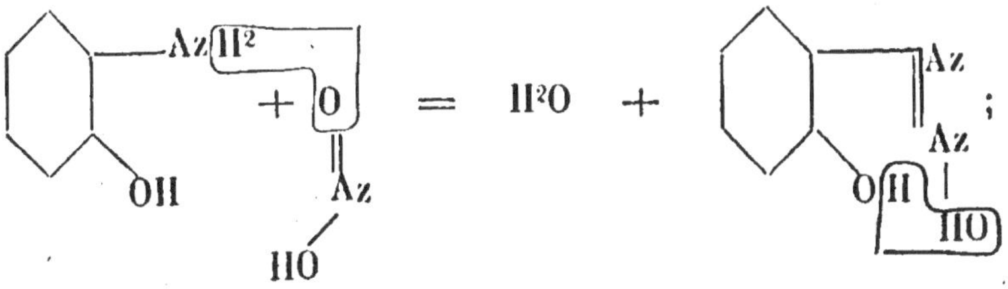

puis

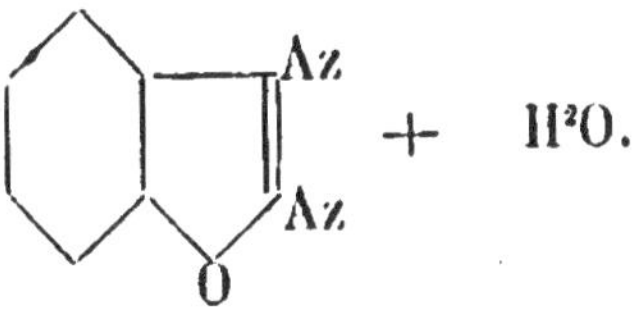

Deuxième type

C'est le noyau des *azoximes*. Ces composés s'obtiennent quand on fait réagir les chlorures d'acides sur les amidoximes. Exemple :

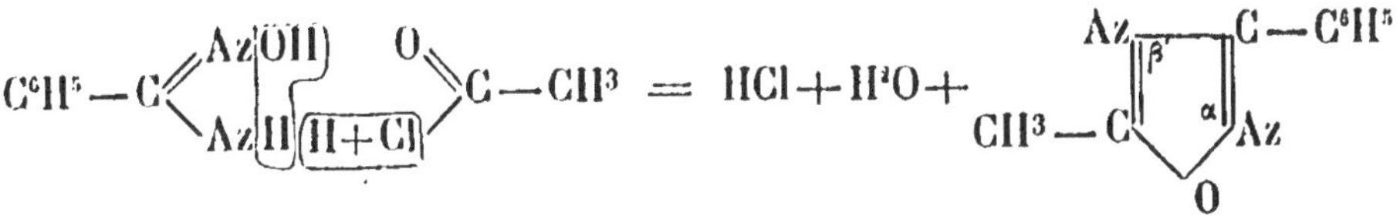

On connaît les azolines correspondantes, ce sont les *hydrazoximes* ;

êlles résultent de la condensation des aldéhydes avec les amidoximes. Exemple :

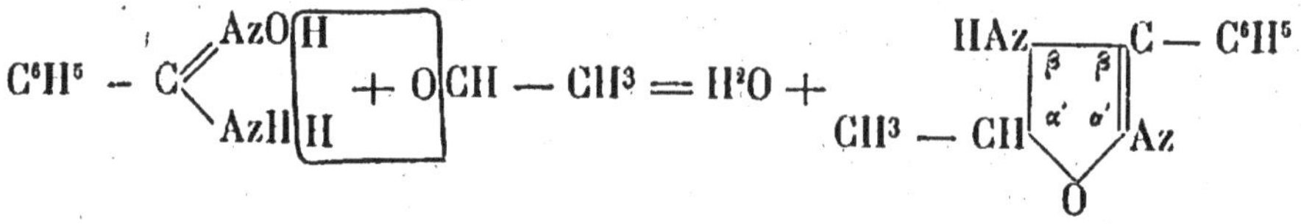

$$C^6H^5 - C \underset{AzH|H}{\overset{AzO|H}{<}} + O|CH - CH^3 = H^2O + \quad HAz \underset{CH^3 - CH}{\overset{C - C^6H^5}{<}} Az$$

Les hydrazoximes oxydées donnent d'ailleurs les azoximes.

Troisième type

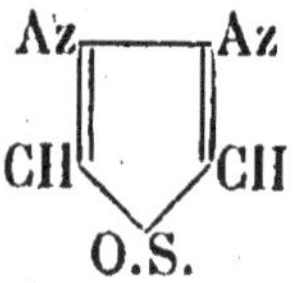

$$\underset{O.S.}{\overset{Az \quad Az}{CH \quad CH}}$$

Le type fondamental est inconnu, mais on en a préparé des azolines, qu'on a désignées sous les noms de *carbizines* et de *thiocarbizines*. Elles prennent naissance dans l'action de l'oxychlorure ou du sulfochlorure de carbone sur les dérivés acides des hydrazines aromatiques. Exemple :

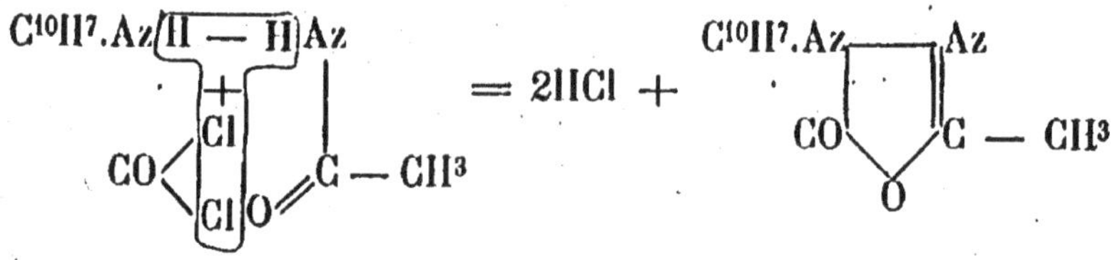

$$C^{10}H^7.Az|H - H|Az \quad = 2HCl + \quad C^{10}H^7.Az \quad Az$$

En employant des dérivés thiacides au lieu de dérivés acides, et $CSCl^2$ au lieu de $COCl^2$, on remplace à volonté CO par CS et O par S.

Quatrième type

$$\underset{O.S}{\overset{CH \quad CH}{Az \quad Az}}$$

Les dioximes des α dicétones sont susceptibles de perdre H^2O pour donner des dérivés de ce type, c'est-à-dire des $\alpha\alpha'$ furodiazols :

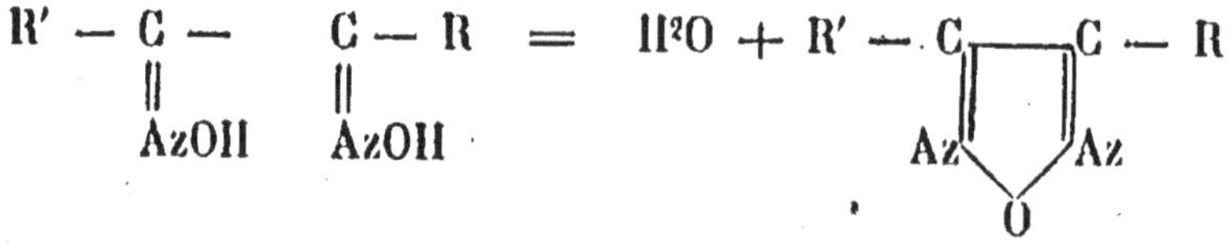

$$R' - C - \quad C - R = H^2O + R' - C \quad C - R$$
$$\underset{AzOH \quad AzOH}{} \qquad \underset{Az \quad Az}{}$$

D'autres dérivés résultent de la condensation des orthodiamines aromatiques avec l'acide sulfureux ou sélénieux ; ce sont les *piasthiols* et les *piasélénols*; Exemple :

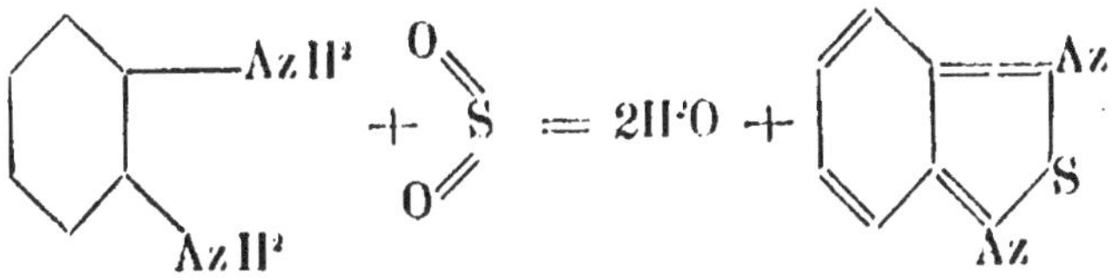

$$\text{AzH}^2 \cdots + S \begin{smallmatrix} O \\ \\ O \end{smallmatrix} = 2\text{HO} + \cdots \text{Az} \cdots S \cdots \text{Az}$$

III. — AZOLS A TROIS ATOMES D'AZOTE

Voici les types possibles :

αα' pyrrodiazol 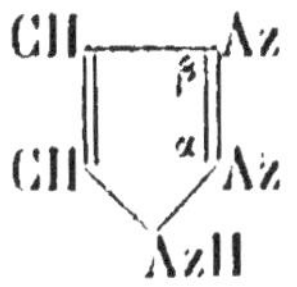   αβ pyrrodiazol 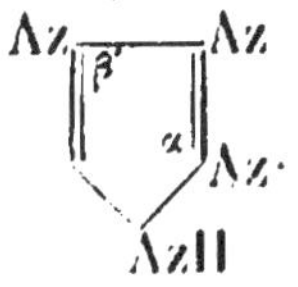   αβ' pyrrodiazol    ββ' pyrrodiazol

Premier type

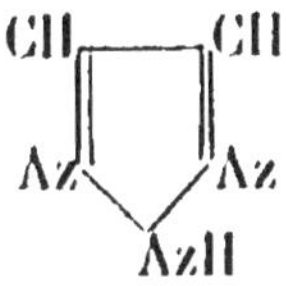

C'est le noyau des *osotriazols*. L'osotriazol le plus simple est connu ; nous verrons plus loin la façon dont on l'a préparé.

Les osotriazols se forment dans les réactions suivantes :

1° Enlèvement d'aniline aux phénylosazones par les acides bouillants ou par la simple distillation.

Exemple :

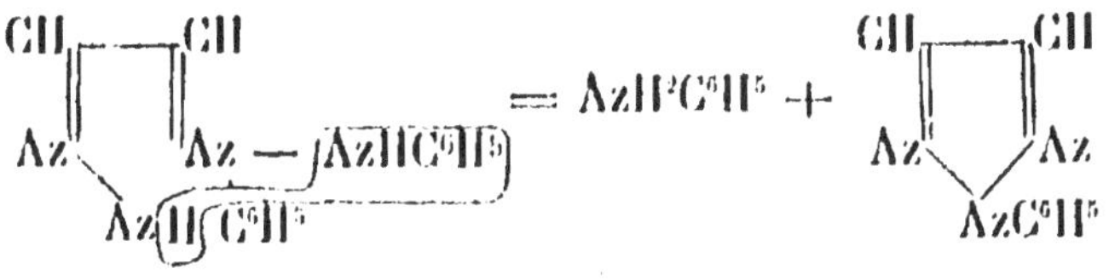

$$= \text{AzH}^2\text{C}^6\text{H}^5 + \cdots$$

2° Déshydratation des hydrazoximes par l'anhydride acétique.

Exemple :

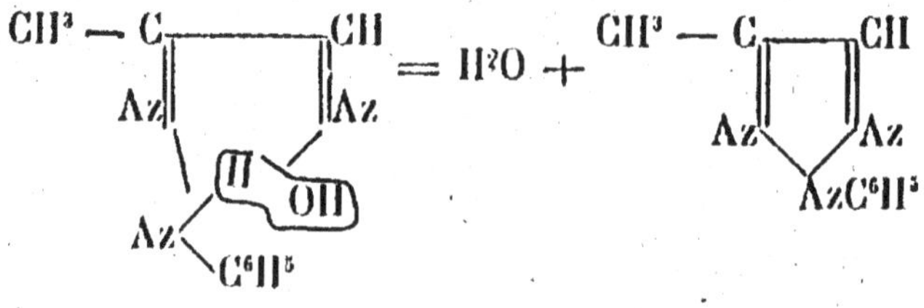

$$CH^3 - C \cdots CH,\ Az,\ Az,\ OH,\ Az,\ C^6H^5 = H^2O + CH^3 - C \cdots CH,\ Az,\ Az,\ AzC^6H^5$$

La réaction se fait aussi lorsque l'atome d'hydrogène du groupe $AzHC^6H^5$ est remplacé par un radical alcoolique gras ; il s'élimine alors une molécule d'alcool correspondant au lieu d'une molécule d'eau.

Les osotriazols ou zz' pyrrhodiazols sont des huiles jaunâtres, à odeur vireuse, distillant au-delà de 200 degrés. Ce sont des bases extrêmement faibles. Dans la plupart des réactions qu'on fait avec ces corps, le noyau reste intact : c'est ainsi qu'avec les O phénylosotriazols l'acide nitrique donne des dérivés nitrés dans le noyau aromatique sans attaquer le noyau azoté ; l'acide sulfurique se comporte d'une façon analogue. Les oxydants brûlent les chaînes latérales, qu'ils transforment en autant de carboxyles. Exemple :

$$CH^3 - C \cdots CH,\ Az,\ Az,\ AzC^6H^5 \qquad \text{donne} \qquad CO^2H - C \cdots CH,\ Az,\ Az,\ AzC^6H^5$$

Les acides ainsi obtenus, soumis à l'influence de la chaleur, perdent les éléments de l'acide carbonique, et donnent les osotriazols libres.

L'acide phénylosotriazolcarbonique,

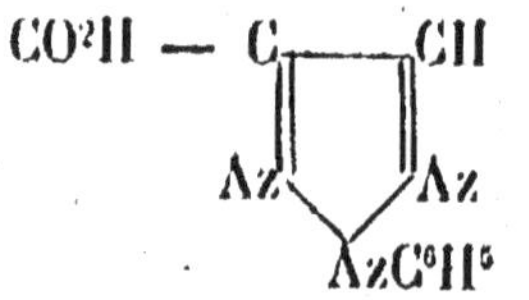

$$CO^2H - C \cdots CH,\ Az,\ Az,\ AzC^6H^5$$

traité par l'acide nitrique fumant, puis par l'hydrogène naissant, donne un dérivé amidé :

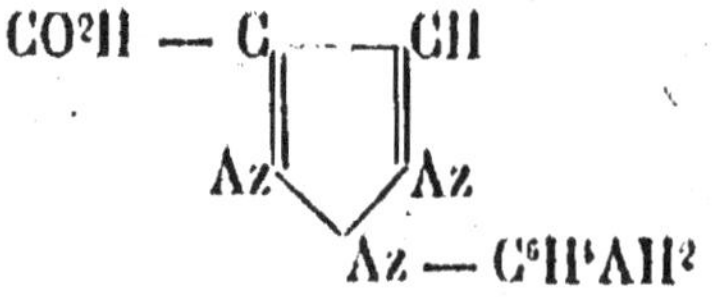

$$CO^2H - C \cdots CH,\ Az,\ Az,\ Az - C^6H^4AH^2$$

que le permanganate de potassium en solution alcaline oxyde en détruisant le groupe amidophénylique, avec formation d'acide osotriazolcarbonique.

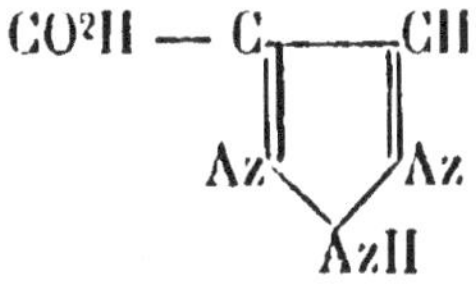

$$CO_2H - C\underset{\underset{AzH}{Az}}{\overset{\quad}{\diagdown}}CH$$

Il suffit de chauffer ce dernier composé pour lui faire perdre les éléments de l'acide carbonique et obtenir l'osotriazol libre :

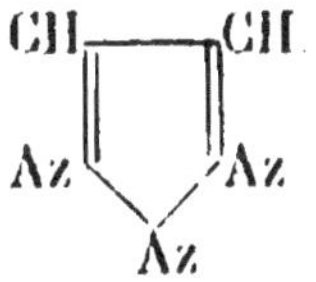

$$CH\underset{\underset{Az}{Az}}{\overset{\quad}{\diagdown}}CH$$

Ce corps est très stable ; il résiste à l'acide azotique bouillant. Il est huileux et bout à 203 degrés ; il est soluble dans l'eau et les dissolvants usuels. Il est faiblement basique, ses sels sont dissociables par l'eau ; l'hydrogène du groupe AzH est remplaçable par des radicaux acides.

Deuxième type

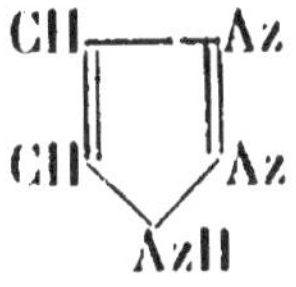

$$CH\underset{CH}{\overset{\quad}{\diagdown}}\underset{Az}{\overset{Az}{\diagup}}AzH$$

C'est le noyau des *azimides*.

Les azimides résultent de l'action de l'acide azoteux sur les ortho-diamines aromatiques. Exemple.

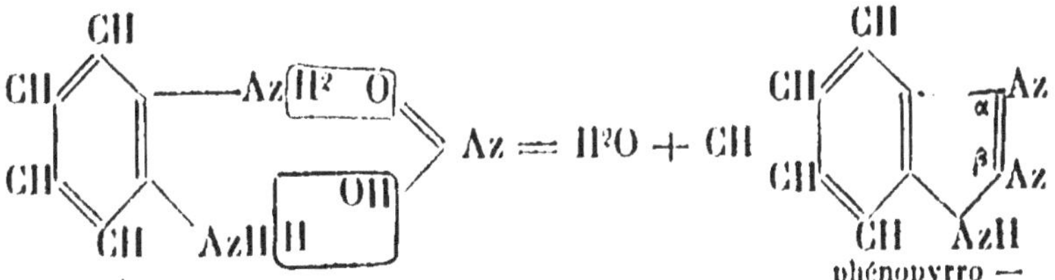

$$CH = H_2O + CH$$

phénopyrro — α — βdiazol

Ces corps se conduisent comme des bases secondaires ; l'hydrogène du groupe AzH est remplaçable par des métaux, par des radicaux acides ou des radicaux alcooliques.

Les azolines correspondantes sont connues sous le nom d'*hydrazi-mides*. Elles prennent naissance dans l'action des sels de diazoïques sur les amines. On peut distinguer trois phases dans la réaction; ex :

1°

2° HCl se fixe de nouveau sur la molécule.

3° HCl se sépare de nouveau en fermant la chaîne, et on a :

Oxydées par l'acide chromique, les hydrazimides donnent les azimides. *Troisième type*

3°

C'est à ce noyau qu'on réserve plus spécialement le nom de *triazol*. Le triazol libre est connu ; nous verrons plus loin sa préparation.

M. Bladin a découvert les triazols ou $\alpha\,\beta'$ pyrrodiazols en traitant les anhydrides ou les chlorures d'acides par la dicyanphénylhydrazine [1].

----

[1] La dicyanphénylhydrazine a été obtenue par M. Fischer en faisant absorber à froid le cyanogène par une émulsion aqueuse de phénylhydrazine.

Admettons provisoirement pour la dicyanphénylhydrazine la formule de constitution suivante :

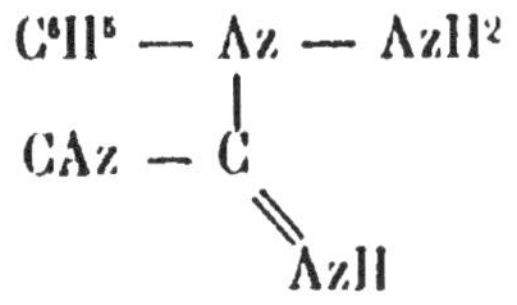

$$C^6H^5 - Az - AzH^2$$
$$CAz - C$$
$$\| \ AzH$$

et supposons qu'on opère avec de l'anhydride acétique ; la réaction se fait en deux phases :

1° Formation d'un dérivé acétylé :

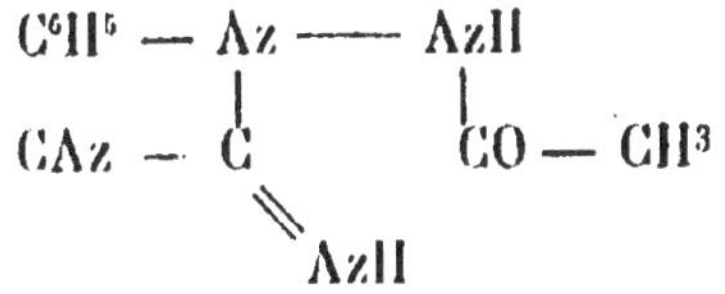

$$C^6H^5 - Az \longrightarrow AzH$$
$$CAz - C \qquad CO - CH^3$$
$$\| \ AzH$$

2° Déshydratation avec fermeture de la chaîne :

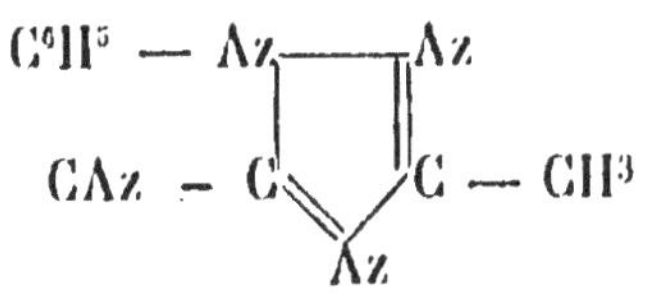

$$C^6H^5 - Az\!-\!Az \qquad\qquad Az\!-\!C - CH^3$$
$$CAz - C\!=\!C - CH^3 \quad\text{c'est-à-dire}\quad CAz - C \ Az$$
$$Az \qquad\qquad\qquad AzC^6H^5$$

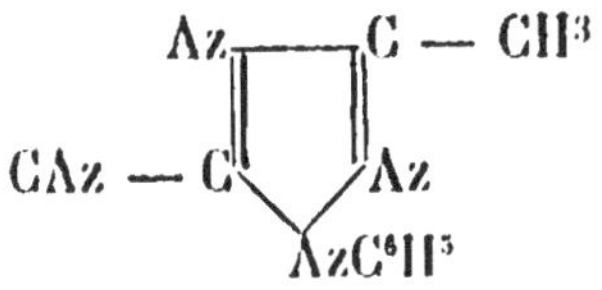

La réaction est absolument générale.

La formule de constitution ci-dessus dépend essentiellement de celle de la dicyanphénylhydrazine. Si elle est exacte, le groupement fonctionnel des nitriles CAz doit pouvoir être saponifié et remplacé par le groupement fonctionnel des acides CO^2H ; c'est ce que la potasse alcoolique fait très facilement, et on obtient ainsi un véritable acide :

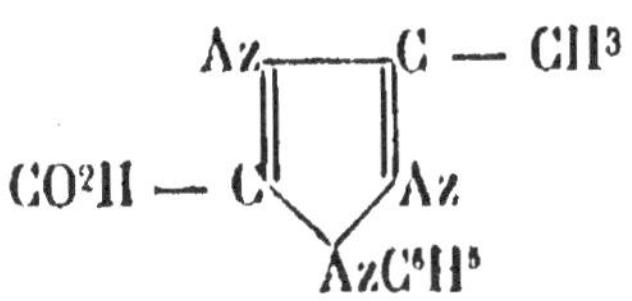

$$Az\!-\!C - CH^3$$
$$CO^2H - C \ Az$$
$$AzC^6H^5$$

Une réaction analogue se passe avec l'acide pyruvique et l'éther acétylacétique.

Dans le cas de l'acide pyruvique on a :

$$C^6H^5-Az-Az H^2 \ + \ \boxed{O}C-CH^3 \ = \ H^2O + H-CO^2H + \quad \begin{array}{c} Az \rule{1cm}{0.4pt} C-CH^3 \\ \\ CAz-C \qquad Az \\ AzC^6H^5 \end{array}$$

$$CAz-C \quad \diagdown \quad Az\boxed{H \qquad COOH}$$

Avec l'éther acétylacétique, on obtient le même composé ; mais, au lieu d'acide formique, c'est de l'éther acétique qui s'élimine.

$$C^6H^5-Az-Az H^2 \ + \ \boxed{O}C-CH^3 \ = \ H^2O+CH^3-CO^2C^2H^5+ \quad \begin{array}{c} Az \rule{1cm}{0.4pt} C-CH^3 \\ \\ CAz-C \qquad Az \\ Az-C^6H^5 \end{array}$$

$$CAz-C \quad \diagdown \quad Az\boxed{H \qquad CH^3-CO^2C^2H^5}$$

Les triazols se forment aussi quand on fait réagir les aldéhydes en général sur la dicyanphénylhydrazine, et qu'on oxyde par des oxydants faibles, comme le chlorure ferrique, les produits de la réaction :

$$C^6H^5-Az-Az\boxed{H^2+O}-C\boxed{H}-R \ = \ H^2O + H^2 + \quad \begin{array}{c} Az \rule{1cm}{0.4pt} C-R \\ \\ CAz--C \qquad Az \\ AzC^6H^5 \end{array}$$

$$CAz-C \quad \diagdown \quad Az\boxed{H}$$

Les rendements dans cette opération sont quantitatifs.

M. Andreocci arrive aux mêmes triazols par une voie toute différente. Il fait réagir la phénylhydrazine sur l'acétyluréthane :

$$CH^3 - CO - AzH - CO - OC^2H^5,$$

qui ne diffère de l'éther acétylacétique que par le remplacement de CH² par AzH ; comme, avec l'éther acétique, on arrive par ce moyen aux noyaux à deux atomes d'azote, avec l'acétyluréthane on doit obtenir un noyau à trois atomes d'azote ; on a en effet :

$$CH^3 - C\boxed{O \qquad H^2}Az \ = \ H^2O + C^2H^6O + \quad \begin{array}{c} HAz \rule{1cm}{0.4pt} C-CH^3 \\ \\ CO \qquad Az \\ AzC^6H^5 \end{array}$$

$$\begin{array}{c} AzH \qquad Az\boxed{H}C^6H^5 \\ \diagdown \\ CO \\ \diagdown (OC^2H^5 \end{array}$$

Le corps obtenu, réduit par le pentasulfure de phosphore P^2S^5, donne
un méthylphénylpyrrhodiazol

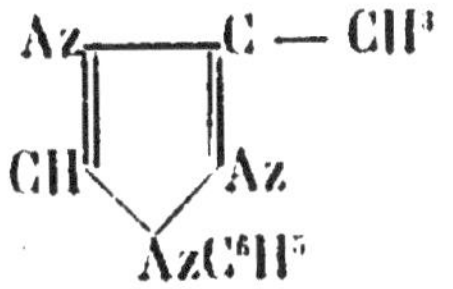

$$Az\text{—}C\text{—}CH^3$$
$$CH\text{—}Az$$
$$AzC^6H^5$$

Les cyantriazols, traités par la potasse alcoolique, produisent des
acides ; ceux-ci, soumis à la distillation sèche, perdent les éléments
de l'acide carbonique et donnent les triazols libres correspondants ;
exemple :

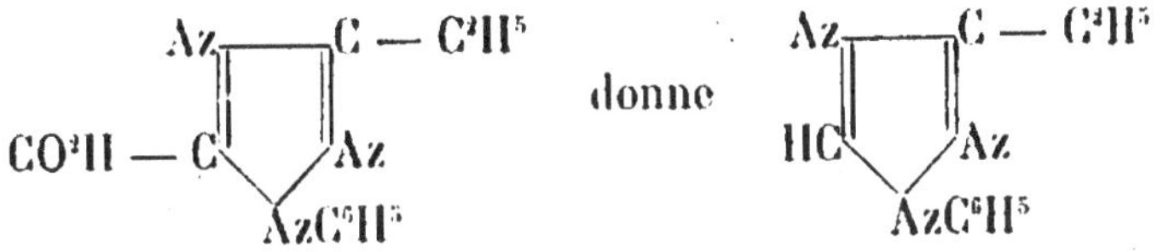

$$Az\text{—}C\text{—}C^2H^5 \qquad \text{donne} \qquad Az\text{—}C\text{—}C^2H^5$$
$$CO^2H\text{—}C\text{—}Az \qquad\qquad HC\text{—}Az$$
$$AzC^6H^5 \qquad\qquad AzC^6H^5$$

Avec les dérivés cyanés, c'est-à-dire avec les nitriles, on fait d'ailleurs tous les autres dérivés, amides, amidoximes, etc.

Les triazols, oxydés par le permanganate de potassium, se conduisent comme les osotriazols, c'est-à-dire que les groupes latéraux sont
transformés en CO^2H, et que le noyau reste inattaqué. Souvent même,
les groupes aromatiques sont brûlés, le noyau résistant toujours à
l'oxydation, comme nous le verrons plus loin.

Le *triazol libre* ou α β' *pyrrodiazol*

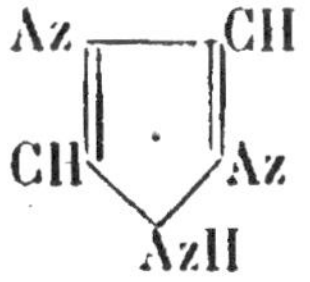

$$Az\text{—}CH$$
$$CH\text{—}Az$$
$$AzH$$

a été obtenu par M. Bladin de la façon suivante :

On part du composé :

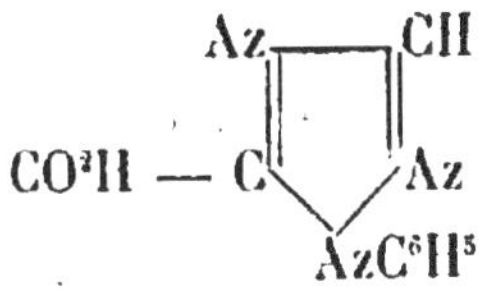

$$Az\text{—}CH$$
$$CO^2H\text{—}C\text{—}Az$$
$$AzC^6H^5$$

encore inconnu :

$$Az^5H \quad = \quad \begin{array}{c} Az\!\!-\!\!-\!\!Az \\ \diagup \quad \diagdown \\ Az \quad \quad Az \\ \diagdown \quad \diagup \\ AzH \end{array}$$

où tous les groupes CH du pyrrhol auraient été remplacés par autant
d'atomes d'azote, serait un acide encore plus énergique, un acide ana-
logue à la diazoïmide de Curtius $Az^3H = AzH <\begin{smallmatrix} Az \\ \| \\ Az \end{smallmatrix}$, ce singulier com-
posé qui, comme on sait, dégage de l'hydrogène au contact des métaux
avec la même facilité que l'acide chlorhydrique et l'acide sulfurique.

LA STÉRÉOCHIMIE DU CARBONE ET SES APPLICATIONS

PAR

M. P. FREUNDLER

DOCTEUR ÈS SCIENCES

MESSIEURS,

M. Friedel m'ayant fait l'honneur de me demander de vous parler
de la stéréochimie, je me suis proposé pour but, dans ces conférences,
non pas de vous rappeler les éléments de cette science, éléments qui
ont été suffisamment développés par MM. Le Bel et Guye à la Société
chimique de Paris, et que vous avez sans doute présents à l'esprit; j'ai
pensé qu'il serait plus intéressant de vous exposer les principales
applications de cette nouvelle branche de la chimie, et j'espère, Messieurs, vous prouver que nous n'avons plus affaire aujourd'hui à une
hypothèse ingénieuse qu'il est nécessaire de consolider par des faits
d'expériences, mais bien à une science nouvelle qui a atteint le but
qu'on se proposait en la créant, c'est-à-dire d'expliquer les isoméries
de la série éthylénique comme l'existence des inverses optiques. Elle a
de plus élucidé certaines réactions qui paraissent singulières au premier abord, et éclairci la constitution des chaînes fermées. Enfin, c'est
grâce à la stéréochimie que M. E. Fischer a pu relier ses beaux travaux sur les sucres et que l'on a pu se rendre compte, au moins dans
une certaine mesure, des causes de l'activité optique des liquides et
des gaz.

L'introduction successive de diverses notions m'amènera naturellement à passer en revue les applications les plus frappantes, dont
l'intérêt fera oublier, j'espère, l'aridité des principes fondamentaux
que je vais vous rappeler en quelques mots:

« L'atome de carbone, qu'on représente schématiquement par un tétraèdre régulier pour plus de simplicité, a ses quatre valences dirigées en général vers les sommets de ce solide dont il occupe le centre. Mais la direction de ces valences peut être déviée, lorsque par exemple le tétraèdre fait partie d'une chaîne fermée .»

« On admet que deux tétraèdres joints par un sommet peuvent tourner librement autour de l'axe commun. C'est le principe de la liaison mobile. Une liaison double de deux carbones empêche complètement le mouvement de rotation, et ne permet tout au plus qu'un balancement autour de l'arête qui les réunit. Les isomères qui peuvent exister dans ce cas ne sont aucunement des inverses ; leurs propriétés sont différentes, l'un est toujours plus stable que l'autre, et certains agents peuvent opérer la transformation de l'un dans l'autre, transformation qui est souvent réversible.»

« Lorsqu'un composé non saturé se forme à partir d'un dérivé saturé, il faut que les groupes éliminés soient vis-à-vis l'un de l'autre dans une position voisine .»

J'ai dit tout à l'heure, Messieurs, que la simple liaison permet un mouvement de rotation absolument libre, et vous savez que c'est pour cela qu'il n'y a qu'un seul chlorure d'éthylène, qu'un seul acide bromosuccinique, etc. Wislicenus a fait à cette hypothèse de la liaison mobile une restriction que voici :

La rotation de deux tétraèdres simplement liés autour de l'axe commun peut être influencée par les attractions ou les répulsions spécifiques des groupements qui y sont attachés. De la sorte, il existe des positions dites *avantagées*, qui sont celles dans lesquelles se trouvent à chaque instant la majorité des molécules ; ces positions peuvent changer avec la température et le milieu.

Van't Hoff avait déjà émis une idée analogue.

Prenons un exemple pour rendre la chose plus claire :

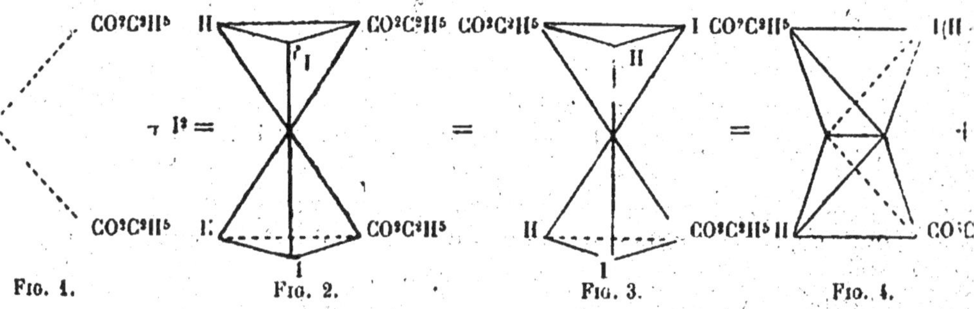

FIG. 1. FIG. 2. FIG. 3. FIG. 4.

Traitons l'acide ou l'éther maléique (*fig.* 1) par une petite quantité d'iode (une trace suffit). La double liaison s'ouvre, et la molécule se trouve d'abord dans la position représentée (*fig.* 2).

Mais, d'après Wislicenus, cette position est moins avantagée que celle de la figure 3 en raison de l'affinité de l'iode pour l'hydrogène ; aussi la plupart des molécules vont-elles se mettre dans la position (4), ce qui permettra le départ d'une molécule d'acide iodhydrique, et la double liaison se reforme, mais en donnant un éther fumarique monoiodé qui sera réduit ensuite par l'acide iodhydrique. C'est ce qui explique qu'une trace d'iode suffit pour transformer une grande quantité d'éther.

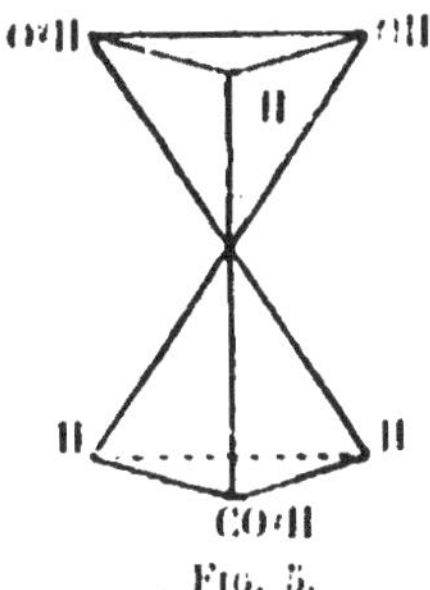

Fig. 5.

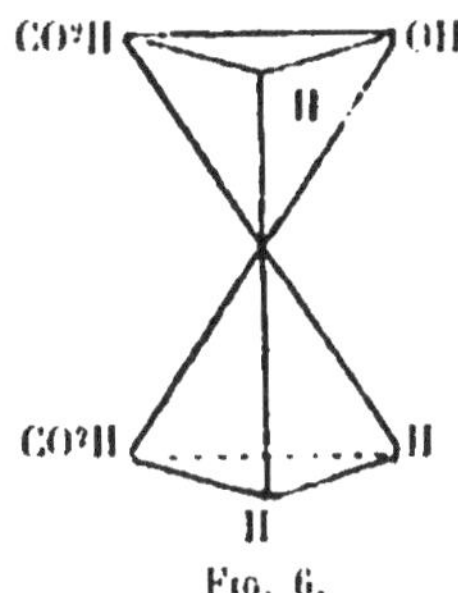

Fig. 6.

J'ai dit que la stabilité de la position avantagée dépend de la température. En effet, l'acide malique chauffé au-dessous de 150 degrés donne presque exclusivement de l'acide fumarique par perte d'une molécule d'eau. La position favorisée est alors celle de la figure (5), tandis qu'en chauffant davantage la disposition de la figure (6) devient plus stable, et il peut se former une certaine quantité d'acide maléique. Ici l'on a affaire à une répulsion entre les deux carboxyles.

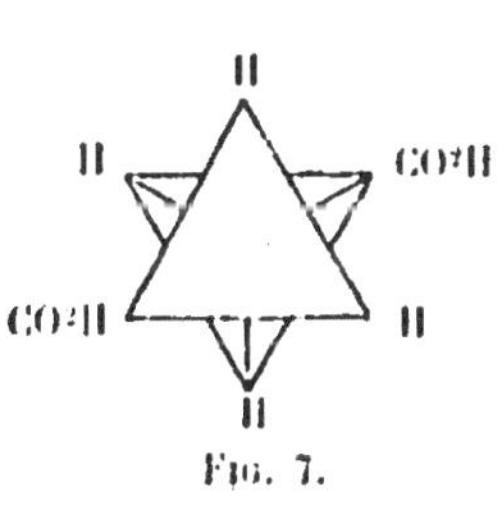

Fig. 7.

M. V. Meyer a dépassé Wislicenus dans cette direction. Il admet entre les divers groupes des actions attractives ou répulsives assez fortes pour donner aux deux tétraèdres une position fixe. Je ne citerai que le cas de l'acide succinique dont les carboxyles seraient aussi distants que possible. La projection des deux tétraèdres sur un plan perpendiculaire à l'axe donnerait la figure ci-contre (*fig.* 7).

M. Bischoff dans sa *Théorie dynamique des collisions* part d'un autre point de vue. Il admet également des positions fixes, mais qui sont celles dans lesquelles les divers groupes se gênent le moins. Ainsi, substituons aux hydrogènes de l'acide succinique successivement des groupes CH^3, C^2H^5, C^6H^5 : d'après Bischoff, ces radicaux se gênent moins entre eux qu'ils ne gêneraient les carboxyles. Aussi la position la plus stable devient-elle celle-ci (*fig.* 8);

Cela rendrait compte du fait que la formation d'anhydrides aux dépens des acides succiniques substitués devient de plus en plus facile à mesure qu'on s'élève dans la série.

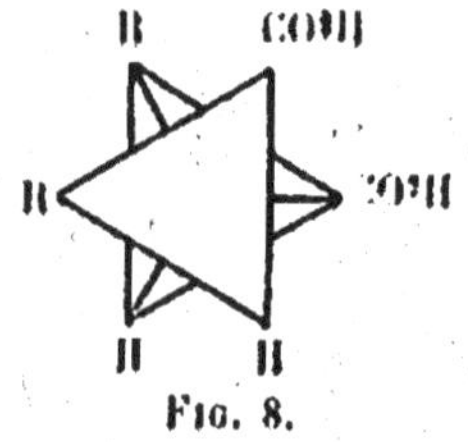

Fig. 8.

Il est inutile de dire que ces hypothèses auraient comme conséquence l'existence d'une quantité d'isomères géométriques qui n'existent pas. Bischoff lui-même a reconnu, après des recherches très minutieuses, l'impossibilité d'obtenir, par exemple, deux acides succiniques différents à partir des acides maléique et fumarique ou de l'anhydride succinique. Hantzsch l'avait du reste déjà tenté en vain. Aussi ces nouvelles théories doivent-elles être rejetées jusqu'à nouvel ordre.

Nous ne pouvons cependant pas nier qu'il ne s'exerce des actions spécifiques entre les groupements rattachés à des carbones voisins. Ne voyons-nous pas, dans l'acide malonique par exemple, l'hydrogène du carbone médian prendre des propriétés acides sous l'influence des carboxyles; avec l'éther acétylacétique, il se passe des faits analogues. Pourquoi n'y aurait-il pas aussi bien des répulsions et des attractions? Quoi qu'il en soit, si celles-ci existent, elles sont trop faibles pour donner lieu à des isomères, ou tout au moins ces derniers sont trop peu stables pour être reconnus dans les conditions ordinaires.

Quant à l'hypothèse de Wislicenus, du moment qu'on la prend dans un sens modéré, nous allons voir qu'elle peut expliquer d'une façon très plausible bien des réactions et des transformations d'isomères les uns dans les autres, et c'est par son application à la détermination de la configuration des dérivés éthyléniques que je commencerai.

Configuration des dérivés non saturés. — Un dérivé de la forme CHX = CHY peut exister, comme vous le savez, sous deux formes isomériques représentées par les figures ci-contre (*fig.* 9 et 10).

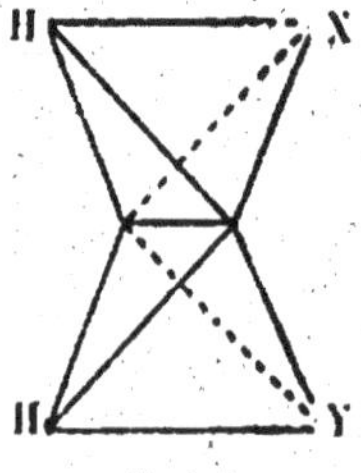

Fig. 9.

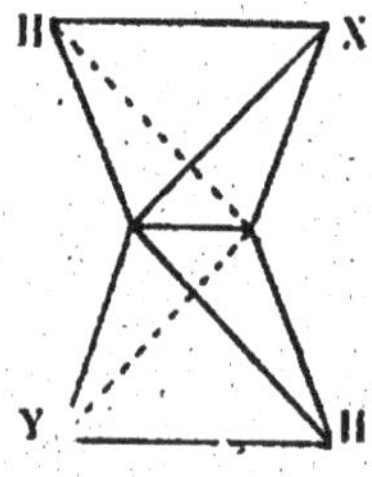

Fig. 10.

Pour décider entre ces deux configurations, il y a une série de moyens qui sont :

1° *La comparaison avec les dérivés saturés obtenus par simple addition.* — Je n'ai qu'à rappeler le cas de la transformation des acides maléique et fumarique en acides tartriques inactif indédoublable et racémique, cas trop connu pour que je m'y arrête.

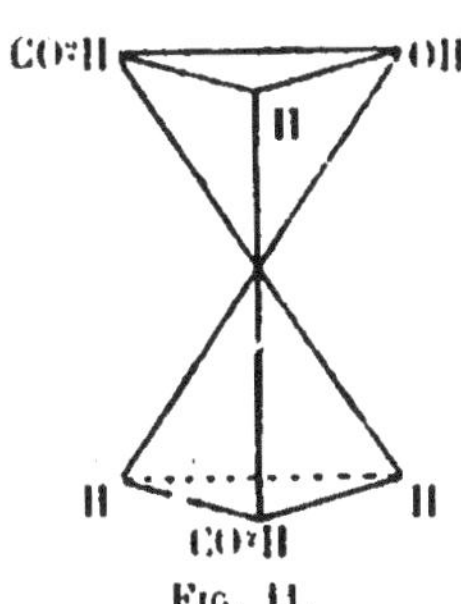

Fig. 11.

La réaction inverse peut aussi fournir des indications. Vous savez, Messieurs, que l'acide malique dont la position avantagée est celle de la figure 11, donne par déshydratation l'acide fumarique. De même l'acide dibromosuccinique fournira par perte d'acide bromhydrique l'acide bromofumarique.

2° *L'étude des relations qui existent entre deux isomères géométriques et le passage de l'un à l'autre par l'intermédiaire des dérivés monohalogénés.* — Cette réaction étant caractéristique pour la série des acides oléique et élaïdique, nous nous en occuperons en détail en parlant de l'isomérie de ces acides.

3° *La formation de chaînes fermées, qui n'est possible que lorsque les groupes réagissants sont voisins l'un de l'autre.* — C'est le cas des anhydrides et des lactones ; les acides maléique et citraconique offrent un exemple frappant des premiers ; nous retrouverons les autres à propos des sucres et de la coumarine.

Inversement, l'ouverture de chaînes fermées non saturées nous fournira des indications utiles. Ainsi, les dérivés obtenus par rupture du noyau benzénique sont tous analogues à l'acide maléique, puisque les deux atomes d'hydrogène entre lesquels se trouve la double liaison (*fig.* 12) sont du même côté de l'arête commune.

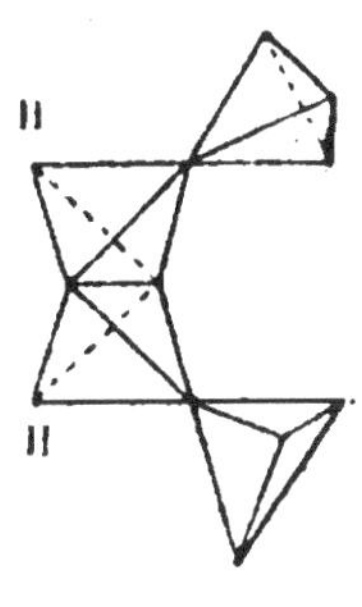

Fig. 12.

Ceci suppose qu'il n'y a pas transposition interne des groupements.

En partant du benzène, on peut obtenir un acide trichloracétyl-acrylique, qui perd facilement une molécule de chloroforme sous l'action de l'eau et se transforme en acide maléique.

Le phénol oxydé par le permanganate donne, comme dernier terme, de l'acide tartrique inactif qui est lui-même un produit d'oxydation de l'acide maléique.

Enfin les dérivés thiophéniques peuvent fournir des acides citraconiques substitués, mais jamais d'acide mésaconique.

5° *Enfin, la rupture d'une liaison des dérivés acétyléniques don-*

nera toujours un corps de la série maléique. — Nous verrons que l'acide tétrolique fixe une molécule d'acide chlorhydrique pour donner l'acide β chlorisocrotonique, de même que l'acide bénique fournit surtout de l'acide érucique. La série aromatique nous offrira plusieurs applications de ce procédé.

Ces principes établis, nous allons pouvoir expliquer, en nous servant de l'hypothèse de Wislicenus, l'action de transformation qu'exercent les acides minéraux ou les éléments halogénés sur les *acides fumarique et maléique* et leurs homologues.

En effet, vous savez, Messieurs, que les acides halogénés transforment très rapidement l'acide maléique en acide fumarique, tandis que ce dernier ne peut donner que des dérivés d'addi- 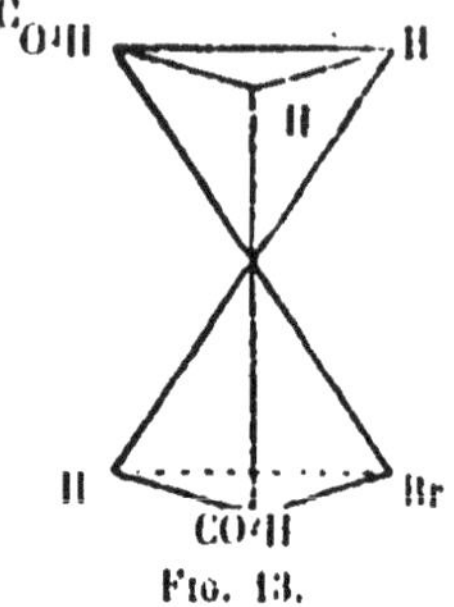
tion tels que les acides succiniques monosubstitués. Selon Wislicenus, la position avantagée après fixation d'acide bromhydrique, par exemple, est représentée par la figure 13 en raison de la répulsion des carboxyles. Si ensuite on enlève une molécule d'acide bromhydrique, on tombe sur l'acide fumarique. Tandis que, si l'on part de ce dernier, il n'y a aucune raison pour que la position change, et l'on reviendra toujours à l'acide fumarique.

Fig. 13.

Ce dernier fixe deux atomes de brome pour donner un acide dibromosuccinique que l'eau bouillante transforme intégralement en acide monobromomaléique. La réaction se passe de la façon suivante (*fig.* 14 à 17) :

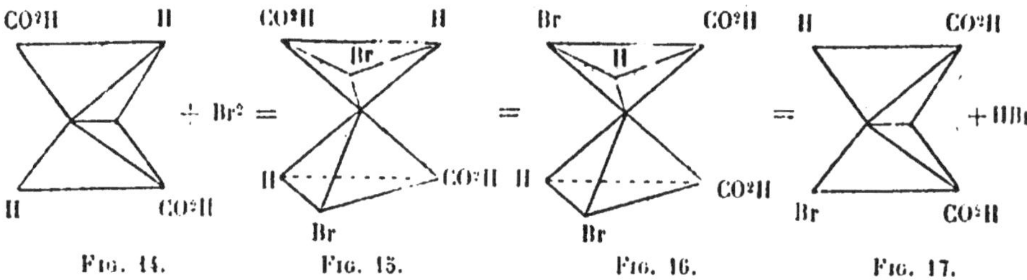

Fig. 14.   Fig. 15.   Fig. 16.   Fig. 17.

L'affinité du brome pour l'hydrogène est dans ce cas plus forte que la répulsion des carboxyles. La réaction inverse se passe avec l'acide isodibromosuccinique dérivé de l'acide maléique.

Ce qui vient d'être dit peut s'appliquer aussi bien aux homologues des précédents, *les acides mésaconique et citraconique,* obtenus par distillation sèche de l'acide citrique et de l'acide paraconique. Le second

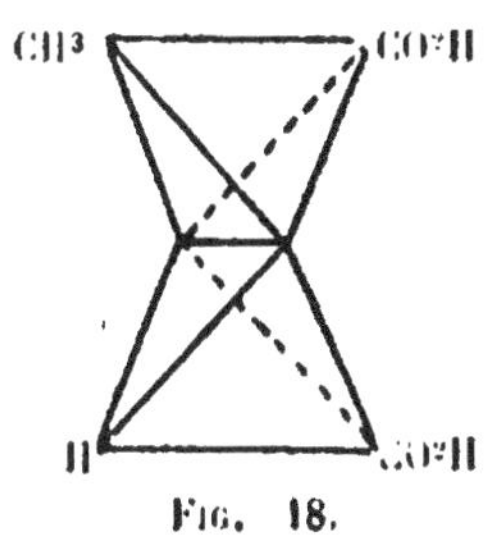

Fig. 18.

fixe de l'acide bromhydrique en donnant l'acide mésaconique. Leur configuration est déterminée simplement par le fait que l'acide citraconique

$$CO^2H.CH = C \Big\langle {CH^3 \atop CO^2H}$$ donne un anhydride,

tandis que l'autre n'en donne pas. Le premier est donc analogue à l'acide maléique (*fig.* 18). Des homologues suivants, on ne connaît qu'un isomère, l'acide pyrocinchonique.

Série de l'acide oléique. — Avant d'appliquer aux *homologues de l'acide acrylique* les principes dont je me suis servi jusqu'ici, je mentionnerai une réaction très générale et caractéristique. Afin de simplifier et d'éviter le dessin d'une série de tétraèdres, je représenterai la configuration d'un dérivé éthylénique Cab = Ca'b' et de son isomère par les schémas suivants (I) et (II); celle d'un dérivé saturé Cabc — Ca'b'c' obtenu à partir de (I) par le schéma (III) en convenant que les positions a,a'; b,b'; c,c' sont respectivement l'une au-dessous de l'autre lorsqu'on rétablit les tétraèdres.

$$
\begin{array}{ccc}
a - C - b & a - C - b & \begin{array}{c} c \\ | \\ a - C - b \end{array} \\
\| & \| & | \\
a' - C - b' & b' - C - a' & \begin{array}{c} a' - C - b' \\ | \\ c' \end{array} \\
(I) & (II) & (III)
\end{array}
$$

Les acides de la série oléique et élaïdique ont pour formule générale:

$$
\begin{array}{cc}
R.C.H & R.C.H \\
\| & \| \\
H.C.CO^2H & CO^2H.C.H
\end{array}
$$

Fixons-y une molécule de chlore. Il se forme d'abord

$$
\begin{array}{ccc}
\begin{array}{c} Cl \\ R.C.H \\ | \\ H.C.CO^2H \\ | \\ Cl \end{array} & et & \begin{array}{c} Cl \\ R.C.H \\ | \\ CO^2H.C.H \\ | \\ Cl \end{array}
\end{array}
$$

Mais les positions avantagées sont en raison de l'affinité du chlore pour l'hydrogène :

$$
\begin{array}{c}
Cl \\
R.C.H \\
| \\
CO^2H.C.Cl \\
| \\
H
\end{array}
\qquad\qquad
\begin{array}{c}
Cl \\
R.C.H \\
| \\
Cl.C.CO^2H \\
| \\
H
\end{array}
$$

Par perte d'une molécule d'acide chlorhydrique, il peut se former dans le premier cas deux acides monochlorés isomériques, dans le second il n'y en a qu'un de possible.

$$
\begin{array}{c}
R.C.H \\
\| \\
CO^2H.C.Cl
\end{array}
\quad et \quad
\begin{array}{c}
R.C.Cl \\
\| \\
CO^2H.C.H
\end{array}
\qquad
\begin{array}{c}
R.C.H \\
\| \\
Cl.C.CO^2H
\end{array}
$$

Remarquons que les deux premiers sont des dérivés monochlorés de l'isomère de l'acide dont on est parti et qu'il en est de même du troisième. En outre, ce dernier ne perdra que très difficilement une nouvelle molécule d'acide chlorhydrique, tandis que les autres le font facilement en donnant un acide acétylène-carbonique.

Appliquons maintenant ceci à la série oléique.

1° *Acides crotonique et isocrotonique.* — L'identité de composition de ces deux acides est établie depuis que Friedrich a démontré que, déjà bien au-dessous de la température où ils se transforment l'un dans l'autre, leurs dérivés β. chlorés traités par les alcalis fournissent un même dérivé, l'acide tétrolique $CH^3.C\equiv C.CO^2H$. Mais, étant donné que ce dernier s'obtient bien plus facilement à partir de l'acide β chloriso-crotonique, il est naturel d'attribuer à celui-ci la formule (I) et à l'acide isocrotonique la formule (II), nous venons de voir pourquoi.

$$
\begin{array}{c}
CH^3.C.Cl \\
\| \\
CO^2H.C.H. \\
(I)
\end{array}
\qquad\qquad
\begin{array}{c}
CH^3.C.H \\
\| \\
H.C.CO^2H \\
(II)
\end{array}
$$

Inversement, par fixation d'acide chlorhydrique sur l'acide tétrolique, on obtient exclusivement l'acide β. chlorisocrotonique.

On connaît aussi du reste les acides α. chlorocrotoniques. Fixons du chlore sur l'acide isocrotonique ; la position avantagée étant celle de la figure (III), la perte d'une molécule d'acide chlorhydrique amène la formation d'acide α. chlorocrotonique. Inversement, en partant de l'acide crotonique ordinaire, on arrive à l'acide α isochlorocrotonique.

$$
\begin{array}{c}
\text{H} \\
| \\
\text{Cl.C.CH}^3 \\
| \\
\text{H.C.CO}^2\text{H} \\
| \\
\text{Cl} \\
\text{(III)}
\end{array}
$$

2° *Acides tiglique et angélique* $CH^3.CH = C\!\!<^{CH^3}_{CO^2H}$. — Ils ont été étudiés principalement par M. Fittig et ses élèves. On les retire de l'essence de camomille où ils existent à l'état d'éthers amyliques et hexyliques, et on les sépare par la différence de solubilité de leurs sels de calcium et de cadmium. Mais pendant longtemps ces deux acides ont été confondus. Le point de fusion de l'un était donné à l'autre, etc. Leur constitution chimique a été élucidée par M. Fittig.

Lorsqu'on chauffe l'acide bromohydrotiglique avec le carbonate de potasse, on obtient, de l'acide carbonique et du bromopseudobutylène $CH^3.CH = CBr.CH^3$.

L'acide angélique chauffé pendant quarante heures avec de l'eau se transforme en acide tiglique ; le même fait se passe lorsqu'on distille le mélange des deux acides après avoir décomposé leurs sels de potassium par l'acide sulfurique. M. Fittig a cru que l'acide bromhydrique et le brome réagissaient sur les deux acides pour donner un même acide bromohydrotiglique ou un acide dibromohydrotiglique, quoique avec une facilité et des rendements différents. On a reconnu depuis que c'était inexact. L'acide angélique (comme l'acide tiglique) fournit un pseudobutylène bromé spécial d'après l'équation :

$$
\begin{array}{c}
CH^3.C.H \\
\| \\
CH^3.C.CO^2H
\end{array}
+ Br^2 =
\begin{array}{c}
\overset{Br}{|} \\
CH^3.C.H \\
| \\
CH^3.C.CO^2H \\
| \\
Br
\end{array}
=
\begin{array}{c}
\overset{Br}{|} \\
CH^3.C.H \\
| \\
Br.C.CH^3 \\
| \\
CO^2H\ (Na)
\end{array}
=
\begin{array}{c}
CH^3.C.H \\
\| \\
Br.C.CH^3
\end{array}
+ HBr + CO^2 + (NaBr)
$$

La dernière partie de la réaction se fait en milieu alcalin, ce qui explique la rotation ; le sel de sodium se formant, le brome est attiré par le sodium et se place vis-à-vis du carboxyle.

L'acide tiglique donnerait de même un bromopseudobutylène $CH^3.C.H$

$\parallel$; mais ce dernier perd facilement une molécule d'acide brom-
$CH^3.C.Br$

hydrique en se transformant en crotonylène. C'est cette dernière réaction qui fixe la constitution des deux acides.

Les acides supérieurs de la série oléique sont transformés en leurs isomères par une trace d'acide nitreux. Tel est le cas des *acides oléique et élaïdique* (fig. I et II), des *acides sorbique et hydrosor- bique*, des *acides hypogéique et gaïdique* et enfin des *acides éru- cique et brassidique* $C^{19}H^{39}. CH = CH. CO^2H$.

$$
\begin{array}{cc}
C^{15}H^{31}.C.H & C^{15}H^{31}.C.H \\
\parallel & \parallel \\
H.C.CO^2H & CO^2H.C.H \\
(I) & (II)
\end{array}
$$

Si nous appliquons à ces derniers la réaction générale, nous verrons que le dérivé monochloré obtenu à partir de l'acide érucique se transforme bien plus facilement que l'autre en acide bénique $C^{19}H^{39}C. \equiv C.CO^2H$. Celui-là doit donc avoir une configuration analogue à celle de la figure I.

Quant à l'action du brome et de l'acide bromhydrique, tandis que dans l'obscurité la réaction générale prend naissance, à la lumière on obtiendrait, d'après Wislicenus, les dérivés bromés correspondants.

Ajoutons encore que les deux acides ne sont pas transformés l'un dans l'autre par l'action de l'amalgame de sodium en solution alcoo- lique.

Remarques sur la transposition interne des groupements. — Avant de passer à la série aromatique, j'ai une remarque à faire sur la réac- tion qui nous a permis de fixer la configuration des acides crotoniques.

Nous avons vu que, si l'acide β. chlorisocrotonique, obtenu indirecte- ment à partir de l'acide crotonique ordinaire, perd facilement une molé- cule d'acide chlorhydrique pour donner l'acide tétrolique, l'isomère subit également cette réaction, quoique avec une moindre facilité. Or, dans ce dernier le chlore et l'hydrogène ne sont pas vis-à-vis l'un de l'autre :

$$
\begin{array}{c}
CH^3.C.Cl \\
\parallel \\
H.C.CO^2H
\end{array}
$$

Comment expliquer ce fait ?

Wislicenus admet qu'il peut y avoir transposition interne de deux groupes liés au même carbone, soit directement, soit par l'intermédiaire d'un dérivé saturé dont l'existence, due à une fixation d'eau ou d'acide chlorhydrique, n'est du reste que momentanée.

Cette hypothèse n'a pas paru satisfaisante à M. Werner et, du reste, elle n'est, en général, pas vérifiée par l'expérience.

M. Werner fait complètement abstraction de la valence considérée comme force unique d'orientation constante issue du carbone. Il considère, au contraire, l'affinité comme un cas particulier et plus complexe de la gravitation universelle, comme une force résidant à la surface d'une sphère dont l'atome de carbone est le centre. Les résultantes agiraient autour de quatre points symétriques de la surface, placés aux sommets d'un tétraèdre régulier inscrit, de façon à fixer dans ces positions les groupements reliés au carbone. Mais ces points ne sont que des positions moyennes d'oscillation des groupements dont les mouvements, pendulaires ou autres, s'effectueraient par raison de symétrie dans deux plans rectangulaires, mais sans s'écarter de la surface de la sphère (*fig.* 19).

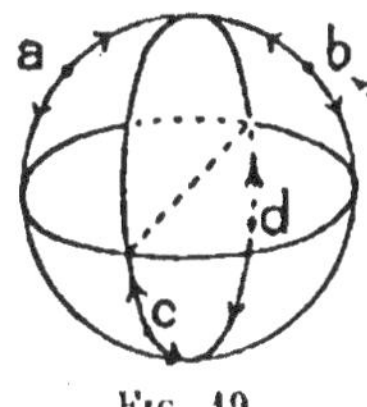

Fig. 19.

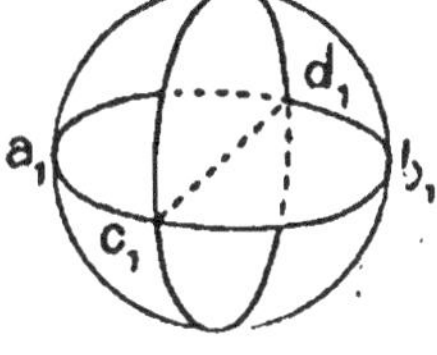

Fig. 20.

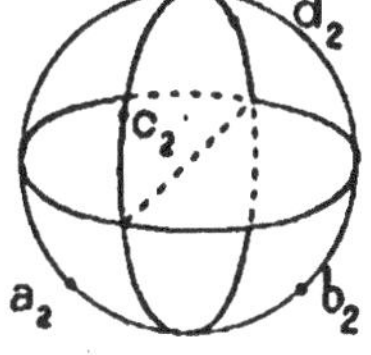

Fig. 21.

Or, si ces oscillations augmentent d'amplitude pour diverses raisons, par exemple sous l'influence de la chaleur, il peut arriver qu'à un moment donné les groupements soient tous dans un même plan a_1, b_1, c_1, d_1 (*fig.* 20). Mais alors, d'après Werner, ils ont autant de chance de revenir à leur position primitive que de prendre la position nouvelle de la figure 21.

S'il s'agit de quatre groupements différents, on passera ainsi d'un composé actif à son inverse, il y aura racémisation du corps.

Voilà pour le cas de la liaison simple. Quant à celui de la double liaison, la théorie en est moins simple. Je dirai seulement que M. Werner considère l'affinité qui unit les deux carbones comme formée de deux parties, l'une servant exclusivement de lien, et n'empêchant pas la rotation; l'autre, au contraire, l'empêchant, mais pouvant être considérablement affaiblie jusqu'à permettre cette rotation, et cela par divers agents, la chaleur entre autres.

Quoi qu'il en soit, nous devons reconnaître qu'il y a là une lacune que les hypothèses émises jusqu'ici, si nombreuses qu'elles soient sont insuffisantes à combler.

J'ai dit que la série aromatique nous offrirait de nombreuses applications des principes stéréochimiques. En premier lieu, nous trouvons les deux *dichlorures et les dibromures de tolane.*

$$C^6H^5.C.Cl \qquad\qquad C^6H^5.C.Cl$$
$$\| \qquad\qquad\qquad \|$$
$$C^6H^5.C.Cl \qquad\qquad Cl.C.C^6H^5$$

Les deux premiers ont été trouvés en même temps par *Zinine*, en faisant bouillir avec du zinc en solution alcoolique le tétrachlorure de tolane, obtenu lui-même par l'action du perchlorure de phosphore sur le benzile. Ils ont aussi été préparés par *Limpricht et Schwanert* en chauffant à 170 degrés le stilbène avec le perchlorure de phosphore.

L'un des isomères fond beaucoup plus bas et se forme en beaucoup plus grande quantité que l'autre, de quelque façon qu'ils aient été préparés. Voyons comment nous pouvons nous en rendre compte.

Par simple addition de chlore au tolane, nous obtenons évidemment le dichlorure qui fond à 143 degrés.

$$C^6H^5.C.Cl$$
$$\|$$
$$C^6H^5.C.Cl$$
$$(I)$$

Mais, si l'on part du tétrachlorure de tolane, pour lequel la position avantagée serait celle de la figure II, par enlèvement d'une molécule de chlore, on obtient l'autre dichlorure (*fig.* III), celui qui fond le plus bas, à 63 degrés, et qui est le plus abondant.

$$Cl$$
$$|$$
$$C^6H^5.C.Cl \qquad\qquad C^6H^5.C.Cl$$
$$| \qquad\qquad\qquad \|$$
$$Cl.C.Cl \qquad\qquad Cl.C.C^6H^5$$
$$|$$
$$C^6H^5$$
$$(II) \qquad\qquad\qquad (III)$$

Les deux dibromures se forment ensemble par addition de brome au tolane en solution dans l'éther ou le sulfure de carbone. Wislicenus explique la formation de l'isomère par une rupture momentanée de la double liaison ; cette rupture résulterait du fait qu'à la fin de la réaction le dibromure formé par addition directe fixe pour un instant une deuxième molécule de brome, pour la céder de nouveau au tolane inaltéré, mais seulement après avoir pris la position avantagée (*fig.* II) par une rotation devenue possible.

Parmi les dérivés du stilbène dont on ne connaît pas encore d'isomères, je pourrais citer les deux hydrobenzoïnes ; mais, l'isomérie géométrique de ces dernières n'étant pas encore absolument prouvée, je passerai sans m'y arrêter.

Acides cinnamique et isocinnamique. — MM. Michael et Norton ont établi que, lorsqu'on fixe l'acide bromhydrique sur l'acide phénylpropiolique, il se forme les deux isomères :

$$H.C.C^6H^5 \qquad\qquad Br.C.C^6H^5$$
$$\| \qquad\qquad\qquad \|$$
$$Br.C.CO^2H \qquad\qquad H.C.CO^2H$$

tandis qu'en traitant l'acide dibromophénylpropionique par la potasse alcoolique, on obtient :

$$C^6H^5.C.H \qquad\qquad C^6H^5.C.Br$$
$$\| \qquad\qquad\qquad \|$$
$$Br.C.CO^2H \qquad et \qquad H.C.CO^2H$$

La réduction de ces quatre acides bromés doit donner deux acides cinnamiques différents. Il est probable que ce sont les deux premiers qui fournissent l'acide ordinaire, tandis que, si l'on pouvait hydrogéner les derniers sans passer par l'acide bromophénylpropionique, on aurait l'acide isocinnamique.

Plus récemment, *M. Roser* a trouvé que le dibromure de l'acide phénylpropiolique est formé d'un mélange de deux isomères, tandis que le dichlorure ne fournit que de l'acide cinnamique ordinaire. Ces faits semblent contredire la théorie de Wislicenus, mais en étudiant de plus près la réaction tout s'explique facilement.

Roser opère à froid en solution chloroformique : il obtient d'abord des tables du dérivé

$$C^6H^5.C.Br$$
$$\|$$
$$CO^2HC.Br$$

et seulement à la fin de l'opération il se dépose des aiguilles de l'isomère. De plus, le premier étant traité dans une solution de clhoroforme et de ligroïne par un excès de brome, il cristallise par évaporation un mélange des deux acides. Le second traité de la même façon reste inaltéré. Il est donc plus stable.

M. Nissen, en chauffant longtemps le dichlorure avec le zinc et l'alcool, a pu effectuer l'hydrogénation. Mais, au lieu d'obtenir l'acide cinnamique ordinaire, c'est à l'acide isocinnamique qu'on arrive. Toutefois, *M. Liebermann* a fait remarquer que, grâce à cette ébullition prolongée avec le zinc et l'alcool, l'acide cinnamique formé d'abord a très bien pu se transformer en acide isocinnamique. A partir du diiodure, M. Liebermann n'a obtenu qu'un mélange d'acides isocinnamique et phénylpropiolique.

L'acide atropique $C^6H^5.C{<}^{CH^2}_{CO^2H}$, isomère non géométrique des précédents, n'a lui-même pas d'isomère géométrique. Ceux qu'on a cru découvrir n'étaient que des produits de polymérisation.

Enfin, je citerai encore les *acides coumarique et isocoumarique* qui donnent un même anhydride, la *coumarine (fig.* III).

$$\begin{array}{ccc} H.C.C^6H^4.OH & H.C.C^6H^4.OH & H.C.C^6H^4{\diagdown} \\ \| & \| & \|\quad {>}O \\ H.C.CO^2H & CO^2H.C.H & H.\ C.\ CO{\diagup} \\ \text{(I)} & \text{(II)} & \text{(III)} \end{array}$$

Si l'on dissout cette dernière dans une solution alcaline, on obtient des coumarates basiques peu stables de constitution :

$$\begin{array}{c} H.C.C^6H^4ONa \\ \| \\ H.C.CO^2Na \end{array}$$

Chauffés longtemps avec des alcalis très concentrés, ces sels se transforment en isocoumarates dont les propriétés sont très différentes.

En effet, l'acide isocoumarique est mis difficilement en liberté par les acides minéraux les plus forts, tandis que les coumarates sont déjà décomposés par un courant d'acide carbonique suivant l'équation :

$$\begin{array}{ccc} H.C.C^6H^4ONa & & H.C.C^6H^4{\diagdown} \\ \| & +\ CO^2\ =\ CO^3Na^2\ + & \|\quad {>}O \\ H.C.CO^2Na & & H.C.CO{\diagup} \end{array}$$

Pour redonner la coumarine, l'acide isocoumarique doit d'abord être transformé en dérivé saturé par addition d'acide bromhydrique fumant, puis chauffé avec l'eau.

M. Perkin, et après lui *MM. Fittig et Ebert*, ont également remarqué l'isomérie des éthers isocoumariques qu'on obtient par condensation de l'aldéhyde salicylique méthylée avec l'acide acétique, d'une part, et de l'autre des éthers coumariques obtenus à partir des coumarates basiques et des iodures alcoylés.

En raison de sa facile transformation en anhydride, il est naturel d'attribuer à l'acide coumarique la formule (I) et à son isomère la formule inverse.

$$H.C.C^6H^4OH$$
$$\|$$
$$H.C.CO^2H$$
(I)

$$H$$
$$|$$
$$OK.C^6H^4.C.H$$
$$\|$$
$$H.C.CO^2K$$
$$|$$
$$OK$$
(II)

La transformation du premier dans le second pourrait s'expliquer par une fixation des éléments de l'alcali, puis, la position avantagée étant celle représentée (*fig.* II), l'élimination de la potasse fournirait un orthocoumarate.

Lors de 'a fixation d'acide bromhydrique sur l'acide isocoumarique, le sel de potassium n'existant plus, la tendance à former une lactone suffirait pour faire tourner le système jusqu'à rendre voisins les groupements $C^6H^4.OH$ et CO^2H.

De même, les éthers obtenus avec les iodures et les coumarates basiques sont les éthers coumariques, tandis que ceux qu'on prépare avec les aldéhydes sont des éthers isocoumariques, comme le montrent les schémas ci-contre (*fig.* 22 et 23).

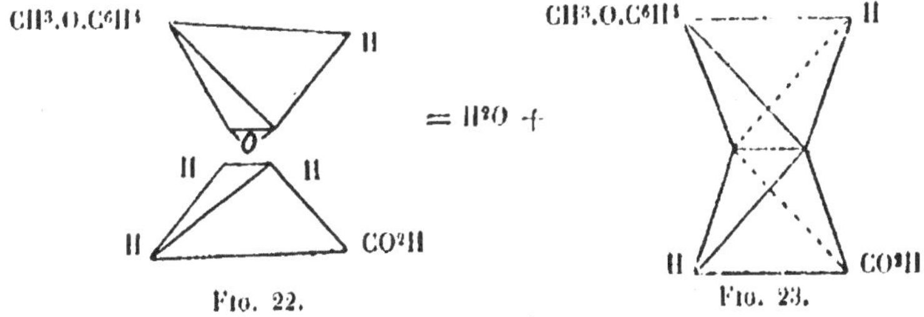

Fig. 22.   Fig. 23.

Réaction de Fittig. — Jusqu'à présent, Messieurs, nous n'avons appliqué l'hypothèse de Wislicenus qu'à l'étude des isoméries des acides ou des dérivés non saturés. Avant de passer à un sujet un peu différent, il nous reste à l'appliquer d'une façon assez originale à une réaction découverte par Fittig. Il s'agit de la décomposition des sels des acides dont la chaîne comprend au moins trois carbones et dans lesquels du chlore ou du brome est substitué en position α ou en α et β.

M. Kekule, puis *M. Fittig* et ses élèves ont trouvé en effet que les sels neutres de potassium ou de sodium de ces acides sont décomposés par la chaleur avec formation d'un dérivé non saturé et du bromure alcalin en même temps qu'il se dégage de l'acide carbonique.

Ainsi, l'acide β.bromophénylpropionique donne du styrolène d'après l'équation :

$$C^6H^5CHBr.CH^2CO^2.Na = NaBr + CO^2 + C^6H^5.CH = CH^2.$$

A cette époque, cet acide bromohydrocinnamique (qui fond à 137 degrés) était considéré comme ayant le brome en position α. Aussi, M. Fittig admettait-il que, pour que la réaction pût se faire, l'atome de brome devait être fixé au même carbone que le carboxyle. S'il en est ainsi, il faudrait supposer que, dans l'exemple cité plus haut, il y a transposition d'un atome d'hydrogène.

$$
\begin{array}{ccccccc}
C^6H^5 & & & & & & \\
| & & & & & & C^6H^5 \\
CH^2 & & & & & & | \\
| & = & NaBr & + & CO^2 & + & CH \\
CHBr & & & & & & \| \\
| & & & & & & CH^2 \\
CO^2Na & & & & & &
\end{array}
$$

De même, *Kolbe* prétendait que le propylène bromé obtenu à partir de l'acide $\alpha\beta$. dibromocrotonique avait son brome en α, tandis que c'est le contraire :

$$
\begin{array}{ccccccc}
CH^3 & & & & & & \\
| & & & & & & CH^3 \\
CHBr & & & & & & | \\
| & = & NaBr & + & CO^2 & + & CH \\
CHBr & & & & & & \| \\
| & & & & & & CHBr \\
CO^2Na & & & & & &
\end{array}
$$

M. Erlenmeyer a combattu l'hypothèse de Fittig en proposant pour l'acide bromophénylpropionique la première formule, ce qui évite d'admettre une transposition. A l'appui de sa manière de voir, il a montré que le chlorostyrolène obtenu par décomposition d'un sel neutre de l'acide $\alpha\beta$ dichlorohydrocinnamique est différent de celui qui se forme à partir de l'acétophénone par les réactions suivantes, et qu'on sait avoir le chlore en α :

$$CH^3.CO.C^6H^5 \;+\; PCl^5 \;=\; POCl^3 \;+\; C^6H^5.CCl^2.CH^3$$
$$C^6H^5.CCl^2.CH^3 \;=\; HCl \;+\; C^6H^5.CCl = CH^2$$

Depuis lors, plusieurs faits sont venus confirmer l'opinion d'Erlenmeyer. *M. Wallach* a trouvé que l'acide $\beta\beta$. dichloracrylique, formé en réduisant le chloralide par le zinc et l'acide chlorhydrique, se décompose à chaud en donnant de l'acétylène chloré :

$$\begin{array}{c} CCl^2 \\ \| \\ CH \\ | \\ CO^2Na \end{array} \;=\; NaCl \;+\; CO^2 \;+\; \begin{array}{c} CCl \\ \|\| \\ CH \end{array}$$

MM. Otto et Beckurts ont montré que les sels de l'acide dichlorodiméthylsuccinique symétrique, bouillis avec l'eau, donnent de l'acide tiglique α. chloré. Le chlore en β a été enlevé par le potassium.

$$\begin{array}{c} CO^2K \\ | \\ CH^3C.Cl \\ | \\ CH^3C.Cl \\ | \\ CO^2K \end{array} \;=\; KCl \;+\; CO^2 \;+\; \begin{array}{c} CO^2K \\ | \\ C.CH^3 \\ \| \\ CH^3.C.Cl \end{array}$$

Antérieurement, du reste, *M. Petri*, un élève de Fittig, avait obtenu par l'ébullition d'une solution aqueuse d'acide tribromosuccinique, un acide $\alpha\beta$. dibromacrylique :

$$\begin{array}{c} CO^2H \\ | \\ CHBr \\ | \\ CBr^2 \\ | \\ CO^2H \end{array} \;=\; HBr \;+\; CO^2 \;+\; \begin{array}{c} CHBr \\ \| \\ CBr \\ | \\ CO^2H \end{array}$$

Cette réaction singulière s'explique fort bien si nous construisons le schéma tétraédrique de la chaîne. Prenons pour exemple l'acide phényl β. bromopropionique (*fig.* 24). En vertu de l'affinité du brome pour le sodium qui tend à rapprocher le plus possible les sommets *1* et *4*, ceux-ci sont compris dans le même plan que les sommets *2* et *3*. Il est facile de calculer l'éloignement des sommets *3* et *1* et celui de *1* et *4*. Ce dernier est au premier dans le rapport de 1,02 à 1. Si l'on tient compte du fait que l'atome de sodium n'est pas exactement au sommet *1*, mais qu'il se trouve rapproché de *4*, puisqu'il est relié au carbone par l'oxygène ; si en outre, par suite de l'affinité du brome pour le sodium, les axes des tétraèdres ne sont plus rigoureusement sur le prolongement l'un de l'autre, mais s'ils sont déviés plus ou moins vers l'intérieur de la chaîne, on voit que l'éloignement du sodium et du brome est fortement réduit, et la réaction se fera facilement, plus facilement en tous cas qu'avec un atome de brome ou de chlore relié au deuxième carbone en *5* ou en *6*.

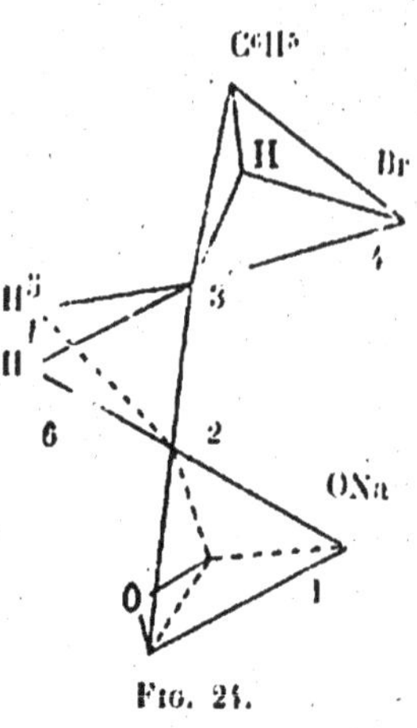

Fig. 24.

Simultanément, la valence de l'oxygène restée libre se sature par rupture de la liaison 2, tandis qu'il se forme du styrolène et du bromure de sodium (*fig.* 25).

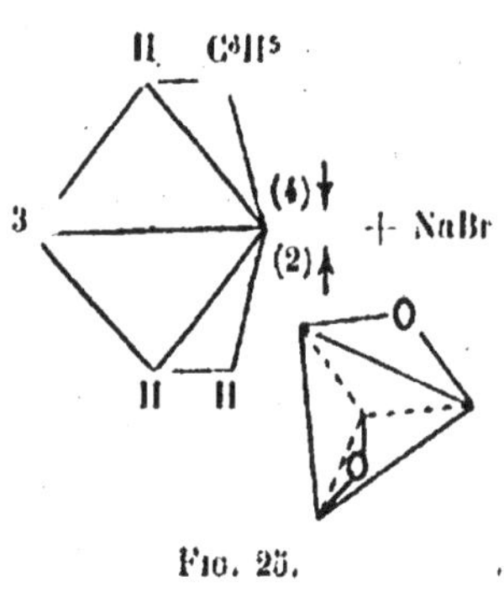

Fig. 25.

La réaction, je dois le dire, ne se fait pas toujours avec la même facilité. Ainsi les αβ. dibromobutyrates doivent être chauffés assez longtemps au bain-marie. Cela résulte de l'influence que peuvent exercer les groupements qui restent attachés aux tétraèdres, et dans certains cas la théorie permet de se rendre compte exactement de ce qui se passe.

Ainsi Wislicenus fait remarquer que, tandis que pour l'acide dibromophénylpropionique la position avantagée (*fig.* 26) facilite grandement la réaction, dans le cas de l'acide dibromobutyrique, on se trouve en présence de deux configurations presque également favorisées (*fig.* 27 et 28) et dont la première est défavorable à la réaction.

A côté de cette réaction fondamentale, il y en a souvent d'autres qui prennent naissance en même temps, et qui sont également explicables si l'on tient compte des distances qui séparent les atomes entrant en réactions. Ces réactions dites *parallèles* dépendent des conditions dans lesquelles on opère, et les proportions dans lesquelles elles ont lieu peuvent varier beaucoup.

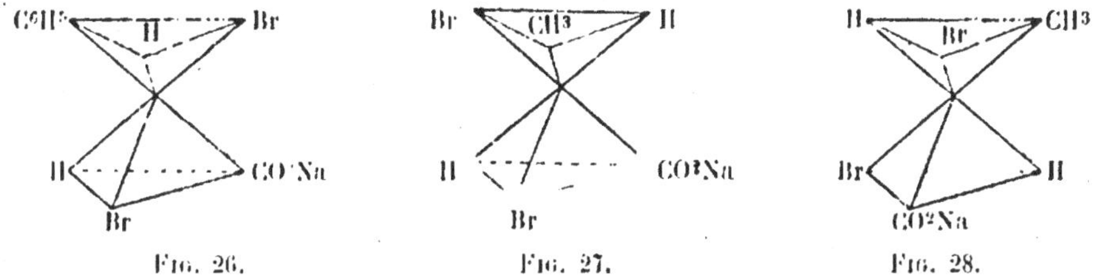

FIG. 26.   FIG. 27.   FIG. 28.

Reprenons l'exemple de l'acide phényl. β. bromopropionique. La formation de styrolène ne se fait que si la solution est neutre ou très légèrement additionnée d'un carbonate alcalin. S'il y a excès d'alcali, la décomposition se fait autrement. Voici les trois équations suivant lesquelles la réaction peut avoir lieu :

$$C^6H^5.CHBr.CH^2CO^2Na = NaBr + CO^2 + C^6H^5.CH = CH^2$$

$$2C^6H^5.CHBr.CH^2.CO^2Na + Na^2CO^3$$
$$= 2NaBr + CO^2 + H^2O + 2C^6H^5.CH^2.CH^2.CO^2Na$$

$$2C^6H^5.CHBr.CH^2.CO^2Na + H^2O + CO^3Na^2$$
$$= 2NaBr + CO^2 + 2C^6H^5.CHOH.CH^2.CO^2Na.$$

En solution légèrement carbonatée nous obtenons 65 p. 100 de styrolène, 30 p. 100 d'acide phényllactique, et seulement 5 p. 100 d'acide cinnamique.

L'acide phénylbromocinnamique chauffé avec l'eau seulement no donne pas de styrolène, mais de 38 à 40 p. 100 d'acide cinnamique et 60 p. 100 d'acide phényllactique ; tandis qu'avec la potasse alcoolique il se forme parties égales de styrolène et d'acide cinnamique.

Voici comment Wislicenus explique ces diverses réactions :

La position la moins avantagée pour l'acide libre et en même temps la plus avantagée pour le sel neutre étant celle de la figure 29, l'acide libre donnera de l'acide cinnamique puisqu'il y aura eu rotation (*fig.* 30), tandis que le sel neutre fournira du styrolène. Mais, s'il y a un excès d'alcali en présence, l'atome de brome pourra être éliminé par une molécule de potasse avant d'avoir pu réagir sur le sodium du carboxyle. En même temps, l'hydroxyle restant enlèvera un hydrogène en position z, et il se formera de l'acide cinnamique. Enfin, il peut y avoir simple substitution de l'hydroxyle au brome, ce qui empêche la formation d'une double liaison. Les dibromures des acides cinnamique et crotonique offriraient des exemples tout à fait analogues sur lesquels je n'insiste pas.

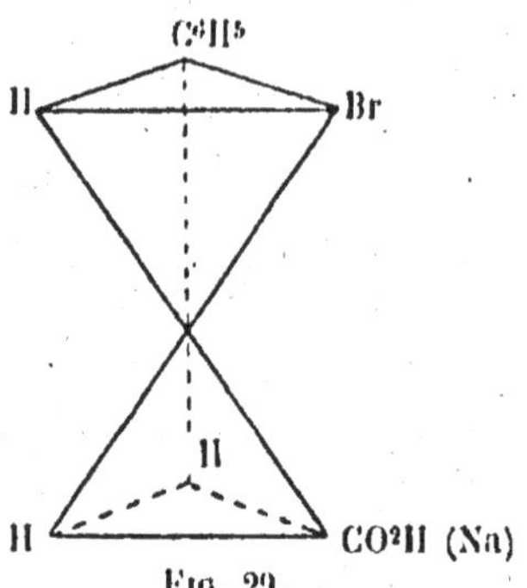

Fig. 29.

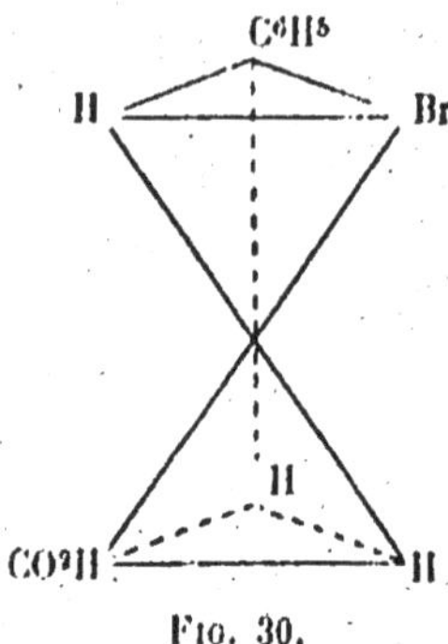

Fig. 30.

J'ajouterai seulement que, lorsqu'on fixe sur des acides isomériques non saturés du chlore ou du brome, la réaction de Fittig donne naissance, en général, à des isomères également non saturés. Toutefois, cette loi émise par Wislicenus, si elle n'a été contredite jusqu'ici par aucun fait, a pourtant besoin d'être vérifiée sur un plus grand nombre de cas.

Nous arrivons au bout des applications de la théorie de Wislicenus, et j'espère vous avoir convaincus, Messieurs, que, si cette restriction que l'affinité chimique semble apporter à l'hypothèse de la liaison mobile n'a pas en sa faveur de preuves directes, du moins ses conséquences rendent son adoption sinon nécessaire, du moins très utile. Mais, si cette première notion nous a déjà rendu beaucoup de services, il nous en reste d'autres à introduire, qui ne seront pas moins fructueuses en résultats théoriques. En premier lieu, il y a celle de la *tension* produite par la *déformation des tétraèdres* ou la *déviation des axes de rotation*, dans les chaînes fermées.

II. Étude des chaînes fermées. — Un des principes fondamentaux que j'ai rappelés en commençant cette conférence, consiste, vous vous en souvenez, Messieurs, à admettre que deux carbones simplement liés ont leur sommet commun sur l'axe qui joint les centres des tétraèdres supposés réguliers.

Lorsqu'il s'agit de chaînes ouvertes, cette hypothèse est absolument compatible avec les faits d'expériences. Mais, si la chaîne vient à se fermer par suite de la formation d'un anhydride et d'une lactone, il n'en est plus de même. On sait depuis longtemps, en effet, que les anhydrides ne peuvent se former que lorsque les carboxyles sont en position γ, et les lactones lorsque les groupements alcooliques et acides sont en position γ ou rarement en position δ.

Si nous construisons la chaîne des tétraèdres que nous supposerons réguliers, nous verrons que c'est la position γ qui convient le mieux à l'intercalation d'un oxygène destiné à fermer la chaîne (*fig.* 31).

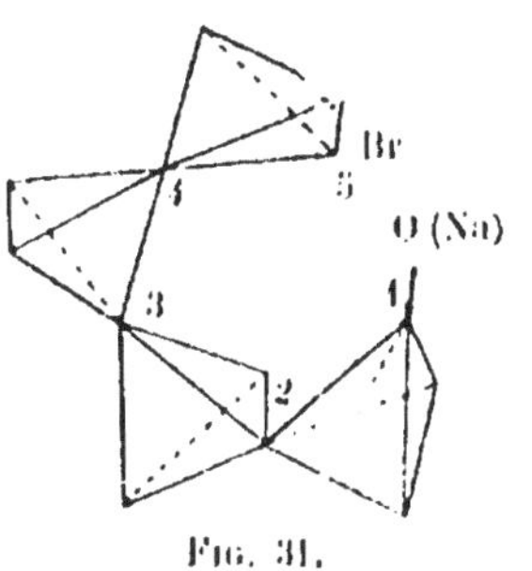

Fig. 31.

On sait, en effet, par la théorie du frottement interne des gaz, que les diamètres atomiques du carbone et de l'oxygène sont du même ordre de grandeur. Si l'on calcule les distances du sommet 1 à tous les autres, on obtiendra les chiffres suivants :

Sommets	1 à 3	1 à 4	1 à 5	1 à 6
Distances	1	1,02	0,67	0,07

Ainsi, en position δ l'atome d'oxygène aurait plus de peine à s'intercaler qu'en position γ, à laquelle correspond la fermeture de la chaîne la plus facile. En effet, les sels des acides γ chlorés n'existent pas à la température ordinaire, l'anhydride se faisant immédiatement. Mais, même en position γ, cet atome d'oxygène exerce une traction sur les tétraèdres terminaux, traction qui n'est encore que faible et ne modifie que peu la déviation des axes des tétraèdres. On sait en effet que dans un anneau pentaméthylénique l'angle intérieur de deux arêtes consécutives est de 108° 44′ au lieu de 109° 28′ qui est sa valeur normale en chaîne ouverte, et j'ai dit tout à l'heure que le carbone et l'oxygène ont sensiblement le même diamètre. Toutefois certains anhydrides, comme ceux des acides méthyl et éthylsuccinique, ne se font que difficilement, ce qui montre que cette tension peut prendre dans certains cas une valeur suffisante pour empêcher la fermeture de la chaîne.

Quant aux *lactones* dont la position avantagée serait, d'après Wislicenus, celle de la figure (32), on comprend que la réaction soit plus lente. Ce n'est que par l'action de la chaleur ou d'autres agents que les deux hydroxyles viendraient vis-à-vis l'un de l'autre et qu'il pourrait se faire une élimination d'eau. Mais, si un atome d'hydrogène du carbone (*a*) était remplacé par un carboxyle, le groupe OH changera de place, car le carboxyle tendra à se rapprocher davantage de l'hydrogène, et la formation de l'anhydride redevient facile. C'est ce qui se présente pour° les acides itamalique, diatérébique, etc.

Les lactones en δ se font aussi, mais bien plus difficilement, à partir des oxyacides gras. Il est probable que l'oxygène, ne trouvant plus assez de place pour s'intercaler entre les carbones terminaux, force la chaîne à s'ouvrir en dehors ou la déforme de façon que les sommets 1,2,3,4,5 ne soient plus dans un même plan. Inutile de dire qu'il ne peut se former de lactones α ou β, la tension de la chaîne serait alors trop forte. J'aurai à revenir d'ailleurs sur la formation des lactones en parlant des sucres.

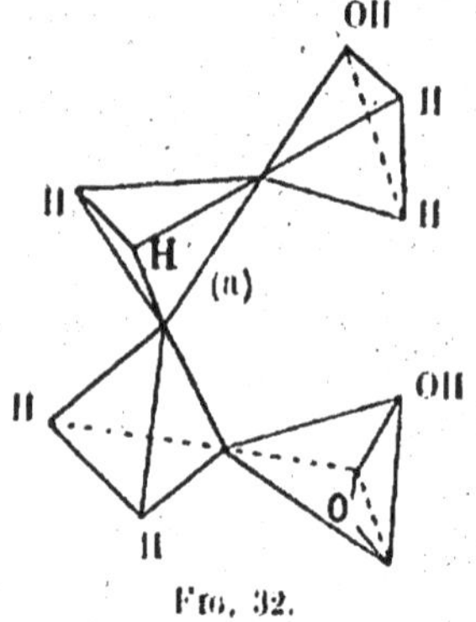

Fig. 32.

Quelques mots maintenant sur les *chaînes polyméthyléniques*.

Nous avons admis que les quatre valences du carbone, dirigées primitivement vers les sommets du tétraèdre régulier, peuvent être déviées de cette direction lorsque les groupements qui y sont fixés ne sont pas identiques, et nous venons de voir en particulier, que lorsque deux carbones voisins font partie d'une chaîne fermée, les droites Ca et C'a qui joignent les carbones au sommet commun, ne sont pas sur le prolongement l'une de l'autre, mais qu'elles sont plus ou moins déviées suivant les cas ; qu'il en résulte une certaine tension de la valeur de laquelle dépend la stabilité de la chaîne (*fig.* 33). C'est ce dernier point que

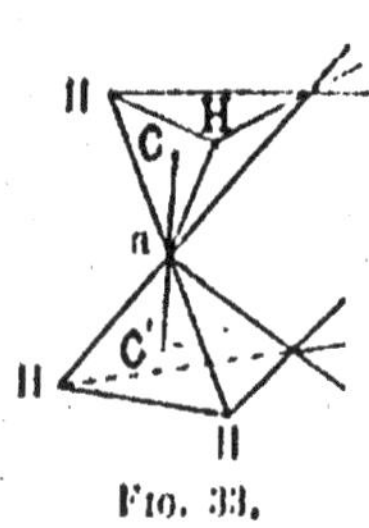

Fig. 33.

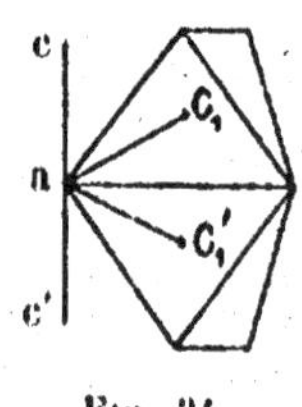

Fig. 34.

M. Baeyer a mis en évidence dans sa *théorie des tensions* (Spannungs theorie).

Je rappelle que, lorsque les valences gardent leur direction primitive, elles font entre elles des angles de 109° 28′, et les droites Ca et C'a n'en font qu'une seule. Si nous passons aux anneaux polyméthyléniques, nous voyons que la déviation de Ca, qui est de 55° 41′ dans le cas d'une double liaison (*fig.* 34), devient successivement 0° 34′ pour le tétraméthylène, et 0° 44′ pour le pentaméthylène; pour l'hexaméthylène au contraire l'écartement vers l'extérieur de chaîne est de 5° 16′. La stabilité devrait donc croître d'après Baeyer jusqu'au terme C^6H^{10}. En réalité, ce sont les anneaux penta. et hexaméthyléniques qui s'ouvrent le plus difficilement. Les déterminations calorimétriques semblent toutefois être un peu en désaccord avec cette théorie; on a trouvé que c'est pour la fermeture d'une chaîne en C^4 qu'il faut le maximum d'énergie.

Si nous passons enfin à la triple liaison, la déviation s'élève à 70° 32′, la tension devient considérable, aussi les corps polyacétyléniques jouissent-ils d'une instabilité remarquable, et leurs dérivés cupriques et argentiques sont extrêmement explosifs, comme l'a montré M. Baeyer.

Quelles sont maintenant les isoméries possibles dans ces dérivés cycliques?

Sauf pour l'hexaméthylène et les homologues supérieurs, la déviation des axes ayant toujours lieu vers l'intérieur de la chaîne, il est clair que les sommets de jonction des tétraèdres des corps polyméthyléniques seront dans un même plan. Dans le cas de l'hexahydrure de benzène, par contre, il y a détente complète, et l'on pourrait admettre, au lieu d'un écartement des axes, une déformation de la chaîne qui irait alors en zig-zag. Par suite un corps C^6X^{12} aurait deux configurations possibles :

L'une, fixe, admettrait un plan de symétrie médian, les sommets de jonction se trouvant en zig-zag, mais trois par trois sur deux plans parallèles, et les sommets libres disposés sur trois plans également parallèles, dont l'un serait le plan de symétrie. D'après *Sachse*, cette hypothèse prévoit l'existence de deux dérivés isomères monosubstitués, et il paraîtrait entre autres que l'acide hexanaphtènecarbonique, qui n'est qu'un acide hexahydrobenzoïque, diffère du produit d'hydrogénation directe de l'acide benzoïque.

L'autre configuration serait mobile, mais asymétrique, et l'on ne pourrait adopter pour les sommets des tétraèdres aucune position fixe.

Si les corps polyméthyléniques donnent lieu à des isoméries remarquables, les dérivés de substitution du benzène, du naphtalène, etc., qui possèdent une formule plane, n'en offrent par contre aucun exemple, pas plus que les dérivés acétyléniques. Notons en passant que le calcul démontre que c'est dans le benzène que sont les plus faibles déviations d'axes, ce qui explique la grande stabilité du noyau.

Les premiers cas d'isoméries qui aient été étudiés sont ceux des *acides hexahydrotéréphtaliques*, et c'est à *M. Baeyer* que revient l'honneur de les avoir élucidés.

Quand on hydrogène l'acide téréphtalique par l'amalgame de sodium on obtient deux isomères qui peuvent être transformés l'un dans l'autre. Le premier a ses deux carboxyles du même côté du plan qui contient les centres des tétraèdres (*fig.* 35), le second les a de part et d'autre. M. Baeyer désigne l'un par le préfixe *cis*, l'autre par *cis-trans*, ou plus simplement *trans*. Nous retrouvons là une certaine analogie avec les acides maléique et fumarique.

On peut également hydrogéner l'acide phtalique ordinaire, et on obtient deux isomères géométriques ; l'un, le *cis*, donne un anhydride sous l'action de la chaleur seule, tandis que l'autre devra être chauffé avec du chlorure d'acétyle. Les deux anhydrides sont différents pour fournir le même produit.

Si nous remontons la série trans des acides tri, tétra, et pentaméthylènedicarboniques, nous voyons que l'angle des directions des valences saturées par les carboxyles, qui était primitivement de 180 degrés pour l'acide fumarique, va en diminuant en même temps que la

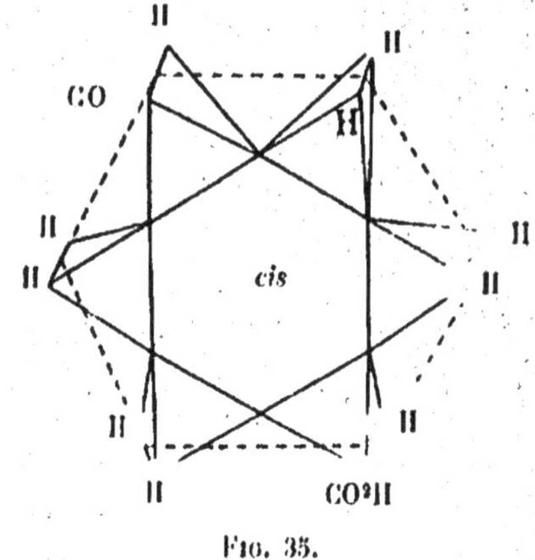

Fig. 35.

facilité avec laquelle se forment les anhydrides augmente ; les derniers termes seuls en donnent.

Ainsi, en résumé, les dérivé polyméthyléniques peuvent fournir deux isomères cis et trans d'un dérivés bisubstitué $C^6X^{10}Y^2$.

J'ajoute en passant que les acides hexahydrophtaliques possèdent deux carbones asymétriques identiques ; on peut comparer l'acide cis à l'acide tartrique indédoublable, et l'acide trans à l'acide racémique. Jusqu'à présent, il est vrai, on n'a pas réussi à scinder ce dernier, mais on connaît d'autres corps du même type, tels que l'hexachlorure de mannite, l'inosite de Maquenne $C^6H^6(OH)^6$ qui possèdent le pouvoir rotatoire.

Les acides di et tétrahydrophtaliques présentent des cas d'isoméries bien plus nombreux ; mais expérimentalement ce point laisse encore à désirer ; on ne connaît que très peu de ces isomères ; aussi laisserai-je de côté, quoique avec regret, l'examen des beaux travaux de M. Baeyer dont l'étude dépasserait du reste le temps dont je dispose.

Pour clore le sujet des dérivés cycliques, je ne vous parlerai plus, Messieurs, que des *hexachlorures de benzène*, auxquels M. Friedel a appliqué avec succès les théories stéréochimiques.

L'action du chlore au soleil sur le benzène bouillant donne naissance à deux isomères, l'un, connu depuis longtemps, cristallisé en prismes clinorhombiques, l'autre en octaèdres ou plutôt en pseudooctaèdres comme l'a démontré M. Friedel par l'étude de leurs propriétés optiques. Or, si l'on sature la formule du benzène par six atomes de chlore, on voit qu'il peut se former du cis et du trans (*fig.* 36, 37 et 38).

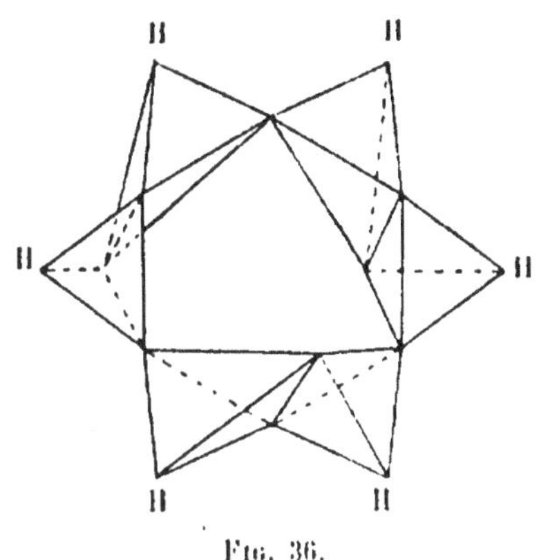

Fig. 36.

Si les deux dérivés étaient énantiomorphes, on verrait, par un calcul très simple, qu'on devrait obtenir une partie de cis pour trois de trans. Tel n'est pas tout à fait le cas. En solution chloroformique on obtient une partie de cis pour 3,5 à 4 de trans.

Si l'on opère dans un mélange de sulfure de carbone et de chloroforme, les proportions deviennent assez différentes.

Le dérivé cis, qui possède une symétrie plus grande dans sa molécule chimique, est plus stable, plus dense et moins volatil. En outre, sa forme cristalline est la plus symétrique, et c'est là un appoint sérieux à la généralisation du principe émis par M. Pasteur, qui relie la symétrie du cristal à celle de la molécule.

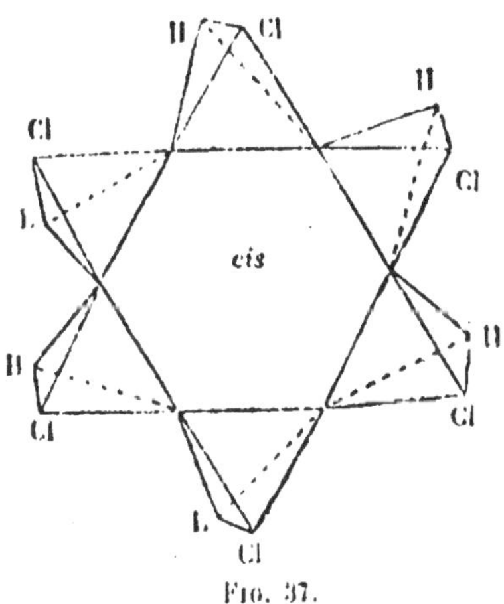

Fig. 37.

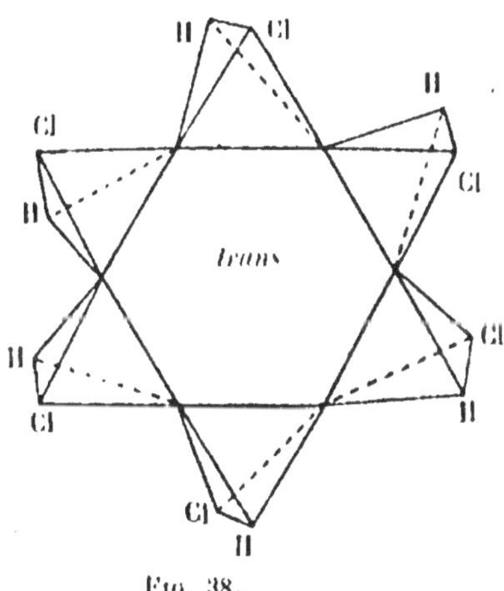

Fig. 38.

Les isoméries des dihydroterpènes, des quinites, des inosites et de leurs dérivés méthylés, les pinites, ont donné lieu à des études nombreuses, mais leur discussion nous entraînerait trop loin, et je me hâte d'aborder la dernière partie de mon sujet.

III. *Le carbone asymétrique.* — Jusqu'ici, Messieurs, nous n'avons guère examiné que les *isoméries géométriques ou de position*, c'est-à-dire que nous avons cherché quelles sont les isoméries qui résultent de la permutation des groupes rattachés à l'un de deux carbones voisins, par rapport à l'autre. En un mot, nous ne nous sommes inquiétés que de la position ou de l'orientation des groupements, sans faire aucune remarque sur leur nature, leur symétrie, leur masse, etc.

L'introduction de la notion du carbone asymétrique nous amène maintenant aux *isoméries physiques* auxquelles nous appliquerons les lois fondamentales posées par *MM. Le Bel* et *Van't Hoff* et que je vous rappelle brièvement.

La présence d'un *carbone asymétrique*, c'est-à-dire dont les valences sont saturées par des groupes non identiques est suffisante pour rendre un composé actif sur la lumière polarisée. Elle est nécessaire, car, si deux groupements deviennent identiques, cette activité disparaît.

Tout corps qui possède un carbone asymétrique est susceptible d'exister sous deux formes isomériques énantiomorphes, droite et gauche, et douées de pouvoirs rotatoires inverses.

Si, par suite d'une addition ou d'une substitution, on rend asymétrique un carbone qui ne l'était pas primitivement, on obtiendra par raison de symétrie autant du dérivé droit que du gauche, leur réunion formant un racémique qu'on ne réussit pas toujours à dédoubler.

Vous savez, Messieurs, que l'expérience est venue chaque jour apporter une nouvelle confirmation à ces principes, et je n'ai pas l'intention de faire la liste de tous les corps possédant un carbone asymétrique, et qu'on est parvenu à dédoubler; je ne veux pas non plus vous rappeler les cas où l'on attribuait à un composé n'ayant pas de carbone asymétrique une certaine activité optique que l'on a reconnu ensuite provenir d'une impureté. Ce serait répéter inutilement des faits que vous avez présents à l'esprit depuis la belle conférence de M. Le Bel à la Société chimique de Paris.

Je passerai donc immédiatement au cas plus complexe d'un corps renfermant plus d'un carbone asymétrique.

Si dans un corps tel que l'acool amylique $\begin{smallmatrix}C^2H^5\\CH^3\end{smallmatrix}\!>\!C\begin{smallmatrix}H\\OH\end{smallmatrix}$ qui possède un carbone asymétrique A, nous substituons un second radical actif que j'appellerai $\pm$ B, au lieu des deux isomères primitifs $\pm$ A nous en aurons quatre qui sont formés de toutes les combinaisons possibles entre $\pm$ A et $\pm$ B, et qui sont :

$$(+ \text{ A} + \text{B}) \qquad\qquad (- \text{ A} + \text{B})$$
$$(+ \text{ A} - \text{B}) \qquad\qquad (- \text{ A} - \text{B})$$

Chaque inverse A nous donne donc deux dérivés actifs, mais non énantiomorphes. Aucune raison de symétrie n'existe plus pour qu'ils se forment en quantités égales et pour que les propriétés chimiques et physiques soient les mêmes; il se pourra fort bien que la stabilité de l'un soit si faible que l'autre se forme exclusivement. Remarquons que $(+ A + B)$ et $(- A - B)$ sont deux inverses et peuvent former un racémique ; il en est de même pour $(+ A - B)$ et $(- A + B)$: nous aurons à revenir sur ce point à propos des bornéols.

J'ai supposé, dans ce qui précède, que A est différent de B. Si A et B étaient identiques, comme dans le cas des acides tartriques, il n'y aurait plus qu'un racémique

$$(+ 2A) \quad (- 2A)$$

et les deux derniers inverses se confondraient en un même inactif indédoublable

$$(+ A - A)$$

Si nous ajoutions maintenant aux quatre isomères actifs à deux carbones un troisième carbone asymétrique, nous obtiendrions huit isomères. Bref, on double chaque fois le nombre des isomères actifs dont on est parti; et un corps qui possède n carbones asymétriques différents donnera 2^n isomères actifs différents.

Comme on le voit, ce nombre 2^n est un maximum; si deux ou plusieurs carbones sont identiques, il sera abaissé. On a établi une formule qui permet de calculer cet abaissement, au moins dans certains cas, et sur laquelle je reviendrai en parlant des sucres.

Auparavant je citerai, comme exemple du cas de deux carbones, les bornéols de M. Haller et les acides camphoriques qui y sont tout à fait analogues.

Le *bornéol* qu'on obtient artificiellement par hydrogénation du camphre au moyen du sodium présente le phénomène curieux d'avoir un pouvoir rotatoire qui varie à chaque opération.

Soit dit en passant, la série des hydrures de terpènes jouit en général de la même propriété: le menthol traité par le perchlorure de phosphore fournit suivant les conditions un chlorure de menthyle $C_{10}H_{19}Cl$ droit ou gauche.

Si l'on réoxyde les camphols, on retrouve exactement le camphre dont on est parti avec le même pouvoir rotatoire (± 37 degrés).

Remarquons que cette hydrogénation a eu pour effet d'introduire un second carbone asymétrique et qu'il en résulte quatre isomères pour les deux camphres.

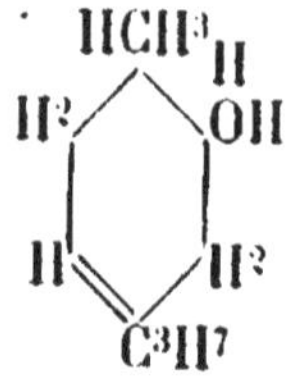

$$HCH^3$$
$$H^2 \diagup \diagdown OH \quad H$$
$$H \diagdown \diagup H^2$$
$$C^3H^7$$

M. de Montgolfier a supposé qu'il se forme deux camphols de pouvoir rotatoire inverse, et en proportions égales au premier moment. Mais, l'un d'eux étant plus stable que l'autre, à la fin de l'opération une partie du dérivé β instable s'est transformé en dérivé α. Si l'on chauffe ce mélange avec du sodium, on trouve que le pouvoir augmente en valeur absolue, la même transformation ayant encore lieu. Au moment même de l'hydrogénation, les deux camphols se forment en quantités égales ; en effet, M. Haller a réussi, en évitant l'action prolongée du sodium par un procédé ingénieux, à obtenir un bornéol absolument inactif. Il a pu également isoler les deux dérivés α et β à l'état de pureté; et, en combinant le bornéol α du camphre droit, par exemple, avec le bornéol β du camphre gauche, et *vice versa*, il a obtenu deux racémiques. Mais ces racémiques ne sont inactifs que si on les observe dans certaines conditions. Si l'on change de dissolvant ou de concentration, immédiatement une déviation devient visible au polarimètre, déviation qui varie avec les conditions dans lesquelles on opère.

En observant le phénomène de plus près, M. Haller a reconnu que, tandis que le pouvoir du dérivé stable α reste à peu près constant, la concentration et le dissolvant agissent très sensiblement sur le bornéol instable β. C'est un fait, que du reste on avait déjà remarqué, que l'orientation des groupes dissymétriques influe sur l'action des dissolvants et de la concentration sur l'activité optique.

Ce que j'ai dit des bornéols peut être appliqué aussi bien aux acides camphoriques. Je n'insisterai donc pas. Dans l'un comme dans l'autre cas, on arrive à un nombre assez grand d'isomères et de racémiques par une série de combinaisons.

Je passe maintenant aux composés renfermant plus de deux carbones asymétriques et plus spécialement aux sucres.

Des sucres. — J'ai dit tout à l'heure que, si, dans un corps actif renfermant n carbones asymétriques, un certain nombre de ceux-ci sont identiques, le nombre des isomères est moindre que celui que donne la formule $N = 2^n$. Ainsi il existe 2^4, soit seize sucres en C^6. Par oxydation au moyen de l'acide azotique (densité 1,2), on obtient les acides bibasiques correspondants qui sont au nombre de dix seulement. Il y a également dix alcools hexatomiques.

On est arrivé à calculer cet abaissement du nombre des isomères dans le cas des aldoses par une formule assez simple qui est

$$p = 2^{2n-1} + 2^{n-1},$$

où $2n$ représente le nombre des carbones asymétriques de l'aldose dans le cas où celle-ci est paire; si elle est impaire, le carbone médian devient symétrique lors de l'oxydation ou de la réduction, et la formule ordinaire redevient applicable.

Je me servirai, dans ce qui va suivre, de la nomenclature et de la notation adoptées par M. E. Fischer qui me paraissent simples et faciles à retenir. Elles consistent à adopter la terminaison *ose* pour les aldéhydes alcools en lui ajoutant les préfixes bi, tri, etc., et à projeter les schémas tétraédriques sur un plan parallèle aux axes. Ainsi la glucose sera représentée comme suit :

$$
\begin{array}{cccccc}
 & H & H & OH & H & \\
CH^2OH. & C. & C. & C. & C. & CHO \\
 & OH & OH & H & OH &
\end{array}
$$

et son inverse par le schéma :

$$
\begin{array}{cccccc}
 & OH & OH & H & OH & \\
CH^2OH. & C. & C. & C. & C. & CHO \\
 & H & H & H & H &
\end{array}
$$

Il faut remarquer que dans l'espace les groupements terminaux sont sur un autre plan que les autres; nous conviendrons, si vous le voulez, qu'ils sont en avant du plan du tableau, et les groupes H et OH en arrière.

D'après ce que je viens de dire, vous voyez, Messieurs, qu'il doit exister : une biose (l'aldéhyde glycolique); deux trioses (les glycéroses de M. Grimaux et de M. Fischer) ; quatre tétroses ; huit pentoses et seize hexoses, qui donnent dix acides bibasiques différents.

J'ai inscrit dans le tableau ci-dessous les pentoses et les hexoses avec la configuration que M. Fischer leur a attribuée ; à côté sont les corps connus actuellement. Le groupe de l'acide mucique a échappé jusqu'ici aux procédés synthétiques; des pentoses, on pouvait en dire autant jusqu'à ces derniers temps, où M. Wohl est arrivé, je dirai bientôt comment, à dériver l'arabinose de la glucose correspondante. Il en résulte qu'il y a encore un peu d'arbitraire dans la fixation des configurations de certains dérivés, mais on est en droit d'espérer qu'avant peu les cas douteux seront complètement éclaircis.

PENTOSES	HEXOSES	NOMS DES HEXOSES	ACIDES MONOBASIQUES	ALCOOLS correspondants	ACIDES BIBASIQUES	
H H H CH2OH.C C C CHO OH OH OH	H H H H CH2OH.C C C C CHO OH OH OH OH			(allodulcite)	allomucique	1
	H H H OH CH2OH.C C C C CHO OH OH OH H			(talodulcite d)	talomucique d	2
H H OH CH2OH.C C C CHO OH OH H arabinose d	H H OH H CH2OH.C C C C CHO OH OH H OH	glucose d	gluconique d	sorbite d	saccharique d	3
	H H OH OH CH2OH.C C C C CHO OH OH H H	mannose d	mannonique d	mannite d	mannosaccharique d	4
H OH H CH2OH.C C C CHO OH H OH xylose d	H OH H H CH2OH.C C C C CHO OH H OH OH	gulose l	gulonique l	sorbite l	saccharique l	5
	H OH H OH CH2OH.C C C C CHO OH H OH H				isosaccharique l	6
H OH OH CH2OH.C C C CHO OH H H	H OH OH H CH2OH.C C C C CHO OH H H OH	galactose d	galactonique d	dulcite	mucique	7
	H OH OH OH CH2OH.C C C C CHO OH H H H	talose d	talonique d	(talodulcite d)	talomucique d	2
OH H H CH2OH.C C C CHO H OH OH	OH H H H CH2OH.C C C C CHO H OH OH OH	talose l	talonique l	(talodulcite l)	talomucique l	8
	OH H H OH CH2OH.C C C C CHO H OH OH H	galactose l	galactonique l	dulcite	mucique	7
OH H OH CH2OH.C C C CHO H OH H	OH H OH H CH2OH.C C C C CHO H OH H OH				isosaccharique d	9
	OH H OH OH CH2OH.C C C C CHO H OH H H	gulose d	gulonique d	sorbite d	saccharique d	3
OH OH H CH2OH.C C C CHO H H OH arabinose l	OH OH H H CH2OH C C C C CHO H H OH OH	mannose l	mannonique l	mannite l	mannosaccharique l	10
	OH OH H OH CH2OH.C C C C CHO H H OH H	glucose l	gluconique l	sorbite l	saccharique l	5
OH OH OH CH2OH.C C C CHO H H H ribose l	OH OH OH H CH2OH.C C C C CHO H H H OH			(talodulcite l)	talomucique l	8
	OH OH OH OH CH2OH.C C C C CHO H H H H			(allodulcite)	allomucique	1

Sucres et dérivés des sucres connus

	ALDOSES	ACIDES ALDONIQUES	ACIDES BIBASIQUES	ALCOOLS POLYATOMIQUES
PENTOSES	arabinose l arabinose d xylose ribose	arabonique l xylonique ribonique	1er trioxyglutarique actif 2e trioxyglutarique inactif 3e trioxyglutarique inactif	arabito (active) xylite (inactive) adonite (inactive)
	glucose d (dextrose) gulose d mannose d glucose l gulose l mannose l galactose d galactose l talose d talose l	gluconique d gulonique d mannonique d gluconique l gulonique l mannonique l galactonique d galactonique l talonique d talonique l	saccharique d mannosaccharique d saccharique l mannosaccharique l mucique (inactif) talomucique d talomucique l allomucique (inactif) isosaccharique d (Tiemann) isosaccharique l (?)	sorbite d mannite d sorbite l mannite l dulcite (inactive)

Je n'ai pas, Messieurs, à vous rappeler les diverses synthèses des sucres. Cela ne rentrerait pas dans le cadre de mon sujet. Je n'ai à vous mentionner que celles qui peuvent donner naissance à des isomères stéréochimiques ou servir à la détermination de leur configuration. Ce sont :

1° La *fixation d'acide cyanhydrique* sur une pentose par exemple, ce qui a permis à M. Fischer de relier les sucres en C^5 à ceux en C^6. Le nitrile ainsi obtenu est saponifié, ce qui donne un acide hexonique monobasique, lequel est réduit enfin par l'amalgame.

Ainsi l'*arabinose l* engendrera deux isomères, la *glucose l* et la *mannose l* d'après l'équation

$$CH^2OH.(CHOH)^3.CHO + CAzH + 2H^2O = CH^2OH.(CHOH)^4.CO^2H + AzH^3.$$

En effet, nous introduisons ainsi un nouveau carbone asymétrique.

Cette réaction ne donne quelquefois qu'un seul isomère ; tel a été le cas lorsque M. Fischer a fait la synthèse des sucres en C^9 et C^{10} à partir des hexoses.

Remarque. — Les lettres *l* et *d* dont M. Fischer se sert pour différencier les inverses ne signifient pas que le corps soit dextrogyre ou lévogyre. Elles indiquent simplement les rapports qui existent entre ces inverses et les deux glucoses *d* et *l* dont on peut les faire dériver.

Ainsi, la *lévulose d* ou *fructose*, ordinaire qui est obtenue en passant par l'osazone de la glucose *d*, est lévogyre.

2° La *réaction inverse* de la précédente, qui a été réussie tout récemment par M. Wohl.

On descend d'une hexose à une pentose par le procédé suivant, qui permet d'obtenir des isomères encore inconnus.

L'*oxime* d'un sucre en C^6, de la glucose *d* par exemple, s'obtient en chauffant la lévulose *d* avec une solution alcoolique d'hydroxylamine. Traitée à chaud par l'anhydride acétique en présence de chlorure de zinc, et additionnée après refroidissement de soude caustique, elle perd une molécule d'acide cyanhydrique selon l'équation :

$$CH^2OH (CHOH)^4. CH : AzOH = H^2O + CH^2OH. (CHOH)^4. CAz$$

$$CH^2OH (CHOH)^4. CAz = CAzH + CH^2OH (CHOH)^3 CHO.$$

On obtient, en réalité, l'éther acétique qu'on saponifie par l'acide chlorhydrique.

Par ce moyen, on n'arrive cependant pas à isoler le sucre de la solution qui le contient.

Aussi est-il préférable de traiter le dérivé acétylé par l'ammoniaque concentrée, de façon à former une combinaison complexe d'acétamide et de sucre; on traite seulement ensuite par l'acide chlorhydrique concentré pour scinder les acétyles.

La pentose ainsi obtenue présentait toutes les propriétés de l'arabinose *l* naturelle, sauf que le pouvoir rotatoire était exactement de signe contraire. C'était donc son inverse, l'*arabinose d*.

Nous voici maintenant à même de passer des pentoses aux hexoses et inversement.

Ce n'était pas suffisant pour déterminer la configuration de ces sucres; aussi M. Fischer s'est-il servi d'autres réactions que nous allons examiner successivement.

L'oxydation des aldoses va d'abord nous donner des indications très précieuses, selon que les *acides bibasiques* qui se formeront seront actifs ou inactifs, dédoublables ou indédoublables.

Ainsi, lorsque deux aldoses inverses, les galactoses par exemple, donnent un même acide inactif indédoublable, leur formule, abstraction faite des groupes terminaux, admet un plan de symétrie médian :

$$
\text{CH}^2\text{OH.} \quad
\begin{matrix} \text{H} \\ \text{C.} \\ \text{OH} \end{matrix}
\begin{matrix} \text{OH} \\ \text{C.} \\ \text{H} \end{matrix} \Big|
\begin{matrix} \text{OH} \\ \text{C.} \\ \text{H} \end{matrix}
\begin{matrix} \text{H} \\ \text{C.} \\ \text{OH} \end{matrix} \quad \text{CHO}
$$

galactose *d*

$$
\text{CO}^2\text{H.} \quad
\begin{matrix} \text{H} \\ \text{C.} \\ \text{OH} \end{matrix}
\begin{matrix} \text{OH} \\ \text{C.} \\ \text{H} \end{matrix} \Big|
\begin{matrix} \text{OH} \\ \text{C.} \\ \text{H} \end{matrix}
\begin{matrix} \text{H} \\ \text{C.} \\ \text{OH} \end{matrix} \quad \text{CO}^2\text{H}
$$

acide mucique

$$
\text{CH}^2\text{OH.} \quad
\begin{matrix} \text{OH} \\ \text{C.} \\ \text{H} \end{matrix}
\begin{matrix} \text{H} \\ \text{C.} \\ \text{OH} \end{matrix} \Big|
\begin{matrix} \text{H} \\ \text{C.} \\ \text{OH} \end{matrix}
\begin{matrix} \text{OH} \\ \text{C.} \\ \text{H} \end{matrix} \quad \text{CHO}
$$

galactose *l*

2° Lorsque deux aldoses actives, mais non inverses, fournissent un seul acide bibasique *actif*, leurs formules doivent être telles que, par simple permutation des groupes CH²OH et CHO, on retombe sur leurs inverses. Ainsi la *glucose d* et la *gulose d* synthétique de Fischer donnent l'*acide saccharique d :*

$$
\text{CH}^2\text{OH.} \quad
\begin{matrix} \text{H} \\ \text{C.} \\ \text{OH} \end{matrix}
\begin{matrix} \text{H} \\ \text{C.} \\ \text{OH} \end{matrix}
\begin{matrix} \text{OH} \\ \text{C.} \\ \text{H} \end{matrix}
\begin{matrix} \text{H} \\ \text{C.} \\ \text{OH} \end{matrix} \quad \text{CHO}
$$

glucose *d*

$$
\text{CO}^2\text{H.} \quad
\begin{matrix} \text{H} \\ \dot{\text{C.}} \\ \text{OH} \end{matrix}
\begin{matrix} \text{H} \\ \dot{\text{C.}} \\ \text{OH} \end{matrix}
\begin{matrix} \text{OH} \\ \dot{\text{C.}} \\ \text{H} \end{matrix}
\begin{matrix} \text{H} \\ \dot{\text{C.}} \\ \text{OH} \end{matrix} \quad \text{CO}^2\text{H}
$$

acide *d* saccharique

$$
\text{CHO}^2\text{H.} \quad
\begin{matrix} \text{OH} \\ \text{C.} \\ \text{H} \end{matrix}
\begin{matrix} \text{H} \\ \text{C.} \\ \text{OH} \end{matrix}
\begin{matrix} \text{OH} \\ \text{C.} \\ \text{H} \end{matrix}
\begin{matrix} \text{OH} \\ \text{C.} \\ \text{H} \end{matrix} \quad \text{CHO}
$$

gulose *d*

3° En général, deux aldoses actives inverses, qui ne rentrent pas dans la première catégorie, donnent deux acides bibasiques actifs différents. La *mannose l* oxydée a donné à Fischer *l'acide l mannosaccharique* identique à l'acide métasaccharique :

$$CH^2OH. \quad \overset{OH}{\underset{H}{C.}} \quad \overset{OH}{\underset{H}{C.}} \quad \overset{H}{\underset{OH}{C.}} \quad \overset{H}{\underset{OH}{C.}} \quad CHO \qquad CO^2H. \quad \overset{OH}{\underset{H}{C.}} \quad \overset{OH}{\underset{H}{C.}} \quad \overset{H}{\underset{OH}{C.}} \quad \overset{H}{\underset{OH}{C.}} \quad CO^2H$$

mannose l   acide l mannosaccharique.

La mannose *d* donnerait un acide mannosaccharique *d*.

Pour opérer ces oxydations, on se sert d'acide azotique à 1,2 de densité et l'on chauffe pendant quelque temps au bain-marie. Quelquefois aussi on emploie l'eau bromée.

Au lieu d'oxyder les aldoses pour obtenir les acides bibasiques, on a pu aussi utiliser *leur réduction en alcools hexatomiques*. Je citerai seulement le cas des deux galactoses qui ont fourni la dulcite inactive.

En second lieu nous avons à notre disposition la *réduction des acides bibasiques*. Certains acides inactifs ont conduit quelquefois aux isomères encore inconnus de quelques aldoses, car, par raison de symétrie, on obtient les deux corps en quantités égales, et l'on n'a plus qu'à dédoubler le racémique par fermentation. De l'acide mucique, par exemple, M. Fischer a pu dériver la galactose inverse de celle qu'on a eue par dédoublement de la lactose.

En combinant cette méthode avec la première, on peut passer d'un isomère à son inverse optique. C'est ainsi qu'en partant de la galactose naturelle, on a préparé l'autre par l'intermédiaire de l'acide mucique.

On peut également passer d'une aldose à une autre qui n'en diffère que par une simple permutation des groupements CH^2OH et CHO. Exemple : la *glucose d* oxydée à l'eau de brome fournit d'abord un acide monobasique, *l'acide d gluconique*.

Ce dernier oxydé plus fortement au moyen de l'acide azotique se transforme en *acide d. saccharique*

$$CH^2OH. \quad \overset{H}{\underset{OH}{C.}} \quad \overset{H}{\underset{OH}{C.}} \quad \overset{OH}{\underset{H}{C.}} \quad \overset{H}{\underset{OH}{C.}} \quad CHO \qquad CH^2OH. \quad \overset{H}{\underset{OH}{C.}} \quad \overset{H}{\underset{OH}{C.}} \quad \overset{OH}{\underset{H}{C.}} \quad \overset{H}{\underset{OH}{C.}} \quad CO^2H$$

glucose d   acide d gluconique

$$CO^2H. \quad \overset{H}{\underset{OH}{C.}} \quad \overset{H}{\underset{OH}{C.}} \quad \overset{OH}{\underset{H}{C.}} \quad \overset{H}{\underset{OH}{C.}} \quad CO^2H$$

acide d saccharique

L'amalgame de sodium, agissant sur celui-ci en solution acide, fournit d'abord de l'*acide glycuronique*, puis, si on laisse la solution devenir très faiblement alcaline, de l'*acide d gulonique* et, enfin, en acidifiant par l'acide chlorhydrique, la réduction donne comme dernier terme la *d gulose* qui ne diffère de la *glucose d* que par l'interversion des groupements CH^2OH et CHO

$$CO^2H. \quad \overset{H}{\underset{OH}{C}}. \; \overset{H}{\underset{OH}{C}}. \; \overset{OH}{\underset{H}{C}}. \; \overset{H}{\underset{OH}{C}}. \quad CHO \qquad\qquad CO^2H. \quad \overset{H}{\underset{OH}{C}}. \; \overset{H}{\underset{OH}{C}}. \; \overset{OH}{\underset{H}{C}}. \; \overset{H}{\underset{OH}{C}}. \quad CH^2OH$$

acide glycuronique   acide d gulonique

$$CHO. \quad \overset{H}{\underset{OH}{C}}. \; \overset{H}{\underset{OH}{C}}. \; \overset{OH}{\underset{H}{C}}. \; \overset{H}{\underset{OH}{C}}. \quad CH^2OH$$

d gulose

Si la solution n'était pas acide, cette dernière réduction ne se ferait pas, car la présence d'un peu de lactone est nécessaire et l'acidité est favorable à la production de cette lactone.

Un acide actif dont la formule plane n'admet pas de centre de symétrie (comme l'acide saccharique par exemple) donne naissance par réduction à deux hexoses en quantités inégales ; cette inégalité peut aller jusqu'à l'absence complète de l'une d'elles.

Ainsi M. Fischer n'a obtenu de l'*acide saccharique* que la *gulose d* et non la *glucose d*.

Enfin un acide actif correspondant à une aldose active la régénérera uniquement par réduction.

Les *osazones* sont un troisième moyen de passage entre deux isomères. Ainsi une aldose traitée par la phénylhydrazine donne identiquement la même osazone que son inverse, puisque la double liaison rend l'avant-dernier carbone symétrique

$$\begin{array}{l} \overset{H}{\underset{}{}} \\ R.C.CHO \\ OH \\ \\ OH \\ R.C.CHO \\ H \end{array} \qquad\qquad \begin{array}{l} R.C.CH = Az.AzH.C^6H^5 \\ \| \\ Az.AzHC^6H^5 \end{array}$$

En enlevant à l'osazone les deux restes phénylhydraziniques, on obtient la *cétose* R. CO. CH_2OH, qui hydrogénée va nous donner les deux isomères

$$\begin{array}{cc} H & OH \\ R.C.CH_2OH & R.C.CH_2OH \\ OH & H \end{array}$$

qu'il suffira d'oxyder pour avoir les aldoses correspondantes.

Enfin, un dernier procédé, dont le principe est dû à M. Pasteur, va nous permettre de passer d'un acide à un autre dans certaines conditions. Voici ce principe :

Deux acides stéréoisomériques peuvent être transformés l'un dans l'autre par la chaleur, d'une façon réversible et limitée par conséquent, lorsque leurs formules ne diffèrent que par la disposition des radicaux monovalents autour du carbone le plus voisin du carboxyle.

Je prends comme exemple le cas bien connu de l'*acide tartrique* droit, qui, chauffé avec de l'eau à 170 degrés en tube scellé et pendant deux jours, se transforme partiellement en acide inactif indédoublable.

$$\begin{array}{ccccc} & H & OH & & \\ CO_2H. & C. & C. & CO_2H & \\ & OH & H & & \end{array} \qquad \begin{array}{ccccc} & H & H & & \\ CO_2H. & C. & C. & CO_2H & \\ & OH & OH & & \end{array}$$

acide tartrique droit   acide tartrique inactif

Autre exemple : par fixation d'acide cyanhydrique sur l'*arabinose l* et saponification, on obtient simultanément les acides *l mannonique* et *l gluconique*

$$\begin{array}{ccccc} & OH & OH & H & \\ CH_2OH. & C. & C. & C. & CHO \\ & H & H & OH & \end{array}$$

arabinose l

$$\begin{array}{cccccc} & OH & OH & H & H & \\ CH_2OH. & C. & C. & C. & C. & CO_2H \\ & H & H & OH & OH & \end{array}$$

acide l mannonique

$$\begin{array}{cccccc} & OH & OH & H & OH & \\ CH_2OH. & C. & C. & C. & C. & CO_2H \\ & H & H & OH & H & \end{array}$$

acide l gluconique

L'un de ces deux acides, chauffé à 140 degrés en présence de pyridine en vase clos ou de quinoléine, se transforme partiellement, et l'on retrouve un mélange des deux acides. Il est presque toujours nécessaire d'ajouter à l'acide une base non susceptible de former une amide. Si l'acide est soluble dans la base, on opère en vase ouvert avec la quinoléine, sinon on chauffe en vase clos avec une solution aqueuse de pyridine.

La réaction peut se faire deux fois lorsqu'il s'agit des acides bibasiques. Parmi les dix acides en C^6 que la théorie prévoit et qu'on connaît presque tous, deux sont inactifs, indédoublables. Ce sont les *acides mucique et allomucique* :

$$CO^2H. \overset{H}{\underset{OH}{C}}. \overset{OH}{\underset{H}{C}}. \overset{OH}{\underset{H}{C}}. \overset{H}{\underset{OH}{C}}. CO^2H$$
acide mucique

$$CO^2H. \overset{H}{\underset{OH}{C}}. \overset{H}{\underset{OH}{C}}. \overset{H}{\underset{OH}{C}}. \overset{H}{\underset{OH}{C}}. CO^2H$$
acide allomucique

que l'on peut transformer l'un dans l'autre par le même procédé. Mais dans ce cas il y a un terme de passage actif qui peut être isolé, et à partir duquel, inversement, on reviendra à l'un des précédents. L'*acide talomucique*, par exemple, pourra régénérer l'acide mucique. C'est ainsi que s'explique la formation d'acide racémique dans l'expérience de M. Pasteur. L'acide tartrique inactif formé d'abord se transforme en gauche qui s'unit au droit inaltéré

$$CO^2H. \overset{H}{\underset{OH}{C}}. \overset{OH}{\underset{H}{C}}. \overset{OH}{\underset{H}{C}}. \overset{OH}{\underset{H}{C}}. CO^2H$$
acide talomucique

Cette réaction a permis de classer les acides bibasiques en trois groupes; dans chacun de ceux-ci, on peut passer d'un terme à l'autre, mais le passage direct d'un groupe à l'autre est impossible. C'est pourquoi la configuration de l'acide mucique est encore un peu douteuse.

Les trois groupes sont :

I

$$\text{acide saccharique } d \quad CO^2H. \overset{H}{\underset{OH}{C}}. \overset{H}{\underset{OH}{C}}. \overset{OH}{\underset{H}{C}}. \overset{H}{\underset{OH}{C}}. CO^2H$$

$$\text{acide mannosaccharique } d \quad CO^2H. \overset{H}{\underset{OH}{C}}. \overset{H}{\underset{OH}{C}}. \overset{OH}{\underset{H}{C}}. \overset{OH}{\underset{H}{C}}. CO^2H$$

$$\text{acide isosaccharique } d \quad CO^2H. \overset{OH}{\underset{H}{C}}. \overset{H}{\underset{OH}{C}}. \overset{OH}{\underset{H}{C}}. \overset{H}{\underset{OH}{C}}. CO^2H$$

II

$$\text{acide saccharique } l \quad CO^2H. \overset{OH}{\underset{H}{C}}. \overset{OH}{\underset{H}{C}}. \overset{H}{\underset{OH}{C}}. \overset{OH}{\underset{H}{C}}. CO^2H$$

$$\text{acide mannosaccharique } l \quad CO^2H. \overset{OH}{\underset{H}{C}}. \overset{OH}{\underset{H}{C}}. \overset{H}{\underset{OH}{C}}. \overset{H}{\underset{OH}{C}}. CO^2H$$

$$\text{acide isosaccharique } l \quad CO^2H. \overset{H}{\underset{OH}{C}}. \overset{OH}{\underset{H}{C}}. \overset{H}{\underset{OH}{C}}. \overset{OH}{\underset{H}{C}}. CO^2H$$

III

```
                        H    OH   OH   H
acide mucique       CO²H.   C.   C.   C.   C.   CO²H
                        OH   H    H    OH

                        OH   OH   OH   H
acide talomucique d   CO²H.   C.   C.   C.   C.   CO²H
                        H    H    H    OH

                        H    OH   OH   OH
acide talomucique l   CO²H.   C.   C.   C.   C.   CO²H
                        OH   H    H    H

                        H    H    H    H
acide allomucique    CO²H.   C.   C.   C.   C.   CO²H
                        OH   OH   OH   OH
```

J'ai omis de dire que, lorsqu'il s'agit de dédoubler un racémique, M. Fischer emploie avec succès les méthodes découvertes par M. Pasteur

La cristallisation séparée lui a servi à avoir la lactone de l'acide guloniquo.

Les fermentations lui ont permis de séparer les deux galactoses.

Enfin, c'est en en faisant le sel de strychnine qu'il a pu isoler l'acide mannonique. La strychnine sert dans bien des cas où les autres alcaloïdes sont impuissants ; ce n'est que par ce moyen que MM. Meyer et Liebermann ont pu dédoubler le dibromure de l'acide cinnamique.

Voilà, Messieurs, à peu près tous les moyens d'action que M. Fischer a eus à sa disposition pour déterminer la configuration des sucres connus, synthétiques ou naturels. Je ne puis pas, pour chacun, vous exposer les raisonnements pleins d'une logique merveilleuse qui ont guidé M. E. Fischer dans ses recherches ; vous les trouverez en détail dans les mémoires originaux, et résumés dans l'excellent extrait qu'en a fait M. Simion, dans les numéros de février et mars 1893 du *Moniteur de Quesneville*. Comme je dois abréger, je me contenterai d'un seul exemple, un des plus frappants, pour vous montrer avec quelle rigueur l'expérience confirme les prévisions théoriques et quel parti avantageux M. Fischer a su tirer des notions stéréochimiques.

La théorie prévoit l'existence de huit pentoses auxquelles doivent correspondre huit acides monobasiques, quatre acides bibasiques et quatre alcools hexatomiques.

De ces huit aldoses quatre seulement sont connues : ce sont :

1° L'*arabinose l* trouvée par M. Scheibler dans la gomme arabique, qui donne par oxydation d'abord l'*acide arabonique l*, puis un *acide trioxyglutarique* actif découvert par M. Kiliani, et par réduction l'alcool correspondant, l'*arabite l* active ;

2° L'*arabinose d* obtenue récemment par M. Wohl, ainsi que je l'ai déjà dit, à partir de la glucose *d*. Les propriétés de cette arabinose étant les mêmes que celles de l'autre, et le signe du pouvoir rotatoire seul ayant changé, il est évident que ce sont les deux inverses ;

3° La *xylose* que MM. Wheeler et Tollens ont extraite de la sciure de bois et à laquelle correspond un *acide xylonique* connu, un *acide trioxyglutarique* indédoublable (d'après Fischer) et un alcool également inactif, la *xylite;*

4° La *ribose* obtenue de synthèse par M. Fischer au moyen du procédé suivant :

L'*acide arabonique*, chauffé à 130 degrés avec de la pyridine en autoclave, se transforme par suite de l'échange de deux groupes CO^2H et OH que j'ai décrit, partiellement du moins, en *acide ribonique*. Il y a production d'un équilibre dans les proportions de 30 à 70 p. 100 environ. Les deux acides sont séparés à l'état de sels de plomb et de calcium. L'acide ribonique a donné ensuite la *ribose*, et par oxydation un nouvel *acide trioxyglutarique* inactif. M. Fischer vient de trouver l'alcool correspondant dans l'adonis vernalis ; c'est l'*adonite* absolument inactive qu'on obtient aussi par l'action de l'amalgame sur la ribose.

Notons en passant que le quatrième acide trioxyglutarique s'obtiendrait aussi facilement par le même procédé à partir de l'acide xylonique.

Voilà nos données, cherchons à en tirer parti pour déterminer la constitution de ces quatre pentoses et des hexoses qui en dérivent.

Les deux acides trioxyglutariques inactifs ne peuvent être que les deux suivants :

```
          H   OH  H                        H   H   H
CO²H.  C.  C.  C.  CO²H      et    CO²H.  C.  C.  C.  CO²H
       OH  H   OH                         OH  OH  OH
```

Par conséquent, la xylose et la ribose dont ils dérivent doivent avoir les formules

```
           H   OH  H                         H   H   H
CH²OH.  C.  C.  C.  CHO            CH²OH.  C.  C.  C.  CHO
        OH  H   OH                          OH  OH  OH

                              ou

           OH  H   OH                        OH  OH  OH
CH²OH.  C.  C.  C.  CHO            CH²OH.  C.  C.  C.  CHO
        H   OH  H                           H   H   H
```

Or, nous avons vu qu'on peut passer de la ribose à l'arabinose par une simple rotation ; qu'en outre, l'arabinose par la fixation d'acide cyanhydrique donne de la glucose et de la gulose ; que la glucose, enfin, par oxydation donne un acide saccharique actif.

Laissons pour un instant les pentoses de côté et voyons quelle peut être la formule de cet acide saccharique. Je dirai tout de suite qu'il y a arbitraire dans le choix de l'acide *d* et de l'acide *l*, ce qui réduit à six les formules possibles. Les formules 1 et 7 (voir le tableau précédent, p. 241) sont à éliminer, puisque les acides qui y correspondent sont inactifs. En second lieu, comme la réaction de M. Pasteur appliquée à l'acide saccharique ne donne jamais qu'un acide *mannosaccharique actif*, les formules 2 et 8 sont à rejeter. En effet, elles représentent les acides talomuciques qui peuvent facilement être transformés en acide allomucique (1) inactif. Enfin, restent les configurations 4 et 10, 6 et 9, et 3 et 5. On sait que l'acide saccharique est obtenu également à partir de la gulose qui n'est pas l'inverse de la glucose. Appliquons par conséquent le deuxième principe, nous verrons que ni les formules 4.10 ni les formules 6.9 renversées ne donnent les inverses des isomères dont on est parti. *Elles ne peuvent donc pas provenir de deux hexoses actives non inverses et sont à rejeter.* L'acide saccharique aura pour formule :

$$
\text{CO}^2\text{H.}\;
\overset{\text{H}}{\underset{\text{OH}}{\text{C.}}}\;
\overset{\text{H}}{\underset{\text{OH}}{\text{C.}}}\;
\overset{\text{OH}}{\underset{\text{H}}{\text{C.}}}\;
\overset{\text{H}}{\underset{\text{OH}}{\text{C.}}}\;
\text{CO}^2\text{H}
\qquad
\text{CO}^2\text{H.}\;
\overset{\text{OH}}{\underset{\text{H}}{\text{C.}}}\;
\overset{\text{OH}}{\underset{\text{H}}{\text{C.}}}\;
\overset{\text{H}}{\underset{\text{OH}}{\text{C.}}}\;
\overset{\text{OH}}{\underset{\text{H}}{\text{C.}}}\;
\text{CO}^2\text{H}
$$

acide saccharique d (3)   acide saccharique l (5)

Il en résulte pour les glucoses et les mannoses les configurations

$$
\text{CH}^2\text{OH.}\;
\overset{\text{H}}{\underset{\text{OH}}{\text{C.}}}\;
\overset{\text{H}}{\underset{\text{OH}}{\text{C.}}}\;
\overset{\text{OH}}{\underset{\text{H}}{\text{C.}}}\;
\overset{\text{H}}{\underset{\text{OH}}{\text{C.}}}\;
\text{CHO}
\quad\text{et}\quad
\text{CH}^2\text{OH.}\;
\overset{\text{H}}{\underset{\text{OH}}{\text{C.}}}\;
\overset{\text{H}}{\underset{\text{OH}}{\text{C.}}}\;
\overset{\text{OH}}{\underset{\text{H}}{\text{C.}}}\;
\overset{\text{OH}}{\underset{\text{H}}{\text{C.}}}\;
\text{CHO}
$$

glucose d   mannose d

$$
\text{CH}^2\text{OH.}\;
\overset{\text{OH}}{\underset{\text{H}}{\text{C.}}}\;
\overset{\text{OH}}{\underset{\text{H}}{\text{C.}}}\;
\overset{\text{H}}{\underset{\text{OH}}{\text{C.}}}\;
\overset{\text{OH}}{\underset{\text{H}}{\text{C.}}}\;
\text{CHO}
\qquad
\text{CH}^2\text{OH.}\;
\overset{\text{OH}}{\underset{\text{H}}{\text{C.}}}\;
\overset{\text{OH}}{\underset{\text{H}}{\text{C.}}}\;
\overset{\text{H}}{\underset{\text{OH}}{\text{C.}}}\;
\overset{\text{H}}{\underset{\text{OH}}{\text{C.}}}\;
\text{CHO}
$$

glucose l   mannose l

car les acides mannonique et gluconique peuvent être transformés l'un dans l'autre. Les guloses qui donnent les mêmes acides sacchariques que les glucoses seront représentées par :

$$CH^2OH.\underset{H\ \ OH\ \ H\ \ H}{\overset{OH\ \ H\ \ OH\ \ OH}{C.\ \ C.\ \ C.\ \ C.}}CHO \quad \text{et} \quad CH^2OH.\underset{OH\ \ H\ \ OH\ \ OH}{\overset{H\ \ OH\ \ H\ \ H}{C.\ \ C.\ \ C.\ \ C.}}CHO$$

gulose d   gulose l

L'arabinose dérivée de la glucose aura la formule

$$CH^2OH.\underset{OH\ \ OH\ \ H}{\overset{H\ \ H\ \ OH}{C.\ \ C.\ \ C.}}CHO \qquad CH^2OH.\underset{H\ \ H\ \ OH}{\overset{OH\ \ OH\ \ H}{C.\ \ C.\ \ C.}}CHO$$

arabinose d   arabinose l

Les riboses qui donnent un acide trioxyglutarique inactif conformément à l'expérience et un acide ribonique transformable en acide arabonique seront :

$$CH^2OH.\underset{OH\ \ OH\ \ OH}{\overset{H\ \ H\ \ H}{C.\ \ C.\ \ C.}}CHO \qquad CH^2OH.\underset{H\ \ H\ \ H}{\overset{OH\ \ OH\ \ OH}{C.\ \ C.\ \ C.}}CHO$$

ribose d   ribose l

et enfin les xyloses qui dérivent de la gulose

$$CH^2OH.\underset{H\ \ OH\ \ H}{\overset{OH\ \ H\ \ OH}{C.\ \ C.\ \ C.}}CHO \qquad CH^2OH.\underset{OH\ \ H\ \ OH}{\overset{H\ \ OH\ \ H}{C.\ \ C.\ \ C.}}CHO$$

xylose d   xylose l

Je pourrais citer encore le cas de l'acide mucique et bien d'autres ; mais je crois, Messieurs, vous avoir donné par ce seul exemple une idée suffisante du travail de M. Fischer. Remarquez que tous ces raisonnements sont basés sur des faits indiscutables d'activité ou de non-activité optique, et qu'on n'est pas soumis, par conséquent, aux causes d'erreur qu'offrent les mesures de pouvoirs rotatoires. S'il y a encore des lacunes dans ce groupe des sucres, elles sont en train de disparaître ; depuis peu, la synthèse des érythrites racémique et inactive, due à M. Griner, a fait faire à la question un nouveau pas en avant. Ce ne sera pas le dernier.

J'ai fini ce que j'avais à dire des sucres et, avec ceux-ci, j'ai terminé les applications de la notion du carbone asymétrique. Pour aller plus avant, Messieurs, il aurait fallu considérer de plus près la dissymétrie de ce carbone, faire des hypothèses sur sa structure, sur la nature et la grandeur des liens qui le rattachent aux autres groupements. Je préfère m'arrêter là et ne pas vous parler de la loi de Guye, du produit d'asymétrie et de l'interprétation mécanique qui a été donnée à la cause de l'activité optique. Du reste, depuis la conférence de M. Guye, fort peu de travaux ont été publiés sur ce sujet qui est encore trop discuté, et qui a encore trop besoin de l'appui de l'expérience pour avoir pu être appliqué avec fruit aux problèmes de chimie théorique.

Dans le cours de ces deux conférences, j'ai eu l'honneur de vous exposer bon nombre d'applications de la stéréochimie. Je n'ai employé pour le faire que des principes vérifiés rigoureusement par l'expérience, le carbone tétraédrique, la liaison mobile avec la restriction de Wislicenus, la tension des chaînes fermées, les isoméries physiques produites par l'asymétrie d'un carbone, etc. Tous les problèmes qui ont été résolus ainsi, la chimie s'était déclarée impuissante à les résoudre d'une autre façon ; s'il y a encore des points obscurs, des invraisemblances, n'a-t-on pas le droit d'espérer que ceux-là sont éclaircis, que celles-ci disparaîtront ? Du reste, la stéréochimie n'a encore qu'une vingtaine d'années d'existence ; elle a rapidement progressé, il lui reste encore beaucoup à faire, mais, telle qu'elle est, elle a déjà bien mérité la place qu'elle a conquise à côté des branches plus anciennes de la science.

SUR QUELQUES CAS D'ISOMÉRIE DANS LA SÉRIE EN C⁶

PAR

M. G. GRINER

DOCTEUR ÈS SCIENCES, CHEF DES TRAVAUX DU LABORATOIRE DE CHIMIE ORGANIQUE

MESSIEURS,

Les recherches que je vais avoir l'honneur d'exposer ont été entreprises dans le but de compléter nos connaissances sur quelques carbures normaux, non saturés, à six atomes de carbone. L'étude du diallyle, du dipropargyle et de leurs isomères m'a conduit à des résultats qu'il était impossible de prévoir et même d'expliquer en se servant seulement du mode de représentation schématique ordinairement adopté. C'est aux principes de la stéréochimie qu'il a été nécessaire de recourir pour interpréter les principaux faits expérimentaux de ce travail.

Carbures en C^6H^{10}

I. — DIALLYLE (Hexadiène 1.5)

Le seul carbure connu, C^6H^{10}, à chaîne normale et à liaison diéthylénique était le diallyle découvert en 1856 par MM. Berthelot et de Luca et préparé par l'action de divers agents, tels que l'alliage d'étain et de sodium, le fer, l'argent, le zinc-éthyle, etc., sur l'iodure et le bromure d'allyle. La constitution admise par la plupart des auteurs est représentée par le schéma:

$$CH^2 = CH — CH^2 — CH^2 — CH = CH^2.$$

Il fixe quatre atomes de brome pour donner un produit auquel différents points de fusion avaient été attribués. M. Sabanejew, en 1885, décrit, le premier, deux bromures solides qu'il obtient en soumettant le produit à des cristallisations fractionnées, et il conclut de ses expériences que le diallyle n'est pas un composé unique, qu'il renferme un carbure isomérique. MM. Ciamician et Anderlini obtiennent ensuite deux autres bromures, dont l'un est liquide, et ils émettent l'idée que leur isomérie est d'ordre stéréochimique.

En présence de ces données divergentes, j'ai préparé du diallyle dans un état de pureté absolue en modifiant légèrement la méthode de Wurtz qui consiste à faire réagir l'iodure d'allyle sur un alliage d'étain et de sodium. Le carbure, dont j'ai préparé plus de 500 grammes à l'état de pureté, bout à 59 degrés sous la pression normale. Dilué dans le chloroforme, maintenu à —20 degrés, puis additionné de la quantité nécessaire de brome dilué dans le même dissolvant, il ne donne naissance qu'à deux bromures que l'on sépare par des cristallisations fractionnées et dont l'un fond à 54 degrés, l'autre à 65 degrés. Ces bromures engendrent les mêmes carbures, le diallyle et le dipropargyle, quand on les traite, soit par la poudre de zinc et l'alcool, soit par la potasse alcoolique. Je conclus de ces faits que le diallyle est un composé unique. Quant à l'existence de deux tétrabromures, elle s'interprète par des considérations stéréochimiques ; la rupture de chaque liaison éthylénique a pour effet d'introduire un carbone asymétrique, de sorte que la formule

$$CH^2Br — CHBr — CH^2 — CH^2 — CHBr — CH^2Br$$

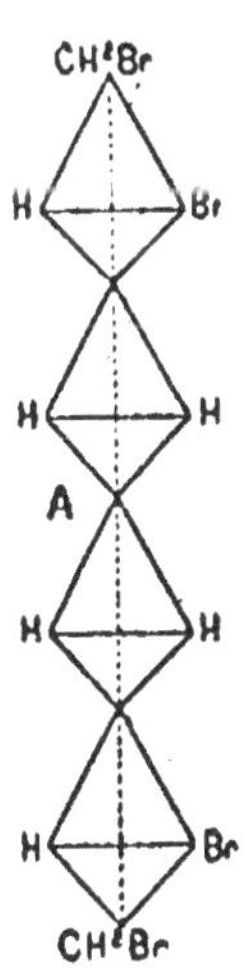

renferme deux de ces carbones et répond à deux formes isomériques et à deux seulement, car les deux carbones asymétriques sont liés aux mêmes restes. L'un de ces isomères est un inactif indédoublable et peut être représenté de la manière suivante (*fig.* 1), tandis qu'un des schémas suivants (*fig.* 2) représente un des éléments du racémique, l'autre étant représenté par la figure symétrique non superposable, ou image de la première.

Une vérification de ce fait est donnée par la production de deux

Fig. 1.

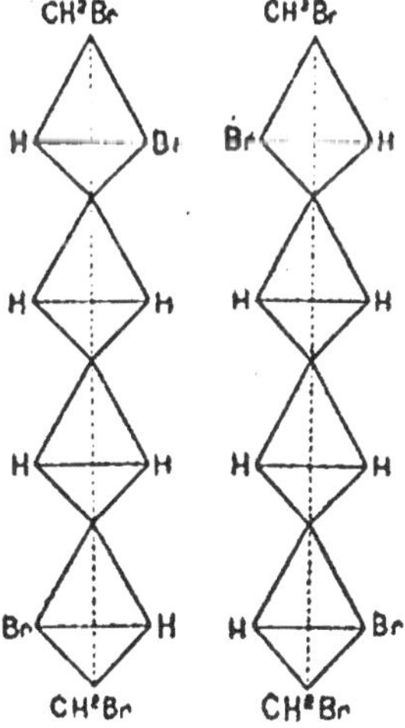

Fig. 2.

diiodhydrates de diallyle par fixation directe de l'acide iodhydrique gazeux sur le carbure refroidi. Ces composés, dont l'un est solide, l'autre liquide, ont tous les deux la même formule :

$$CH^3 - CHI - CH^2 - CH^2 - CHI - CH^3.$$

comme cela sera démontré par leurs fonctions d'iodures secondaires. Ils sont donc des isomères géométriques correspondant aux tétrabromures.

Isomères du diallyle

Le monoiodhydrate, $C^6H^{11}I$, découvert par Wurtz qui a décrit ses principales propriétés et les diiohydrates $C^6H^{12}I^2$ conduisent, par perte d'acide iohydrique à des isomères du diallyle lorsqu'ils sont soumis à l'action de la potasse alcoolique.

II. — ALLYLPROPÉNYLES (Hexadiènes 1.4)

Le monoiodhydrate donne naissance à un produit qui bout à 64°-72° sous la pression normale et qui, soumis à des fractionnements répétés, n'a pu être amené à un point d'ébullition constant. C'est un mélange de carbures isomériques correspondant à la formule C^6H^{10}. Ces liquides mobiles, à odeur éthérée qui rappelle celle du diallyle, doivent être représentés par la formule ordinaire :

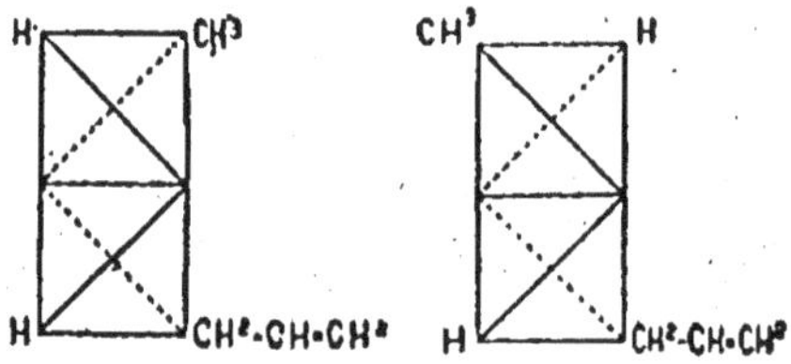

Fig. 3.

$$CH^3 - CH = CH - CH^2 - CH = CH^2.$$

Ce sont des allylpropényles qui, en notation stéréochimique, se désigneraient par les symboles non superposables.

L'iodure qui leur a donné naissance est certainement secondaire

$$CH^3 - CHI - CH^2 - CH^2 - CH = CH^2$$

car un iodure primaire de la formule :

$$CH^3I - CH^2 - CH^2 - CH^2 - CH = CH^2$$

ne peut que régénérer le diallyle, et l'expérience montre qu'il ne s'en fait pas.

L'action du brome sur ces carbures ainsi obtenus ne donne, d'ailleurs, pas naissance aux bromures de diallyle, mais à trois autres composés :

1° A deux bromures, isomères stéréochimiques, l'un fusible à 63-64 degrés, et l'autre liquide indistillable

$$CH^3 - CHBr - CHBr - CH^2 - CHBr - CH^2Br.$$

Nous ferons remarquer que les deux allylpropényles, qu'il est impossible d'isoler de leur mélange, peuvent donner chacun deux tétrabromures dont l'un, au moins, existe à l'état liquide; il est donc impossible de savoir combien l'expérience en a fourni ;

2° A un troisième produit fusible à 182-183 degrés, qui est un bromure de bipropényle :

$$CH^3 - CHBr - CHBr - CHBr - CHBr - CH^3.$$

La formation de ce bromure s'explique par le fait de la transformation, sous l'influence de la potasse alcoolique, d'une portion de l'allypropényle, pendant sa préparation, en bipropényle, dont la formule est plus symétrique :

$$CH^3 - CH = CH - CH = CH - CH^3.$$

III. — BIPROPÉNYLES (Hexadiènes 2.4)

Ces carbures ont été obtenus en soumettant à l'action de la potasse alcoolique les diiodhydrates de diallyle :

$$CH^3 - CHI - CH^2 - CH^2 - CHI - CH^3 - 2HI = CH^3 - CH = CH - CH = CH - CH^3$$

On obtient un liquide mobile, à odeur éthérée, plus agréable que celle du diallyle; c'est un mélange de carbures, C^6H^{10}, qui bout de 77 à 88 degrés, et dont il est impossible d'isoler un produit à point d'ébullition constant.

La théorie fait prévoir trois isomères dans le carbure brut (*fig.* 4).

Ces composés par l'addition de brome engendrent plusieurs tétrabromures. Je n'ai réussi à en isoler que trois dont les points de fusion sont très différents et dont le plus abondant fond à 182-183 degrés. Ce sont bien des isomères stéréochimiques :

$$CH^3 - CHBr - CHBr - CHBr - CHBr - CH^3.$$

car, traités par la potasse alcoolique, ils donnent naissance à un seul et même carbure, le diméthyldiacétylène :

$$CH^3 - C \equiv C - C \equiv C - CH^3$$

dont la formule de constitution sera établie dans la suite. La formation de ces bromures de dipropényle est accompagnée de celle d'un tétrabromure liquide, $C^6H^{10}Br^4$, qui, traité par la potasse alcoolique, fournit l'allylénylallylène :

$$CH^3 - C \equiv C - CH^2 - C \equiv CH$$

et qui est donc un bromure d'allylpropényle :

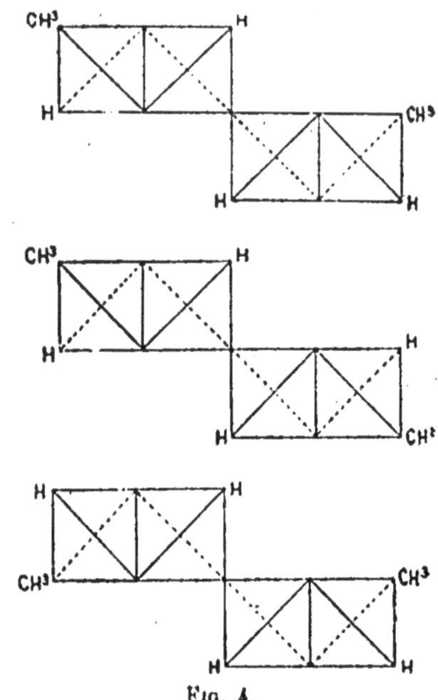

Fig. 4.

$$CH^3 - CHBr - CHBr - CH^2 - CHBr - CH^2Br.$$

Il existe, en conséquence, dans le bipropényle bouillant à 77-88 degrés une certaine quantité d'allylpropényle ; il s'ensuit que l'élimination de HI dans le diiodhyrate s'est faite de deux manières différentes.

Carbures en C^6H^6

I. — DIPROPARGYLE (Hexadiine 1.5)

La variabilité des constantes physiques du carbure que M. Henry a découvert en faisant réagir la potasse alcoolique en excès sur les bromures de diallyle, et dont j'ai préparé plusieurs échantillons, m'a amené à penser qu'il n'était pas un corps unique. D'ailleurs, les dosages des composés cupreux et argentiques ne s'accordent pas avec les formules $C^6H^4Cu^2$ et $C^6H^4Ag^2$. En opérant avec le nitrate d'argent en solution alcoolique, qui, ainsi que l'a montré M. Béhal, permet de fixer la constitution des carbures monoacétyléniques, la combinaison argentique du dipropargyle donnait à l'analyse des chiffres intermédiaires, entre ceux donnés par les formules $C^6H^4Ag^2$, $2AgAzO^3$ et C^6H^5Ag, $AgAzO^3$. Ces derniers résultats faisaient présumer que le carbure était un mélange de dipropargyle vrai

$$CH \equiv C - CH^2 - CH^2 - C \equiv CH$$

et d'un composé isomérique :

$$CH \equiv C - CH^2 - C \equiv C - CH^3.$$

Pour démontrer qu'il en est ainsi, il suffit de soumettre le carbure à une réfrigération intense, à la température de — 60 degrés, ce qui détermine une solidification partielle. En essorant la masse pâteuse, on sépare un carbure qui fond à — 6 degrés et bout à 86-87 degrés, qui est stable à la température ordinaire et dont le composé argentique répond à la formule $C^6H^4Ag^2.2AgAzO^3$; c'est le dipropargyle vrai. Le carbure liquide, qui a été séparé du produit fusible à — 6 degrés, et dont le point de congélation est voisin de — 45 degrés, est un mélange des deux carbures biacétylénique et monoacétylénique, comme le démontre le dosage du précipité argentique. Quant à la présence de l'hexadiine 1.4 dans le dipropargyle brut, elle s'explique par la transposition moléculaire du carbure biacétylénique vrai sous l'influence de la potasse alcoolique, dans la préparation de M. Henry.

II. — ALLYLÉNYLALLYLÈNE (Hexadiine 1.4)

Il est préparé à l'état de pureté en faisant réagir la potasse alcoolique sur les bromures d'allylpropényle

$$CH^3 - CHBr - CHBr - CH^2 - CHBr - CH^2Br - 4HBr =$$
$$CH^3 - C \equiv C - CH^2 - C \equiv CH.$$

Les résultats sont identiques, quel que soit celui des tétrabromures employés.

C'est un liquide mobile, dont l'odeur rappelle celle du dipropargyle et qui bout vers 80 degrés. Il donne avec le chlorure cuivreux ammoniacal un précipité jaune et, avec les réactifs argentiques, des précipités blancs. La potasse alcoolique le polymérise rapidement sans donner naissance, par suite d'une migration moléculaire, au diméthylbiacétylène

$$CH^3 - C \equiv C - C \equiv C - CH^3$$

comme on aurait pu s'y attendre.

III. — DIMÉTHYLBIACÉTYLÈNE (Hexadiine 2.4)

Ce carbure, dont la formation par l'action de la potasse alcoolique sur les tétrabromures de dipropényle a déjà été signalée, avait, d'abord, été obtenu par l'oxydation ménagée de l'allylénure cuivreux, au moyen du ferricyanure de potassium :

$$(CH^3 - C \equiv C)^2 Cu^2 + O = Cu^2O + CH^3 - C \equiv C - C \equiv C - CH^3.$$

Ce mode de formation fixe la constitution du carbure.

Ce composé est solide; il fond à 64 degrés et bout sans décomposition à 130 degrés sous la pression ordinaire. Il est remarquablement stable, et c'est seulement lorsque sa vapeur est portée à une température voisine de 400 degrés qu'il fuse en laissant un résidu charbonneux.

Il fixe avec énergie quatre atomes de brome. La formation de ce tétrabromure, $C^6H^6Br^4$, est une vérification très nette des hypothèses stéréochimiques, car, dans ce cas, on ne prévoit que la formation d'un seul tétrabromure :

$$CH^3 — CBr = CBr — CBr = CBr — CH^3.$$

C'est ce que l'expérience confirme parfaitement.

Par hydratation, au moyen de l'acide sulfurique ou du chlorure mercurique, le diméthylbiacétylène donne naissance :

1° A une monocétone non saturée qui peut se représenter, en raison des analogies avec les carbures monoacétyléniques substitués, par le schéma :

$$CH^3 — CO' — CH^2 — C \equiv C — CH^3 ;$$

. 2° A une dicétone dont la formule est :

$$CH^3 — CO — CH^2 — CO — CH^2 — CH^3.$$

C'est l'acétylpropionylméthane qui a déjà été obtenu par M. Claisen, au moyen de sa méthode générale de préparation des β-dicétones.

Enfin, ce carbure a la propriété curieuse de se combiner à l'alcool lorsqu'il est chauffé vers 100 degrés avec de la potasse alcoolique. C'est le premier cas de la formation d'une oxéthyline par fixation d'alcool sur un carbure acétylénique substitué.

DIVINYLGLYCOL (Hexadiine 1.5. diol 3.4)

En cherchant à obtenir de nouveaux carbures normaux à six atomes de carbone, je me suis adressé à un corps qui n'avait pas encore été obtenu, au divinylglycol, dont la formule est :

$$CH^2 = CH — CHOH — CHOH — CH = CH^2$$

et qui m'a conduit à quelques observations intéressantes. Il s'obtient en soumettant à l'hydrogénation, au moyen du couple zinc-cuivre, l'acroléine en solution aqueuse, acidulée par l'acide acétique.

C'est un liquide incolore, d'une consistance semblable à celle du glycol ordinaire, et dont la saveur est très amère. Il bout de 101 à 102 degrés sous 1 centimètre de pression, et de 197 à 198 degrés à la pression normale. Ce composé est un glycol, comme le fait prévoir son mode de formation analogue à celui de la pinacone ; la présence des deux oxhydryles est démontrée par l'action de l'anhydride acétique qui conduit à une diacétine.

Ce glycol, dans les solutions duquel des moisissures ont été cultivées, n'acquiert pas le pouvoir rotatoire ; c'est donc un inactif indédoublable, les deux carbones asymétriques qu'il contient se compensant. S'il en est ainsi, et si, en particulier, on considère que les deux carbones asymétriques $CHOH — CHOH$ se compensent, la théorie indique qu'il doit y avoir trois isomères stéréochimiques, quand, par addition de brome au glycol, on introduit encore deux carbones asymétriques :

$$CH^2Br — CHBr — CHOH — CHOH — CHBr — CH^2Br.$$

Deux de ces tétrabromures sont des inactifs indédoublables, et le troisième un racémique. J'ai réussi à isoler trois composés, $C^6H^{10}Br^4O^2$ dont un est liquide et renferme évidemment en dissolution une certaine quantité des deux autres. Il est certain qu'il y a trois tétrabromures isomériques, mais on ne peut affirmer qu'il n'y en a pas davantage.

On peut les considérer comme les tétrabromhydrines d'un alcool hexatomique identique ou isomérique avec la mannite. Je n'ai pas réussi à remonter à cet alcool. D'autres tentatives dirigées vers le même but avec la chlorhydrine $C^6H^8 (OH)^4 Cl^2$, produit de l'action de l'acide hypochloreux sur le glycol, sont restées infructueuses.

Enfin, un dernier cas d'isomérie stéréochimique est fourni par les dérivés incomplètement saturés, de la forme $C^6H^8R^4$.

On peut les obtenir de deux manières : 1° l'action du tribromure de phosphore sur le glycol donne naissance à une dibromhydrine (et une seule) ; c'est, comme le glycol, un inactif indédoublable dont la formule est :

$$CH^2 = CH — CHBr — CHBr — CH = CH^2 ;$$

l'addition de brome à ce composé conduit à un tétrabromure qui a pour formule :

$$CH^2Br — CHBr — CHBr — CHBr — CH = CH^2 ;$$

2° De même, l'oxydation par le permanganate de potasse en solution très étendue transforme le glycol en un alcool tétratomique non saturé :

$$CH^2OH - CHOH - CHOH - CHOH - CH = CH^2.$$

Or, ces deux composés existent l'un et l'autre sous deux formes isomériques et deux seulement. C'est ce que la théorie stéréochimique prévoit parfaitement; elle montre, de plus, que ces deux isomères sont des racémiques. En effet, la dibromhydrine du divinylglycol (ou le glycol lui-même) renferme deux carbones asymétriques D et G et, quand on vient à rompre une double liaison, on introduit un nouveau carbone asymétrique qui sera D_1 ou G_1.

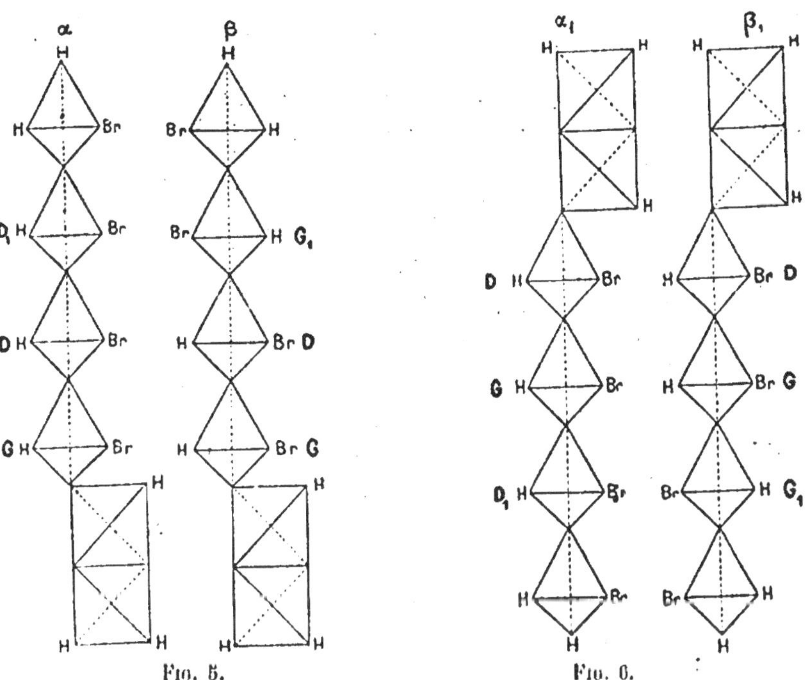

Fig. 5.   Fig. 6.

On obtiendra donc les deux composés :

(α) DGD₁   et   (β) DGG₁

qui, tous les deux, sont actifs sur la lumière polarisée et qui, n'étant pas l'image l'un de l'autre, ne peuvent former un racémique. Mais, si on rompt la liaison éthylénique placée de l'autre côté, en laissant la première intacte, on aura les combinaisons (α₁) G₁DG et (β₁)D₁DG.

On voit que les composés α et α₁, d'une part, et β et β₁, de l'autre, sont les images non superposables l'un de l'autre ; ils s'uniront donc pour former les racémiques :

$$A \begin{cases} DGD_{\prime} \\ G_{\prime}DG \end{cases} \qquad \text{et} \qquad B \begin{cases} DGG_{\prime} \\ D_{\prime}DG \end{cases}$$

Or, l'expérience confirme ces vues théoriques ; elle donne effectivement deux tétrabromures (et deux alcools tétratomiques) non saturés qui ne se produisent pas en quantités égales, ce qui pourrait tenir à une action directrice des atomes de carbone asymétriques préexistant dans la molécule sur ceux qu'on y introduit ensuite.

Me voici arrivé, Messieurs, au terme de l'exposé des principaux résultats auxquels je suis parvenu dans le cours de mes travaux ; les belles conceptions de MM. Le Bel et Van't Hoff m'ont constamment servi pour interpréter des isoméries inattendues et parfois complexes. Je puis conclure que les résultats trouvés par la voie purement expérimentale, m'ont conduit à une nouvelle vérification de la théorie stéréochimique, dont on ne saurait aujourd'hui se passer dans les recherches de chimie synthétique.

L'APPLICATION DE LA STÉRÉOCHIMIE

AUX

RÉACTIONS INTERNES

ENTRE

LES RADICAUX ÉLOIGNÉS D'UNE MÊME MOLÉCULE

PAR

R. THOMAS-MAMERT

———

PREMIÈRE PARTIE

Dans les formules structurales basées presque uniquement sur la liaison ou dépendance immédiate des atomes les uns avec les autres, la question des dispositions spatiales des radicaux fixés au squelette carboné de la molécule, est laissée, comme on le sait, à peu près complètement de côté. Rien d'étonnant, par conséquent, à ce que ces formules ne puissent pas *prévoir*, même d'une manière approximative, la probabilité des actions internes qui peuvent s'établir au sein de la molécule, entre les divers radicaux unis au squelette.

Quand on écrit, par exemple, la formule générale d'un oxacide :

$$CO^2H - (CH^2)^n - CH.OH - CH^3$$

où $n = 0, 1, 2.....$; cette formule indique bien la *possibilité* d'une élimination interne d'eau, suivant le schéma :

$$CO^2H - (CH^2)^n - CH.OH - CH^3 = H^2O + CO - (CH^2)^n - CH - CH^3$$

mais l'équation chimique ainsi écrite, n'exprime qu'une *possibilité* et non une *probabilité*. C'est l'équation banale de l'éthérification, prise seulement dans un cas particulier, au sein de la molécule. Rien n'indique que ce phénomène ait plus de chances de se produire dans ce cas que dans nombre d'autres où il n'a pas lieu. Si, allant à l'encontre de l'essence des formules structurales, nous voulons en tirer absolument des déductions au sujet de la probabilité de la réaction, nous arrivons à des conclusions que l'expérience montre erronées. La réaction devra, semble-t-il, en effet, être d'autant plus facile que l'hydroxyle alcoolique est fixé à un carbone plus voisin du carboxyle.

Dans la série suivante :

$$CO^2H - CHOH - CH^3 \qquad \text{acide lactique.}$$
$$CO^2H - CH^2 - CHOH - CH^3 \qquad \text{acide } \beta. \text{ oxybutyrique.}$$
$$CO^2H.CH^2 - CH^2 - CHOH - CH^3 \qquad \text{acide } \gamma. \text{ oxyvalérique.}$$
$$CO^2H.CH^2.CH^2.CH^2 - CHOH - CH^3 \qquad \text{acide } \delta. \text{ oxycaproïque.}$$

le premier, l'acide lactique ordinaire, devrait le plus facilement fournir un anhydride :

$$\overset{\displaystyle CO - CH - CH^3}{\underset{\displaystyle \quad\quad O}{|\qquad\quad|}}$$

Il n'en est rien pourtant. Dans les conditions de production de l'anhydride, la molécule lactique préfère, pour ainsi dire, se doubler et donne par réaction sur une seconde molécule la lactide :

$$\begin{array}{c} CO - CH - CH^3 \\ O\big< \qquad \big>O \\ CH^3 - CH - CO \end{array}$$

Dans le second corps, l'acide β. oxybutyrique, où l'action devrait déjà être plus difficile, elle se produit par simple distillation, mais c'est alors aux dépens de l'hydroxyle alcoolique et de l'hydrogène du carbone α, ce que rien ne faisait prévoir. On a ainsi de l'acide crotonique :

$$CH^3 - CH = CH - CO^2H.$$

Dans le troisième corps, l'acide γ. oxyvalérique, la réaction semble plus difficile que chez les deux autres. Or, c'est au contraire dans ce cas qu'elle a effectivement lieu, et avec une telle facilité que l'acide β. oxybutyrique libre n'est pas stable et se dédouble spontanément à la température ordinaire en eau et olide :

$$CO — CH^2 — CH^2 — CH — CH^3$$
$$|$$
$$\overline{\hspace{6cm}} O$$

Cet anhydride, très stable, ne peut régénérer qu'incomplètement l'acide par une très longue ébullition avec l'eau.

Dans le quatrième corps ou acide δ. oxycaproïque, l'élimination d'eau est encore possible, facile même, mais un peu moins que dans le cas précédent. De plus, même à 100 degrés, elle n'est qu'incomplète. L'anhydride ou δ. olide :

$$CO — CH^2 — CH^2 — CH^2 — CH — CH^3$$
$$|\underline{\hspace{6cm}} O$$

fixe l'eau à l'air en régénérant l'acide.

Voici donc une série de phénomènes que les formules structurales ne prévoient à aucun titre. Elles peuvent les représenter parfaitement, mais elles n'en donnent aucune explication. Il était à prévoir que les formules stéréochimiques, symbolisant les positions spatiales relatives des divers radicaux de la molécule, se montreraient moins impuissantes à donner quelques éclaircissements au sujet des actions internes. En effet l'application des idées stéréochimiques à ce cas particulier s'est montrée spécialement heureuse. C'est ce point de détail de la doctrine stéréochimique que nous nous efforcerons de développer.

Peut-être devrons-nous plaider, dès à présent, les circonstances atténuantes pour quelques théories qui pourront paraître, à première vue, bien hypothétiques. Mais il semble que l'audace de l'induction ne peut être que louée, si elle ne blesse pas les faits, et ne présente pas les hypothèses comme des réalités. Et les explications proposées par ces théories ne paraissent pas plus improbables et plus inadmissibles qu'un grand nombre d'autres, acceptées, grâce à l'habitude qu'on en a, presque comme des articles de foi.

Nous ne nous attarderons pas sur le mode de figuration stéréochimique. On sait que la base du système consiste à envisager les valences du carbone, de quelque nature qu'on les suppose, comme symétriquement disposées dans l'espace à trois dimensions, autour de l'atome de carbone. Qu'on les envisage comme des directions attractives émanées du carbone, ou comme des pôles d'attraction situés à la surface d'une sphère, la distribution devra en être symétrique dans l'espace, si l'on ne tient pas compte, du moins, des actions extérieures possibles. Dans le cas des pôles d'attraction situés sur une sphère, ces pôles seront aux sommets du tétraèdre régulier inscrit; dans le cas des directions attractives, les valences seront les droites menées du centre aux sommets du même tétraèdre. Ainsi, on peut prendre ce tétraèdre comme symbole de l'atome de carbone, les radicaux étrangers venant se fixer à ses sommets.

Maintenant, la fixation de ces radicaux ne pourra-t-elle pas changer la distribution des valences et amener, en langage stéréochimique, la déformation du tétraèdre régulier, sa transformation en tétraèdre irrégulier? Le Bel, Wislicenus, von Baeyer et beaucoup d'autres, admettent que oui, comme cela paraît en effet probable *a priori*. D'ailleurs, une déformation de ce genre n'affecte en rien l'existence du pouvoir rotatoire, à moins que les quatre valences ne se trouvent ramenées dans un même plan, ce qui ne paraît pas possible. Cette déformation doit en effet être assez faible. On peut, en général, n'en pas tenir compte.

Liaison des atomes de carbone dans les chaînes. — Cas de deux atomes simplement unis.—Une simple liaison se représente, en général,

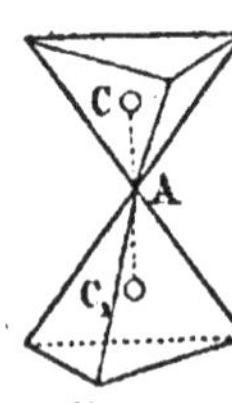

Fig. 1.

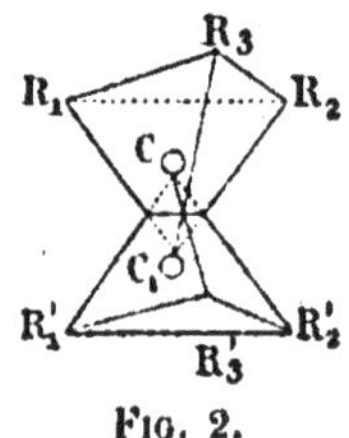

Fig. 2.

par l'union sommet à sommet de deux tétraèdres de carbone comme dans la figure 1.

Ces axes CA et C_1A se placent dans le prolongement l'un de l'autre. D'ailleurs, si on suppose la liaison mobile autour de l'axe CC_1, les sommets peuvent occuper une infinité de positions, et se placer ainsi dans celle qui est le plus en rapport avec les attractions ou répulsions des radicaux fixés aux sommets libres.

Monsieur Van't Hoff admet que, dans la simple liaison, il y a pénétration des deux tétraèdres, le sommet de chacun d'eux allant occuper le centre de l'autre ainsi qu'on le voit dans le schéma (*fig.* 2).

Les six sommets du système se trouvent alors fixés aux sommets d'un prisme droit à base de triangle équilatéral. En rabattant R_3 et R'_3 symétriquement sur le plan du tableau, on a le symbole plan :

$$R_3$$

$$R_1 \qquad R_2$$

$$R'_1 \qquad R'_2$$

$$R'_3$$

souvent employé par Van't Hoff. Cette façon de figurer la liaison
simple, semble moins élastique que l'autre. A cela près, elles sont
également acceptables.

Liaison double de deux carbones et tension dans ce cas. — Nous
avons dit que dans la liaison simple, les deux valences qui la constituent sont dans le prolongement l'une de l'autre et forment l'axe de
liaison. Lorsque, par une action extérieure, cet axe est *tordu*, que les
deux lignes AC et AC_1 ne sont plus dans le prolongement l'une de
l'autre, il doit se produire un état particulier de tension dans la molécule. Or, ceci doit avoir spécialement lieu lorsqu'une simple liaison se transforme en double liaison, car d'après le mode de figu-

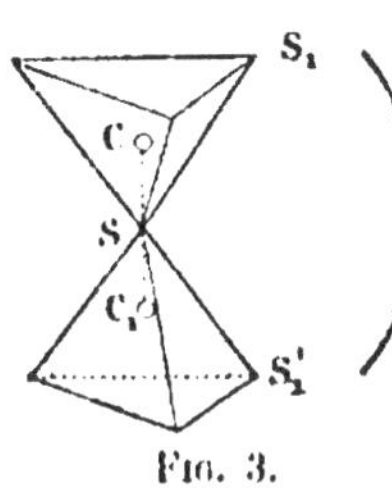

ration ordinaire, il faudra que les
sommets S_1 et S'_1, se rapprochant l'un
de l'autre, s'unissent comme dans la
figure 3.

Mais l'axe CSC_1 s'est, pour ainsi
dire, tordu en son milieu. Il en est de
même pour le nouvel axe d'union
CS_1C_1. Chacun de ces axes tendant à

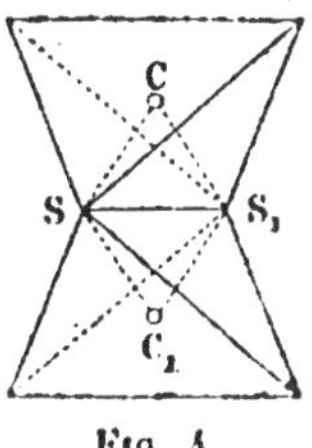

Fig. 3.

Fig. 4.

redevenir droit, il devra y avoir dans la molécule une tension à la
rupture en chacun des points S et S_1 (*fig.* 4).

Théorie de la tension (Spannungs théorie) de Baeyer. — Ces considérations, qui vont nous servir souvent, ont été pour la première fois
présentées par von Baeyer en un corps de doctrine, sous le nom de
théorie de la tension, dans un mémoire paru aux Berichte, en 1885.

Seulement il envisage les liens multiples d'une manière un peu différente. Il admet comme tout le monde que, dans l'atome de carbone,
les valences symétriquement disposées forment entre elles un angle
de 109° 28'. Dans la double liaison, il y aurait alors, non pas torsion
de l'axe CSC_1 autour de S, mais reduction à 0° de l'angle des deux
valences intéressées à la double liaison dans chaque carbone. On aurait
ainsi la figure :

Les valences *libres* sont toutes dans le même plan, où se trouvent
aussi les deux carbones, tout comme dans le mode précédent de figu-

ration. Quant aux deux valences de la double liaison, elles restent distinctes et ne se confondent pas, car ce serait une façon détournée de rendre le carbone trivalent. Elles sont seulement parallèles, très voisines, et situées dans un plan perpendiculaire à celui des deux autres.

Liaison triple de deux carbones. — Dans la triple liaison, il y aura alors aussi une triple tension à la rupture, soit que l'on figure l'union par l'accolement de deux tétraèdres par une face comme dans la figure 5, soit qu'on admette avec Baeyer la déviation de 3 valences qui arrivent à faire un angle nul.

Les composés de cette espèce présenteront donc une particulière disposition à la rupture, et il pourra même, à ce moment, y avoir dégagement brusque de l'énergie qui fut nécessaire à leur formation, c'est-à-dire explosion.

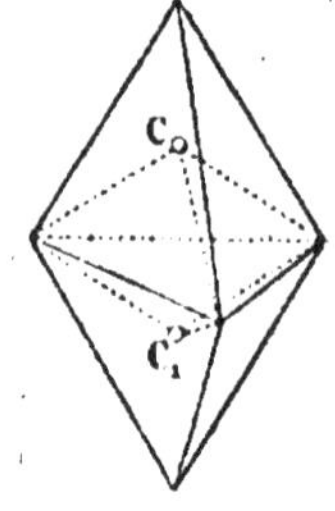

Fig. 5.

Vérifications expérimentales. — Les mesures calorimétriques de M. Thomsen sont d'accord avec ces vues. Elles montrent que la transformation d'un double lien en triple, absorbe une quantité considérable d'énergie qui sera rendue lors de la rupture. M. Berthelot a montré, d'ailleurs, que l'acétylène détone, quoique difficilement. Mais les faits découverts par Baeyer lui-même et exposés dans son mémoire, appuient mieux encore sa manière de voir. Il a trouvé, en effet, des corps renfermant une série de triples liaisons et constaté que leur explosibilité augmente avec le nombre des triples liens. Il a préparé, par exemple, l'acide diacétylène-dicarbonique :

$$CO^2H - C \equiv C - C \equiv C - CO^2H.$$

Or, cet acide, qui cristallise fort bien, détone violemment à 177°. Les vibrations lumineuses suffisent à le détruire en le charbonnant. Le carbure correspondant, le diacétylène :

$$CH \equiv C - C \equiv CH$$

donne un sel d'argent si explosif, qu'il détone à l'état humide par trituration entre les doigts. Quant à l'acide tétracétylène dicarbonique :

$$CO^2H - C \equiv C - C \equiv C - C \equiv C - C \equiv C - CO^2H$$

bien cristallisé aussi, son explosibilité et son altérabilité excessives rendent son maniement à peu près impossible.

Objections de Victor Meyer. — M. V. Meyer a opposé à ceci que la liaison acétylénique prend naissance dans l'arc électrique. Mais l'ozone ne prend-il pas naissance aussi à 1400° dans le tube chaud et froid de Deville ?

Il a aussi allégué que la violente décomposition des corps de Baeyer était due à leur transformation extrêmement facile en corps très stables, carbone et acide carbonique ; que la même raison expliquait, par exemple, l'explosibilité de l'oxalate d'argent qui peut donner $2CO^2 + Ag^2$, tandis que le malonate et le succinate d'argent ne détonent pas. Mais on peut répondre à Meyer que cette transformation, si facile en systèmes stables, provient tout justement de la nature très instable assignée par Baeyer à ses chaines et n'attaque en rien ses vues.

Attractions dans les liaisons multiples. — On s'est efforcé de compléter la théorie de M. von Baeyer par l'évaluation *relative* des forces attractives, qui maintiennent unis les atomes de carbone dans la double ou la triple liaison. La tension indiquée par Baeyer est causée, avons-nous vu, par l'énergie nécessaire à la déviation des axes de liaison. Mais on veut maintenant calculer la grandeur relative à l'attraction entre les deux atomes, une fois cette torsion opérée et le lien multiple formé. C'est cette attraction qui doit maintenir la liaison malgré les tensions de Baeyer. Elle est donc nécessairement plus grande qu'elle

Auwers a donné, dans l'hypothèse du tétraèdre, le rapport :

$$\frac{1}{3.56}$$

comme celui de la valeur du triple lien à celle du double lien. Mais reconnaît lui-même l'arbitraire de ces nombres.

Théorie de Naumann. — Naumann, dans un travail publié en 1890 dans les Berichte (t. XXIII, p. 477), a donné des évaluations de ces quantités qui, sans emporter la conviction, peuvent à coup sûr, être considérées comme d'intéressants essais.

Il prend comme unité la force qui maintient unis deux atomes de carbone dans la simple liaison, et la considère comme une attraction exercée entre C et C_1, le long de la ligne joignant ces atomes. Cette force n'a toute sa valeur que quand elle s'exerce suivant la droite CSC_1.

Si, par une cause quelconque, cet axe s'infléchit en S, comme dans la seconde figure, la force attractive diminue et n'est plus alors exprimée que par la composante suivant la droite CC_1 joignant les carbones. D'ailleurs, dans cette déviation, Naumann admet que le tétraèdre ne se déforme pas et reste régulier.

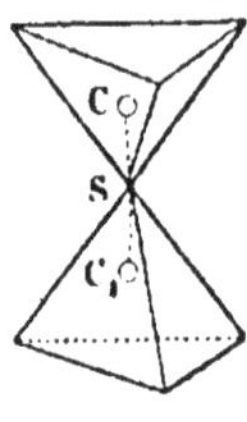

Fig. 6.

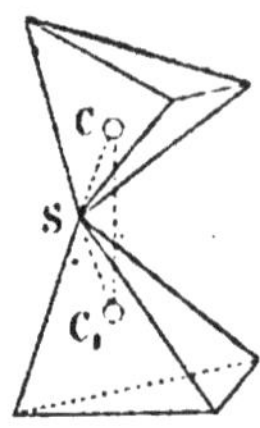

Fig. 7.

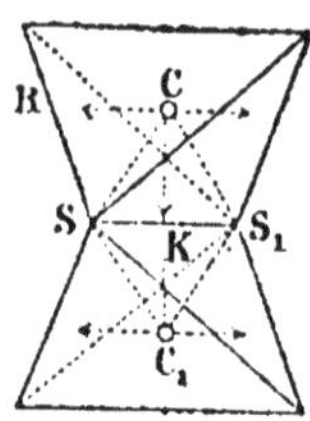

Fig. 8.

Appliquons cette manière de voir à la double liaison considérée comme l'union de deux tétraèdres de carbone suivant une arête. De la première liaison CSC_1, nous ne devons considérer que la composante CK (*fig.* 8).

La composante R perpendiculaire à CC_1 est détruite par une composante égale et de sens contraire due à l'autre liaison CS_1C_1. Or, on a, au moyen du triangle CSK où $\sin \widehat{CSK} = 0{,}5574$

$$CK = 0{,}5574 \times CS$$

Comme CS est pris pour unité, la résultante SK est 0,5574.

Une deuxième composante égale et de même sens, provenant de la seconde liaison CS_1C_1, s'ajoute à elle. La force d'union des deux carbones est donc :

$$f = 1{,}1548.$$

Dans la triple liaison les atomes de carbone sont accolés base à base.

On ne doit ici considérer comme force d'attraction émanant de la liaison CSC_1 que la composante suivant CK, la composante suivant R étant détruite par la résultante de deux autres forces semblables dues à CS_1C_1, CS_2C_1. Or on a, par CSK.

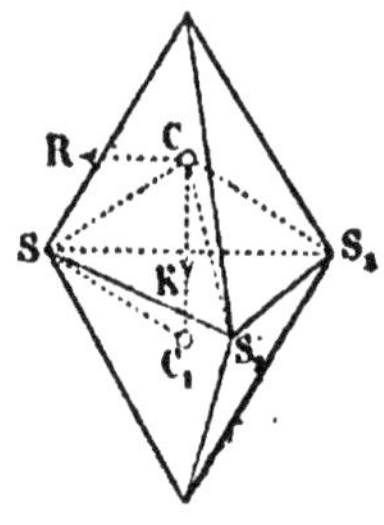

Fig. 9.

$$CK = 0{,}333$$

Dans la triple liaison, trois forces semblables agissent, la force d'union des deux atomes est donc sensiblement

$$f = 1.$$

En somme, on a comme aperçu plausible des forces d'attraction dans les trois modes de liaison du carbone au carbone :

Simple lien. . . .   1
Double lien. . . .   1,548
Triple lien   1

Dans le triple lien, la force d'union des deux carbones est donc seulement égale à celle du simple lien. Dans le double lien, elle semble plus considérable que dans tout autre mode d'assemblage, sans être pourtant le double de ce qu'elle est dans la simple liaison.

Rupture des liens triple et double. — Maintenant, une force répulsive supérieure à 0.333 étant appliquée au sommet S_1 de la triple liaison, cette triple liaison se rompra en ce point. L'examen du système montre qu'il est alors soumis à l'action d'une force 0,273, située dans le plan perpendiculaire à l'arête SS_2, et dirigée perpendiculairement à CC_1. Elle tend à amener le système à la position normale de la double liaison, et diminue à mesure qu'il en approche, pour devenir nulle quand il l'atteint, puis reparaître en sens contraire au delà de cette position. L'attraction en un sommet étant donc annulée, le système des deux atomes devient, en oscillant autour de la position normale du lien éthylénique, le siège de vibrations pendulaires, qui s'amortissent sans doute bientôt avec apparition de chaleur.

La même chose se passe encore, si dans une liaison éthylénique on détruit la force d'attraction de deux sommets. Mais ici, une force disruptive supérieure à 0,5574 est nécessaire. On trouve alors que le système tend à prendre la forme normale de la liaison simple, sous l'influence d'une force égale aussi à environ 0,273. Il y aura encore vibrations pendulaires autour de la position d'équilibre, amortissement de ces vibrations et dégagement de chaleur.

Il est évident que ces spéculations théoriques de Naumann ne sont susceptibles d'aucune véritable précision, et que les chiffres donnés plus haut s'écartent très probablement de la réalité. Mais l'ensemble des phénomènes et leur tournure générale semblent ainsi assez heureusement saisis

On voit cependant qu'il n'est systématiquement tenu aucun compte des déformations possibles du tétraèdre. De plus, l'influence des radicaux unis aux sommets libres est laissée aussi de côté. Il est vrai que des expériences toutes récentes de M. Berthelot, semblent montrer que la nature de ces radicaux influe moins à ce point de vue, qu'on ne pourrait le croire.

Il a, en effet, trouvé comme chaleur dégagée par la fixation du brome sur l'éthylène + 29°,3. Pour le propylène :

$$CH^2 = CH.CH^3$$

on trouve dans les mêmes conditions + 29°,1, c'est-à-dire dans la limite des erreurs d'expériences, exactement le même nombre. La chaleur dégagée par la rupture du double lien et l fixation du brome n'est donc pas influencée sensiblement par la substitution de CH^3 à H ($C. R.$, t. CXVIII, p. 1116). Mais en serait-il de même pour d'autres radicaux plus différents de H.? Les chaleurs dégagées par la fixation de l'acide bromhydrique sur l'éthylène et l'amylène (+ 46°,4 et + 22°,6) montrent que non, par leur énorme différence.

Formation des chaînes d'atomes de carbone. — Passons maintenant à la formation d'une chaîne d'atomes de carbone, simplement unis chacun à chacun. On voit tout de suite que l'on n'aura pas une chaîne linéaire comme dans les formules structurales.

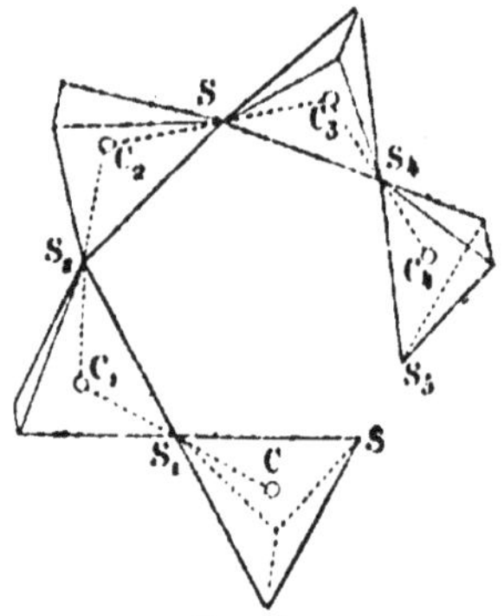

Si l'on examine seulement les axes de liaison CC_1 ; C_1C_2; C_2C_3;... des carbones, et si l'on admet la liaison mobile, c'est-à-dire la libre rotation possible de tout l'ensemble du système autour de chacun des axes, on voit que la ligne brisée $CC_1C_2C_3$... est assujettie seulement à la fixité

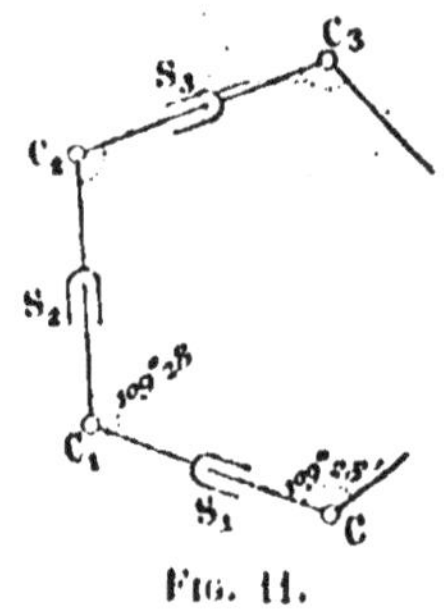

Fig. 10.

Fig. 11.

des angles en C_1, C_1, C_2, C_3... qui doivent, pour qu'il n'y ait pas de tension, rester égaux à 109° 28', angle de deux valences normales du carbone. A part cela, cette ligne brisée peut prendre toutes les positions, plane ou gauche, comme si en chacun des sommets S_1, S_2, S_3... se trouvait une sorte de pivot à gorge rigide (*fig.* 11). Par suite de ces mouvements, effectués d'une manière appropriée, sous l'influence de causes qu'il faudra définir, des radicaux, unis aux sommets libres du squelette carbonique, pourront se rapprocher beaucoup et réagir l'un sur l'autre, quoique dans la formule structurale leurs positions soient en général très éloignées.

On peut facilement calculer la distance des sommets successifs formant l'anneau, lors du rapprochement maximum qui se produit, lorsque les centres de gravité $C_1C_1.C_2$... sont sur un même cercle situé dans le plan du tableau. On trouve alors :

$$SS_1 = 1 \ (SS_1 = \text{unité}) \qquad 0,612$$
$$SS_2 = 1,633 \qquad 1 \ (SS_2 = \text{unité})$$
$$SS_3 = 1,661 \qquad 1,022$$
$$SS_4 = 1,089 \qquad 0,667$$
$$SS_5 = 0,111 \qquad 0,068$$

Ce tableau va nous être fort utile.

Fermeture des chaînes. — Une des premières choses à examiner est la possibilité de fermeture de la chaîne. Ayant constitué une chaîne de 1, 2, 3... carbones, cherchons à amener au contact les deux sommets terminaux de la chaîne. Pour un nombre d'atomes de carbone inférieur à six, et même en amenant les sommets dans la position du rapprochement maximum, comme dans la figure, la chose ne peut pas se faire sans supposer un changement de l'angle des valences autour du carbone, où une déviation des axes CC_1 aux sommets S_1, si on préfère supposer le tétraèdre indéformable. Pour six atomes de carbone, nous verrons qu'il y a un cas très spécial où la fermeture peut s'opérer sans nulle déformation. Pour un nombre d'atomes supérieur à six, et si l'on suppose tous les centres de gravités dans le même plan, il faudra de nouveau une déformation dilatant la chaîne, pour en amener la fermeture.

L'existence d'une tension dans la molécule des carbures cycliques se traduira, au moment de leur formation, par l'absorption d'une certaine quantité d'énergie, qui sera récupérée comme pour les composés acétyléniques, quand on rompra la chaîne. Un récent travail de M. Berthelot (*C. R.*, CXVIII, 1115) le prouve expérimentalement. Si on combine

au brome le propylène $CH^2 = CH — CH^3$ et le triméthylène $CH^2\!\!\begin{smallmatrix}\diagup CH^2 \\ | \\ \diagdown CH^2\end{smallmatrix}$, on trouve :

$$CH^2 \Big\langle {\,CH^2 \atop CH^2} \;+\; Br^2 \;=\; CH^2Br - CH^2 - CH^2Br + 38^c5$$

$$CH^2 = CH - CH^3 + Br^2 \;=\; CH^2Br - CHBr - CH^3 + 29^c,1$$

Soit une différence de $9°,4$ en faveur du triméthylène. D'ailleurs les deux bromures obtenus possèdent des chaleurs de formation sensiblement égales, et renferment, par conséquent, la même quantité d'énergie. Le surplus de $9°,4$ appartient donc en propre au triméthylène seul et se trouve récupéré toutes les fois qu'on ouvre la chaîne, quand on forme, par exemple, le sulfate de triméthylène. C'est l'énergie absorbée par la fermeture. C'est en ce sens qu'un stéréochimiste peut entendre le terme *d'isomère dynamique* créé, pour ce cas, par M. Berthelot.

Ici reparaît la théorie de la tension. Dans son travail déjà cité, Baeyer pose en principe que la chaîne qui aura le plus de tendance ou le moins de difficulté à se former, sera celle qui correspond aux plus faibles déviations. Il est facile alors de calculer la probabilité des chaînes polyméthyléniques fermées.

L'éthylène est considéré par Baeyer comme le plus simple des polyméthylènes. Puisque les deux valences d'union y sont parallèles, chacune d'elles y a subi un écart de $\frac{1}{2}\,109°,28' = 54°,44'$.

Dans le triméthylène les angles formés par les droites unissant les carbones sont de $60°$; en admettant donc, dans la formation du triméthylène, une déviation des valences, il faut que chaque valence d'union s'y dévie de :

$$\frac{1}{2}\,(109°,28' - 60°) = 24°,44'$$

Dans le tétraméthylène les angles sont de $90°$. La déviation des valences d'union y est donc :

$$\frac{1}{2}\,(109°,28' - 90°) = 9°,44'$$

Dans le pentaméthylène, où l'angle est de $108°$ la déviation est :

$$\frac{1}{2}\,(109°,28 - 108°) = 0°,44'$$

Enfin dans l'hexaméthylène où l'angle est de 120°, on a comme
déviation :

$$\frac{1}{2}\,(109°,28' - 120°) = -5°,16'$$

c'est-à-dire que les valences doivent s'écarter d'un peu plus de 5° les
unes des autres (dilatation de la chaîne).

Pour les polyméthylènes supérieurs en C^7, C^8..., cette dilatation de
la chaîne irait en augmentant, si l'on suppose les centres de gravité
du carbone dans un même plan. Ce sera donc vers les termes en C^5
et C^6, que se trouvera réalisée la plus grande stabilité.

Résultats pratiques. — En effet le lien éthylénique est le lien le plus
faible ; il est dissocié par HBr, Cl^2, Br^2, I^2, SO^4H^2.

Le triméthylène l'est par Cl^2, Br^2, HI. Les chaînes supérieures sont
bien plus difficiles à ouvrir comme nous allons le voir.

La méthode employée par Gustavson pour la formation du triméthylène (action d'un métal, Zn, sur le bromure $CH^2Br.CH^2.CH^2Br$) a fourni
à Perkin et Collman (*Chem. Soc.*, LIII-201) un méthylcyclotétrène.

$$
\begin{array}{ccc}
CH^2 & - & CH^2 \\
| & & | \\
CH^2 & - CH - & CH^3
\end{array}
$$

obtenu par Na^2 et $CH^2Br - CH^2 - CH^2 - CHBr - CH^3$. Ce carbure,
bouillant à 39°-42° ne se combine pas à froid avec HI.

Perkin et Freer (*Chem. Soc.*, LIII-214) ont obtenu de même le
méthylcyclopentène.

$$
\begin{array}{ccc}
CH^2 & - CH^2 \\
| & & \rangle CH - CH^3 \\
CH^2 & - CH^2
\end{array}
$$

bouillant à 70°-71° qui ne se combine plus à l'acide iodhydrique
bouillant.

Quant à l'hexaméthylène et à ses dérivés méthylés, on sait la difficulté qu'il y a à les rompre. Le brome agit, soit en se substituant à
l'hydrogène, soit en ramenant le carbure au type benzène.

Un autre exemple de la différence de stabilité des polyméthylènes
est fourni par un travail récent de Perkin et Sinclair (*Chem. Soc.*,

LXI-37). Ils ont constaté que le corps :

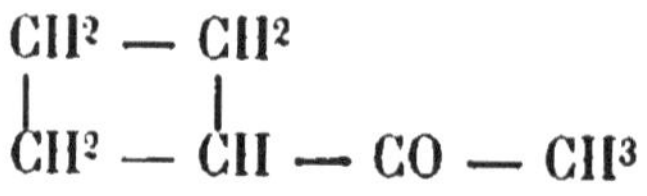

$$CH^2 - CH^2$$
$$| \qquad |$$
$$CH^2 - CH - CO - CH^3$$

traité par l'hydrogène naissant, fournit sans rupture de la chaîne, le corps

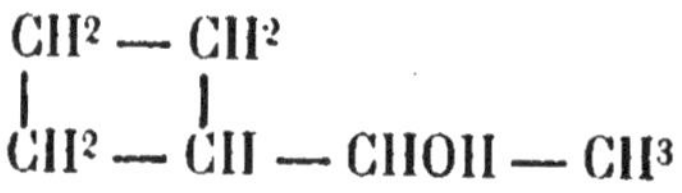

$$CH^2 - CH^2$$
$$| \qquad |$$
$$CH^2 - CH - CHOH - CH^3$$

tandis que l'acétyltriméthylène

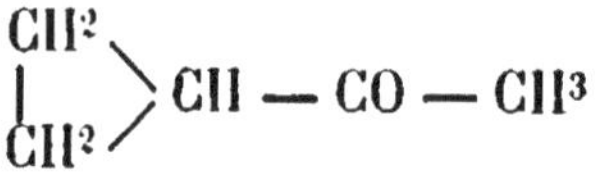

$$\begin{array}{c} CH^2 \\ | \\ CH^2 \end{array} \Big\rangle CH - CO - CH^3$$

traité de même, se rompt en fournissant le pentane.ol 2

$$CH^3 - CH^2 - CH^2 - CHOH - CH^3$$

le tétraméthylène est donc plus solide vis-à-vis de l'H naissant que le triméthylène.

Enfin, dans un important mémoire tout récent (*Liebig's Ann.*, t. CCLXXV-309), M. Wislicenus, aidé de ses élèves, a obtenu des carbures cycliques par une méthode nouvelle.

Il est parti de l'adipocétone obtenue au moyen de l'adipate de chaux, qui est la cyclopenténone :

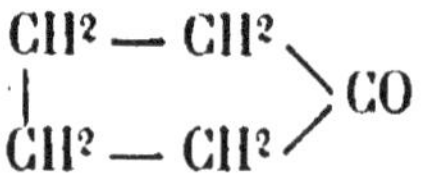

$$\begin{array}{c} CH^2 - CH^2 \\ | \\ CH^2 - CH^2 \end{array} \Big\rangle CO$$

car, par oxydation, elle fournit l'acide glutarique :

$$CO^2H - CH^2 - CH^2 - CH^2 - CO^2H$$

Ce corps réduit par l'H naissant donne le cyclopentenol :

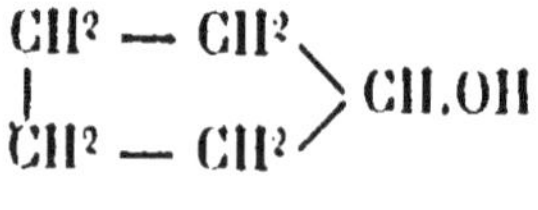

$$\begin{array}{c} CH^2 - CH^2 \\ | \\ CH^2 - CH^2 \end{array} \Big\rangle CH.OH$$

dont l'iodure réduit par le zinc et l'acide chlorhydrique donne le cyclopentène

$$CH_2 - CH_2 \atop CH_2 - CH_2 \Big\rangle CH_2$$

qui est un liquide bouillant à 50°. Sa réfraction moléculaire est 22°,8', nombre correspondant à la valeur théorique, tandis qu'un carbure C^5H^{10} à liaison éthylénique exigerait 24,58.

La potasse alcoolique réagissant sur l'iodure du cyclopenténol fournit encore un carbure cyclique.

$$CH_2 - CH \atop CH_2 - CH_2 \Big\rangle CH$$

Or, tous ces corps sont d'une très grande stabilité.

On peut néanmoins faire une objection aux idées de Baeyer. On voit que le pentaméthylène devrait présenter entre ces diverses chaînes, la plus grande stabilité. Or, on connaît beaucoup d'anneaux à six chaînons, mais fort peu à cinq, et encore dans le cas d'anneaux complexes (thiophène, furfurol, pyrrol). D'après Baeyer, cette objection n'a pas un grand poids, parce que nous connaissons l'anneau à six chaînons presque uniquement sous la forme de dérivés pauvres en hydrogène, du benzène, par exemple, et qu'il peut se faire que dans de semblables conditions, le pentaméthylène se forme moins facilement ou soit moins stable. La suite de notre étude confirmera pleinement ces raisons.

Schéma de Sachse. — Il y a pourtant un mode de construction qui fait vraiment de l'hexaméthylène, la chaîne la plus favorisée, et qui a été développée par Sachse en 1892. (*Zeit.*, X., 20-3.) (*Ber.*, XXIII, 1363.) Il avait d'ailleurs été donné auparavant par Herrmann (*Ber.*, XXI, 1949).

Supposons que l'on pose sur un plan un tétraèdre régulier sur une de ses faces ; posons de même un second tétraèdre régulier de l'autre côté du plan, et amenons les à se toucher par un sommet, les arêtes du tétraèdre aboutissant à ce sommet et situées dans le plan du tableau se plaçant dans le prolongement les unes des autres. L'axe commun de la liaison ne subit d'ailleurs ainsi aucune torsion.

L'angle S_1SS_1 est justement ici de 120 degrés. D'ailleurs, les deux carbones sont dans deux plans différents parallèles à celui du tableau, et équidistants de ce plan.

En amenant un troisième tétraèdre en S'_1 au-dessus du plan, puis un quatrième en S'_2 au-dessous, puis un cinquième en S'_3 au-dessus, et enfin un sixième en S'_4 au-dessous, nous formerons sans aucune torsion, un anneau de 6 atomes de carbone.

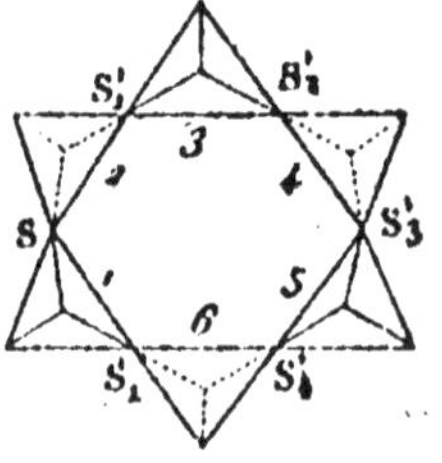

Fig. 12.

Dans l'anneau ainsi formé, les atomes de carbone 1, 3, 5 sont dans un même plan parallèle à celui du tableau, les atomes 2, 4, 6 dans un autre symétrique du premier. — De plus, 6 atomes d'hydrogène sont dans le plan du tableau, puis trois d'un côté de ce plan, et trois de l'autre.

Il doit, en conséquence, exister deux dérivés monosubstitués de l'hexaméthylène, suivant que le radical substitué est fixé dans le plan du tableau ou dans l'un des plans cis ou trans. Quelques faits observés semblent montrer qu'il en est ainsi.

D'abord il semble bien exister deux acides hexahydrobenzoïques :

$$C^6H^{11} — CO^2H$$

Markownikoff (*Ber.*, XXV, 3355) obtient par hydrogénation de l'acide benzoïque un acide hexahydrobenzoïque fondant à 28°,5 et bouillant à 234. Il cristallise fort bien. Or, Aschan (*Ber.*, XXIII, 867) a retiré des lessives alcalines ayant servi au lavage des pétroles de Bakou un acide hexanaphtène-carbonique de même formule que l'acide hexahydrobenzoïque, mais ne solidifiant pas à — 10° et bouillant à 215°. D'ailleurs, les produits de Bakou ont été rattachés par Aschan d'une manière certaine aux hydrobenzènes.

On peut donner encore une preuve de même ordre au sujet de l'hexahydrotoluène :

$$C^6H^{11} — CH^3.$$

Celui que l'on obtient par hydrogénation du toluène bout à 97°. Or, Milkowski et après lui Spindler (*Journ. Ph. Ch. Russe*, XXIII, 40), ont obtenu du pétrole de Bakou un hydrocarbure C^7H^{14}, qui, par le brome en présence de bromure d'aluminium, donne le pentabromotoluène qui par conséquent est bien un dérivé hydrogéné du toluène, et bout cependant à 101°, c'est-à-dire à 4° plus haut. Mais ces preuves de non identité ne sont pas encore bien convaincantes, il faut l'avouer.

Quant à la stabilité étonnante du benzène, König a remarqué qu'en envisageant la liaison éthylénique à la façon de Baeyer, et en admettant une disposition symétrique comme celle de la figure :

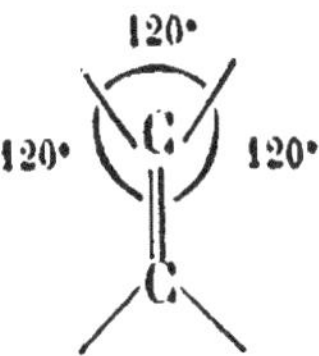

on arrive sans aucune tension au benzène. Peut-être aussi la grande attraction de 1,5 qui, d'après Naumann, maintient la double liaison serait-elle pour quelque chose dans cette stabilité.

DEUXIÈME PARTIE

Nous arrivons, avec le grand mémoire de Wislicenus paru en 1887, à l'action réciproque des radicaux fixés aux sommets d'une chaîne ouverte d'atomes de carbone, telles que celles dont nous venons d'examiner la structure.

Théorie de la collision de Bischoff. — Nous voulons auparavant dire quelques mots sur les actions qui peuvent s'exercer entre deux radicaux unis à un même carbone et susceptibles de réagir facilement entre eux; par exemple, entre deux hydroxyles qui peuvent fournir la réaction :

$$X\!\!>\!\!C\!\!<^{OH}_{OH} \;=\; H^2O \;+\; X\!\!>\!\!C = O.$$

Des réactions de ce genre doivent être, en général, excessivement faciles, car le rapprochement des radicaux est maximum. Ceci a inspiré à Bischoff la théorie de la collision (Ber. XXIII-3414). D'après lui, le rapprochement normal est tel que les sphères d'action chimique des deux radicaux se pénètrent, que, comme il le dit, une *collision* a lieu, et que la réaction se produit nécessairement, le système primitif étant absolument instable.

Pour que la stabilité existe, il faut que des influences étrangères écartent les deux radicaux réagissant à une distance où la collision n'ait plus lieu.

Un cas typique est celui de l'hydrate carbonique :

$$CO \Big\langle {{OH} \atop {OH}}$$

qui ne peut exister à l'état libre. Mais à l'état de carbonate acide ou neutre, il existe au contraire. Cela tient d'après Bischoff, à ce que l'affinité de l'oxygène pour le sodium, par exemple, écarte un atome d'oxygène du carbone et empêche ainsi la collision, comme le représente la figure 13.

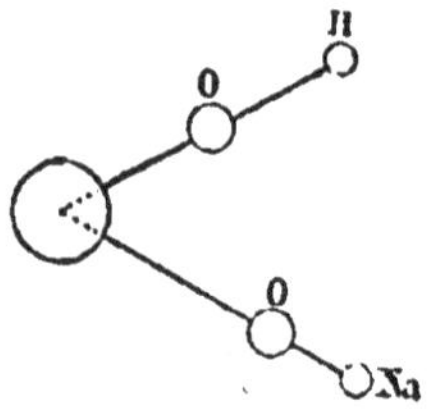

Dans le carbonate neutre, la répulsion des deux sodiums écarte l'un de l'autre les deux radicaux ONa.

Fig. 13.

L'existence de l'hydrate de chloral, et la non-existence de l'hydrate d'aldéhyde :

$$CH^3 - CH \Big\langle {{OH} \atop {OH}} \qquad\qquad CCl^3 - CH \Big\langle {{OH} \atop {OH}}$$

instable   stable

s'expliqueraient de même. Dans l'hydrate d'aldéhyde les $3H$ de CH^3 attirant les OH, les rapprochent du carbone, et amènent la collision. Dans l'hydrate de chloral, au contraire, les trois Cl de CCl^3 repoussent les deux OH, les éloignent du carbone et empêchent alors la collision. On interpréterait de même la non-réaction de groupes susceptibles d'actions réciproques et unis au même carbone. Mais cette théorie semblera à bien des chimistes un ingénieux semblant d'explication, plutôt qu'une explication un peu positive.

I. — Actions entre deux radicaux fixés à deux carbones simplement unis. — Telle est la réaction donnant naissance à l'acide crotonique :

$$CH^3 - CH.OH - CH^2.CO^2H = H^2O + CH^3.CH = CH.CO^2H.$$

Cette réaction doit être relativement facile, moins pourtant que dans le cas précédent, car la distance de deux sommets d'un *même* carbone étant 1, la distance minima de deux sommets pris dans chacun des deux carbones est ici 1,633, — sans tension de l'axe commun. La réaction n'est donc généralement pas spontanée. Pour qu'elle soit facilitée, certaines conditions doivent être remplies, que nous allons examiner.

Théorie des positions favorisées (Wislicenus). — Par le fait de la libre rotation des deux carbones autour de l'axe d'union, les radicaux fixés aux sommets du carbone peuvent se placer dans une infinité de positions relatives, leur ordre restant seulement invariable. Wislicenus admet alors, comme cela est évident, que ces radicaux prennent la position où leurs attractions et répulsions mutuelles sont le mieux équilibrées. C'est cette position qu'il appelle la *position favorisée.*

Il admet que, pour qu'une réaction interne ait lieu facilement entre deux radicaux fixés aux sommets de deux carbones voisins, il faut que ces sommets se trouvent en regard dans la position favorisée au moment de la réaction. Ainsi, dans le chlorure d'éthylène

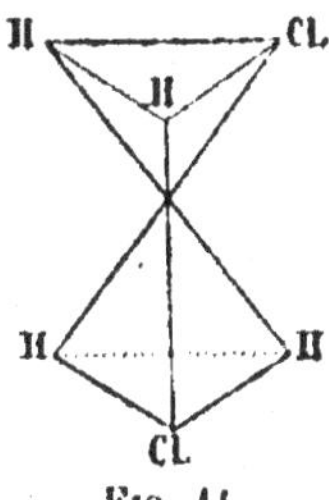

Fig. 14.

$$CH_2.Cl$$
$$|$$
$$CH_2.Cl$$

la position favorisée est évidemment celle de la figure 14, à cause de l'attraction du chlore pour l'hydrogène. Aussi une élimination d'HCl aura lieu très facilement suivant la réaction :

$$\begin{array}{ccccc} CH_2.Cl & & & & CHCl \\ | & = & HCl & + & \| \\ CH_2.Cl & & & & CH_2 \end{array}$$

Dans l'acide éthylénolactique

$$CH_2.OH - CH_2 - CO_2H$$

l'élimination d'eau suivant la réaction :

$$CH_2OH - CH_2 - CO_2H = H_2O + CH_2 = CH - CO_2H$$
$$\text{acide acrylique}$$

est extrêmement facile. La simple ébullition du corps avec de l'acide

sulfurique étendu de son volume d'eau y suffit. C'est que la position
favorisée est, sans doute, à cause de l'attraction de H pour OH, celle de
la figure 15.

On peut donner, par l'exemple suivant, une idée bien nette de la
différence introduite dans la fa-
cilité des réactions par les positions favorisées: L'acide β. bromophénylpropionique :

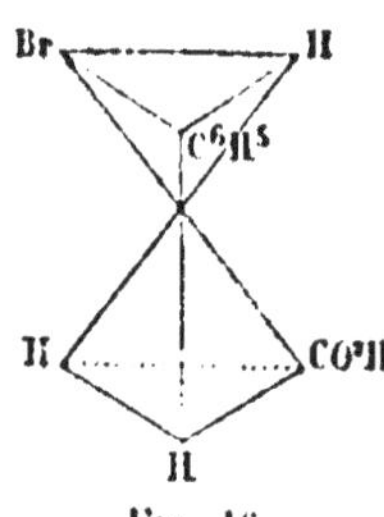

Fig. 16.

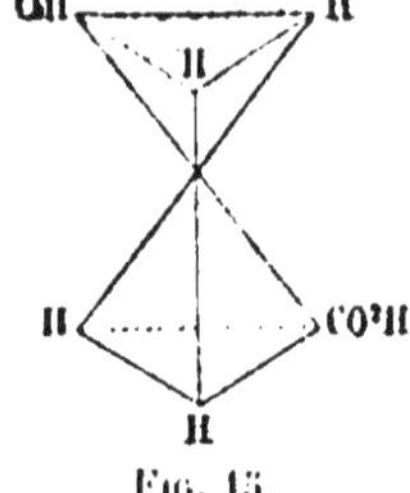

Fig. 15.

$$C^6H^5 - CHBr - CH^2 - CO^2H$$

a pour position favorisée évidente à l'état d'acide, celle de la
figure 16, par suite de l'attraction prédominante de H et de Br. Il doit donc
donner facilement, avec élimination interne de HBr, de l'acide cinnamique. Or, quand on le fait bouillir avec H²O, on a les deux réactions :

(I) $C^6H^5 - CHBr - CH^2 - CO^2H + H^2O = HBr + C^6H^5 - CHOH - CH^2 - CO^2H$

acide phényllactique

(II) $C^6H^5 - CHBr - CH^2 - CO^2H = HBr + C^6H^5 - CH = CH - CO^2H$

acide cinnamique

La première réaction, simple substitution, n'entre pas dans le cadre
de celles que nous étudions. Mais la seconde est celle que nous pré-
voyions. Elle donne 38 p. 100 du rendement théorique que l'on
aurait si elle était seule. Elle a, comme on le voit, grande importance.

Formons à présent le sel de sodium de l'acide β. bromophénylpropionique. Par suite de l'attraction maintenant prédominante du brome et du sodium, la position favorisée devient alors celle de la figure 17.

Si nous faisons bouillir ce sel avec H²O, nous
avons encore de l'acide phényllactique, et seulement
5 p. 100 d'acide cinnamique. Le reste donne du
styrol par une réaction que nous étudierons plus
tard; le changement de position favorisée a donc,
en résumé, abaissé le rendement en acide cinnamique au huitième de sa valeur primitive.

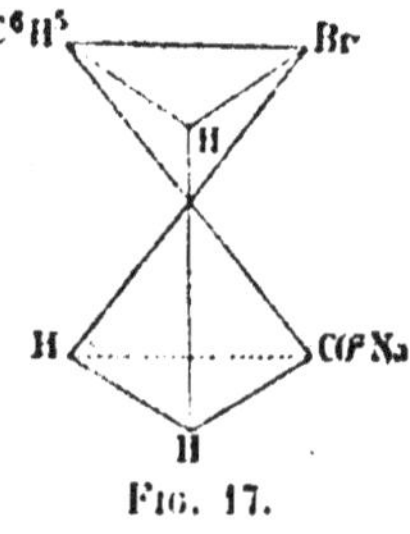

Fig. 17.

D'ailleurs, même dans les cas où la position favorisée ne s'y prête
pas, une réaction peut encore se produire grâce aux agents extérieurs,
mais elle sera moins facile et moins complète. Par l'application de la
chaleur, les chocs calorifiques amèneront, par exemple, une oscillation
autour de la position d'équilibre, qui, croissant avec la température,

finira par rendre possible une réaction interne irréalisable à la température ordinaire.

De même, la substitution de certains groupes à l'hydrogène dans la
molécule, pourra amener un changement dans la position favorisée,
facilitant une réaction interne, difficile ou impossible dans le corps
non substitué. Par exemple, l'acide lactique

$$CO_2H - CH.OH - CH^3$$

ne fournit jamais d'acide acrylique par perte d'eau, suivant la réaction
supposée :

$$CO_2H - CH.OH - CH^3 = CO_2H - CH = CH^2 + H_2O$$

Mais la substitution de CO_2H à un des hydrogènes du groupe CH^3,
en fournissant l'acide malique, rend cette réaction interne très facile
(formation de l'acide fumarique). Il faut donc que l'introduction de
CO_2H ait amené le rapprochement de OH et H fixés aux deux carbones voisins, par un changement de la position d'équilibre primitivement favorisée.

Fixation de la position favorisée. — Dans le cas où des radicaux
complexes sont fixés aux sommets de deux carbones simplement unis,
la position favorisée est très difficile à fixer nettement. Il faudrait, en
effet, connaître les valeurs relatives des divers attractions et répulsions
réciproques de ces radicaux, pour savoir celles qui l'emportent. Or, il
faut bien avouer que nous ne savons presque rien sur ces valeurs
réciproques. Wislicenus a donné les bases suivantes :

Le carboxyle repousse le carboxyle ;

Le méthyle repousse légèrement le méthyle ;

Le méthyle repousse le carboxyle, et plus fortement que le méthyle.

Ce qui montre le peu de certitude actuelle de ces vues, c'est que
Bacyer arrive à des conclusions toutes contraires :

Le méthyle attire le méthyle ;

Le méthyle attire le carboxyle, mais plus faiblement que le méthyle.

Il se fonde, pour établir ceci, sur la stabilité de l'hydrure d'éthyle opposée au peu de stabilité de l'acide acétique.

Une appréciation sérieuse des vraies conditions d'équilibre ne pourra être établie que sur une longue série de documents qui manquent encore. Les cas actuellement connus des acides alcoylsucciniques favorisent également les vues de Baeyer et celles de Wislicenus, sans décider pour les unes où les autres. Il faudra trouver et étudier des cas moins élastiques.

Isoméries par différences dans les positions favorisées. — On s'est demandé si, pour un même corps, il ne pouvait pas exister plusieurs positions d'équilibre de stabilités comparables. En général, cela ne se peut pas, parce que la position dite favorisée semble incomparablement plus stable que tout autre. Bischoff avait cru trouver des isoméries de ce genre chez les acides alcoylsucciniques. Mais il s'est trouvé que ce qu'il croyait être des acides succiniques substitués étaient des acides alcoylglutariques, obtenus par une réaction anormale.

Dans un autre cas, celui de l'acide bibromopropionique de formule :

$$CH^2Br — CHBr — CO^2H$$

l'existence de deux *isomères dynamiques* semble plus probable. On connaît deux modifications de ce corps :

1° Une stable, fondant à 64 degrés.

2° Une instable, fondant à 51 degrés.

Cette modification instable se transforme spontanément en l'autre.

Elle s'obtient quand l'acide fondant à 64 degrés est chauffé de 15 à 30 minutes à 80°-90 degrés, puis cristallisé lentement. Tanatar (*Journ. de Ph. de Chim., Russe*, f. 8, p. 615) a étudié soigneusement le phénomène et constaté que la transformation de l'acide instable fondu, obtenue rapidement en y projetant un petit cristal de l'acide stable, dégage une quantité de chaleur variant de 0°,775 à 0°,475, ce qui permet de supposer l'existence d'une troisième variété intermédiaire, encore plus instable.

Le poids moléculaire des deux acides, obtenu cryoscopiquement avec de l'eau, est le même. Ce ne sont donc pas deux polymères. On peut pourtant se demander si l'acide fondant à 51 degrés, reste bien tel quel en solution. Se retrouve-t-il sous la même modification par évaporation de la liqueur? Cela serait nécessaire pour que la détermination cryoscopique fût absolument probante.

Les deux acides seraient alors les deux racémiques des figures 18 et 19.
Le premier racémique est le plus stable, car les deux Br y sont au voisinage de H; dans le second, déjà moins stable, un Br est encore au voisinage de H. Enfin un troisième racémique est encore concevable, celui de la figure 20, dans lequel les deux Br seraient en regard l'un de l'autre. Il serait excessivement instable par conséquent et correspondrait au troisième isomère de transition soupçonné par Tanatar.

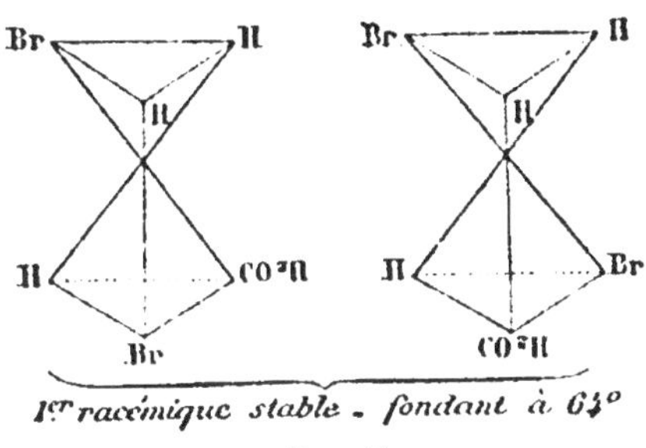

1ᵉʳ racémique stable - fondant à 64°

Fig. 18.

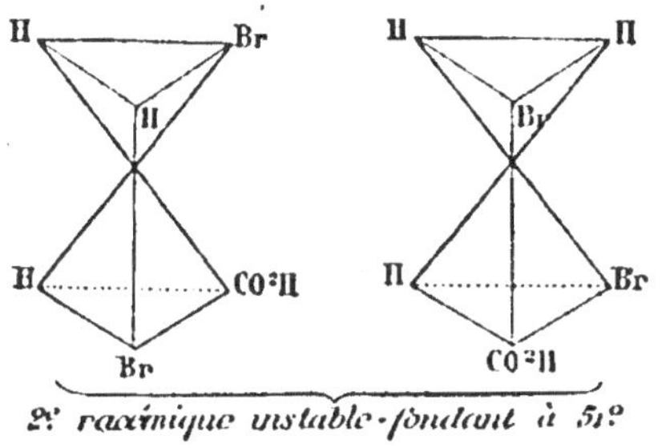

2ᵉ racémique instable - fondant à 51°

Fig. 19.

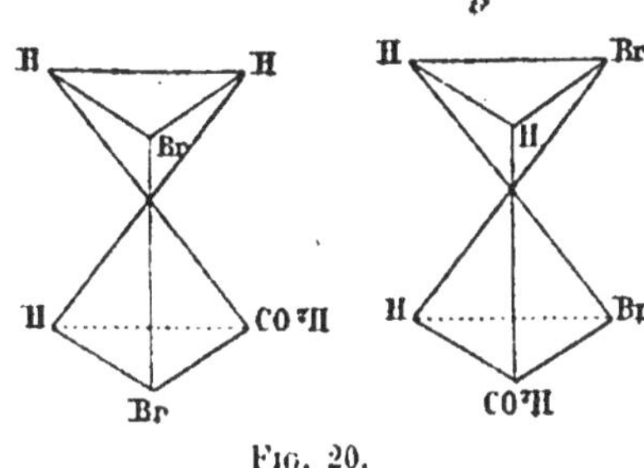

Fig. 20.

De même, dans le cas de l'acide diphénylpropionique :

$$C^6H^5 - CH^2 - CH (C^6H^5) - CO^2H$$

on connaît trois formes, qui correspondraient aux trois positions analogues à celle que nous avons figurée pour l'acide dibromopropionique.

Mais ces isoméries sont encore bien peu nombreuses et bien peu étudiées, et ne peuvent être admises sans réserves.

I bis. — Cas de deux carbones doublement unis. — Dans le cas d'une double liaison éthylénique (*fig.* 21), la distance entre les deux sommets A et B en regard est de 1,4 en prenant pour unité le côté BC du tétraèdre de carbone. Nous avons vu qu'avec la même unité, la distance minima entre deux sommets de deux carbones simplement unis est 1,663.

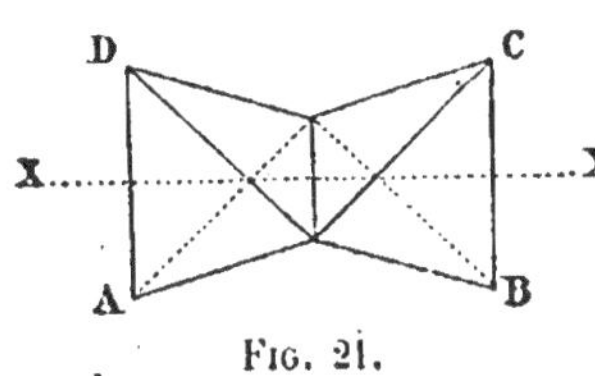

Fig. 21.

La réaction interne entre A et B devrait donc être plus facile que dans la simple liaison. Seulement, il sera évidemment nécessaire, tout d'abord, que les deux éléments réagissants soient, dans le corps considéré, du même côté de l'axe XX'. La facilité de réaction est même le critérium admis de cette constitution stéréochimique.

La réaction interne ne se produira pourtant jamais directement. Par exemple, l'acide β. chloropéricrotonique (*fig.* 22) peut être distillé à 211° sans donner d'acide tétrolique. Il en est de même pour l'éther de cet acide qui distille à 182° sans altération. On n'a pas remarqué ici, à ma connaissance, ces réactions internes presque spontanées qui ont lieu dans certains cas entre des atomes

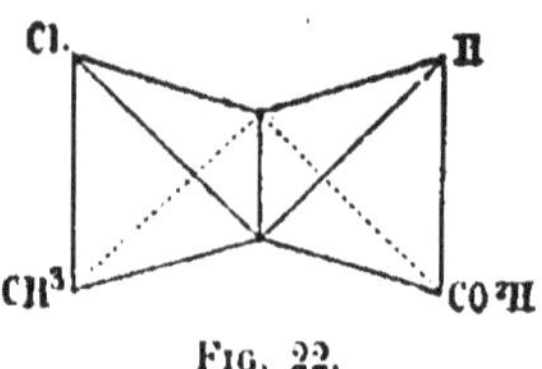

Fig. 22.

fixés aux sommets de deux carbones simplement unis. Pour citer un exemple de ces dernières réactions si faciles, si on cherche à former l'acide β². dichlorobutyrique :

$$CH^3 - CCl^2 - CH^2 - CO^2H$$

au moyen de PCl^5 et de l'éther acétylacétique, suivant la réaction :

$$CH^3-CO-CH^2-CO^2C^2H^5+2PCl^5=CH^3.CCl^2-CH^2-COCl+2POCl^3+C^2H^5-Cl$$

même en faisant la réaction quasi à froid, en présence de benzène, on voit se dégager des torrents d'acide chlorhydrique, et on trouve seulement les chlorures des acides β. chlorocrotoniques, formés par le départ spontanée d'HCl :

$$CH^3 - CCl^2 - CH^2 - COCl = HCl + CH^3 - CCl = CH - COCl.$$

L'action du perchlorure de phosphore sur l'acide tartrique fournit de même un chlorure de dichlorosuccinnyle qui se transforme aussitôt en chlorure de chlorofumaryle avec perte de HCl.

$$COCl - CHCl - CHCl - COCl = HCl + COCl - CH = CCl - COCl.$$

Il faut des précautions spéciales pour avoir de l'acide dichlorosuccinique par ce procédé, comme l'a fait M. Le Bel, et, encore, en a-t-on peu.

Nous ne connaissons pas d'éliminations si faciles pour les corps à liaison double. La raison en est facile à démêler. Elle réside dans la quantité considérable d'énergie nécessaire à la formation du triple lien. C'est une conséquence de la tension dans ce triple lien. Il faut donc qu'une énergie accessoire vienne s'ajouter à celle fournie par la formation de l'acide halogéné, tandis que cette dernière suffisait parfois entièrement ou presque entièrement à la production du phénomène dans les cas précédents.

En faisant agir sur l'acide β. chloropéricrotonique examiné, une solution de potasse, la formation de KCl fournira justement ce surplus d'énergie nécessaire à l'établissement du triple lien. Aussi dans ces conditions, la réaction :

$$\begin{array}{c}CH^3 \\ Cl\end{array}\Big\rangle C = C\Big\langle\begin{array}{c}CO^2H \\ H\end{array} = HCl + CH^3 - C \equiv C - CO^2H$$
$$\text{acide tétrolique}$$

est-elle particulièrement facile. Elle a lieu dès 70°.

II. — Actions entre des radicaux fixés aux carbones extrêmes d'une chaîne de trois atomes sinplement unis l'un à l'autre.

— Ce cas est celui de l'action des radicaux A et B dans le schéma de la figure 23.

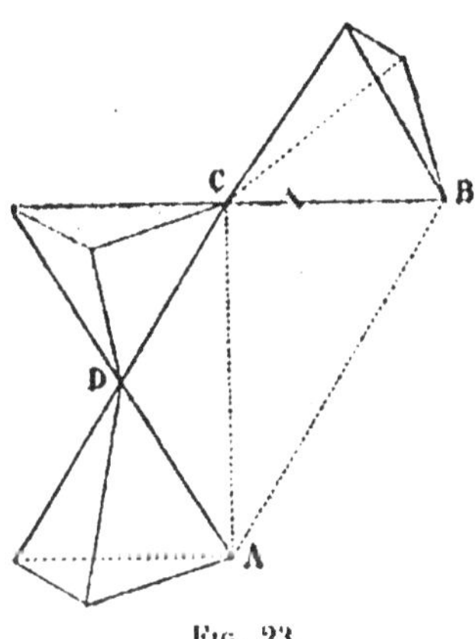
Fig. 23.

Or, si nous prenons comme unité l'arête AD du tétraèdre, on trouve pour la distance minima AB (sans torsion des axes) 1,661. — La distance AC était avec la même unité de 1,633. C'est-à-dire que si nous prenons AC comme unité, nous aurons pour AB la valeur 1,022. Les distances AC et AB sont, en conséquence, sensiblement égales, et les réactions entre A et B à peu près aussi faciles qu'entre deux radicaux fixés à deux carbones voisins. Il y a pourtant un léger avantage pour la réaction entre les radicaux fixés aux carbones 1 et 2.

Considérons, par exemple, l'α. β. dichlorhydrine de la glycérine.

$$CH^2Cl - CHCl - CH^2.OH.$$

Elle donne par la potasse une élimination d'acide chlorhydrique aux dépens de l'hydrogène de l'hydroxyle, et d'un atome de Cl. Ce chlore pourrait être pris soit à l'atome de carbone 2 soit à l'atome 3. Or, la distance minima possible étant un peu plus faible pour le chlore fixé au carbone 2, que pour celui fixé au carbone 3 ; cela décidera sans doute le sens de la réaction, et de fait on a uniquement de l'épichlorhydrine :

$$CH^2Cl — CHCl — CH^2.OH = HCl + CH^2Cl — CH — CH^2.$$

Cette préférence tient à une cause assez faible, car la simple substitution de l'iode au chlore, l'emploi du corps :

$$CH^2I — CHCl — CH^2 — OH$$

va changer, au moins en partie, le sens de la réaction, et comme l'a trouvé M. Bigot (*Ann. chim.*, 6e *série*, XVII, 468), on aura alors à côté d'épichlorhydrine bouillant à 116 degrés, de l'isoépichlorhydrine :

$$CH^2 — CHCl — CH^2$$

bouillant à 132°. Il est permis de supposer que, à côté d'autres raisons (dégagement maximum de chaleur), le volume de l'atome d'iode, sans doute plus considérable que celui du chlore, en amenant un plus grand rapprochement possible entre lui et l'hydrogène de l'hydroxyle, n'est peut-être pas étranger au sens de la réaction.

Influence de la position favorisée. — Nous trouvons dans le cas de l'acide phényl β. bromopropionique:

$$C^6H^5 — CHBr — CH^2 — CO^2H$$

déjà examiné plus haut, un exemple plus net de ce que la nature de la position favorisée, peut amener, suivant les cas, une réaction plus facile entre les radicaux fixés aux carbones 1 et 2 ou 1 et 3.

Cet acide *libre* a pour position favorisée, celle de la figure 24, à cause de l'attraction prédominante du brome et de l'hydrogène. Par l'ébullition avec H²O, l'élimination d'HBr doit donc se faire entre les carbones 1 et 2 et donner naissance à de l'acide cinnamique. Mais faisons le sel de sodium, et pour cela, remplaçons l'H de OH par Na. A cause de l'attraction désormais prédominante du brome pour le sodium, le carbone (1) va tourner de manière à ce que Br se mette en face de Na, et la nouvelle position favorisée sera celle de la figure 25.

En conséquence, la réaction va être toute différente si l'on fait bouillir la solution aqueuse du sel. La distance entre le sommet auquel est fixé le Br.et celui auquel est fixé ONa, n'est que de 1,022. Celle entre le sodium et le brome est sans doute encore plus faible

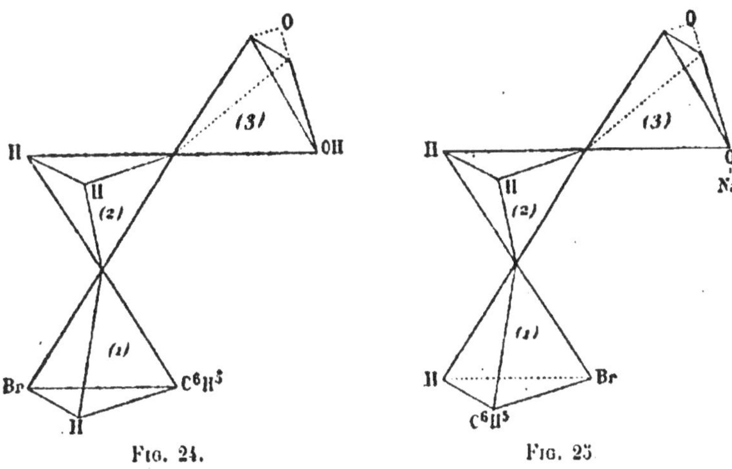

Fig. 24.

Fig. 25.

à cause de l'interposition de l'oxygène entre le carbone et le sodium. Une collision aura donc lieu très facilement, selon le langage de Bischoff, et du bromure de sodium s'éliminera. La réaction a lieu ici entre les groupes fixés aux carbones (1) et (3). La seconde affinité de l'oxygène se sature en rompant la liaison (2) (3), et donnant CO_2. La simple liaison (1) (2) se transforme simultanément en double et la réaction a lieu avec formation de styrol, d'acide carbonique et de bromure de sodium (*fig.* 26).

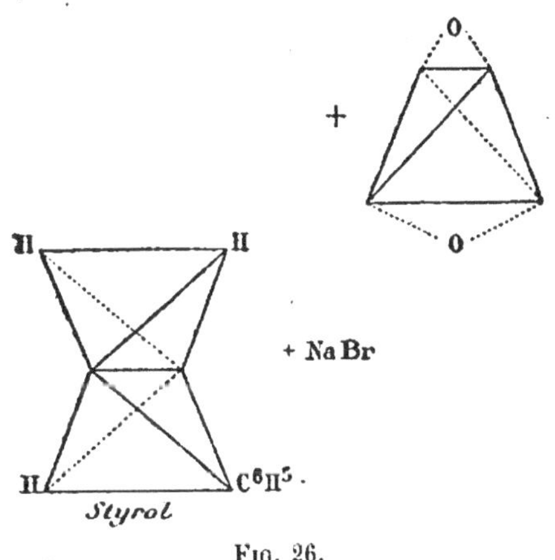

Fig. 26.

On obtient donc alors beaucoup de styrol. Wislicenus et Fittig ont observé de nombreuses décompositions similaires qu'on peut expliquer par le même mécanisme.

En résumé, on peut dire qu'une réaction entre groupes fixés aux carbones (1) et (2) et (1) et (3) est à peu près aussi facile, avec pourtant un léger avantage en faveur de (1) et (2). C'est la nature des attractions définissant la position favorisée qui décide si la réaction aura lieu, toutes choses égales d'ailleurs, entre (1) et (2) ou (1) et (3).

II *bis*. — Cas d'une double liaison dans la chaîne. — Avant de laisser de côté les chaînes de 3 atomes de carbone, nous devons dire quelques mots des actions que l'on peut prévoir entre les radicaux A et B, fixés au sommet d'une chaîne telle que celle de la figure 27.

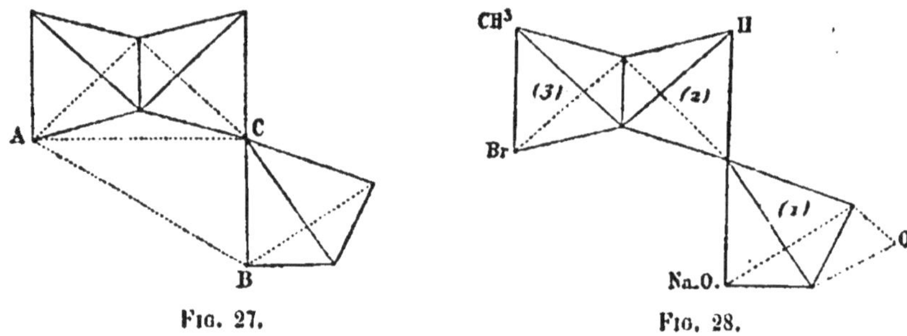

Fig. 27.   Fig. 28.

Nous avons vu qu'en prenant pour unité le côté BC du tétraèdre, on a AC = 1,4. Nous pouvons calculer alors AB au moyen du triangle rectangle ABC. On trouve ainsi 1,72. C'est une distance supérieure à tout ce que nous avons trouvé jusqu'ici, la distance entre A et B étant de 1,66 sans la double liaison. Nous prévoyons donc par là que les actions internes entre A et B seront particulièrement difficiles.

Donnons deux exemples qui montrent qu'il en est ainsi. — L'acide β. chloranticrotonique obtenu par PCl^5 et l'éther acétylacétique a son sel de sodium représenté par la figure 28.

Or, ce sel est très stable. Bouilli avec la soude, il ne donne pas lieu à la réaction qu'on pouvait attendre :

$$CH^3 — CBr = CH — CO^2Na = NaBr + CO^2 + CH^3 — C \equiv CH.$$

Ce n'est qu'à 130° que de l'acide bromhydrique est enlevé, mais seulement par suite d'une transposition et aux dépens de (2) et (3). On a ainsi du tétrolate de sodium :

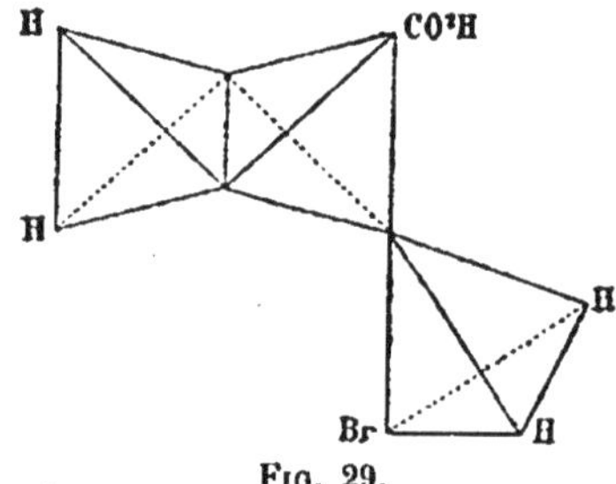

Fig. 29.

$$CH^3—CBr=CH—CO^2Na+NaOH=NaBr+H^2O+CH^3—C\equiv C—CO^2Na.$$

On connaît un acide bromométhacrylique représenté par la figure 29. Chauffé avec la soude, il ne donne lieu à aucun départ d'acide bromhydrique. D'ailleurs, si ce départ avait lieu, la chaîne fermée qui prendrait naissance présenterait des tensions internes très fortes qui en rendent la formation très problématique.

III. — Actions entre des radicaux fixés aux carbones extrêmes d'une chaîne de 4 atomes simplement unis l'un à l'autre. — Dans ce cas, la distance entre les deux sommets A et B rapprochés le plus possible sans torsion des axes n'est que de 1,089 si on prend pour unité le côté du tétraèdre.

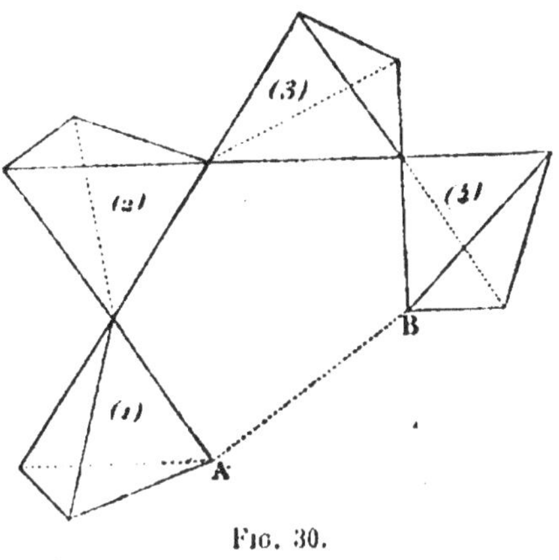

Fig. 30.

Ainsi la distance entre deux radicaux susceptibles de réaction fixés à ces sommets est à peu près la même que s'ils étaient fixés au même carbone. Or, nous l'avons vu au sujet des collisions de Bischoff, la réaction a lieu spontanément dans ce cas. Il doit en être de même ici, *quand cette distance minima de 1,089 est réalisée.* — En fait, les γ-oxacides gras.

$$R - CH.OH - CH^2 - CH^2 - CO.OH$$

ne peuvent exister libres, tout comme l'acide carbonique hydraté, et aussitôt isolés, se dédoublent d'eux-mêmes en eau et olides, suivant la réaction générale.

$$
\begin{array}{ccc}
CH^2 - CH^2 & & CH^2 - CH^2 \\
| \quad\quad | & & | \quad\quad | \\
R - CH \quad CO \;=\; H^2O \;+\; R - CH \quad CO \\
\diagdown \quad \diagup & & \diagdown \quad \diagup \\
OH \; OH & & O \\
& & \text{(olides)}
\end{array}
$$

réalisant ainsi nos prévisions.

Influence de la position favorisée. — Il ne faudrait pas croire cependant que tous les groupes susceptibles de réaction mutuelle, étant liés aux carbones (1) et (4), réagiront toujours fatalement. Il est nécessaire, pour que cela ait lieu, que la position favorisée corresponde au rapprochement maximum calculé pour ces deux groupes. Or, dans bien des cas, cette condition peut n'être pas remplie.

Ainsi, si les atomes successifs de carbone étaient disposés convenablement dans le chlorure de butyle normal :

$$CH^2Cl — CH^2 — CH^2 — CH^3$$

il est évident que l'enlèvement de HCl, sous l'action de la potasse alcoolique, devrait s'effectuer entre les carbones 1 et 4 et non 1 et 2. En effet, la distance minima 1 à 2 étant prise pour unité, la distance minima 1 à 4 est : 0,667. On devrait donc obtenir du tétraméthylène suivant la réaction :

$$\begin{array}{cc} CH^2 — CH^2 \\ | \qquad | \\ CH^3 \quad CH^2Cl \end{array} = HCl + \begin{array}{cc} CH^2 — CH^2 \\ | \qquad | \\ CH^2 — CH^2 \end{array}$$

La considération des tensions de Baeyer ne vient point à l'encontre de ceci, car c'est le mode de double liaison amenant la moindre tension dans le système. Pourtant on n'obtient que du butylène et la réaction n'a lieu qu'entre les atomes 1 et 2 :

$$CH^3 — CH^2 — CH^2 — CH^2Cl = HCl + CH^3 — CH^2 — CH = CH^2.$$

Cette contradiction apparente avec ce que nous avons prévu, tient à ce que la position favorisée du chlorure de butyle est telle que les groupes CH³ et CH²Br sont éloignés. (Répulsion des méthyles) (*fig.* 31.)

L'élimination de HCl ne peut alors s'effectuer qu'aux dépens d'hydrogène pris à 2 ou à 3. Nous savons qu'il y a un avantage en faveur de 2. En conséquence, le butylène prendra normalement naissance.

Tandis que la réaction entre les groupes est si facile chez les γ. oxyacides gras, et semble indiquer un rapprochement maximum des hydroxyles chez ces corps, les sels sont stables et ne fournissent pas d'olides par l'ébullition. Ces rapports sont renversés chez les acides γ. haloïdes gras :

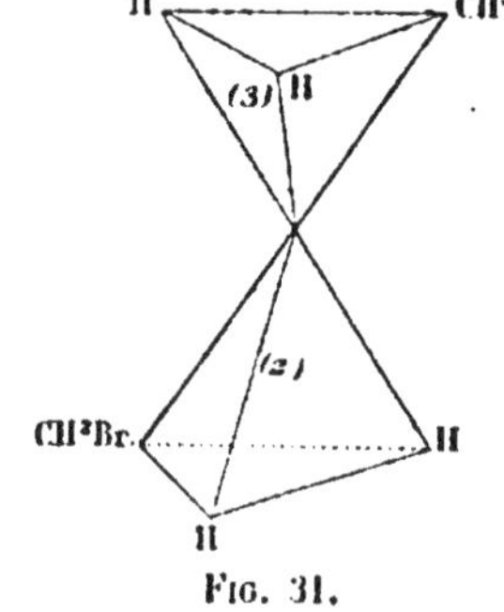

Fig. 31.

$$R — CHCl — CH^2 — CH^2 — CO^2H$$

qui sont stables et cristallisent sans fournir d'olide et d'HCl. C'est qu'ici, sans doute, l'halogène repousse l'hydroxyle et ne peut lui emprunter l'hydrogène nécessaire à la formation du HCl. Les chocs calorifiques pourront amener la formation d'olide, mais il faut aller à 200° pour l'acide :

$$CH^2Cl — CH^2 — CH^2 — CO^2H.$$

Formons maintenant les sels de sodium de ces acides. L'attraction du sodium et du brome doit l'emporter, amener le rapprochement de ONa et de Br et la réaction doit être spontanée. Il est, en effet, impossible d'obtenir les sels de ces acides ; ils se dédoublent au moment même de leur formation en bromure de sodium et olides.

Influence de la nature des radicaux fixés au carbone sur la facilité de réaction. — Même chez les γ. oxyacides gras, où la formation d'anhydride est si facile, il est probable que l'introduction de radicaux convenables, en amenant des changements dans la position favorisée, peut entraver le phénomène. Le radical phényle C^6H^5, qui jouit de propriétés si spéciales, ne produira-t-il pas cet effet ?

L'expérience répond affirmativement ; l'acide phényl-γ-oxybutyrique :

$$C^6H^5 — CH.OH — CH^2 — CH^2 — CO^2H$$

forme de petits prismes stables, fusibles à 75°. (Pechmann, Burcker). C'est à 65°-70° seulement que l'élimination d'eau commence suivant la réaction :

$$
C^6H^5 — \underset{\underset{OH}{|}}{CH} \quad \underset{\underset{OH}{|}}{\overset{\overset{CH^2 — CH^2}{|\qquad|}}{CO}} \;=\; H^2O \;+\; C^6H^5 — \underset{\underset{O}{\diagdown\quad\diagup}}{CH} \quad \overset{\overset{CH^2 — CH^2}{|\qquad|}}{CO}
$$

Le groupe carboxyle CO^2H, qui exerce sur le reste de la molécule une influence analogue à celle du phényle, donne aussi de la stabilité aux γ. oxyacides gras. L'acide oxyglutarique :

$$CO^2H — CH.OH — CH^2 — CH^2 — CO^2H$$

peut être isolé cristallisé.

Cas des acides alcoylsucciniques. — L'influence de la position favorisée, et par suite des radicaux fixés au carbone, apparaît notamment d'une manière extrêmement remarquable dans les phénomènes de deshydratation interne des acides succiniques substitués. Ce sont particulièrement les travaux de Bischoff, de Riga, qui ont éclairci ces phénomènes.

Remarquons d'abord que les acides bibasiques :

$$CO^2H — CO^2H \qquad \text{oxalique.}$$
$$CO^2H — CH^2 — CO^2H \qquad \text{malonique.}$$
$$CO^2H — CH^2 — CH^2 — CO^2H \qquad \text{succinique, etc.}$$

devraient, théoriquement, fournir des anhydrides internes tels que :

$$
\begin{matrix}
CO \\
| \\
CO
\end{matrix}\!\!\Big\rangle O\;;
\qquad
\begin{matrix}
CO \\
| \\
CH^2 \\
| \\
CO
\end{matrix}\!\!\Big\rangle O\;;
\qquad
\begin{matrix}
CH^2 — CO \\
| \\
CH^2 — CO
\end{matrix}\!\!\Big\rangle O,\ \text{etc.}
$$

'En fait, ce n'est qu'à partir du troisième terme que cette formation semble possible, et comme nous le verrons, elle disparaît dès le cinquième. Il n'est pas impossible de donner d'abord des raisons plausibles de la non-existence d'anhydrides pour les deux premiers termes.

L'acide oxalique a évidemment pour position favorisée, celle de la figure 32.

Les deux hydroxyles étant opposés ne peuvent donner de réaction. Si par la chaleur ou par un agent déshydratant, on cherche à amener la formation d'un anhydride, la molécule ne peut résister à la tension nécessaire et se rompt en fournissant de l'acide carbonique et de l'oxyde de carbone.

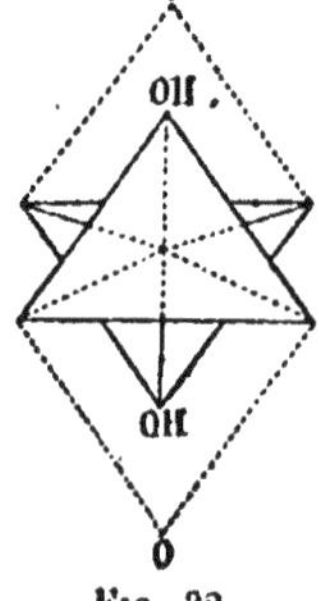

Fig. 32.

Pour l'acide malonique, il en est de même. La formation de la chaîne fermée :

$$
CH^2\!\!\Big\langle
\begin{matrix}
CO \\
CO
\end{matrix}\!\!\Big\rangle O
$$

exige de trop fortes tensions, pour que la molécule ait quelque stabilité.

Nous arrivons alors à l'acide succinique. Les deux hydroxyles y sont fixés, comme dans les γ. oxyacides gras, aux extrémités d'une chaîne de quatre atomes de carbone. L'anhydrisation interne est donc à coup sûr possible, et peut être spontanée, si le rapprochement maximum des hydroxyles est naturellement réalisé dans l'acide libre.

En fait, cette dernière condition n'est pas réalisée. Par suite de la répulsion du carboxyle pour le carboxyle, la position favorisée de l'acide succinique est celle de la figure 33.

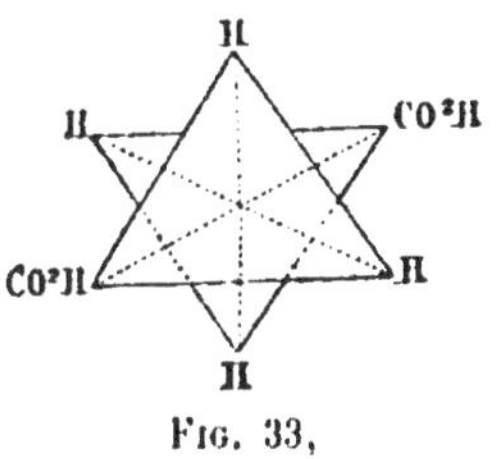

Fig. 33.

Les hydroxyles sont donc bien trop éloignés pour se prêter à une réaction spontanée. Mais, d'ailleurs, cette réaction une fois obtenue, l'anhydride sera stable, car il n'y aura pas de fortes tensions dans la chaîne, puisqu'il n'y aura pas de grandes flexions des axes. — En effet, l'acide succinique n'offre pas grande tendance à perdre de l'eau, et son anhydride est très stable.

Pour amener la déshydratation, il faut chauffer fortement l'acide succinique. Les chocs calorifiques, en produisant une oscillation périodique autour de la position favorisée d'équilibre, oscillation dont l'amplitude croît avec la température, finiront par rendre la collision possible entre les deux hydroxyles, et la formation directe de l'anhydride aura lieu par un mécanisme tout différent de celui qui provoque la formation des anhydrides d'acides gras, car chez ces derniers, le départ d'eau n'est jamais direct.

Mais ce qui nous intéresse spécialement, c'est que la substitution de groupes convenables à l'hydrogène du noyau de l'acide succinique doit amener une déshydratation plus facile en changeant la nature de la position favorisée. Les radicaux hydrocarbonés gras ordinaires C^nH^{2n+1}, suffisent à cet effet.

En effet, si on substitue à un atome d'hydrogène le méthyle, l'éthyle, le propyle, etc., de manière à avoir les acides :

$$CO^2H - CH - CH^3$$
$$|$$
$$CO^2H - CH^2$$

pyrotartrique.

$$CO^2H - CH - C^2H^5$$
$$|$$
$$CO^2H - CH^2$$

éthylsuccinique.

$$CO^2H - CH - CH^2 - CH^2 - CH^3$$
$$|$$
$$CO^2H - CH^2$$

propylsuccinique.

$$CO^2H - CH - CH \big\langle {CH^3 \atop CH^3}$$
$$|$$
$$CO^2H \quad CH^2$$

isopropylsuccinique.

on voit la déshydratation devenir de plus en plus facile. Ed. Hjelt (Ber — XXVI — 1925) a donné des mesures du phénomène. Il a chauffé à 160° le même poids 'des divers acides pendant le même temps et a dosé alors l'acide et l'anhydride. Il a trouvé ainsi :

Acide pyrotartrique . . . . 14,1 0/0 d'anhydride.
   »   éthylsuccinique   14,5
   »   propylsuccinique   16,6
   »   isopropylsuccinique . .   29,6

Il semble que le radical introduit agit surtout à cause de son volume atomique, en s'écartant de plus en plus du carboxyle lié à l'autre carbone, au fur et à mesure que son volume croît, et amenant ainsi un rapprochement graduel des carboxyles. La grande efficacité de l'isopropyle, vis-à-vis de celle bien plus faible du propyle normal est particulièrement instructive à ce point de vue. C'est que l'isopropyle, plus ramassé, doit amener pour se loger un changement plus grand de la position favorisée que la chaîne linéaire du propyle. Il est permis de prévoir que l'acide phénylsuccinique doit se déshydrater bien plus vite encore, car le phényle est très ramassé et a un volume atomique considérable.

Si on poursuit la substitution de l'hydrogène par le méthyle, la facilité de déshydratation continue à croître.

Pour l'acide diméthylsuccinique non symétrique :

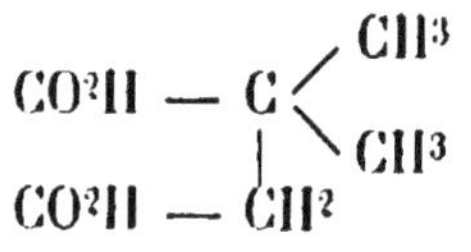

$$CO_2H - C \Big\langle {}^{CH_3}_{CH_3}$$
$$CO_2H - CH_2$$

Hjelt a trouvé, dans les mêmes conditions que plus haut 36,7 p. 100 d'anhydride formé. Pour l'acide méthyléthylsuccinique de formule :

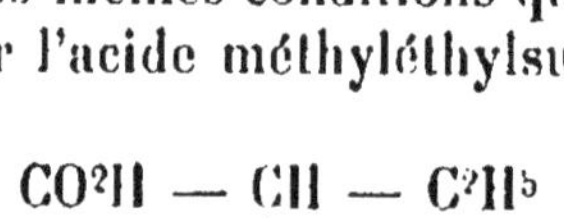

$$CO_2H - CH - C_2H_5$$
$$CO_2H - CH - CH_3$$

la déshydratation se produit complètement à 100°-105°. Enfin, pour l'acide tétraméthylsuccinique :

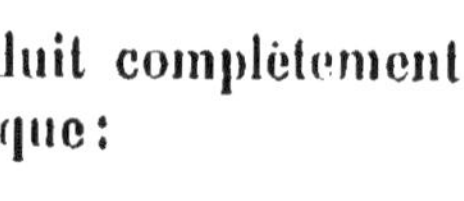

$$CO_2H - C (CH_3)_2$$
$$CO_2H - C (CH_3)_2$$

il suffit d'un faible et court chauffage (Bischoff). Ceci montre nettement le changement graduel de la position favorisée amenant peu à
peu un rapprochement des hydroxyles.

Nous retrouverons plus tard l'acide glutarique et ses homologues
supérieurs au sujet des chaînes en C^5.

Fermeture de la chaîne en C^4. — Nous avons vu, au sujet du chlorure de butyle normal :

$$CH^2Cl - CH^2 - CH^2 - CH^3$$

que la considération des positions favorisées explique qu'on ne puisse
pas fermer la chaîne par enlèvement de HCl entre les carbones
extrêmes, et que cet enlèvement ait lieu de préférence entre les carbones 1 et 2. Il en est tout autrement dans le cas suivant étudié par
Colman et Perkin (*Chem. Soc.*, LII-201), qui va nous montrer non seulement une réaction interne, mais encore la fermeture directe de la
chaîne sans interposition d'atomes étrangers.

Prenons le corps dibromé :

$$CH^2Br - CH^2 - CH^2 - CHBr - CH^3$$

et faisons agir sur lui le sodium en fil. Il se forme sans doute d'abord
un composé organo-métallique, tel que :

$$Na - CH^2 - CH^2 - CH^2 - CHBr - CH^3.$$

La grande attraction du sodium pour le brome, modifiant la position favorisée, doit aussitôt amener un rapprochement du métal et de
l'halogène. En effet du bromure de sodium s'élimine et la chaîne se
ferme en donnant le méthyltétraméthylène :

$$\begin{array}{ccc} CH^2 & - & CH^2 \\ | & & | \\ CH^2 & - CH - & CH^3 \end{array}$$

Il faut, pour donner naissance à ce corps, de puissantes affinités
comme celles mises ici en jeu, car nous l'avons vu au sujet des théories de Baeyer, une certaine tension existe dans le tétraméthylène,
tension qui ne doit pas exister, ou être plus faible, dans les corps lac-
toniques à cause de l'interposition de l'oxygène.

Actions entre radicaux autres que l'hydroxyle. — Nous avons surtout envisagé l'action de l'hydroxyle sur l'hydroxyle, parce que les exemples abondent. Mais beaucoup d'autres radicaux étant fixés aux carbones 1 et 2 peuvent réagir les uns sur les autres, parfois même plus facilement que les hydroxyles.

Ainsi l'acide dithiosuccinique :

$$CH^2 - CO - SH$$
$$CH^2 - CO - SH$$

donne spontanément, dès qu'on l'isole de ses sels, de l'acide sulfhydrique et le sulfosuccinyle :

$$\begin{matrix} CH^2 - CO \\ | \qquad\qquad \\ CH^2 - CO \end{matrix}\Big\rangle S.$$

Ici, nous avons donc une réaction très facile de SH sur SH.

L'acide aminobutyrique :

$$AzH^2 - CH^2 - CH^2 - CH^2 - CO^2H$$

chauffé au-dessus de son point de fusion, donne directement de l'eau et :

$$\begin{matrix} CH^2 - CH^2 \\ | \qquad\quad | \\ CH^2 \quad\; CO \\ \searrow \;\swarrow \\ AzH \end{matrix}$$

pyrrolidone

Ici ce sont les radicaux AzH^2 et OH qui entrent en réaction interne. C'est la réaction générale de formation des pyrrolidones substituées.

Le chlorhydrate de diaminométhylbutane.

$$CH^3 - CH - CH^2 - AzH^2$$
$$CH^2 - CH^2 - AzH^2$$

soumis à la distillation perd $AzH^3.HCl$, et donne la β. méthylpyrroli-
done :

$$CH^3 - CH - CH^2$$
$$\quad | \qquad\qquad\quad \Big\rangle AzH.$$
$$CH - CH^2$$

Ici ce sont deux groupes AzH^2 qui sont entrés en réaction interne.

**III *bis*. — Cas d'une double liaison dans la chaîne de quatre
atomes de carbone.** — Nous devons maintenant parler des deux
chaînes :

$$C - C = C - C$$
$$C = C - C - C$$

renfermant une double liaison.

A. — *Chaîne* $C - C = C - C$. — En examinant la figure stéréochimique de cette chaîne schématisée (*fig.* 34), on voit qu'en premier

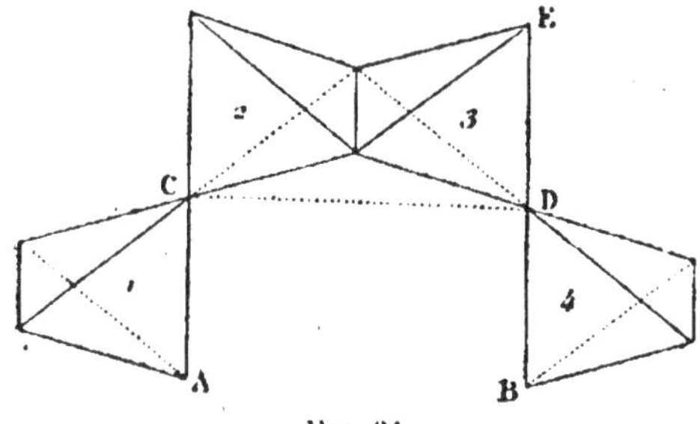

Fig. 34.

lieu, pour qu'une action réciproque soit possible entre deux
radicaux fixés aux extrémités
de la chaîne, il faut que les carbones 1 et 4 soient vis-à-vis
de la double liaison dans la
position dite maléique. —
Alors, entre les deux sommets
extrèmes A et B, la distance
minima sans flexion des axes
est précisément égale à celle des deux sommets CD d'une double
liaison. En effet, BD est dans le prolongement de ED et perpendiculaire à CD. D'ailleurs AC et BD sont parallèles.

Donc AB a pour longueur 1,4 en prenant pour unité le côté du
tétraèdre, la distance minima des sommets de deux carbones simplement unis étant 1,63. Les réactions entre des radicaux fixés en A et B
seront donc plus faciles qu'entre radicaux fixés à deux carbones simplement unis.

L'acide térélactonique :

$$CO^2H - CH = CH - C.OH \Big\langle {CH^3 \atop CH^3}$$

offre justement, dans cette série, un cas tout à fait analogue à celui des γ. oxyacides gras saturés. Or, cet acide perd effectivement H^2O dès qu'on l'isole de ses sels, en donnant la térélactone.

$$CH = CH$$
$$| \qquad | \diagup CH^3$$
$$CO \quad C \diagdown$$
$$\diagdown \diagup \qquad CH^3$$
$$O$$

qui est seule stable.

Anhydrides maléiques et alcoylmaléiques. — Une catégorie importante de phénomènes, la déshydratation des acides du type maléique, rentre dans cette série. La formule stéréochimique de l'acide maléique est, en effet, schématisée par la figure 35.

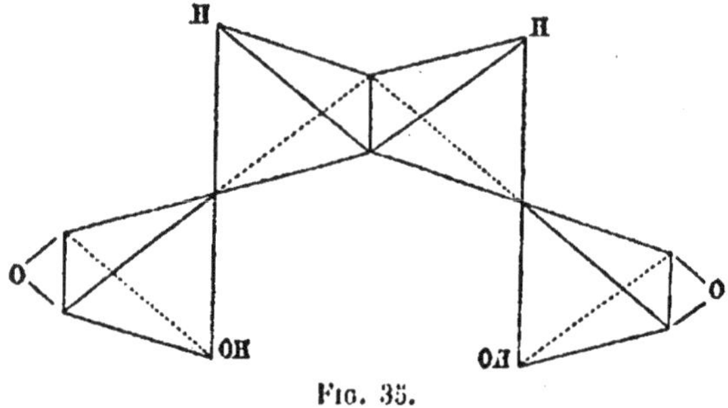

Fio. 35.

En fait, la déshydratation de l'acide maléique a lieu avec facilité par simple chauffage, et l'anhydride obtenu est très stable.

L'influence des radicaux alcooliques substitués à l'hydrogène du noyau est aussi fort remarquable dans ce cas. Ils paraissent encore agir par leur volume, en amenant un écart des sommets libres de 2 et 3, auxquels ils sont fixés, comme s'ils cherchaient à se gêner le moins possible. Le phénomène a d'autant plus de raison d'être ici, que ces deux sommets sont précisément fort rapprochés dans la position normale. L'écart des sommets libres de 2 et 3 a évidemment pour effet de rapprocher les deux hydroxyles. Il y a donc de sérieuses raisons de penser que l'introduction des radicaux gras aura encore plus d'influence que chez les acides alcoylsucciniques.

En effet, l'acide éthylmaléique :

$$C^2H^3 \diagdown \qquad \diagup H$$
$$\qquad \diagup C = C \diagdown$$
$$CO^2H \diagup \qquad \diagdown CO^2H$$

se transforme en anhydride dès 70°.

Et l'acide dibromomaléique :

$$Br{>}C = C{<}Br \quad CO{<}{>}CO \quad OH\,OH$$

partiellement de lui-même dès la température ordinaire. Quant aux acides diméthyl et diéthyl-maléique (pyrocinchonique et xéronique) :

$$CH^3{>}C = C{<}CH^3 \quad CO{<}{>}CO \quad OH\,OH \qquad C^2H^5{>}C = C{<}C^2H^5 \quad CO{<}{>}CO \quad OH\,OH$$

ils ne peuvent exister libres; et aussitôt isolés de leurs sels, même en solution aqueuse, donnent immédiatement leur anhydride respectif.

b. — **Chaînes** C = C — C — C. — La figure stéréochimique de cette chaîne est donnée dans la figure 34.

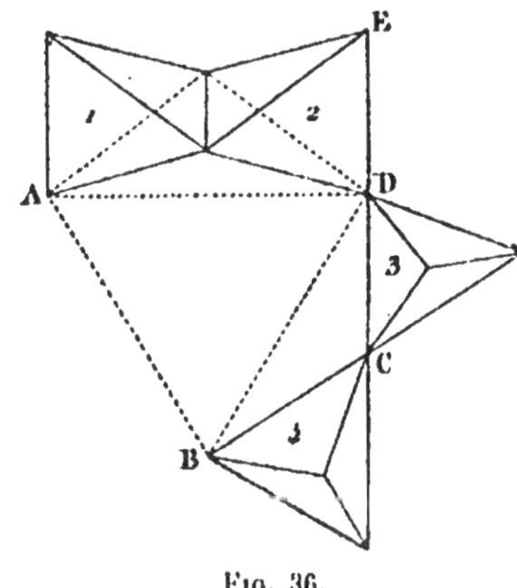

Fig. 36.

La distance AB réduite à son minimum sans flexion des axes est réalisée quand AD, CD et CB sont dans un même plan. On calcule alors facilement AB au moyen du triangle ADB, ou :

$$AD = 1,4$$
$$BD = 1,633$$
$$\text{Angle } ADB = 54°,40'.$$

On trouve ainsi : AB = 1,4. Ce que nous avons dit pour le cas précédent s'applique donc encore ici, et une réaction est facile entre A et B, à condition que la position favorisée corresponde au rapprochement maximum.

L'expérience confirme ces prévisions. Il existe un corps nommé acétylpropanol, auquel on donne généralement la formule :

$$CH^3 - CO - CH^2 - CH^2 - CH^2.OH.$$

Mais l'on sait que, dans la plupart des réactions, et spécialement dans celles que nous avons à examiner, il se comporte plutôt comme ayant la formule tautomère :

$$CH^3 - COH = CH - CH^2 - CH^2.OH$$

et rentre par conséquent, au point de vue de la réaction possible des 2 OH, dans le cas que nous venons d'examiner. Or ce corps, bouillant à 207°, fournit directement par une ébullition prolongée de l'eau et l'anhydride :

$$
\begin{array}{c}
CH - CH^2 \\
\| \quad\ | \\
CH^3 - C \quad CH^2 \\
\diagdown \, \diagup \\
O
\end{array}
$$

bouillant à 72° qui redonne facilement le corps primitif par l'eau.

L'acide lévulique :

$$CH^3 - COH = CH - CH^2 - CO^2H$$

rentre aussi dans le même cas. Distillé, il fournit en effet de l'eau et un anhydride :

$$
\begin{array}{c}
CH - CH^2 \\
\| \quad\ | \\
CH^3 - C \quad CO \\
\diagdown \, \diagup \\
O
\end{array}
$$

L'acide diméthyllévulique se comporte tout à fait de même.

III *ter*. — Cas de deux doubles liaisons dans la chaîne de quatre atomes de carbone. — Cette chaîne, fort importante, a pour figure stéréochimique le schéma (*fig.* 37).

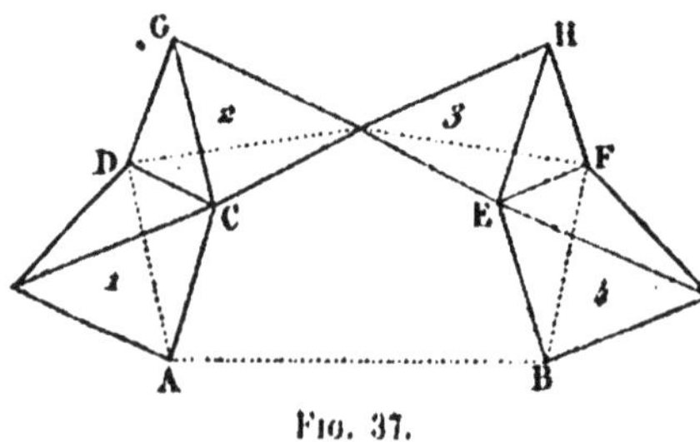

Fig. 37.

On voit à première vue que la distance AB est au minimum sans torsion des axes, égale à la distance 1,633 des sommets de deux carbones simplement unis. En effet, les faces CDG et DCA sont dans le même plan. De même EFH et BEF. Ces deux plans sont parallèles et distants de 1,633.

Or, nous savons qu'une réaction interne de deux radicaux est possible dans ces conditions. Voyons si les faits justifient nos prévisions.

Réactions entre 2OH, Groupe du furfurane. — Les γ. diacétones de formule :

$$X - CO - CH^2 - CH^2 - CO - X'.$$

rentrent dans le cas que nous étudions. Elles se comportent, en effet souvent, et particulièrement dans le cas qui nous occupe, comme possédant la formule :

$$X - COH = CH - CH = COH - X'.$$

Les deux OH sont situés aux extrémités d'une chaîne semblable à celle de la figure précédente.

Or, l'acétonylacétone :

$$CH^3 - COH = CH - CH = COH - CH^3$$

distillée avec du chlorure de zinc perd H^2O par réaction interne entre ses deux hydroxyles, et fournit le diméthylfurfurane.

$$\begin{array}{ccc} CH & - & CH \\ \| & & \| \\ CH & & C - CH^3 \\ & \diagdown \ \diagup & \\ & O & \end{array}$$

Cette réaction, possible, comme on le voit, n'est cependant pas extrêmement facile, car la distillation simple de l'acétonylacétone, qui bout à 194°, ne donne encore lieu à aucun départ d'eau. Ceci ne doit pas nous étonner, car le rapprochement des deux radicaux, tout en rendant une réaction possible, n'est pas assez grand pour qu'elle soit spontanée. D'ailleurs, le diméthylfurfurane, une fois formé, est très stable, et pour régénérer par hydratation l'acétonylacétone, il est nécessaire de le chauffer avec de l'acide chlorhydrique concentré.

L'introduction de radicaux à la place de l'hydrogène du noyau, ne paraît pas faciliter beaucoup la réaction. L'acide diacétylsuccinique :

$$\begin{array}{cccc} CO^2H - C & - & C - CO^2H \\ \| & & \| \\ CH^3 - COH & & COH - CH^3 \end{array}$$

doit encore être chauffé avec de l'acide chlorhydrique concentré, pour perdre H_2O et donner l'acide carbopyrotritarique (diméthylfurfurane-dicarbonique) :

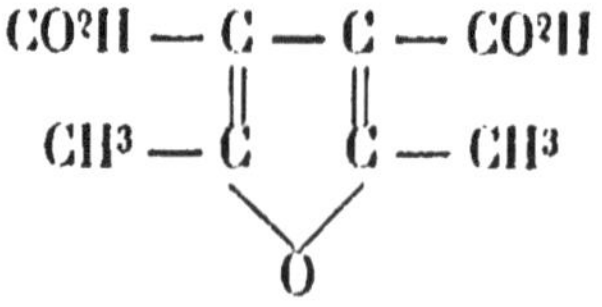

$$CO_2H - C - C - CO_2H$$
$$CH_3 - C \quad\quad C - CH_3$$
$$O$$

Quoi qu'il en soit, l'existence des nombreux dérivés furfuraniques, la généralité des synthèses précédentes, la formation si fréquente de furfurol, et la propriété de ces dérivés, de se comporter comme des noyaux à individualité propre, à la manière du benzène, par exemple, tout cela vient appuyer les conceptions stéréochimiques.

Réaction entre deux SH. Groupe du thiophène. — Ceci est encore plus net pour le groupe du thiophène :

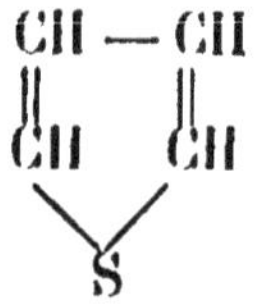

$$CH - CH$$
$$CH \quad\quad CH$$
$$S$$

qui jouit d'une stabilité tout à fait comparable, sinon supérieure à celle du benzène. Or, si nous faisons réagir sur l'acétonylacétone le penta-sulfure de phosphore de manière à avoir

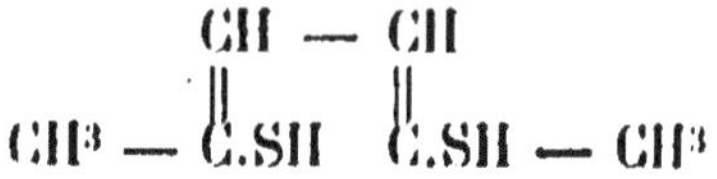

$$CH - CH$$
$$CH_3 - C.SH \quad\quad C.SH - CH_3$$

une élimination simultanée d'H_2S a aussitôt lieu, et c'est l'oo-diméthyl-thiophène que l'on obtient :

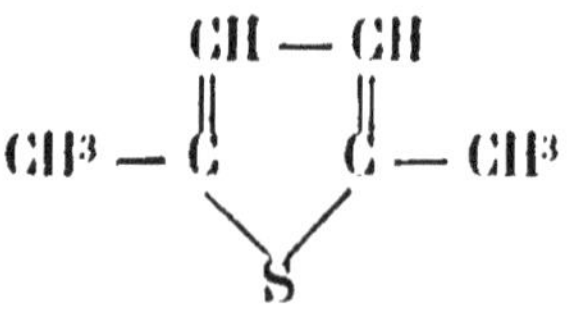

$$CH - CH$$
$$CH_3 - C \quad\quad C - CH_3$$
$$S$$

par suite d'une réaction interne immédiate entre les deux SH (Paal —

Ber. XVIII — 2252). Cette réaction est générale. On voit ici que des corps tels que :

$$CH^3 - C.SH = CH - CH = C.SH - CH^3$$

sont instables et donnent spontanément H^2S.

Réactions entre AzH^2 et OH. Groupe du pyrrol. Le groupe du pyrrol :

$$\begin{array}{ccc} CH & - & CH \\ \| & & \| \\ CH & & CH \\ & \diagdown \; \diagup & \\ & AzH & \end{array}$$

présente lui aussi une stabilité nucléaire considérable, attestée par sa formation pyrogénée dans nombre de cas. Or, les corps de ce groupe s'obtiennent synthétiquement par l'action de l'ammoniaque sur les γ.diacétones. Si on fait réagir à 150° l'ammoniaque sur l'acétonylacétone, il se forme sans doute d'abord :

$$\begin{array}{ccc} & CH - CH & \\ & \| \qquad \| & \\ CH^3 - C.AzH^2 & C.AzH^2 - CH^3 \end{array}$$

ou :

$$\begin{array}{ccc} & CH - CH & \\ & \| \qquad \| & \\ CH^3 - COH & C.AzH^2 - CH^3 \end{array}$$

Quoi qu'il en soit, le corps formé n'est pas stable. Il perd aussitôt de l'eau ou de l'ammoniaque par réaction immédiate entre les deux radicaux extrêmes et donne un dérivé pyrrolique :

$$\begin{array}{ccc} & CH - CH & \\ & \| \qquad \| & \\ CH^3 - C & \quad C - CH^3 \\ & \diagdown \; \diagup & \\ & AzH & \end{array}$$

Volumes relatifs de O, AzH. et S. — De l'existence et de la stabilité de ces trois noyaux: furfurane, pyrrol et thiophène, on peut conclure, avec quelques raisons, que O, AzH et S ont un volume atomique voisin et comparable à l'intervalle 1,6 qui existe entre les deux carbones extrêmes. L'ordre des stabilités :

Thiophène. . . .   stabilité très grande
Pyrrol. . . . . . .   »   moyenne
Furfurane . . . .   »   minima

permet même de penser que le soufre est le plus volumineux, puis l'imidogène, et enfin que l'oxygène serait le plus petit.

IV. — Actions entre des radicaux fixés aux carbones extrêmes d'une chaîne de 5 atomes, simplement unis l'un a l'autre. — La figure stéréochimique d'une telle chaîne est représentée par le schéma (*fig.* 38).

La distance minima sans flexion des axes, entre les sommets A et B est excessivement faible et égale à 0,111 en prenant pour unité le côté du tétraèdre. Il devrait donc y avoir une réaction excessivement facile, nécessaire même entre des radicaux fixés à ces sommets, étant supposé toujours que la position favorisée correspondît à ce rapprochement maximum.

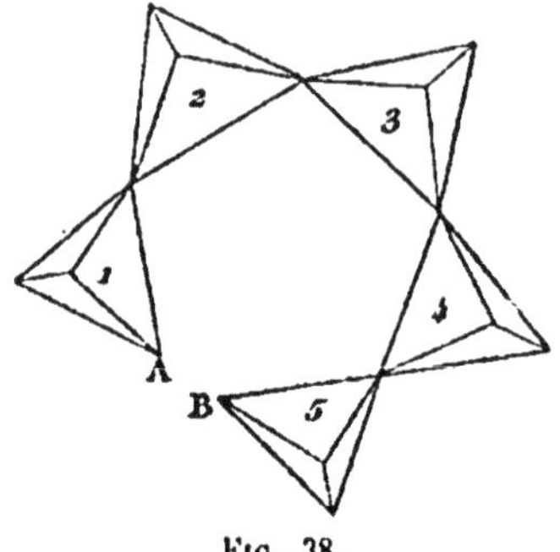

Fig. 38.

En réalité, cet excessif rapprochement est une sorte d'obstacle à une réaction du genre de la formation d'une olide. Car, l'interposition d'un atome d'oxygène entre les sommets A et B ne peut se faire qu'en écartant ces sommets et amenant ainsi une tension dans la chaîne formée (Wislicenus). Très facile encore, la réaction entre deux hydroxyles fixés en A et B, le sera moins pourtant que dans le cas de quatre atomes et la δ. lactone formée sera aussi moins stable.

En effet, les δ. oxyacides gras

$$CO^2H - CH^2 - CH^2 - CH^2 - CHOH - R$$

sont stables et cristallisés. Ils donnent, d'ailleurs, les δ. olides.

$$CH^2$$
$$CH^2 \quad CH^2$$
$$CO \quad CH - R$$
$$O$$

par simple chauffage à 100°, mais la transformation n'est pas complète. De plus, les δ. olides fixent directement l'eau hygrométrique en redonnant le δ. oxyacide gras, qui est définitivement ici la forme stable.

Déshydratation des acides alcoylglutariques. — L'acide glutarique :

$$OH.CO — CH^2 — CH^2 — CH^2 — CO.OH$$

homologue supérieur de l'acide succinique a ses deux OH en 1.5. La position favorisée doit correspondre, non à celle de la figure 38, mais à un écart des deux radicaux extrêmes, car les carboxyles se repoussent, comme nous l'avons vu pour l'acide succinique. En outre, la position 1.5 étant peu favorable à l'interposition d'oxygène entre les deux sommets, la formation d'anhydride doit être ici assez difficile, quoique possible. En effet l'acide glutarique peut être distillé à 302.304 sans fournir presque d'anhydride. Ce n'est que par l'action du chlorure d'acétyle sur son sel d'argent que l'on obtient une deshydratation complète (Markownikow. *Journ. de Chim. Russe*, IX, 283).

Les deux acides diméthylglutariques :

$$CO^2H — CH(CH^3) — CH^2 — CH^2 — CO^2H$$
$$CO^2H — CH^2 — CH(CH^3) — CH^2 — CO^2H$$

donnent des anhydrides avec une facilité déjà plus grande, car la distillation les transforme entièrement. Pour l'acide triméthylglutarique :

$$CO^2H — C(CH^3)^2 — CH^2 — CH(CH^3) — CO^2H$$

la deshydratation est encore plus facile. La fusion de cet acide qui a lieu à 97° suffit à la produire. Nous voyons encore ici les radicaux alcooliques faciliter, comme pour l'acide succinique la réaction interne des 2 OH, en amenant un changement dans la position favorisée et un rapprochement progressif de ces deux radicaux (Auvers, Meyer. Ber., XXIII, 305).

Réactions entre AzH² et OH. — L'acide δ. aminovalérianique :

$$AzH^2 — CH^2 — CH^2 — CH^2 — CH^2 — CO^2H$$

nous offre l'exemple de la réaction interne d'AzH² et de OH fixés en 1,5

Chauffé à 200° environ, cet acide perd H^2O et donne la pipéridone fondant à 39° (Schotten. Ber., XI, 2241).

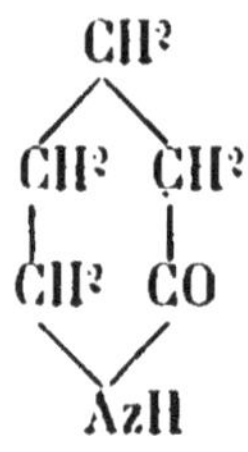

$$
\begin{array}{c}
CH^2 \\
CH^2 \quad CH^2 \\
CH^2 \quad CO \\
AzH
\end{array}
$$

Cette réaction est générale et fournit toutes les pipéridones substituées. Ces corps possèdent une propriété montrant bien l'existence d'une certaine tension interne de la chaîne. Ils se rompent, en effet, par chauffage avec HCl concentré, en régénérant par hydratation la chaîne ouverte dont ils dérivent. Or, nous verrons que la caractéristique des anneaux en C^5Az est au contraire, en général, une stabilité et une résistance prodigieuses à la rupture.

Réactions entre AzH^2 **et** AzH^2. Le chlorhydrate de 1-5 diaminopentane.

$$AzH^2 - CH^2 - CH^2 - CH^2 - CH^2 - CH^2 - AzH^2$$

nous offre l'exemple de la réaction interne entre deux AzH^2 en 1.5. Distillé, il fournit AzH^3HCl et de la pipéridine :

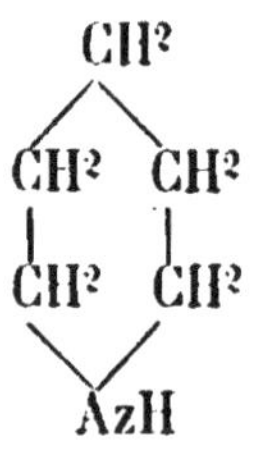

$$
\begin{array}{c}
CH^2 \\
CH^2 \quad CH^2 \\
CH^2 \quad CH^2 \\
AzH
\end{array}
$$

Cette réaction est générale. Les pipéridines sont très stables. Le diaminopentane l'est d'ailleurs aussi, et la réaction n'est point spontanée entre ses deux AzH^2.

Fermeture de la chaîne. — Cette fermeture devrait être facile. Néanmoins le chlorure d'amyle normal :

$$CH^2Cl - CH^2 - CH^2 - CH^2 - CH^3$$

ne donne pas le pentaméthylène par enlèvement de HCl sous l'influence de la potasse alcoolique, mais bien l'amylène :

$$CH^2 = CH — CH^2 — CH^2 — CH^3$$

C'est qu'ici, comme pour la chaîne en C^4, la position favorisée normale rapproche le chlore de l'hydrogène du carbone 2 plus que de tout autre. Elle est, en effet, celle de la *fig.* 39.

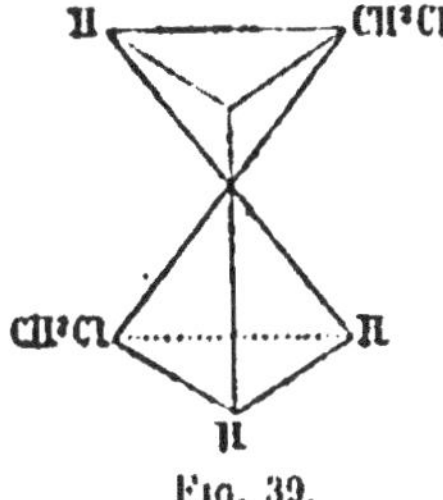

Fig. 39.

Mais ici encore l'action du zinc sur le corps dibromé :

$$CH^2Br — CH^2 — CH^2 — CH^2 — CH^2Br$$

amènera facilement la fermeture cherchée et la formation de pentaméthylène (Gustavson. *Journ. de Chim. Russe*, XXI, 344).

$$
\begin{array}{cc}
CH^2 & — & CH^2 \\
| & & | \\
CH^2 & & CH^2 \\
 & \diagdown \; CH^2 &
\end{array}
$$

C'est que le changement de la position favorisée, amené par l'attraction du zinc et du brome dans le composé organométallique transitoirement formé, amène le rapprochement des deux sommets extrêmes, la réaction interne, et la fermeture de la chaîne. Le pentaméthylène est très stable.

IV *bis*. — Chaînes en C^5 renfermant une double liaison. — Ce sont les deux chaînes :

$$
\begin{array}{l}
C = C — C — C — C \\
C — C = C — C — C
\end{array}
$$

a. — *Chaîne* $C = C — C — C — C$. — La figure stéréochimique de cette chaîne est celle de la *fig.* 40.

On trouve pour la distance AB : 0,575, le côté du tétraèdre étant pris pour unité. Cette distance plus considérable que celle de 0,111, qui existe entre les deux sommets extrêmes de la chaîne simple, se

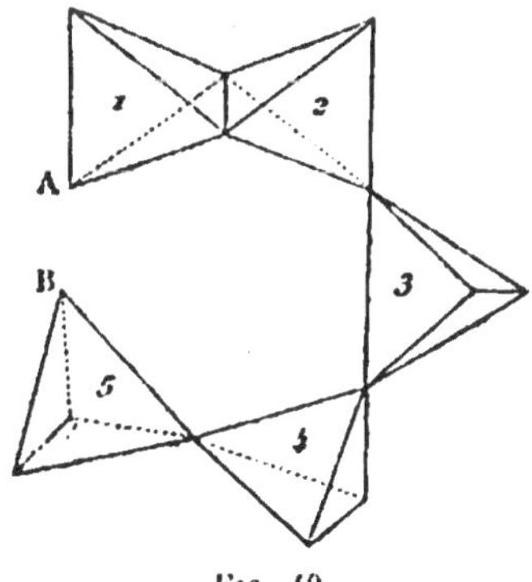

Fig. 40.

prête un peu plus facilement à l'introduction entre A et B d'un atome d'oxygène.

Nous voyons en effet l'alcool acétylbutylique :

$$CH^3 — COH = CH — CH^2 — CH^2 — CH^2.OH$$

bouillant à 226 degrés donner, par simple ébullition, un anhydride stable :

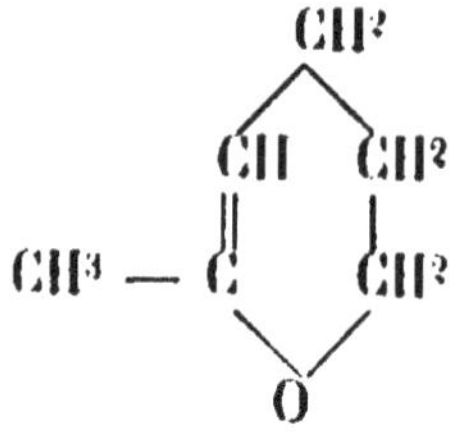

$$
\begin{array}{c}
CH^2 \\
CH \quad CH^2 \\
CH^3 — C \quad CH^2 \\
O
\end{array}
$$

(Perkin. *Chem. Soc.*, I.I.723). Néanmoins cette faible distance n'est sans doute pas encore bien favorable à la formation d'une olide, car on n'a trouvé chez l'acide acétylbutyrique :

$$CH^3 — COH = CH — CH^2 — CH^2 — CO^2H$$

aucune tendance remarquable à former un anhydride, tandis que l'acide lévulique, son homologue inférieur en fournit un.

Fermeture de la chaîne $C = C — C — C — C$. — Cette petite distance de 0,575, peu favorable à l'introduction d'un atome étranger, se prête au contraire à la fermeture de la chaîne, qui n'amènera ainsi qu'une faible tension. Or, Perkin et ses collaborateurs ont justement observé dans ce cas un mode de fermeture dont nous n'avons pas encore vu d'exemple et qui est extrêmement remarquable.

Perkin a constaté que le diacétylbutane :

$$CH^3 — CO — CH^2 — CH^2 — CH^2 — CH^2 — CO — CH^3$$

que nous écrirons tautomériquement :

$$
\begin{array}{c}
CH^3 — COH = CH \\
\qquad\qquad\qquad\qquad CH^2 \\
CH^3 — CO — CH — CH^2
\end{array}
$$

perd avec la plus grande facilité H^2O en donnant un' dérivé du pentaméthylène, par réaction interne entre l'hydroxyle et un atome d'hydrogène fixé au carbone 5 :

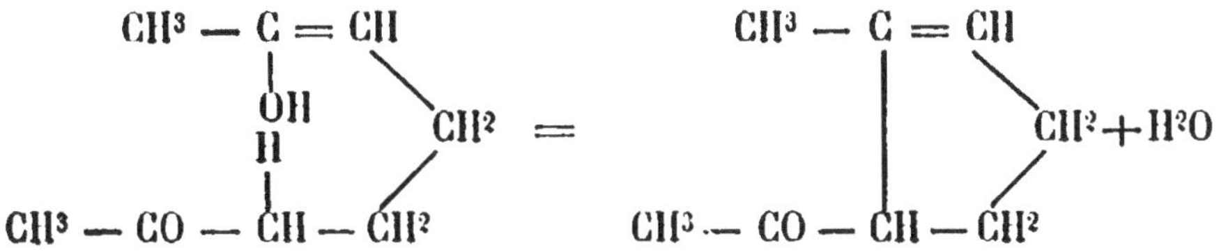

$$CH^3 - C = CH \qquad OH / CH^2 \qquad CH^3 - CO - CH - CH^2 \quad = \quad CH^3 - C = CH \quad \diagdown CH^2 + H^2O \quad CH^3 - CO - CH - CH^2$$

(Perkin et Marshall. *Chem. Soc.*, LVII.242). Il y a donc eu ainsi fermeture de la chaîne. C'est la première fois que nous voyons une élimination *interne* d'eau amener la soudure entre deux carbones. Cette réaction si facile est sans doute rendue possible par ce fait, que la présence du second groupement CO amène l'hydrogène du carbone 5 au voisinage maximum de l'hydroxyle, phénomène qui n'est pas réalisé, en général, dans la position favorisée normale.

Cette réaction interne avec fermeture de la chaîne est générale. L'acide diacétyladipique donne de même par la potasse alcoolique la réaction :

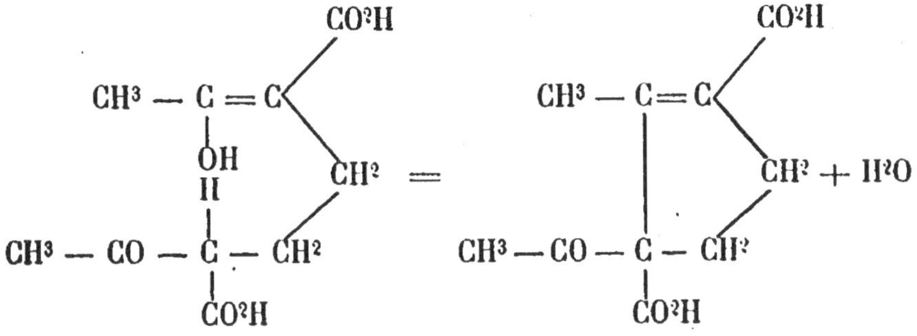

$$CH^3 - C = C \diagup^{CO^2H}_{CH^2} \qquad CH^3 - CO - C - CH^2 \quad = \quad CH^3 - C = C \diagup^{CO^2H}_{CH^2} + H^2O \qquad CH^3 - CO - C - CH^2 \qquad (CO^2H)$$

le corps formé donnant aussitôt par la potasse :

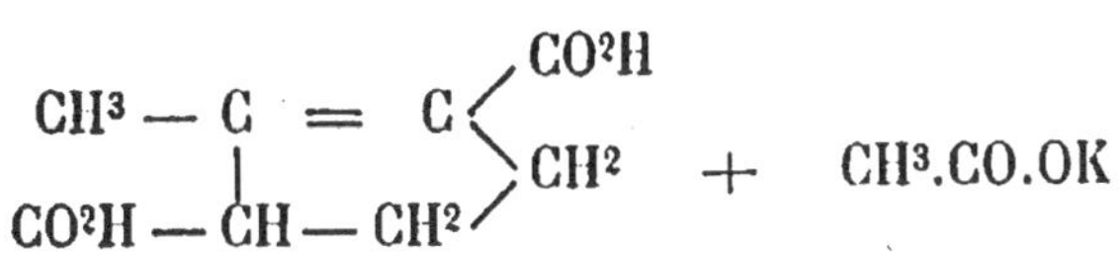

$$CH^3 - C = C \diagup^{CO^2H}_{CH^2} \quad + \quad CH^3.CO.OK \qquad (CO^2H - CH - CH^2)$$

(Perkin, *Chem. Soc.*, LVII-233). L'acide méthyldiacétyladipique se comporte aussi de même (Perkin et Stenhouse, *Chem. Soc.*, LXI-81).

b. — *Chaîne* C — C = C — C — C. — Pour qu'il puisse avoir réaction entre des radicaux fixés aux sommets extrêmes de cette chaîne, il faut, tout d'abord, que les deux fractions de la chaîne situées de part et d'autre de la double liaison, soient l'une par rapport à l'autre dans la position maléique. On a alors comme figure stéréochimique de cette chaîne le schéma figure 41.

La distance minima de A et B sans torsion est de 0,58, le côté du tétraèdre étant de 1. On est, à peu de chose près, dans les mêmes conditions que pour la chaîne précédente.

L'acide glutaconique :

$$CO^2H - CH = CH - CH^2 - CO^2H$$

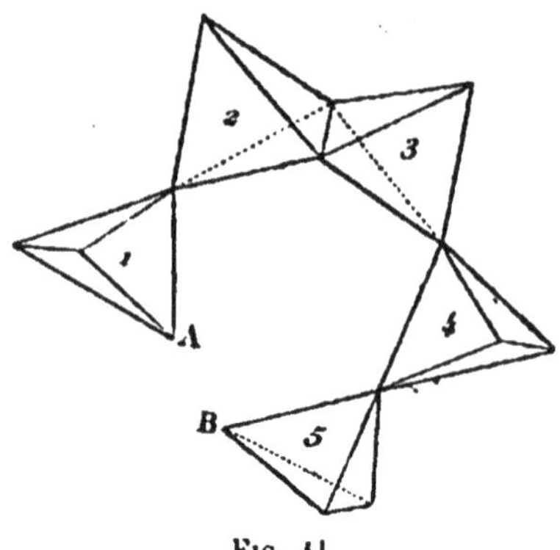

Fig. 41.

rentre dans ce cas. D'après Büchner (Ber., XXIII-703), il donne un anhydride par le chlorure d'acétyle.

M. Genvresse a obtenu un acide méthylglutaconique

$$CO^2H - CH = C(CH^3) - CH^2 - CO^2H$$

qui fournit aussi un anhydride par le chlorure d'acétyle. Il est nécessaire comme on voit d'employer un agent étranger pour avoir la réaction voulue (*Ann. Chim.* [6], XXIV-110).

IV *ter*. — Chaînes en C⁵ avec deux doubles liaisons. — Il peut y avoir deux semblables chaînes :

$$- C = C - C = C - C -$$
$$- C = C - C - C = C -$$

que nous étudierons successivement.

a. — Chaîne C = C — C = C — C. — Il faut d'abord évidemment pour qu'une action entre des radicaux fixés aux carbones extrêmes soit possible, que chaque fragment de part et d'autre d'une double liaison soit en position maléique. Ceci étant, le schéma stéréochimique est celui de la figure 42.

On trouve comme distance des deux sommets A et B exactement le côté du tétraèdre, c'est-à-dire 1.

Nous retombons ainsi sur un éloignement analogue à celui 1,089 des extrémités de la chaîne simple en C⁴ et égal à celui des radicaux fixés à un même carbone, tous cas pour lesquels la réaction est spontanée quand elle est possible. Nous avons donc de sérieuses raisons de penser que nous allons voir reparaître la spontanéité de réactions entre les hydroxyles fixés en A et B. Si les faits nous donnent raison, ce sera une importante justification de nos spéculations.

Les corps dérivant par substitution de l'acide de formule :

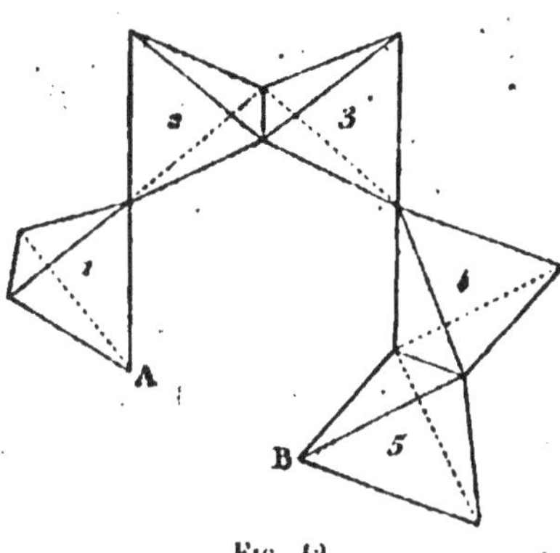

Fig. 42.

$$CHOH = CH - CH = CH - CO^2H$$

nous offriront dans cette série l'analogue des acides donnant naissance aux olides. Or, de même que pour les γ. oxyacides gras, où la distance entre les OH est à peu près la même, les corps de cette formule sont, où impossibles à obtenir, où très facilement transformables en dérivés de la coumaline.

$$\begin{array}{c}
CH \\
CH \quad CH \\
\| \qquad | \\
CH \quad CO \\
O
\end{array}$$

Ainsi l'acide

$$CHOH = C(CO^2H) - CH = CH - CO^2H$$

ne peut exister que sous la forme de l'anhydride ou acide coumalique :

$$\begin{array}{c}
CH \\
CO^2H - CH \quad CH \\
\| \qquad | \\
CH \quad CO \\
O
\end{array}$$

corps très stable, qui chauffé, perd CO^2 et donne la coumaline.

L'acide oxymésitènecarbonique :

$$CH^3 — COH = CH — C(CH^3) = CH — CO^2H$$

abandonné simplement sous une cloche en présence d'acide sulfurique, perd H^2O et se transforme, par réaction interne spontanée entre ses deux OH, en mésitènolide ou diméthylcoumaline.

(Hantzsch, *Lieb. Ann.*, CCXXII, 16)

L'acide oxymésitènedicarbonique n'est pas connu à l'état libre, et son éther acide :

$$CH^3 — COH = C —— C = CH — CO^2H$$

chauffé légèrement, même en solution aqueuse, perd immédiatement de l'eau par réaction interne et donne l'éther diméthylcoumalinecarbonique ou isodéhydracétique :

(Hantzsch, *Lieb. Ann.*, CCXXII, 22)

Enfin, l'acide citracoumalique dérivé de l'acide acétone-dicarbonique,

$$CH^2 - CO^2H$$
$$|$$
$$C$$

$$CO^2H - C \quad\quad CH$$
$$||$$
$$CO^2H - CH^2 - C \quad\quad CO$$

$$O$$

ne peut être obtenu que sous cette forme lactonique.

b. — Chaîne $C = C - C - C = C.$ — Dans cette chaîne, de même que dans la précédente, il est tout d'abord nécessaire pour qu'une action soit possible entre les radicaux placés aux extrémités, que chacune des portions de la chaîne, de part et d'autre d'une double liaison, soit en position maléique. Le schéma stéréochimique de la chaîne est alors celui de la figure 43.

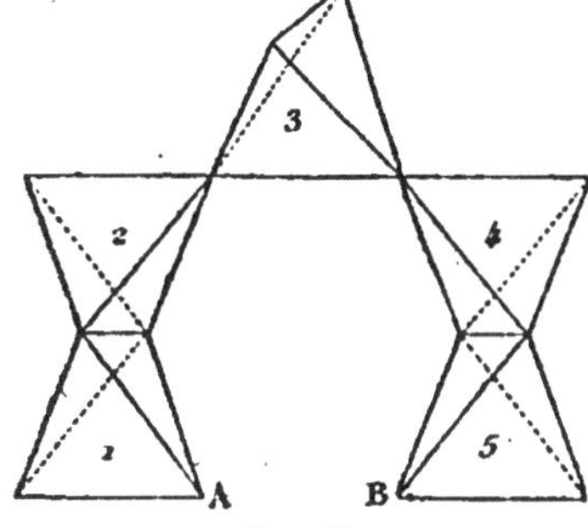

Fig. 43.

La distance minima des deux sommets A et B est encore ici égale à 1. Nous devons donc avoir des réactions spontanées entre radicaux fixés à ces sommets.

Dans ce groupe rentrent les nombreux dérivés de la pyrone. Les corps renfermant le groupement :

$$X - CO - CH^2 - CO - CH^2 - CO - X'$$

se comportent souvent comme possédant la formule tautomérique :

$$X - COH = CH - CO - CH = COH - X'$$

et rentrent sous cette forme dans le cas que nous examinons. Or, ils donnent, en effet, spontanément, une molécule d'eau par réaction interne entre leurs hydroxyles, et fournissent des dérivés de la pyrone :

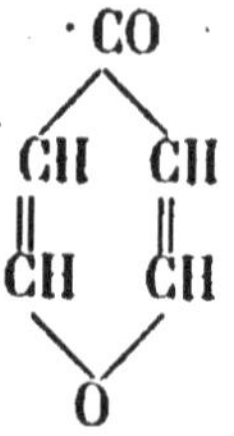

$$
\begin{array}{c}
CO \\
CH \quad CH \\
\| \quad\quad \| \\
CH \quad CH \\
O
\end{array}
$$

Ainsi l'acide xanthochélidonique :

$$CO^2H - COH = CH - CO - CH = COH - CO^2H$$

n'est stable que sous forme de sel. Les solutions acides se transforment spontanément en acide chélidonique par réaction interne entre les 2 OH :

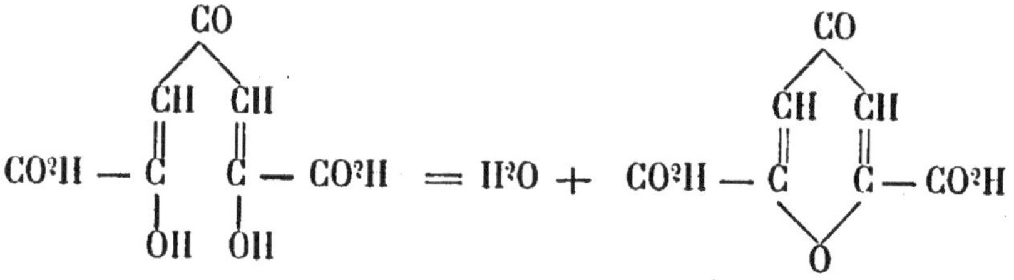

$$
CO^2H - \underset{\underset{OH}{|}}{C} \overset{\overset{CO}{\overset{CH \quad CH}{\| \quad \|}}}{} \underset{\underset{OH}{|}}{C} - CO^2H \; = \; H^2O \; + \; CO^2H - C \overset{\overset{CO}{\overset{CH \quad CH}{\| \quad \|}}}{}_{O} C - CO^2H
$$

De même la diacétylacétone :

$$CH^3 - COH = CH - CO - CH = COH - CH^3$$

se transforme lentement à la température ordinaire et rapidement par chauffage en diméthylpyrone :

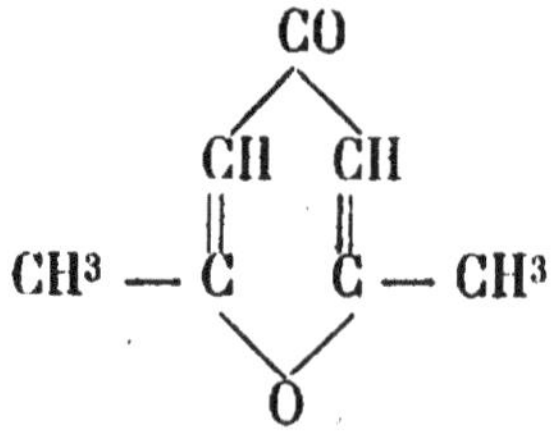

$$
\begin{array}{c}
CO \\
CH \quad CH \\
\| \quad\quad \| \\
CH^3 - C \quad\quad C - CH^3 \\
O
\end{array}
$$

(Fest. *Lieb. Ann..* CCLVII-276). — Cette réaction spontanée est générale. C'est le mode de synthèse des dérivés pyroniques.

V. — Chaînes en C^6. — Nous sommes maintenant en présence d'une chaîne qui ne saurait avoir les centres de gravité de ses tétraèdres dans le même plan quand elle est ouverte, sans que cela n'amène une forte tension de l'ensemble de la molécule. En effet, quand cinq atomes de carbone sont déjà rangés de cette façon, nous savons qu'il reste seulement entre les deux sommets extrêmes une distance de 0,111, insuffisante pour permettre à un sixième atome de carbone de s'intercaler. Ou bien, si l'on veut y parvenir, il faudra amener une dilatation de la chaîne, et, par suite, une tension dans la molécule. Si aux deux sommets C_I et C_{VI} sont deux hydroxyles, une réaction réciproque avec élimination d'eau exigerait que l'on intercalât un atome d'oxygène entre ces deux sommets, et que l'on augmentât encore la tension de la molécule.

De ces considérations résulte que la position favorisée normale d'une chaîne ouverte en C^6 amènera toujours un écart entre les deux sommets extrêmes, et que toute réaction entre deux radicaux fixés en C_I et C_{VI} sera impossible, quand elle aura pour effet d'introduire encore un nouvel atome joignant ces deux sommets.

Il est impossible, en effet, de ne pas être frappé de cette circonstance que l'on ne connaît aucun corps formé par deshydratation, comme ceux que nous avons si souvent observés pour des chaînes en C^4 et en C^5.

L'acide adipique, par exemple :

$$CO^2H — CH^2 — CH^2 — CH^2 — CH^2 — CO^2H$$

ne fournit pas directement un anhydride analogue à l'anhydride succinique, et répondant à la formule :

$$CO — CH^2 — CH^2 — CH^2 — CH^2 — CO$$
$$\underline{\qquad\qquad\qquad O \qquad\qquad\qquad}$$

L'introduction de radicaux alcooliques à la place de l'H du squelette ne modifie pas cette incapacité (Zélinsky, *Ber.*, XXIV, 3998).

Une double liaison, qui doit amener une légère dilatation, évidemment insuffisante, ne produit pas plus d'effet. Les deux acides :

$$CO^2H — CH = CH — CH^2 — CH^2 = CO^2H$$
$$\Delta\text{-}\alpha\text{-}\beta.\ \text{dihydromuconique}$$
$$CO^2H — CH^2 — CH = CH — CH^2 — CO^2H$$
$$\Delta\text{-}\beta\text{-}\gamma.\ \text{dihydromuconique}$$

ne donnent pas davantage d'anhydrides.

Deux doubles liaisons, dans l'acide muconique :

$$CO^2H - CH = CH - CH = CH - CO^2H$$

ne sont pas plus efficaces. L'anhydride muconique n'a pas été obtenu (1).

Fermeture directe de la chaîne. — C'est donc un caractère sans exception dans cette chaîne, que l'impossibilité de la fermer sur un atome étranger — par réaction entre deux radicaux fixés en 1 et 6, — mais sa fermeture directe en hexaméthylène est-elle plus facile?

Nous avons vu, dans la première partie, que l'hexaméthylène ne présente qu'une faible tension, nulle même si on admet la formule de Sachse, où les carbones sont dans deux plans parallèles.

Au sujet des chaînes en C⁵ constituées de la manière suivante :

$$C = C - C = C - C$$
$$C = C - C - C = C$$

Nous avons ensuite remarqué que la distance minima entre les deux sommets extrêmes est égale au côté du tétraèdre. En conséquence, la chaîne :

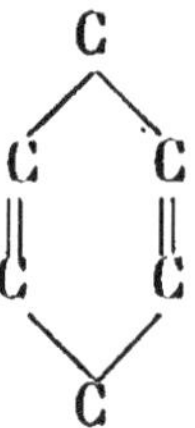

formée en intercalant un carbone entre ces deux sommets, est encore sans tension.

Enfin la chaîne fermée :

(1) L'acide adipique fournit cependant, par le perchlorure de phosphore, mais non par le chlorure d'acétyle, un anhydride, mais très difficilement. En outre, ce corps est très instable et exposé à l'air s'hydrate spontanément (Elaix, *Comm. pers.*). Cette instabilité prouve la grande tension de la chaîne.

no doit présenter aussi qu'une tension très faible, nulle même si dans le double lien, comme le veut Baeyer, les directions des valences qui y sont intéressées deviennent parallèles.

Toutes ces prévisions créent en faveur des chaînes fermées en C^6 un avantage considérable. Nous savons combien souvent on les trouve réalisées dans la nature sous la forme des composés benzéniques et de leurs dérivés hydrogénés.

Or, ici encore, Perkin a obtenu une fermeture directe de la chaîne des carbones par simple déshydration, comme dans le cas si remarquable du diacétylbutane. — En chauffant le diacétylpentane :

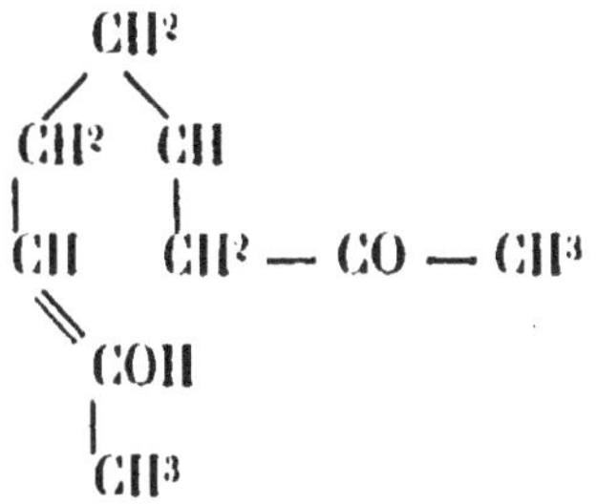

$$CH^2$$
$$CH^2 \quad CH$$
$$CH \quad CH^2 - CO - CH^3$$
$$COH$$
$$CH^3$$

avec de l'acide sulfurique, on a, en effet, la réaction si exceptionnelle :

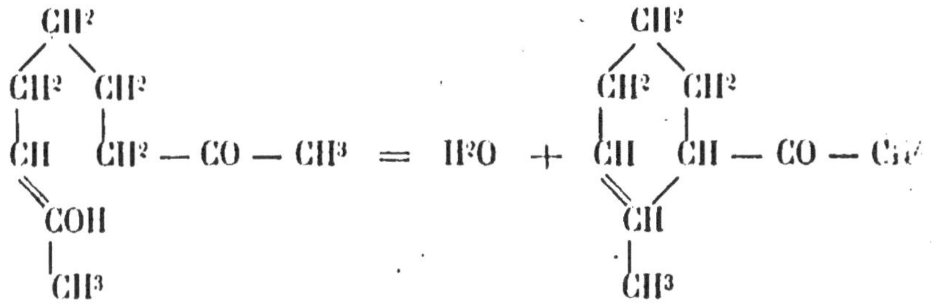

$$CH^2 \qquad\qquad\qquad CH^2$$
$$CH^2 \quad CH^2 \qquad\qquad CH^2 \quad CH^2$$
$$CH \quad CH^2 - CO - CH^3 \;=\; H^2O \;+\; CH \quad CH - CO - CH^3$$
$$COH \qquad\qquad\qquad\qquad CH$$
$$CH^3 \qquad\qquad\qquad\qquad CH^3$$

(Kipping et Perkin, *Chem. Soc.*, LV, 355.)

On connaît aussi la synthèse analogue de l'α-naphtol au moyen de l'acide phénylisocrotonique chauffé à 350° :

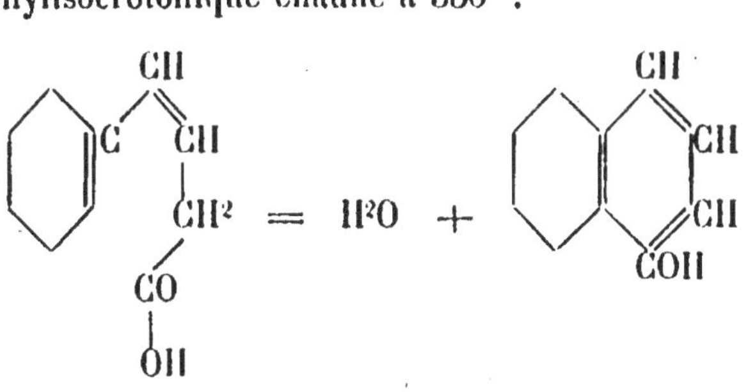

$$CH \qquad\qquad\qquad\qquad CH$$
$$C \quad CH \qquad\qquad\qquad\qquad CH$$
$$CH^2 \;=\; H^2O \;+\; \qquad\qquad CH$$
$$CO \qquad\qquad\qquad\qquad COH$$
$$OH$$

(Fittig et Erdmann, *Lieb. Ann.*, CCXXVII, p. 242.)

Voici encore un autre cas fort intéressant de fermeture directe d'une chaîne en C^6.

Par la condensation des dicétones de formule :

$$X - CH^2 - CO - CO - Y$$

sous l'influence de la potasse, on obtient des produits formés par la soudure de deux molécules, et qui ont la formule :

$$X - C - CO - CO - Y$$
$$Y - C - CO - CH^2 - X$$

Ces corps, auxquels on a donné le nom de *quinogènes*, perdent alors une molécule d'eau avec la plus grande facilité, aux dépens de l'O du CO voisin de Y et de H^2 pris au sixième carbone à partir de lui. On obtient ainsi des quinones substituées :

$$X - C - CO - CO - Y \qquad X - C \underset{CO}{\overset{CO}{\diamond}} C - Y \qquad + \quad H^2O$$
$$Y - C - CO - CH^2 - X \qquad = \qquad Y - C \quad C - X$$

Ainsi, avec le diacétyle (butanedione 2. 3)

$$CH^3 - CO - CO - CH^3$$

On a successivement :

$$CH^3 - CO - CO - CH^3 \qquad\qquad CH - CO - CO - CH^3$$
$$CH^3 - CO - CO - CH^3 \quad = \quad H^2O \quad + \quad CH^3 - C - CO - CH^3$$

diméthylquinogène

puis :

$$\overset{CO}{\diamond} \qquad = \quad H^2O \quad + \qquad \overset{CO}{\diamond}$$

Avec l'acétylpropionyle (pentanedione 2. 3)

$$CH^3 — CO — CO — CH^2 — CH^3$$

On a la duroquinone :

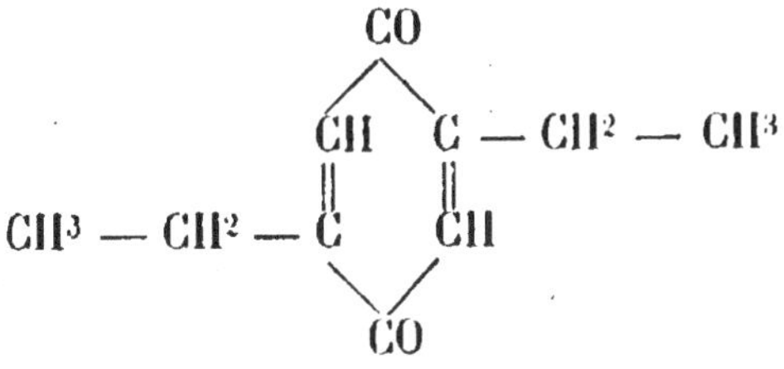

$$CO$$
$$CH \quad C — CH^2 — CH^3$$
$$CH^3 — CH^2 — C \quad CH$$
$$CO$$

Cette réaction est générale, comme on le voit. Ce n'est que dans les termes en C^5 et en C^6 que nous la remarquons.

(Voir Pechmann, *Ber*. XXI, 1417)

Ces fermetures directes si remarquables se multiplieront certainement, car elles présentent un caractère général.

La formation caractéristique des dérivés du benzène par soudure entre trois molécules acétyléniques, qui a lieu parfois spontanément, prouve que ce mode de polymérisation donne naissance à un anneau offrant des conditions exceptionnelles d'équilibre interne.

VI. — Cas des chaînes formées d'un plus grand nombre d'atomes de carbone et conclusions. — Ainsi donc avec les chaînes en C^5 semblent cesser les réactions faciles et spontanées entre radicaux placés aux extrémités de la chaîne. On ne voit plus reparaître, par exemple, la formation des lactones ou des anhydrides des acides bibasiques.

Cette inaptitude existe-t-elle pour les termes très supérieurs ? Il est probable que pour des composés à longue chaîne, la chance du rapprochement des extrémités par des modifications dans les positions favorisées augmente. Mais nous manquons encore de documents à ce sujet. On connaît seulement un anhydride sébacique obtenu par Auger (*Ann.Chim.*, [6], XXII, 363) qui aurait pour formule :

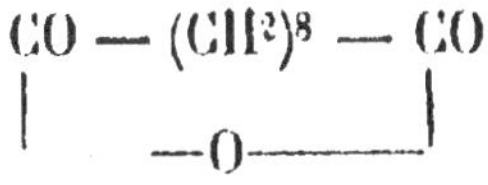

$$CO — (CH^2)^8 — CO$$
$$|\underline{} — O — \underline{}|$$

Tout dernièrement F. Anderlini (*Atti di R. Acc. d. Lincei* 1804, 1er

Sem., 393) a obtenu l'anhydride subérique :

$$CO - (CH^2)^6 - CO$$
$$|\underline{\qquad\quad O \qquad\quad}|$$

l'anydride azélaïque :

$$CO - (CH^2)^7 - CO$$
$$|\underline{\qquad\quad O \qquad\quad}|$$

et l'anhydride sébacique. La simple distillation des acides correspondants donne une deshydration partielle. Le chlorure d'acétyle agit plus complètement. Ces faits semblent bien confirmer ce que nous disons.

Il y a enfin des faits semblant prouver que les longues chaînes sont susceptibles de prendre des formes gauches très compliquées peut-être, et déterminées par des conditions d'équilibre interne relevant des positions favorisées, qui font que des groupes, même très éloignés dans la molécule et non susceptibles de réactions directes, pourront sous l'influence d'agents extérieurs puissants réagir de préférence à des groupes semblables pris dans deux molécules distinctes. Nous allons donner deux exemples très intéressants de cette propriété des longues chaînes.

Soudure pinaconique. — Nous connaissons le phénomène de soudure qui donne naissance à la pinacone, deux molécules d'acétone fournissant par H naissant la réaction :

$$CH^3 - CO - CH^3$$
$$H^2 \qquad = \qquad \begin{matrix} CH^3 - COH - CH^3 \\ | \\ CH^3 - COH - CH^3 \end{matrix}$$
$$CH^3 - CO - CH^3$$

Le diacétyle donne de même :

$$CH^3 - CO - CO - CH^3$$
$$H^2 \qquad = \qquad \begin{matrix} CH^3 - COH - CO - CH^3 \\ | \\ CH^3 - COH - CO - CH^3 \end{matrix}$$
$$CH^3 - CO - CO - CH^3$$

(Pechmann, *Ber.*, XXI, 1421).

L'acétylacétone donne aussi partiellement :

$$CH^3 - CO - CH^2 - CO - CH^3$$
$$H^2$$
$$CH^3 - CO - CH^2 - CO - CH^3$$

$$= \quad \begin{array}{c} CH^3 - COH - CH^2 - CO - CH^3 \\ | \\ CH^3 - COH - CH^2 - CO - CH^3 \end{array}$$

le corps formé perdant d'ailleurs ensuite H^2O entre ses $2\,OH$ et donnant l'anhydride $C^{10}H^{18}O^3$ (Combes, *Ann. Chim.*, [6], XII, 207).

Chez tous ces corps, on le voit. la soudure pinacolique se fait entre deux CO pris à deux molécules différentes. Dans les deux derniers, il y a pourtant au sein d'une seule molécule les deux CO qui pourraient servir à une soudure interne de cette forme. Si ces deux CO ne sont pas utilisés de cette façon, nous savons que cela tient à la tension qu'introduirait la fermeture d'anneaux aussi courts, et nous ne nous en étonnons pas.

Mais pour le diacétylpentane :

$$CH^3 - CO - CH^2 - CH^2 - CH^2 - CH^2 - CH^2 - CO - CH^3$$

St. Kipping et Perkin junior (*Chem. Soc.*, XXVIII, 330) sont arrivés à un résultat très remarquable. Ils ont eu par l'action du sodium et de l'eau cette soudure interne que nous cherchons et ont obtenu régulièrement et uniquement la réaction :

$$\begin{array}{c} CH^2 - CH^2 - CO - CH^3 \\ / \\ CH^2 \quad + H^2 \\ \backslash \\ CH^2 - CH^2 - CO - CH^3 \end{array} \quad - \quad \begin{array}{c} CH^2 - CH^2 - C \stackrel{\displaystyle /OH}{\backslash CH^3} \\ / \qquad\qquad | \\ CH^2 \qquad\qquad | \\ \backslash \qquad\qquad | \\ CH^2 - CH^2 - C \stackrel{\displaystyle /CH^3}{\backslash OH} \end{array}$$

Il y a, par conséquent, formation d'un dérivé de l'heptaméthylène. Il semble donc que quoique les groupes en I, VII ne se prêtent pas à des réactions réciproques faciles, ils leur soient encore plus favorables que deux groupes semblables pris dans deux molécules distinctes. Il est très probable que cela continuera à être vrai pour des chaînes encore plus longues, jusqu'à une limite impossible à prévoir. Cette remarquable propriété permettra ainsi de nombreuses synthèses d'anneaux fermés.

Réaction de Claisen et Wislicenus. — On connaît le phénomène de soudure produit par le sodium sur les éthers gras, qui donne naissance à l'éther acétylacétique et peut être schématisé par l'équation :

$$CH_3 - \underset{\underset{OC^2H^5}{|}}{CO} \ + \ CH_3 - CO.OC^2H^5 \ = \ CH_3 - CO - CH^2 - CO^2C^2H^5 \ + C^2H^5OH$$

Cette soudure, appliquée à l'éther succinique :

$$CO^2C^2H^5 - CH^2 - CH^2 - CO^2C^2H^5$$

pourrait fournir par réaction interne le corps triméthylénique :

$$CO^2C^2H^5 - CH - CH$$
$$\diagdown CO \diagup$$

Mais, on n'a pas ceci, à cause des tensions qui existeraient chez un tel corps ; on a soudure de deux molécules et formation de l'éther succinylsuccinique :

$$\begin{array}{ccc}
COOC^2H^5 & & CO^2C^2H^5 \\
| & & | \\
CH^2 \quad OC^2H^5 & & CH \\
CH^2 \quad CO & = & CH^2 \quad CO \quad +2C^2H^5OH \\
CO \quad CH^2 & & CO \quad CH^2 \\
OC^2H^5 \quad CH^2 & & CH \\
CO.OC^2H^5 & & CO^2C^2H^3
\end{array}$$

Or Dieckmann (*Ber.*, XXVII, 102) a constaté qu'il n'en est plus de même pour l'éther adipique :

$$CO^2C^2H^5 - CH^2 - CH^2 - CH^2 - CH^2 - CO^2C^2H^5$$

On a bien ici la réaction interne signalée et formation d'un corps pentaméthylénique d'après l'équation :

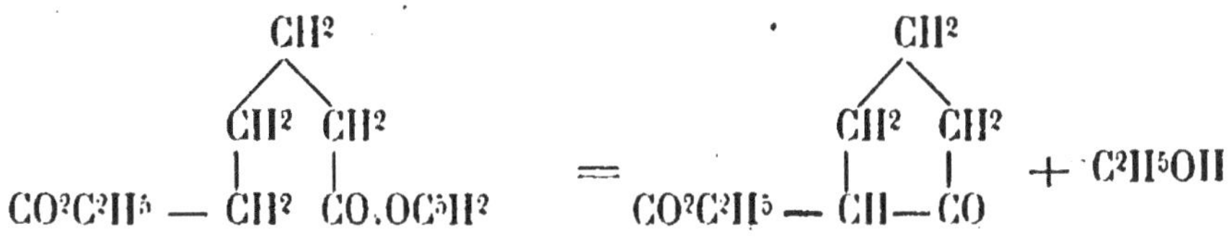

$$
\begin{array}{ccc}
 & CH_2 & \\
 & CH_2 \quad CH_2 & \\
CO_2C_2H_5 - CH_2 \quad CO.OC_5H_2 & &
\end{array}
\;=\;
\begin{array}{ccc}
 & CH_2 & \\
 & CH_2 \quad CH_2 & \\
CO_2C_2H_5 - CH - CO &
\end{array}
\; + \; C_2H_5OH
$$

Ceci se produit encore pour le pimélate d'éthyle :

$$
CO_2C_2H_5 - CH_2 - CH_2 - CH_2 - CH_2 - CH_2 \, CO_2C_2H_5
$$

qui donne un dérivé hexaméthylénique, d'après la réaction :

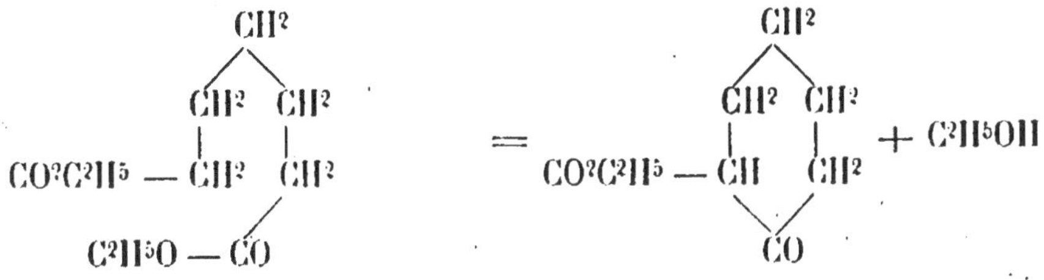

$$
\begin{array}{c}
CH_2 \\
CH_2 \quad CH_2 \\
CO_2C_2H_5 - CH_2 \quad CH_2 \\
C_2H_5O - CO
\end{array}
\;=\;
\begin{array}{c}
CH_2 \\
CH_2 \quad CH_2 \\
CO_2C_2H_5 - CH \quad CH_2 \\
CO
\end{array}
\; + \; C_2H_5OH
$$

Cette réaction interne avec fermeture se poursuivra sûrement pour les homologues encore supérieurs.

Soudure acétonique pyrogénée. — On connaît encore le mode de soudure utilisé pour la formation des acétones par la distillation des sels de chaux des acides gras. Elle peut être schématisée par l'équation :

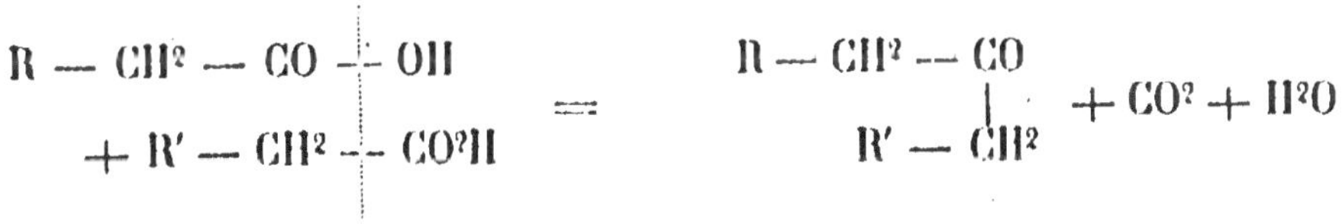

$$
\begin{array}{c}
R - CH_2 - CO - OH \\
+ R' - CH_2 - CO_2H
\end{array}
\;=\;
\begin{array}{c}
R - CH_2 - CO \\
R' - CH_2
\end{array}
\; + \; CO_2 + H_2O
$$

Dans un acide bibasique suffisamment long, on doit alors avoir une soudure interne du genre de celle-ci :

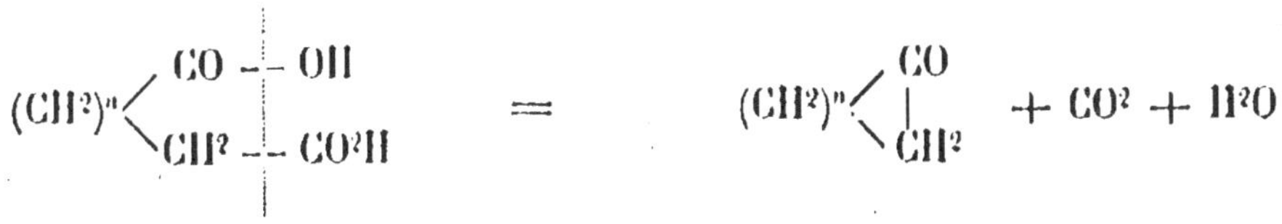

$$
(CH_2)_n \!\! <\!\! \begin{array}{c} CO - OH \\ CH_2 - CO_2H \end{array}
\;=\;
(CH_2)_n \!\! <\!\! \begin{array}{c} CO \\ CH_2 \end{array}
\; + \; CO_2 + H_2O
$$

Cette réaction ne semble pas encore possible pour l'acide succinique où $n = 2$. Mais elle se produit pour l'acide adipique :

$$CH^2 \Big\langle {}^{CH^2 - CO - OH}_{CH^2 - CH^2 - CO^2H} \quad = \quad CH^2 \Big\langle {}^{CH^2 - CO}_{CH^2 - CH^2} + CO^2 + H^2O$$

et de même pour l'acide subérique :

$$CH^2 \Big\langle {}^{CH^2 - CH^2 - CO - OH}_{CH^2 - CH^2 - CH^2 - CO^2H} = CH^2 \Big\langle {}^{CH^2 - CH^2 - CO^2}_{CH^2 - CH^2 - CH^2} + CO^2 + H^2O$$

Le corps ainsi obtenu, dérivé heptaméthylénique, est depuis longtemps connu sous le nom de subérone. Ce sont les tout récents travaux de Wislicenus qui ont établi sa vraie nature et généralisé cette soudure interne (Lieb. *Ann.* CCLXXV, 305).

En résumé, on le voit, les trois remarquables modes de soudure que nous venons de montrer, appuient ce que nous avons dit sur l'avantage général des réactions au sein de la molécule pour les longues chaînes.

Nous voici parvenus au terme de cette étude. A coup sûr, beaucoup d'entre les théories que nous avons exposées ne sont guère que des hypothèses. Mais une hypothèse, même audacieuse, n'est-elle pas recommandable, quand elle se prête à des déductions vérifiables et fécondes ? Il semble bien que ce soit ici le cas, comme nous avons tenté de le montrer.

LES CRÉOSOTES OFFICINALES

PAR

M. A. BÉHAL

PROFESSEUR AGRÉGÉ A L'ÉCOLE DE PHARMACIE

La créosote tire son nom de κρέας chair, σώζω je conserve, mot qui rappelle une de ses premières applications. Malgré ses propriétés conservatrices, elle n'a pas conservé son nom, elle devrait, en effet, d'après son étymologie, s'appeler *créasote*.

On désigne sous le nom de créosote un mélange de phénols et de corps à fonction phénolique.

D'après leur origine, on distingue deux classes de créosotes : les créosotes de houille et les créosotes de bois.

Les premières ne contiennent pas de dérivés de la pyrocatéchine et se distinguent ainsi nettement des créosotes de bois.

Nous ne nous occuperons ici que des créosotes de bois de hêtre et de bois de chêne.

La découverte de la créosote de bois remonte à 1832 ; elle est due à Reichenbach. Il la considérait comme un corps défini, et lui donnait comme point d'ébullition 203 degrés, et comme densité 1037 à 1040.

Plus tard, Hlasiwetz, en traitant la créosote de hêtre par la potasse alcoolique, obtint un précipité cristallin. Il l'isola, le décomposa par l'acide chlorhydrique et obtint deux corps. L'un le créosol, ainsi nommé à cause de son origine, et l'autre le gayacol qu'il identifia avec un corps déjà obtenu dans la distillation de la résine de gayac.

En 1868, Marasse entreprit un travail qui peut être considéré pour l'époque comme un modèle du genre. Pensant ne pouvoir isoler de la créosote aucun principe cristallisé, il employa une méthode détournée dont le principe est dû à M. Baeyer et que voici.

Quand on chauffe un corps à fonction phénolique avec la poudre de zinc, on obtient le carbure correspondant au phénol. Ainsi, le phénol ordinaire, distillé sur la poudre de zinc, donnera de l'oxyde de zinc et du benzène

$$C^6H^5OH + Zn = ZnO + C^6H^6.$$

La poudre de zinc n'agit pas sur les fonctions éthers de phénols; en effet, l'anisol soumis à ce traitement reste intact.

Un corps qui renferme à la fois une fonction phénol et une fonction éther méthylique de phénol, perdra dans ces conditions sa fonction phénol. C'est ainsi que le gayacol donne l'anisol

$$C^6H^4 \Big\langle {OH \atop OCH^3} + Zn = ZnO + C^6H^5OCH^3.$$

Marasse séparait par distillation la créosote en différentes portions, et sur chacune d'elles faisait réagir la poudre de zinc. Il isola ainsi l'anisol, le benzène, le toluène, etc., et il conclut à la présence dans la créosote des corps suivants : phénol, gayacol, créosol, crésylol et un corps qu'il désigna sous le nom de phlorol.

Il isola le phénol en nature et caractérisa le crésylol, comme étant un dérivé para. Pour cela la fraction de la créosote bouillant vers 203 degrés fut méthylée et l'éther obtenu fut oxydé ; il donna de l'acide anisique, corps de constitution bien connue, conduisant à considérer le crésylol d'où l'on était parti comme étant le paracrésylol.

$$CH^3 — O — C^6H^6 — CH^3 + O^3 = H^2O + CH^3 — O — C^6H^4 — CO^2$$

| (4) | (1) | (4) | (1) |
| Crésylol | | Acide anisique | |

Hofmann a étudié plus tard les produits à point d'ébullition élevé, contenus dans la créosote, mais ces corps n'entrent pas dans la composition de la créosote officinale.

La question en était là, lorsque M. Choay et moi avons entrepris de rechercher les éléments constitutifs de la créosote, de les isoler à l'état de nature et de pureté, sans mettre en œuvre les réactions un peu violentes de Marasse qui peuvent donner naissance à des transpositions moléculaires.

Voici la méthode que nous avons suivie. Nous avons d'abord préparé synthétiquement tous les monophénols qui peuvent normalement exister dans la créosote ; nous en avons fait les éthers benzoïques ; et de même nous avons préparé synthétiquement l'éther monométhylique de la pyrocatéchine : le gayacol.

Nous nous sommes ensuite appliqués à préparer une créosote qui fut à l'abri de toute critique.

M. Scheurer-Kestner, que nous sommes heureux de pouvoir remercier ici, a bien voulu mettre à notre disposition une provision d'huile lourde de hêtre pure, et M. Barré, que nous remercions également, nous a donné une quantité d'huile lourde de chêne qui a suffi à nos expériences.

Ainsi en possession de produits purs, nous en avons cherché la composition qualitative en déterminant chacun des éléments constitutifs.

Connaissant la composition qualitative, nous en avons ensuite effectué l'analyse quantitative.

Tel a été le plan de notre travail ; ce sera aussi celui de cette conférence.

Synthèse des monophénols et préparation de leurs benzoates. — Un mot rapide sur la préparation synthétique des monophénols et leurs propriétés.

Nous avons employé la méthode générale qui consiste à traiter les amines par l'acide azoteux en présence d'acide sulfurique.

Il se forme, dans cette action, le phénol correspondant à l'amine, de l'eau et il se dégage de l'azote.

$$C^6H^5AzH^2 + AzO^2H = C^6H^5OH + Az^2 + H^2O.$$

Cette réaction est très générale, et tous les phénols synthétiques que nous avons obtenus ont été préparés de cette façon ; plusieurs d'entre eux nous ont retenus quelque temps : je ne citerai pour exemple que le métaéthylphénol.

Pour le préparer, on part de l'éthylbenzène obtenu synthétiquement par le procédé de MM. Friedel et Crafts, en faisant réagir le bromure d'éthyle sur le benzène, en présence du chlorure d'aluminium ; ce corps traité par l'acide nitrique donne deux dérivés nitrés, l'orthonitro-éthyl-benzène

$$C^6H^4 \begin{cases} C^2H^5 & (1) \\ AzO^2 & (2) \end{cases}$$

et le paranitroéthylbenzène

$$C^6H^4 \begin{cases} C^2H^5 & (1) \\ AzO^2 & (4) \end{cases}$$

Le mélange des deux dérivés nitrés, a été traité par le fer et l'acide acétique, et a donné les deux amines correspondantes.

Ces corps, sous l'action de l'anydride acétique, ont été transformés en dérivés acétylés.

$$C^6H^4 \begin{cases} C^2H^5 & (1) \\ AzH - CO - CH^3 & (4) \end{cases}$$

et

$$C^6H^4 \begin{cases} C^2H^5 & (1) \\ AzH - CO - CH^3 & (2) \end{cases}$$

Ces deux composés se séparent facilement l'un de l'autre ; l'ortho dérivé est soluble dans l'eau, le para est au contraire peu soluble à froid.

Il s'agit maintenant d'obtenir le dérivé 1. 3. Pour cela, partons du dérivé acétylé para, que nous avons obtenu à l'état de pureté.

Nous traitons ce corps par l'acide azotique à froid, il y a nitration, le groupe AzO^2 se fixe dans la position méta par rapport au groupe éthyle et il forme le composé.

$$C^6H^3 \begin{cases} C^2H^5 & (1) \\ - AzO^2 & (3) \\ AzHCOCH^3 & (4) \end{cases}$$

Par ébullition avec la soude il y a saponification et formation d'acétate de sodium avec mise en liberté de *métanitroéthylaniline*,

$$(1) \qquad C^2H^5\, C^6H^3 \begin{cases} AzO^2 & (3) \\ AzH^2 & (4) \end{cases}$$

Cette base isolée sera traitée par l'acide azoteux en présence d'alcool absolu, ou mieux par le nitrite d'amyle. Le groupe AzH^2 sera remplacé par un atome d'hydrogène et on obtiendra le métaéthylnitrobenzène.

Pour le transformer en phénol, on réduira le groupe AzO^2 par le fer et l'acide acétique ; on traitera ensuite l'amine obtenue par le nitrite de sodium et l'acide sulfurique, et on aura enfin le métaéthylphénol.

Vous voyez combien est longue cette méthode et combien délicate, mais elle donne toujours des produits purs ; en effet, les dérivés acétylés des amines cristallisent très bien et sont, par suite, faciles à purifier.

Citons maintenant deux des propriétés des monophénols.

Les monophénols se colorent presque toujours par le perchlorure de fer ; mais ce n'est pas une propriété générale, le métaxylénol 1, 3, 5, en effet, ne se colore pas sous l'influence de ce réactif.

Pour réaliser cette réaction, il faut opérer en solution aqueuse et se servir d'une solution de perchlorure de fer très étendue (pas plus de deux gouttes dans 20 centimètres cubes d'eau).

Dans d'autres conditions, les réactions sont différentes et l'on obtient des colorations vertes, jaunes, bleues, noires, etc., le perchlorure de fer pouvant agir comme agent d'oxydation.

La deuxième propriété a rapport à la créosote. Le codex dit que la créosote ne doit pas coaguler le collodion ; on pourrait croire que cette propriété vise exclusivement l'absence du phénol ordinaire, il n'en est rien : tous les monophénols coagulent le collodion.

Voyez le métaxylénol : nous en versons une goutte dans le collodion, vous voyez immédiatement se former un coagulum. Voici l'orthoéthylphénol : il se comporte de même.

Voici effectuées les synthèses des monophénols.

Quelques-uns d'entre eux sont liquides et il est nécessaire d'avoir des corps solides pour faire une bonne identification, rien n'étant précis comme un point de fusion. Nous avons donc cherché des dérivés immédiats des phénols possédant l'état cristallin, et nous les avons trouvés dans les éthers benzoïques qui cristallisent tous, à l'exception du benzoate d'orthocrésyle.

Nous avons préparé ces benzoates en nous servant d'une méthode qui a été appliquée par M. Baumann aux alcools. On dissout le phénol dans une solution aqueuse de soude, on ajoute à cette solution un peu plus que la quantité théorique de chlorure de benzoyle nécessaire pour faire l'éther. On laisse en contact en agitant de temps en temps jusqu'à ce que l'odeur du chlorure d'acide ait disparu. On épuise au moyen de l'éther ordinaire, on sèche sur le chlorure de calcium et l'on distille au bain-marie.

Le résidu de la distillation est, à son tour, distillé à feu nu à la pression ordinaire.

Le benzoate recueilli entre les limites de température voulues cristallise. On peut le purifier par cristallisation dans l'alcool à 95 degrés.

Ces benzoates sont tous cristallisés à l'exception du benzoate d'orthocrésyle ; ils sont solubles dans les dissolvants organiques.

Ils distillent sans décomposition sous la pression ordinaire.

Ils ne se colorent pas avec le perchlorure de fer.

Occupons nous maintenant des diphénols ; ceux-ci n'existent pas dans la créosote à l'état libre mais sous forme d'éthers monométhyliques.

Le gayacol a été préparé synthétiquement par *Gorup-Besanez* en faisant agir sur la pyrocatéchine, le méthylsulfate de potassium.

$$C^6H^4 \left\langle \begin{array}{l} OH \\ OH \end{array} \right. + SO^2 \left\langle \begin{array}{l} OK \\ OCH^3 \end{array} \right. = C^6H^4 \left\langle \begin{array}{l} OH \\ OCH^3 \end{array} \right. + SO^4KH$$

Il obtint ainsi un gayacol impur, liquide incapable de cristalliser.

Pour en faire la synthèse, nous sommes partis de la pyrocatéchine qui est l'orthodiphénol ou phénediol 1. 2. Rien n'est plus facile que de le transformer en gayacol. Il suffit de traiter ce corps en solution dans l'alcool méthylique par le sodium ou la soude pour obtenir la pyrocatéchine sodée.

$$C^6H^4 \left\langle \begin{array}{l} ONa \\ OH \end{array} \right.$$

En faisant ensuite agir à chaud, sur ce produit, l'iodure de méthyle, on obtient du gayacol et de l'iodure de sodium.

$$C^6H^4 \left\langle \begin{array}{l} ONa \\ OH \end{array} \right. + ICH^3 = NaI + C^6H^4 \left\langle \begin{array}{l} OH \\ OCH^3 \end{array} \right.$$

Ceci est une réaction théorique : au point de vue pratique, les choses sont moins simples.

Quand on veut méthyler la pyrocatéchine ou la résorcine, la réaction est plus complexe.

Si on traite un de ces diphénols sodés par l'iodure de méthyle, on obtiendra à la fois des éthers monométhyliques et diméthyliques, en même temps qu'une partie du diphénol restera non attaquée.

Si nous considérons les poids des produits obtenus à la fin de l'opération, nous verrons que la réaction se fait sensiblement suivant l'équation :

$$4C^6H^4 \left\langle \begin{array}{l} OH \\ ONa \end{array} \right. + 4CH^3I = 2C^6H^4 \left\langle \begin{array}{l} OH \\ OCH^3 \end{array} \right. + C^6H^4(OCH^3)^2 + C^6H^4(OH)^2$$
$$ \text{gayacol} \qquad \text{vératrol} \qquad \text{pyrocatéchine}$$

On trouve environ la moitié du gayacol théorique, un quart de vératrol et un quart de pyrocatéchine non attaquée.

Pour extraire le gayacol, on distille l'alcool méthylique, on neutralise au moyen de la lessive de soude, on entraîne le vératrol à la distillation avec la vapeur d'eau, le gayacol reste dans la cucurbite à l'état de sel alcalin; on acidule par l'acide chlorhydrique et on entraîne de même le gayacol mis en liberté. La pyrocatéchine reste avec le chlorure de sodium.

Le gayacol a l'état de pureté est solide, il possède une odeur agréable de vanille, il fond à 33 degrés et bout à 205. Il présente une propriété singulière, qui appartient également à un certain nombre d'autres corps, son point de fusion ne coïncide pas avec son point de cristallisation. La physique nous dit que ces deux points concordent, ce n'est pas toujours vrai, à moins de précautions spéciales; ainsi le gayacol, qui fond à 33 degrés, donne comme température de cristallisation 28 degrés. Ceci tient à ce que le gayacol met longtemps à cristalliser, et que la chaleur de cristallisation n'est pas suffisante pour lutter contre l'abaissement produit par l'atmosphère ambiante.

Ceci est la partie synthétique du travail; abordons maintenant la partie analytique. Et d'abord, voyons comment on prépare les créosotes. On se sert d'huiles lourdes, produits bruts de la distillation des goudrons de bois de hêtre ou de chêne (¹): la préparation est la même dans les deux cas.

L'huile lourde est un mélange de créosote, de carbures, de bases, d'acides, etc., sa réaction est acide.

On agite avec l'acide chlorhydrique étendu qui s'empare des bases; on décante, on agite la partie insoluble dans la solution acide avec une solution de carbonate de soude qui la prive des acides organiques (butyrique, propionique, acétique) dissous par la créosote et les carbures.

Il reste un mélange de carbures et de phénols, qu'on traite par la soude étendue en présence d'une certaine quantité d'eau. Cette précaution est nécessaire, parce que les phénates alcalins en solution concentrée pourraient dissoudre les corps neutres. Les phénols se dissolvent; les carbures surnagent; on les décante et on agite la solution alcaline avec du benzène qu'on enlève à son tour.

On a ainsi des phénols sodés qu'on traite par l'acide chlorhydrique; les phénols surnagent. Ce qui reste en solution en est retiré par le benzène; on distille enfin et on obtient l'ensemble des phénols contenus dans l'huile lourde: c'est la créosote. Comment obtenir une créo-

---

(¹) L'industrie utilise pour la fabrication de l'acide acétique beaucoup d'autres bois, le bouleau, le charme, etc., et leurs créosotes se trouvent mêlées dans le commerce aux créosotes de hêtre ou de chêne.

sote officinale. Il faut d'abord savoir ce qu'on entend par ces mots. Pour cela, il suffit de consulter les différentes pharmacopées.

Elles ne s'entendent pas sur les caractères que doit posséder la créosote.

La créosote française doit bouillir de 200 à 210°; l'allemande de 205 à 220°; la Suisse de 200 à 220°; la Roumanie, le Portugal, l'Espagne et la Belgique la considèrent comme un corps défini; bouillant à 203°.

Si nous recueillons ce qui passe de 200 à 220°, nous aurons tout ce qui pourrait se trouver dans les créosotes officinales des différentes pharmacopées. C'est sur ce produit, qui est, en somme, la créosote suisse, que nous avons opéré.

Si l'on sépare par distillation la créosote de hêtre, en deux portions, l'une passant de 200 à 210°, l'autre de 210 à 220°, on trouve que ces deux portions ont même densité (1085) et que pour 1000 grammes de la première il y a 367 grammes de la seconde. La créosote de chêne donne, de 200 à 210°, un corps de densité plus faible $= 1068$.

Pour procéder à l'analyse de cette créosote officinale, il faut d'abord séparer les monophénols des éthers de diphénols. Pour cela, nous allons employer une réaction connue depuis longtemps, réaction qui porte le nom de Zeisel.

Quand on chauffe un éther méhylique de phénol avec l'acide iodhydrique, cet éther est saponifié, il se forme du phénol et de l'iodure de méthyle; le gayacol dans ces conditions donne la pyrocatéchine.

Cette réaction n'est pas pratique en grand, l'acide iodhydrique est cher, de plus il a une action réductrice.

Nous avons trouvé que l'acide bromhydrique à 100° atteint le même but. Plus tard, nous avons reconnu que l'acide chlorhydrique saturé à 0° et chauffé à 180° en autoclave, peut également servir d'agent de déméthylation.

Les monophénols sont facilement entraînés par la vapeur d'eau, les diphénols ne le sont pas. Si donc nous chauffons une créosote avec l'acide chlorhydrique, nous obtiendrons un mélange de mono- et de diphénols libres, qu'on séparera facilement par un courant de vapeur d'eau.

Pour étudier les monophénols ainsi isolés, il faut s'armer de patience. Il n'a pas fallu moins de cinq semaines d'un travail assidu de dix heures par jour, pour arriver à trouver à la distillation des points fixes.

Lorsqu'on a des points fixes, on a recours au tableau des phénols préparés synthétiquement; nous avons mis en regard les chiffres donnés par d'autres auteurs et ceux trouvés par nous.

Points de fusion et d'ébullition des monophénols et de leurs benzoates

MONOPHÉNOLS	MONOPHÉNOLS				BENZOATES			
	POINTS DE FUSION		POINTS D'ÉBULLITION		POINTS DE FUSION		POINTS D'ÉBULLITION	
	Indiqués	Trouvés par nous	Indiqués	Trouvés par nous	Indiqués	Trouvés par nous	Indiqués	Trouvés par nous
Phénol	40-41°	42,5-43°	180-188°,3	178°,5	68-69°	69°	315°	298-299°
Orthocrésylol	30-31°	30°	185-188°	188°,5	liquide	liquide	N (1)	307°
Métacrésylol	3-4°	4°	201°	200°	38°	54°	298-300°	313-314°
Paracrésylol	36°	36°,5	198°	199°	70°	71°,5	N	315,5-316°
Orthoéthylphénol .	liquide	liquide	206-212°	202-203°	N	38°	N	314-315
Méta-éthylphénol .	liquide	—4°	202-204°	214°	N	52°	N	322-323°
Para-éthylphénol .	46-48°	45-46°	204-215°	218,5-219°	N	59-60°	N	328°
Orthoxylénol 1.2.3.	75°	73°	218°	212-213°	57°	58°	N	326-327°
Orthoxylénol 1.2.4.	62°,5	65°	225°	222°	N	58°,5	N	333°
Paraxylénol	74°,5	75°	211°,5	208-209°	N	61°	N	318-319°
Métaxylénol 1.3.4 .	26°	25°	211°,5	208-209°	N	38°,5	N	321°
Métaxylénol 1.3.5 .	64°	63°	219°,5	218°	N	24°	N	326°
Métaxylénol 1.4.3 .	74°,5	»	»	»	»	»	»	»

(1) La lettre N indique un point d'ébullition ou de fusion non connu ou un corps nouveau.

Nous cherchons, par exemple, les phénols qui passent à 200 degrés, nous en faisons les benzoates, nous rectifions ces benzoates en prenant, par exemple, la portion qui passe à 314 degrés, nous saponifions ce benzoate, le phénol libre est rectifié, puis transformé de nouveau en éther benzoïque et fractionné de nouveau sous cette forme ; la portion passant à 314 degrés est dissoute dans son poids d'alcool absolu refroidi par le chlorure de méthyle et enfin, amorcée avec le benzoate de métacrésylol, celui-ci ne tarde pas à cristalliser. On l'essore à froid, on le purifie en le faisant cristalliser dans l'alcool à 95 degrés, et on obtient le benzoate de métacrésyle d'où l'on peut extraire le métacrésylol à l'état de pureté.

Nous trouvons ainsi, dans la créosote, le phénol, l'orthocrésylol, le métacrésylol, le paracrésylol, l'orthoéthylphénol, le métaxylénol, 1, 3, 4, et le métaxylénol 1, 3, 5.

Passons maintenant à la recherche des éthers méthyliques des diphénols. On utilise, pour les séparer, la propriété qu'ont ces éthers de donner, avec les bases terreuses (CaO, SrO, BaO, MgO), des sels peu ou pas solubles dans l'eau.

La créosote est traitée par un lait de strontiane ; tous les phénols se combinent, les sels strontianiques des monophénols sont solubles dans l'eau, ceux des éthers monométhyliques des diphénols ne le sont pas. On exprime la masse, on la lave à l'eau, puis à l'alcool et on traite par l'acide chlorhydrique qui met les éthers en liberté.

Il faut maintenant recommencer la rectification, qui sera moins longue que tout à l'heure, car le produit est moins complexe. On trouve trois points fixes d'ébullition.

$$205 \qquad 220 \qquad 230$$

La partie qui bout à 205°, refroidie par le chlorure de méthyle et amorcée avec un cristal de gayacol, donnera un produit cristallin qui sera isolé.

Les portions bouillant à 220 et 230 degrés sont transformées en carbonates; pour cela, on les dissout dans la soude en excès, on fait passer un courant d'acide chloroxy-carbonique, jusqu'à précipitation de la majeure partie du produit. Ces diphénols se transforment en éthers carboniques.

$$\begin{array}{c} CH^3 \\ \diagdown \\ CH^3O \diagup \end{array} C^6H^3 - O - \overset{\overset{\textstyle O}{\|}}{C} - O - C^6H^3 \begin{array}{c} \diagup CH^3 \\ \diagdown OCH^3 \end{array}$$

Carbonate de créosol

Ces carbonates sont des corps qui cristallisent très bien. Celui de gayacol fond à 86 degrés; celui de créosol, fond à 143 degrés; saponifié, il donne le créosol tout à fait pur.

Le carbonate obtenu avec la portion qui bout à 230 degrés est insoluble dans l'éther et s'obtient rapidement à l'état de pureté; il fond à 108°5.

Saponifions ce carbonate, nous obtiendrons un homocréosol qui est un éthylgayacol 1, 3, 4.

L'un de nous a déterminé sa constitution, ce qui se fait très facilement. Il suffit d'oxyder le groupe éthyle après avoir transformé sa fonction phénol en éther méthylique, pour obtenir un corps connu, l'acide vératrique.

Nous trouvons ainsi dans la créosote les éthers monométhyliques de trois diphénols, le gayacol, le méthylgayacol ou créosol et l'éthylgayacol.

Nous savons maintenant de quoi se compose une créosote. Il nous reste à établir la proportion relative des divers corps qui entrent dans la composition des créosotes de hêtre et de chêne.

Pour cela, on opère sur une quantité déterminée: 100 grammes, par exemple. On déméthyle par l'acide bromhydrique. On fait passer un courant de vapeur d'eau qui entraîne les monophénols et laisse les diphénols. On épuise, au moyen de l'éther, le liquide aqueux passé à la distillation ; on distille celui-ci, et on recueille les monophénols que l'on pèse ; le résidu aqueux qui n'a pas passé à la distillation est épuisé par l'éther qui, par distillation, laisse un résidu contenant les diphénols, dont on prend également le poids.

On peut établir la quantité de gayacol qui se trouve dans la créosote en se basant sur les indications suivantes :

La pyrocatéchine est presque insoluble dans le benzène, l'homo-et l'éthylpyrocatéchine sont, au contraire, très solubles.

Si on traite le mélange de ces corps par le benzène, on séparera la pyrocatéchine et on pourra déduire de son poids le poids du gayacol contenu dans la créosote.

Nous avons ainsi trouvé que la créosote de hêtre, passant à la distillation de 200 à 210 degrés, renferme en chiffres ronds :

Monophénols 40 0/0
Gayacol   25
Créosol et homocréosol.   35

La créosote bouillant de 200-220 degrés contient moins de gayacol et plus de créosol ; en chiffres ronds, elle renferme :

Monophénols   40
Gayacol   20
Créosol et homocréosol.   40

La créosote de chêne donne à l'analyse :

Monophénols   55
Gayacol   14
Créosol et homocréosol.   31

Il y a donc une différence entre ces deux créosotes, la première renferme plus de gayacol et moins de monophénols.

Au point de vue thérapeutique, la créosote de chêne sera plus caustique, puisqu'elle renferme plus de monophénols, les éthers monométhyliques des diphénols l'étant peu ou pas.

Pour avoir la composition complète de la créosote de hêtre, il y a lieu de rechercher quelles sont les quantités respectives des différents monophénols qui entrent dans cent parties de monophénols. On se base sur le poids des diverses portions passées à la distillation. Nous trouvons alors les chiffres suivants :

Phénol ordinaire	13	0/0
Orthocrésylol	26	0/0
Méta- et paracrésylols	29	0/0
Orthoéthylphénol.	9	
Métaxylénol 1. 3. 4.	5	
Métaxylénol 1. 3. 6.	2,5	
Phénols divers non caractérisés .	15,5	
	100	

Nous avons rangé autour des points fixes, les produits intermédiaires en les partageant en deux, et en attribuant la moitié au phénol possédant le point d'ébullition le plus élevé, et la moitié au phénol bouillant le plus bas. On ne peut pas faire autrement, car la distillation ne sépare plus ces corps. Il y a là peut-être une cause d'erreur, mais elle est la plus petite possible.

Transformons maintenant nos 40 p. 100 de monophénols en nous reportant à la composition centésimale des monophénols que nous venons d'établir ; nous arrivons à la composition complète suivante pour la créosote de hêtre officinale, bouillant de 200 degrés 210 degrés.

Phénol ordinaire	5,20 0/0
Orthocrésylol.	10,40
Méta- et paracrésylols	11,60
Orthoéthylphénol.	3,60
Métaxylénol 1. 3. 4.	2,00
Métaxylénol 1. 3. 5.	1,00
Phénols divers..	6,20
Gayacol.	25,00
Créosol et homologues.	35,00
	100

La créosote renferme bien à côté de ces phénols quelques dérivés sulfurés, probablement des thiophénols, et encore quelques autres produits, mais ils n'entrent pas en ligne de compte.

Vous voyez combien nous sommes loin des idées classiques ; on enseignait et on enseigne encore que la créosote contient de 60 à 90 pour 100 de gayacol, et nous trouvons dans une créosote certainement plus pure que la plupart de celles du commerce, seulement 25 pour 100 de ce produit.

Un mot maintenant des exigences des différentes pharmacopées. Le pharmacien est toujours disposé à considérer le codex comme une arche sainte, à laquelle nul ne peut toucher. Cependant, il est facile de se convaincre que cette arche ne contient pas toujours la vérité. Ouvrons la pharmacopée russe, nous y trouvons que le gayacol bout à 200-201 degrés, et que la créosote doit être recueillie de 205 à 220 degrés. On voit facilement qu'une telle créosote, si les données étaient exactes, ne peut pas contenir de gayacol, le phénomène d'entraînement tendant toujours à abaisser le point d'ébullition. Or, l'on considère la créosote comme devant son activité au gayacol.

D'autre part, en Roumanie, la créosote doit bouillir à une température fixe 203 degrés, et avoir une densité de 1037-1040. C'est une hérésie que d'exiger un point d'ébullition fixe pour un corps aussi complexe que la créosote. Bien plus, en suivant les prescriptions à la lettre, et en recueillant ce qui passe à 203 degrés, on ne peut obtenir un produit ayant une densité inférieure à 1070 degrés, à moins, toutefois, qu'on ne la prive préalablement de son gayacol.

Notre tâche est terminée. Il en reste une autre, celle d'étudier l'action physiologique des différents corps que nous avons isolés, et de déterminer, à ce point de vue, quelle part ils prennent à l'action thérapeutique de la créosote, pour arriver finalement à une créosote toujours semblable à elle-même, à une créosote synthétique.

FIN

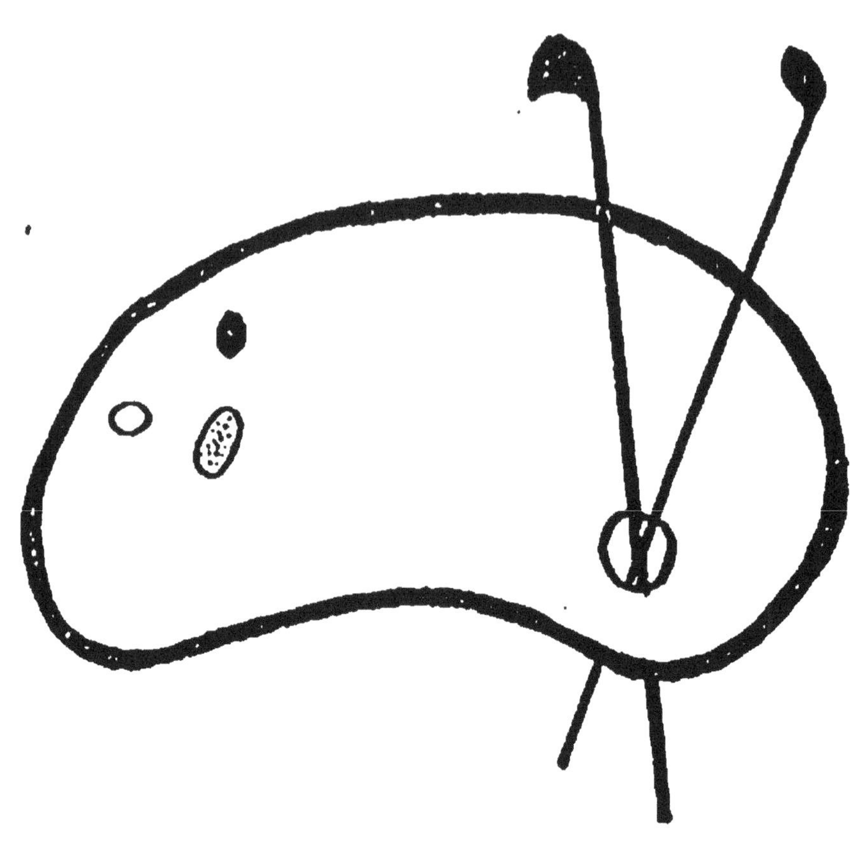

ORIGINAL EN COULEUR
N° Z 43-120-8

www.ingramcontent.com/pod-product-compliance
Ingram Content Group UK Ltd.
Pitfield, Milton Keynes, MK11 3LW, UK
UKHW022058120726
13694UKWH00001B/205